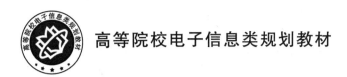

高等院校电子信息类规划教材

通信原理习题集
（第 2 版）

主编　郭一珺　张志龙　杨鸿文　桑　林

北京邮电大学出版社
www.buptpress.com

内 容 简 介

本书是北京邮电大学"通信原理"课程配套的教学参考书。本书收集了"通信原理"课程的经典习题，题型包括判断题、选择题、填空题和计算题等。本书内容丰富，全面覆盖了"通信原理"课程的知识范围，并具有一定的深度和广度，有助于学习者加深对"通信原理"课程基础概念的理解，提高分析能力，可为学习者学习"通信原理"课程提供有效帮助。

本书可作为高等学校电子信息类专业本科生的教学参考书。

图书在版编目（CIP）数据

通信原理习题集 / 郭一珺等主编． -- 2 版． -- 北京：北京邮电大学出版社，2025． -- ISBN 978-7-5635-7410-0

Ⅰ．TN911-44

中国国家版本馆 CIP 数据核字第 2024UZ9245 号

策划编辑：彭 楠　　责任编辑：王小莹　　责任校对：张会良　　封面设计：七星博纳

出版发行：北京邮电大学出版社
社　　址：北京市海淀区西土城路 10 号
邮政编码：100876
发 行 部：电话：010-62282185　传真：010-62283578
E-mail：publish@bupt.edu.cn
经　　销：各地新华书店
印　　刷：保定市中画美凯印刷有限公司
开　　本：787 mm×1 092 mm　1/16
印　　张：18.5
字　　数：467 千字
版　　次：2005 年 6 月第 1 版　2025 年 1 月第 2 版
印　　次：2025 年 1 月第 1 次印刷

ISBN 978-7-5635-7410-0　　　　　　　　　　　　　　　　　　定价：52.00 元

· 如有印装质量问题，请与北京邮电大学出版社发行部联系 ·

前　言

在智能时代，通信技术是连接万物、推动数字化转型的基石。它不仅为数据的高速传输和实时处理提供了可能，而且实现了设备间的无缝协作和智能决策，从而在智能制造、智慧城市、远程医疗等领域发挥着至关重要的作用。通信技术的发展和创新是构建智能时代基础设施的核心，它将不断推动社会向更高效、更智能的方向演进。随着技术的不断革新，人们对通信原理的理解越来越深入，对应用能力的需求也日益增长。本书满足了上述需求，为广大学习者提供了一个系统、全面的学习资源。本书旨在通过精心设计的习题，帮助学习者巩固"通信原理"课程的理论知识，提高分析问题和解决问题的能力。

本书主要依托的教材是周炯槃、庞沁华、续大我、吴伟陵、杨鸿文教授编著的，北京邮电大学出版社出版的《通信原理》（第4版）。这本教材是北京邮电大学"通信原理"课程的主讲教材，该课程是国家级精品在线开放课程、国家级线下一流课程。

《通信原理习题集》（第1版）于2005年出版，是"十二五"普通高等教育本科国家级规划教材《通信原理》（第3版）的配套资料。本书在第1版的基础上，扩充了判断、选择、填空题型，并增加了详细的题目解析，总题量由305题增加至700余题。书中习题主要选自教材的课后习题、作业题，北京邮电大学通信原理考研真题以及北京邮电大学校内的期中、期末考试题等，全面地覆盖了"通信原理"课程的知识范围，可以为学习者学习"通信原理"课程提供有效帮助。

本书由北京邮电大学信息与通信工程学院郭一珺副教授、张志龙副教授负责编写，由杨鸿文教授、桑林教授审订。在此由衷感谢北京邮电大学"通信原理"课程组所有老师的协作，感谢徐荐雷、付辰轩、孟殿清、章肖世杰、陈章烜、许凯、张天琦、杨钧博等同学对本书所付出的劳动，感谢所有支持我们教学工作的同人们。

书中难免有一些差错，敬请读者指正。

编　者
2024年9月于北京邮电大学

目 录

第1部分 北京邮电大学《通信原理》教材章节习题及补充习题

第2章 确定信号分析 ………………………………………………………… 3

第3章 随机过程 ……………………………………………………………… 29

第4章 模拟通信系统 ………………………………………………………… 61

第5章 数字信号的基带传输 ………………………………………………… 102

第6章 数字信号的频带传输 ………………………………………………… 151

第7章 信源和信源编码 ……………………………………………………… 196

第8章 信道 …………………………………………………………………… 227

第9章 信道编码 ……………………………………………………………… 230

第10章 扩频通信 …………………………………………………………… 243

第11章 正交频分复用多载波调制技术 …………………………………… 248

第2部分 北京邮电大学"通信原理"课程考试试题

参考试题 1 ·· 253

参考试题 2 ·· 267

参考试题 3 ·· 276

第1部分
北京邮电大学《通信原理》教材章节习题及补充习题

第2章 确定信号分析

1. 判断:设 $x(t)$ 和 $y(t)$ 是两个定义在 $[0,T]$ 上的实信号,在某个适当的归一化正交信号空间中,可将 $x(t)$、$y(t)$ 表示成列向量 $\boldsymbol{x}$、$\boldsymbol{y}$,则 $\int_0^T x(t)y(t)\mathrm{d}t = \boldsymbol{x}^\mathrm{T}\boldsymbol{y}$。

解:正确。$\int_0^T x(t)y(t)\mathrm{d}t$ 和 $\boldsymbol{x}^\mathrm{T}\boldsymbol{y}$ 均表示 $x(t)$ 和 $y(t)$ 的内积。

2. 判断:若 $s(t)$ 按完备归一化正交基展开后的向量表示是 $\boldsymbol{s}$,则 $s(t)$ 的能量就是 $\boldsymbol{s}$ 的范数平方 $\|\boldsymbol{s}\|^2$。

解:正确。$s(t)$ 的能量 $E_s = \int_{-\infty}^{\infty} s^2(t)\mathrm{d}t = \boldsymbol{s}^\mathrm{T}\boldsymbol{s} = \|\boldsymbol{s}\|^2$。

3. 判断:若 $z(t)$ 是解析信号,则其频谱的负频率部分为零。

解:正确。

4. 判断:已知实信号 $x(t)$、$y(t)$ 的能量分别是 1 J 和 4 J,则 $x(t)+y(t)$ 的能量至少是 3 J。

解:错误。$x(t)+y(t)$ 的能量为 $E = \int_{-\infty}^{\infty}[x(t)+y(t)]^2\mathrm{d}t = E_x + E_y + 2\int_{-\infty}^{\infty}x(t)y(t)\mathrm{d}t$,根据许尔瓦兹不等式,$\left|\int_{-\infty}^{\infty}x(t)y(t)\mathrm{d}t\right| \leqslant \sqrt{E_x E_y}$,将 $E_x = 1$,$E_y = 4$ 代入,得 $E \geqslant 1 + 4 - 2\sqrt{1\times 4} = 1$。

5. 判断:若 $z(t)$ 是解析信号,则 $z(t)$ 的虚部一定是实部的希尔伯特变换。

解:正确。

6. 判断:设 $s(t)$ 是实带通信号,其复包络为 $s_\mathrm{L}(t)$,则 $s_\mathrm{L}(t)$ 的傅氏变换 $S_\mathrm{L}(f)$ 满足共轭对称性,即 $S_\mathrm{L}(f) = S_\mathrm{L}^*(-f)$。

解:错误。例如,考虑带通信号 $s(t) = m(t)\cos 2\pi f_c t - \hat{m}(t)\sin 2\pi f_c t$,其中 $m(t)$ 是带宽为 $W(W \ll f_c)$ 的基带信号,$s(t)$ 的复包络为 $s_\mathrm{L}(t) = m(t) + \mathrm{j}\hat{m}(t)$,$s_\mathrm{L}(t)$ 的傅氏变换为 $S_\mathrm{L}(f) = M(f) + \mathrm{j}[-\mathrm{j}\mathrm{sgn}(f)M(f)] = 2M(f)U(f)$,其只有正频率部分,显然不满足共轭对称性。

7. 判断:设有两个信号 $s_1(t)$、$s_2(t)$,它们在归一化完备信号空间中的向量表示是 $\boldsymbol{s}_1$、$\boldsymbol{s}_2$。那么,$s_1(t)$、$s_2(t)$ 之差的能量等于 $\boldsymbol{s}_1$、$\boldsymbol{s}_2$ 之差的范数平方。

解:正确。$s_1(t)$、$s_2(t)$ 之差的能量为 $\int_{-\infty}^{\infty}[s_1(t) - s_2(t)]^2\mathrm{d}t$,该值等于 $\|\boldsymbol{s}_1 - \boldsymbol{s}_2\|^2$。

8. 判断:设 $z(t)$ 是解析信号,其功率谱密度是 $P_z(f)$,令 $w(t) = z(t) + z^*(t)$,则 $w(t)$

的功率谱密度是 $P_z(f)+P_z(-f)$。

解：正确。假设 $z(t)=f(t)+\mathrm{j}\,\hat{f}(t)$，且实信号 $f(t)$ 的功率谱密度为 $P(f)$，$P(f)$ 是偶函数。一种思路是，$z(t)$ 的功率谱密度为 $P_z(f)=P(f)[1+\mathrm{sgn}(f)]^2=4P(f)u(f)$，其只有正频率部分。$z^*(t)=f(t)-\mathrm{j}\,\hat{f}(t)$ 的功率谱密度为 $P_{z^*}(f)=P(f)[1-\mathrm{sgn}(f)]^2=4P(f)u(-f)=P_z(-f)$，其只有负频率部分。$z(t)$ 与 $z^*(t)$ 的频带不交叠，互功率谱密度为 0，$w(t)$ 的功率谱密度等于 $P_z(f)+P_{z^*}(f)=P_z(f)+P_z(-f)$。

另一种思路是，$w(t)=z(t)+z^*(t)=2f(t)$，$w(t)$ 的功率谱密度 $P_w(f)$ 等于 $4P(f)$。$P_z(f)$ 是 $4P(f)$ 的正频率部分，$P_z(-f)$ 是 $4P(f)$ 的负频率部分，故 $P_w(f)=P_z(f)+P_z(-f)$。

9. **判断**：设实信号 $x(t)$、$y(t)$ 的能量谱密度分别是 $E_x(f)$、$E_y(f)$。若 $x(t)$、$y(t)$ 正交，则 $x(t)+y(t)$ 的能量谱密度等于 $E_x(f)+E_y(f)$。

解：错误。$x(t)+y(t)$ 的能量谱密度等于 $E_x(f)+E_y(f)$ 的前提条件是 $x(t)$ 和 $y(t)$ 的互能量谱密度为 0，这也就意味着二者的互相关函数 $R_{xy}(\tau)=\int_{-\infty}^{\infty}x(t+\tau)y(t)\mathrm{d}t$ 等于 0。而题中条件 $x(t)$、$y(t)$ 正交只能导出 $R_{xy}(0)=0$，不能得出 $\forall\tau, R_{xy}(\tau)=0$。

10. **判断**：带通信号 $s(t)$ 的均值 $\overline{s(t)}$ 是零。

解：正确。均值对应频率为零的离散频谱分量，而带通信号在零频处的分量为 0，故其均值为 0。

11. **判断**：设 $x(t)$、$y(t)$ 是任意实信号，其希尔伯特变换分别是 $\hat{x}(t)$、$\hat{y}(t)$，则乘积 $x(t)y(t)$ 的希尔伯特变换是 $\hat{x}(t)\hat{y}(t)$。

解：错误。$x(t)y(t)$ 的希尔伯特变换的频谱等于 $-\mathrm{jsgn}(f)[X(f)*Y(f)]$，而 $\hat{x}(t)\hat{y}(t)$ 的频谱等于 $[-\mathrm{jsgn}(f)X(f)]*[-\mathrm{jsgn}(f)Y(f)]=-[\mathrm{sgn}(f)X(f)]*[\mathrm{sgn}(f)Y(f)]$，前者是复函数，后者是实函数，显然二者不同。

12. **判断**：若基带信号 $x(t)$ 的主瓣带宽是 B，则 $x(t)$ 与 $\mathrm{e}^{\mathrm{j}2\pi Bt}$ 正交。

解：正确。$x(t)$ 的频谱在频率 B 处过零点，$\mathrm{e}^{\mathrm{j}2\pi Bt}$ 是频率为 B 的单频信号，二者正交。

13. **判断**：若 $z(t)$ 是解析信号，则 $z(t)$ 与其共轭 $z^*(t)$ 的互相关函数 $R_{zz^*}(\tau)=0$。

解：正确。解析信号 $z(t)$ 只在正频率处有功率谱密度，其共轭 $z^*(t)$ 只在负频率处有功率谱密度，二者的功率谱密度不交叠，互功率谱密度为 0，故其互相关函数也为 0。

14. **判断**：设有带通信号 $s(t)=m(t)\cos 2\pi f_c t$，其中 $m(t)$ 是带宽为 W 的基带信号，$s(t)$ 通过图 2-1 所示的带通滤波器，则滤波器输出信号 $y(t)$ 的同相分量是 $m(t)$。

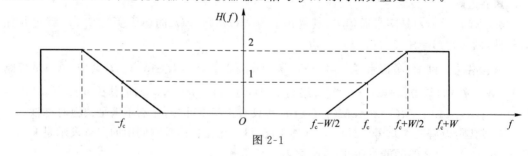

图 2-1

解：正确。$s(t)$ 的复包络是 $s_L(t)=m(t)$，利用等效低通分析，滤波器输出信号 $y(t)$ 的复包络是 $y_L(t)=s_L(t)*h_e(t)$，其中 $h_e(t)=\frac{1}{2}h_L(t)$ 表示图 2-1 所示滤波器的等效低通系

统。对应到频域有
$$Y_L(f) = S_L(f)H_e(f) = M(f)H_e(f)$$

同相分量的傅氏变换为

$$Y_c(f) = \frac{Y_L(f) + Y_L^*(-f)}{2} = \frac{M(f)H_e(f) + M(f)H_e^*(-f)}{2} = \frac{M(f)}{2}[H_e(f) + H_e^*(-f)]$$

将 $H_e(f) = \frac{1}{2}H_L(f) = H(f+f_c)u(f+f_c)$ 代入可得

$$H_e(f) + H_e^*(-f) = H(f+f_c)u(f+f_c) + H(f-f_c)u(-f+f_c)$$

上式等号的右边是将 $H(f)$ 的正频率部分和负频率部分分别向左和向右搬移 f_c 后叠加,其结果是在 $[-W,W]$ 频率范围内高度为 2 的矩形函数。代入 $Y_c(f)$ 的表达式可得 $Y_c(f) = M(f)$,故 $y_c(t) = m(t)$。

15. 信号 $e^{j100\pi t}$ 的功率谱密度是_____。

(A) $\delta(f-50)$ (B) $\delta(f+50)$ (C) $\delta(f+100)$ (D) $\delta(f-100)$

解:A。$e^{j100\pi t}$ 是频率为 50 Hz 的复单频信号,其平均功率为 1。其功率谱密度是在 $f=50$ Hz 处强度为 1 的冲激函数。

16. 带通信号 $I(t)\cos 2\pi f_c t - Q(t)\sin 2\pi f_c t$ 的包络 $A(t)$ 与其同相分量 $I(t)$、正交分量 $Q(t)$ 的关系是_____。

(A) $A(t) = I^2(t) + Q^2(t)$ (B) $A(t) = \sqrt{I^2(t) + Q^2(t)}$

(C) $A(t) = \sqrt{I(t) + Q(t)}$ (D) $A(t) = |I(t) + Q(t)|$

解:B。

17. 设 $A(t)$、$\varphi(t)$ 是基带信号,参考载波初相为零,则带通信号 $A(t)\cos[2\pi f_c t + \varphi(t)]$ 的复包络是_____。

(A) $A(t)$ (B) $\varphi(t)$ (C) $e^{j\varphi(t)}$ (D) $A(t)e^{j\varphi(t)}$

解:D。

18. 设复信号 $x(t)$、$y(t)$ 的傅氏变换分别是 $X(f)$、$Y(f)$,则 $\int_{-\infty}^{\infty} x(t)y(t)dt = $ _____。

(A) $\int_{-\infty}^{\infty} X(f)Y(-f)df$ (B) $\int_{-\infty}^{\infty} X(f)Y^*(f)df$

(C) $\int_{-\infty}^{\infty} X^*(f)Y^*(f)df$ (D) $\int_{-\infty}^{\infty} X(f)Y(f)df$

解:A。$\int_{-\infty}^{\infty} x(t)y(t)dt$ 可以看作信号 $x(t)$ 和信号 $y^*(t)$ 的内积。根据帕塞瓦尔定理,时域内积等于频域内积,即 $\int_{-\infty}^{\infty} x(t)y(t)dt = \langle x(t), y^*(t) \rangle = \langle X(f), Y^*(-f) \rangle = \int_{-\infty}^{\infty} X(f)Y(-f)df$。

19. 信号 $g(t) = e^{-\frac{t^2}{2}}$ 的自相关函数是_____。

(A) $\frac{\sqrt{\pi}}{2} \cdot e^{-\frac{\tau^2}{4}}$ (B) $\sqrt{\pi} \cdot e^{-\frac{\tau^2}{4}}$

(C) $\frac{\sqrt{\pi}}{2} \cdot e^{-\frac{\tau^2}{2}}$ (D) $\sqrt{\pi} \cdot e^{-\tau^2}$

解：B。$R_g(\tau) = \int_{-\infty}^{\infty} g(t+\tau)g(t)\mathrm{d}t = \int_{-\infty}^{\infty} \mathrm{e}^{-\frac{(t+\tau)^2}{2}} \mathrm{e}^{-\frac{t^2}{2}} \mathrm{d}t = \int_{-\infty}^{\infty} \mathrm{e}^{-\left(t^2+t\tau+\frac{\tau^2}{2}\right)} \mathrm{d}t = \int_{-\infty}^{\infty} \mathrm{e}^{-\left(t+\frac{\tau}{2}\right)^2-\frac{\tau^2}{4}} \mathrm{d}t = \mathrm{e}^{-\frac{\tau^2}{4}} \int_{-\infty}^{\infty} \mathrm{e}^{-\left(t+\frac{\tau}{2}\right)^2} \mathrm{d}t = \sqrt{\pi}\mathrm{e}^{-\frac{\tau^2}{4}}$。

注：$\int_{-\infty}^{\infty} \mathrm{e}^{-x^2} \mathrm{d}x = \sqrt{\pi}$。

20. 信号 $\mathrm{rect}(10t)$ 与 $\mathrm{rect}(20t)$ 的互能量谱密度是_____。

(A) $\mathrm{sinc}(10f)\mathrm{sinc}(20f)$　　　　　(B) $\mathrm{sinc}\left(\dfrac{f}{10}\right)\mathrm{sinc}\left(\dfrac{f}{20}\right)$

(C) $200\mathrm{sinc}(10f)\mathrm{sinc}(20f)$　　　　(D) $\dfrac{1}{200}\mathrm{sinc}\left(\dfrac{f}{10}\right)\mathrm{sinc}\left(\dfrac{f}{20}\right)$

解：D。互能量谱密度为 $F_1^*(f)F_2(f)$，其中 $F_1(f) = \dfrac{1}{10}\mathrm{sinc}\left(\dfrac{f}{10}\right)$，$F_2(f) = \dfrac{1}{20}\mathrm{sinc}\left(\dfrac{f}{20}\right)$。

21. 设 $m(t)$ 是基带信号，载频 f_c 充分大。$m(t)\cos 2\pi f_c t$ 的希尔伯特变换是_____。

(A) $m(t)\sin 2\pi f_c t$　　　　　　　(B) $-m(t)\sin 2\pi f_c t$

(C) $-m(t)\cos 2\pi f_c t$　　　　　　(D) $m(t)\cos 2\pi f_c t$

解：A。

22. 复单频信号 $\mathrm{e}^{\mathrm{j}200\pi t}$ 通过一个冲激响应为 $h(t)$、传递函数为 $H(f)$ 的滤波器后的输出是_____。

(A) $\int_{-\infty}^{\infty} h(t)\mathrm{e}^{\mathrm{j}200\pi t}\mathrm{d}t$　　　　　(B) $\mathrm{e}^{\mathrm{j}200\pi t}H(0)$

(C) $\mathrm{e}^{\mathrm{j}200\pi t}H(100)$　　　　　　　(D) $\mathrm{e}^{\mathrm{j}200\pi t}H(200)$

解：C。一种思路是，$\mathrm{e}^{\mathrm{j}200\pi t}$ 的傅氏变换为 $\delta(f-100)$，通过 $H(f)$ 后的频谱是 $H(f) \cdot \delta(f-100) = H(100)\delta(f-100)$，对应的时域信号为 $\mathrm{e}^{\mathrm{j}200\pi t}H(100)$。另一思路是，传递函数为 $H(f)$ 的滤波器对输入某一频率分量（假设频率为 f_0）的作用是乘以系数 $H(f_0)$，$\mathrm{e}^{\mathrm{j}200\pi t}$ 是频率为 100 的单频信号，故输出等于输入乘以 $H(100)$。

23. 若实信号 $s_1(t)$、$s_2(t)$ 的能量分别是 1 J 和 4 J，则它们的欧氏距离至多是_____。

解：3。$s_1(t)$、$s_2(t)$ 的平方欧氏距离为 $\int_{-\infty}^{\infty} [s_1(t)-s_2(t)]^2 \mathrm{d}t = \int_{-\infty}^{\infty} s_1^2(t)\mathrm{d}t + \int_{-\infty}^{\infty} s_2^2(t)\mathrm{d}t - 2\int_{-\infty}^{\infty} s_1(t)s_2(t)\mathrm{d}t = E_1 + E_2 - 2\int_{-\infty}^{\infty} s_1(t)s_2(t)\mathrm{d}t$，其中 $\int_{-\infty}^{\infty} s_1(t)s_2(t)\mathrm{d}t \geq -\sqrt{E_1 E_2}$，将 $E_1 = 1$，$E_2 = 4$ 代入，可得平方欧氏距离最大等于 9，欧氏距离最大等于 3。

24. 已知功率信号 $x(t)$ 的自相关函数是 $R_x(\tau) = 16\mathrm{sinc}^2(100\tau)$，其功率 $P =$_____ W。

解：16。$P = R(0)$。

25. 若基带信号 $m(t)$ 的绝对带宽为 4 kHz，则 $m^2(t)$ 的绝对带宽是_____kHz。

解：8。时域相乘，频域卷积，带宽变为卷积前的两倍。

26. 某信号 $s(t)$ 的功率谱密度为 $P_s(f) = \begin{cases} \cos^2\left(\dfrac{\pi f}{200}\right), & |f| \leq 100 \\ 0, & \text{其他} \end{cases}$，该信号的 3 dB 带宽是_____Hz。

解：50。$f=0$ 时 $P_s(f)$ 取到其最大值 1；$f=50$ 时，$P_s(f)$ 降低为最大值的一半，即 $\frac{1}{2}$。故 3 dB 带宽为 50 Hz。

27. 设 $s_1(t)$、$s_2(t)$ 的能量分别是 0.5 J、2 J，归一化相关系数是 0.5，则 $s_1(t)$、$s_2(t)$ 的平方欧氏距离是_____。

解：1.5。平方欧氏距离为 $\int_{-\infty}^{\infty}[s_1(t)-s_2(t)]^2 dt = E_1 + E_2 - 2\int_{-\infty}^{\infty}s_1(t)s_2(t)dt$，其中 $\int_{-\infty}^{\infty}s_1(t)s_2(t)dt = \rho_{12}\sqrt{E_1 E_2} = 0.5$，故 $\int_{-\infty}^{\infty}[s_1(t)-s_2(t)]^2 dt = 0.5 + 2 - 2\times 0.5 = 1.5$。

28. 若带通信号 $s(t)$ 的复包络 $s_L(t)$ 的傅氏变换是 $S_L(f)$，求 $s(t)$ 的傅氏变换 $S(f)$。

解：$s(t) = \text{Re}\{s_L(t)e^{j2\pi f_c t}\} = \frac{s_L(t)}{2}e^{j2\pi f_c t} + \frac{s_L^*(t)}{2}e^{-j2\pi f_c t}$。由于 $s_L^*(t)$ 的傅氏变换是 $S_L^*(-f)$，所以 $S(f) = \frac{1}{2}S_L(f-f_c) + \frac{1}{2}S_L^*(-f-f_c)$。

29. 考虑图 2-2 中的 4 个信号，求它们两两之间的内积。

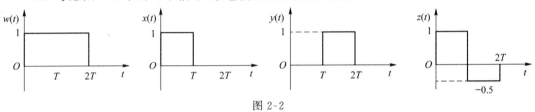

图 2-2

解：
$$\int_{-\infty}^{\infty}w(t)x(t)dt = \int_{-\infty}^{\infty}x(t)dt = T$$
$$\int_{-\infty}^{\infty}w(t)y(t)dt = \int_{-\infty}^{\infty}y(t)dt = T$$
$$\int_{-\infty}^{\infty}w(t)z(t)dt = \int_{-\infty}^{\infty}z(t)dt = \frac{T}{2}$$
$$\int_{-\infty}^{\infty}x(t)y(t)dt = 0$$
$$\int_{-\infty}^{\infty}x(t)z(t)dt = \int_{-\infty}^{\infty}x(t)dt = T$$
$$\int_{-\infty}^{\infty}y(t)z(t)dt = -\frac{1}{2}\int_{-\infty}^{\infty}y(t)dt = -\frac{T}{2}$$

30. 设 $m(t)$ 是功率为 2 W 的实信号，求 $z(t) = m(t) + j2m(t)$ 的功率。

解：$z(t) = m(t) + j2m(t) = m(t)(1+2j)$，其瞬时功率是 $|z(t)|^2 = m^2(t)(1+2^2) = 5m^2(t)$。按时间取平均，$m^2(t)$ 的平均是 $\overline{m^2(t)} = 2$，故 $\overline{|z(t)|^2} = 10$。

31. 求信号 $2e^{j(100\pi t + \frac{\pi}{3})}$ 的频率、功率、傅氏变换、功率谱密度。

解：信号 $2e^{j(100\pi t + \frac{\pi}{3})}$ 的频率是 50 Hz，周期是 20 ms，功率是 4，傅氏变换是 $2e^{j\frac{\pi}{3}}\delta(f-50)$，功率谱密度是 $4\delta(f-50)$。

32. 求复信号 $(1+3j)e^{j200\pi t} + 2e^{j100\pi t}$ 的功率、功率谱密度。

解：$(1+3j)e^{j200\pi t}$ 的频率是 100 Hz，功率是 $|1+3j|^2 = 10$。$2e^{j100\pi t}$ 的频率是 50 Hz，功率是 4。这两个不同频率的复信号之和的功率是各自功率之和，为 14。所求的功率谱密度是 $10\delta(f-100) + 4\delta(f-50)$。

33. 设 $s_1(t)$、$s_2(t)$ 的能量分别是 1 和 2，其平方欧氏距离为 $d_{12}^2=4$，求它们的归一化相关系数。

解：
$$\begin{aligned}d_{12}^2&=\int_{-\infty}^{\infty}[s_1(t)-s_2(t)]^2\mathrm{d}t\\&=\int_{-\infty}^{\infty}s_1^2(t)\mathrm{d}t+\int_{-\infty}^{\infty}s_2^2(t)\mathrm{d}t-2\int_{-\infty}^{\infty}s_1(t)s_2(t)\mathrm{d}t\\&=E_1+E_2-2\sqrt{E_1E_2}\int_{-\infty}^{\infty}\frac{s_1(t)}{\sqrt{E_1}}\frac{s_2(t)}{\sqrt{E_2}}\mathrm{d}t\\&=E_1+E_2-2\rho_{12}\sqrt{E_1E_2}\end{aligned}$$

将 $s_1(t)$、$s_2(t)$ 的能量和 d_{12}^2 代入可得，$4=1+2-2\sqrt{2}\rho_{12}$，故有 $\rho_{12}=-\dfrac{1}{2\sqrt{2}}$。

34. 判断下列信号是能量信号还是功率信号，并给出相应的能量或功率。

(1) $s_1(t)=A\mathrm{rect}\left(\dfrac{t}{T}-\dfrac{1}{2}\right)=\begin{cases}A,&0\leqslant t\leqslant T\\0,&\text{其他}\end{cases}$。

(2) $s_2(t)=(1+2\mathrm{j})\mathrm{e}^{\mathrm{j}200\pi t}$，$-\infty<t<\infty$。

(3) $s_3(t)=\begin{cases}\mathrm{e}^{-t},&t\geqslant 0\\0,&t<0\end{cases}$。

(4) $s_4(t)=g(t)\mathrm{e}^{\mathrm{j}2\pi f_0 t}$，其中 $g(t)$ 是能量为 1 的实信号。

解： (1) $s_1(t)$ 是一个持续时间有限的信号。此信号的瞬时功率 $s_1^2(t)$ 在 $[0,T]$ 内是 A^2，在 $[0,T]$ 外是 0。按无穷区间 $(-\infty,\infty)$ 计算的平均功率是 $\overline{s_1^2(t)}=\lim\limits_{T_0\to\infty}\dfrac{1}{T_0}\int_{-T_0/2}^{T_0/2}s^2(t)\mathrm{d}t=0$，总能量是 $\int_{-\infty}^{\infty}s^2(t)\mathrm{d}t=A^2 T$，故 $s_1(t)$ 是能量信号。

(2) $s_2(t)$ 是复信号，其瞬时功率是 $|s_2(t)|^2=|1+2\mathrm{j}|^2=5$，瞬时功率与时间 t 无关，对 t 平均后的平均功率也是 5。按无穷区间 $(-\infty,\infty)$ 计算的总能量是无穷，故 $s_2(t)$ 是功率信号。

(3) $s_3(t)$ 的能量为 $\int_{-\infty}^{\infty}s_3^2(t)\mathrm{d}t=\int_0^{\infty}\mathrm{e}^{-2t}\mathrm{d}t=\left[-\dfrac{1}{2}\mathrm{e}^{-2t}\right]_0^{\infty}=\dfrac{1}{2}$，平均功率为 0，故 $s_3(t)$ 是能量信号。

(4) $s_4(t)$ 的瞬时功率是 $|s_4(t)|^2=|g(t)\mathrm{e}^{\mathrm{j}2\pi f_0 t}|^2=g^2(t)$，等于实信号 $g(t)$ 的瞬时功率。由于 $g(t)$ 是能量为 1 的能量信号，所以 $s_4(t)$ 也是能量为 1 的能量信号。

35. 设 t_1、t_2 是任意时刻，证明下式成立：
$$\delta(t-t_1)\delta(t-t_2)=\delta(t-t_1)\delta(t_1-t_2)$$

证明： 狄拉克冲激 $\delta(x)$ 代表的是一个极限，如以下极限：
$$\delta(x)=\lim_{X\to 0}\left\{\dfrac{1}{X}\mathrm{sinc}\left(\dfrac{x}{X}\right)\right\}$$

拟证的等式左边是
$$\delta(t-t_1)\delta(t-t_2)=\delta(t-t_1)\cdot\lim_{T_2\to 0}\left\{\dfrac{1}{T_2}\cdot\mathrm{sinc}\left(\dfrac{t-t_2}{T_2}\right)\right\}=\lim_{T_2\to 0}\left\{\delta(t-t_1)\cdot\dfrac{1}{T_2}\cdot\mathrm{sinc}\left(\dfrac{t-t_2}{T_2}\right)\right\}$$

根据冲激函数的采样性可知，对任意有界函数 $g(x)$，若 $g(x)$ 在 $x=x_0$ 处连续，则有
$$\delta(x-x_0)g(x)=\delta(x-x_0)g(x_0)$$

因此

$$\delta(t-t_1) \cdot \frac{1}{T_2} \cdot \mathrm{sinc}\left(\frac{t-t_2}{T_2}\right) = \delta(t-t_1) \cdot \frac{1}{T_2} \cdot \mathrm{sinc}\left(\frac{t_1-t_2}{T_2}\right)$$

代入可得

$$\begin{aligned}
\delta(t-t_1)\delta(t-t_2) &= \lim_{T_2 \to 0}\left\{\delta(t-t_1) \cdot \frac{1}{T_2} \cdot \mathrm{sinc}\left(\frac{t-t_2}{T_2}\right)\right\} \\
&= \lim_{T_2 \to 0}\left\{\delta(t-t_1) \cdot \frac{1}{T_2} \cdot \mathrm{sinc}\left(\frac{t_1-t_2}{T_2}\right)\right\} \\
&= \delta(t-t_1) \cdot \lim_{T_2 \to 0}\left\{\frac{1}{T_2} \cdot \mathrm{sinc}\left(\frac{t_1-t_2}{T_2}\right)\right\} \\
&= \delta(t-t_1)\delta(t_1-t_2)
\end{aligned}$$

证毕。

36. 求信号 $s(t) = A\mathrm{e}^{\mathrm{j}2\pi f_0 t}$ 的傅立叶变换、功率谱密度。

解：信号 $s(t) = A\mathrm{e}^{\mathrm{j}2\pi f_0 t}$ 的傅氏变换为

$$S(f) = \int_{-\infty}^{\infty} A\mathrm{e}^{\mathrm{j}2\pi f_0 t} \cdot \mathrm{e}^{-\mathrm{j}2\pi f t} \mathrm{d}t = A\int_{-\infty}^{\infty} \mathrm{e}^{-\mathrm{j}2\pi(f-f_0)t} \mathrm{d}t = A\delta(f-f_0)$$

$s(t)$ 是复功率信号，其自相关函数是

$$R_s(\tau) = \overline{s(t+\tau)s^*(t)} = \overline{A\mathrm{e}^{\mathrm{j}2\pi f_0(t+\tau)} \cdot A\mathrm{e}^{-\mathrm{j}2\pi f_0 t}} = A^2\,\overline{\mathrm{e}^{\mathrm{j}2\pi f_0 \tau}} = A^2 \mathrm{e}^{\mathrm{j}2\pi f_0 \tau}$$

注意 $\overline{[\,\cdot\,]}$ 表示对 t 取平均，$\mathrm{e}^{\mathrm{j}2\pi f_0 \tau}$ 与 t 无关，对 t 取平均后仍是 $\mathrm{e}^{\mathrm{j}2\pi f_0 \tau}$。功率谱密度是自相关函数对 τ 做傅氏变换，因此 $s(t)$ 的功率谱密度为

$$P_s(f) = \int_{-\infty}^{\infty} A^2 \mathrm{e}^{\mathrm{j}2\pi f_0 \tau} \cdot \mathrm{e}^{-\mathrm{j}2\pi f \tau} \mathrm{d}\tau = A^2 \delta(f-f_0)$$

直观来说，$s(t)$ 的功率是 A^2，这些功率全部集中在频率 f_0 处，所以其功率谱密度是位于 f_0 的冲激，如图 2-3 所示。

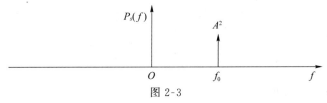

图 2-3

37. 求信号 $s(t) = A\mathrm{e}^{\mathrm{j}(2\pi f_0 t+\varphi)}$ 的傅氏变换、功率谱密度。

解：可将 $s(t)$ 表示成 $s(t) = A\mathrm{e}^{\mathrm{j}\varphi} \cdot \mathrm{e}^{\mathrm{j}2\pi f_0 t}$，即 $s(t)$ 是 $\mathrm{e}^{\mathrm{j}2\pi f_0 t}$ 乘以复系数 $A\mathrm{e}^{\mathrm{j}\varphi}$。$\mathrm{e}^{\mathrm{j}2\pi f_0 t}$ 的傅氏变换是 $\delta(f-f_0)$，乘以复系数后，$s(t)$ 的傅氏变换是 $S(f) = A\mathrm{e}^{\mathrm{j}\varphi}\delta(f-f_0)$。

$\mathrm{e}^{\mathrm{j}2\pi f_0 t}$ 的功率是 1，功率谱密度是 $\delta(f-f_0)$，乘以复系数后，相应的功率谱密度应乘以系数的模平方 $|A\mathrm{e}^{\mathrm{j}\varphi}|^2 = A^2$，故 $P_s(f) = A^2 \delta(f-f_0)$。

38. 设有信号 $g(t) = \mathrm{rect}\left(\dfrac{t}{T_s}\right)\cos\dfrac{\pi t}{T_s} = \begin{cases}\cos\dfrac{\pi t}{T_s}, & |t| \leqslant \dfrac{T_s}{2} \\ 0, & 其他\end{cases}$，求 $g(t)$ 的能量、傅氏变换 $G(f)$、能量谱密度、主瓣带宽。

解：$g(t)$ 的能量是瞬时功率 $g^2(t)$ 在 $(-\infty, \infty)$ 上的积分：

$$\begin{aligned}
E_g &= \int_{-\infty}^{\infty} g^2(t)\mathrm{d}t = \int_{-\frac{T_s}{2}}^{\frac{T_s}{2}} \cos^2\left(\frac{\pi t}{T_s}\right)\mathrm{d}t \\
&= \int_{-\frac{T_s}{2}}^{\frac{T_s}{2}} \frac{1}{2}\left[1+\cos\left(\frac{2\pi t}{T_s}\right)\right]\mathrm{d}t = \int_{-\frac{T_s}{2}}^{\frac{T_s}{2}} \frac{1}{2}\mathrm{d}t + \int_{-\frac{T_s}{2}}^{\frac{T_s}{2}} \frac{1}{2}\cos\left(\frac{2\pi t}{T_s}\right)\mathrm{d}t = \frac{T_s}{2}
\end{aligned}$$

$g(t)$ 是余弦函数的片段,如图 2-4 所示。

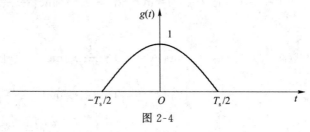

图 2-4

可将 $g(t)$ 表示为

$$g(t) = \text{rect}\left(\frac{t}{T_s}\right)\cos\frac{\pi t}{T_s} = \text{rect}\left(\frac{t}{T_s}\right)\cdot\frac{1}{2}(e^{j\frac{\pi t}{T_s}}+e^{-j\frac{\pi t}{T_s}})$$

其中,$\text{rect}\left(\dfrac{t}{T_s}\right)$ 的傅氏变换是 $T_s\text{sinc}(fT_s)$。信号乘以 $e^{\pm j\frac{\pi t}{T_s}}$ 后,对应频谱搬移 $\pm\dfrac{1}{2T_s}$。因此 $g(t)$ 的傅氏变换为

$$G(f) = \frac{T_s}{2}\left\{\text{sinc}\left[\left(f-\frac{1}{2T_s}\right)T_s\right]+\text{sinc}\left[\left(f+\frac{1}{2T_s}\right)T_s\right]\right\}$$

$$= \frac{T_s}{2}\left[\frac{\sin\left(\pi fT_s-\frac{\pi}{2}\right)}{\pi fT_s-\frac{\pi}{2}}+\frac{\sin\left(\pi fT_s+\frac{\pi}{2}\right)}{\pi fT_s+\frac{\pi}{2}}\right]$$

$$= \frac{T_s}{\pi}\left[-\frac{\cos\pi fT_s}{2fT_s-1}+\frac{\cos\pi fT_s}{2fT_s+1}\right]$$

$$= \frac{2T_s\cos\pi fT_s}{\pi(1-4f^2T_s^2)}$$

$g(t)$ 的能量谱密度为

$$|G(f)|^2 = \frac{4T_s^2\cos^2(\pi fT_s)}{\pi^2(1-4f^2T_s^2)^2}$$

按分贝表示的能量谱密度如图 2-5 所示。

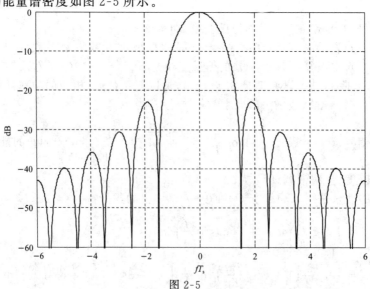

图 2-5

带宽是能量谱密度正频率部分的宽度,基带信号的主瓣带宽是能量谱密度第一个零点的频率值。上式的零点一定是 $\cos(\pi f T_s)$ 的零点,但注意在 $\pi f T_s = \dfrac{\pi}{2}$ 处(即在 $f T_s = \dfrac{1}{2}$ 处)上式是 0 除 0 的形式,该点并不是零点。能量谱密度的第一个零点位于 $\pi f T_s = \dfrac{3\pi}{2}$ 处,即位于 $f T_s = \dfrac{3}{2}$ 处,故主瓣带宽是 $\dfrac{3}{2T_s}$。

39. 求信号 $\text{sinc}\left(\dfrac{t}{T}\right)$ 的能量。

解:$s(t) = \text{sinc}\left(\dfrac{t}{T}\right)$ 在频域是一个面积为 1、宽度为 $\dfrac{1}{T}$ 的矩形,即 $S(f) = T \cdot \text{rect}(fT)$,其高度为 T。能量谱密度是 $|S(f)|^2 = T^2 \cdot \text{rect}(fT)$,能量是能量谱密度的积分,为 $T^2 \times \dfrac{1}{T} = T$。

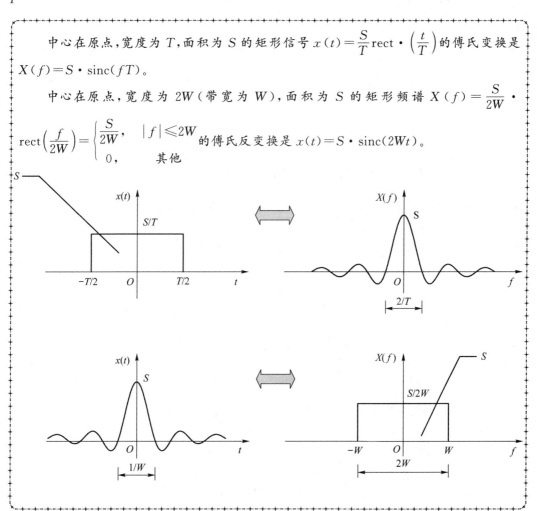

中心在原点,宽度为 T,面积为 S 的矩形信号 $x(t) = \dfrac{S}{T}\text{rect}\cdot\left(\dfrac{t}{T}\right)$ 的傅氏变换是 $X(f) = S \cdot \text{sinc}(fT)$。

中心在原点,宽度为 $2W$(带宽为 W),面积为 S 的矩形频谱 $X(f) = \dfrac{S}{2W} \cdot \text{rect}\left(\dfrac{f}{2W}\right) = \begin{cases} \dfrac{S}{2W}, & |f| \leqslant 2W \\ 0, & \text{其他} \end{cases}$ 的傅氏反变换是 $x(t) = S \cdot \text{sinc}(2Wt)$。

40. 考虑图 2-6 中的信号 $s_1(t)$ 和 $s_2(t)$,分别求二者的能量谱密度。

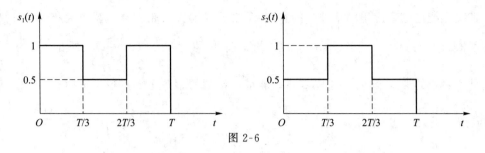

图 2-6

解:信号的任意时延不改变能量谱密度,因此 $s_1(t)$ 的能量谱密度和图 2-7(a) 中 $\tilde{s}_1(t)$ 的能量谱密度相等。而 $\tilde{s}_1(t)$ 可以表示成图 2-7(b) 和图 2-7(c) 所示的两个矩形脉冲之差:

$$\tilde{s}_1(t) = \text{rect}\left(\frac{t}{T}\right) - \frac{1}{2}\text{rect}\left(\frac{3t}{T}\right)$$

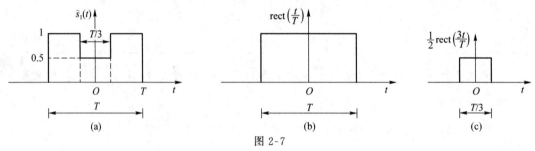

图 2-7

由此得到 $s_1(t)$ 的能量谱密度为

$$|S_1(f)|^2 = |\tilde{S}_1(f)|^2 = T^2 \left|\text{sinc}(fT) - \frac{1}{6}\text{sinc}\left(\frac{fT}{3}\right)\right|^2$$

同理,$s_2(t) = \tilde{s}_2\left(t - \frac{T}{2}\right)$,其中的 $\tilde{s}_2(t)$ 可以表示成两个矩形脉冲之和:

$$\tilde{s}_2(t) = \frac{1}{2}\text{rect}\left(\frac{t}{T}\right) + \frac{1}{2}\text{rect}\left(\frac{3t}{T}\right)$$

可得 $s_2(t)$ 的能量谱密度为

$$|S_2(f)|^2 = |\tilde{S}_2(f)|^2 = \frac{T^2}{4}\left|\text{sinc}(fT) + \frac{1}{3}\text{sinc}\left(\frac{fT}{3}\right)\right|^2$$

41. 设有基带信号 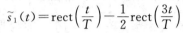 $m(t) = \frac{1}{\sqrt{N}}\sum_{i=1}^{N}\cos 2\pi it$。

(1) 试求 $m(t)$ 的平均功率 P_m。

(2) 试求 $m(t)$ 的峰均比 $C_m = \frac{|m(t)|^2_{\max}}{P_m}$。

解:(1) $\frac{1}{\sqrt{N}}\cos 2\pi it, i = 1, 2, \cdots, N$ 是频率分别为 $1, 2, \cdots, N$ Hz 的 N 个余弦信号,其功率均为 $\frac{1}{2N}$,因此 $m(t) = \frac{1}{\sqrt{N}}\sum_{i=1}^{N}\cos 2\pi it$ 的平均功率是 $\frac{1}{2}$。

(2) 当 $t = 0$ 时,$m(t)$ 达到其峰值 $\frac{1}{\sqrt{N}}\sum_{i=1}^{N}\cos 0 = \sqrt{N}$,其峰值功率是 N,峰均比是 $C_m =$

$2N$。

42. 求周期信号 $s(t) = \sum\limits_{m=-\infty}^{\infty} \delta(t-mT)$ 的傅氏级数展开式、傅氏变换表达式以及功率谱密度表达式。

解： $s(t)$ 的傅氏级数展开式为

$$s(t) = \sum_{k=-\infty}^{\infty} s_k \mathrm{e}^{\mathrm{j}2\pi\frac{k}{T}t}$$

其中 $s_k = \dfrac{1}{T}\int_{-\frac{T}{2}}^{\frac{T}{2}} s(t)\mathrm{e}^{-\mathrm{j}2\pi\frac{k}{T}t}\mathrm{d}t$。

$s(t) = \sum\limits_{m=-\infty}^{\infty} \delta(t-mT)$ 是图 2-8 所示的周期冲激序列。

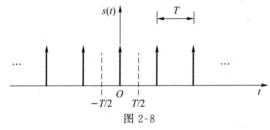

图 2-8

在区间 $\left[-\dfrac{T}{2}, \dfrac{T}{2}\right]$ 内，$s(t) = \delta(t)$，可知

$$\begin{aligned} s_k &= \frac{1}{T}\int_{-\frac{T}{2}}^{\frac{T}{2}} s(t)\mathrm{e}^{-\mathrm{j}2\pi\frac{k}{T}t}\mathrm{d}t \\ &= \frac{1}{T}\int_{-\frac{T}{2}}^{\frac{T}{2}} \delta(t)\mathrm{e}^{-\mathrm{j}2\pi\frac{k}{T}t}\mathrm{d}t \\ &= \frac{1}{T} \end{aligned}$$

从而得到 $s(t)$ 的傅氏级数展开式为

$$s(t) = \frac{1}{T}\sum_{k=-\infty}^{\infty} \mathrm{e}^{\mathrm{j}2\pi\frac{k}{T}t}$$

对上式逐项做傅氏变换，得到 $s(t)$ 的傅氏变换为

$$S(f) = \frac{1}{T}\sum_{k=-\infty}^{\infty} \delta\left(f-\frac{k}{T}\right)$$

$s(t)$ 的傅氏级数展开式中的每一项 $\dfrac{1}{T}\mathrm{e}^{\mathrm{j}2\pi\frac{k}{T}t}$ 的功率谱密度是 $\dfrac{1}{T^2}\delta\left(f-\dfrac{k}{T}\right)$，不同项之间的互相关函数是

$$\begin{aligned} \overline{\left(\frac{1}{T}\mathrm{e}^{\mathrm{j}2\pi\frac{k}{T}(t+\tau)}\right)\left(\frac{1}{T}\mathrm{e}^{\mathrm{j}2\pi\frac{m}{T}t}\right)^*} &= \overline{\frac{1}{T^2}\mathrm{e}^{\mathrm{j}2\pi\frac{k}{T}\tau}\mathrm{e}^{\mathrm{j}2\pi\frac{k-m}{T}t}} \\ &= \frac{1}{T^2}\mathrm{e}^{\mathrm{j}2\pi\frac{k}{T}\tau} \cdot \overline{\mathrm{e}^{\mathrm{j}2\pi\frac{k-m}{T}t}} \end{aligned}$$

对于不同的项 $(k \neq m)$，$\mathrm{e}^{\mathrm{j}2\pi\frac{k-m}{T}t}$ 对 t 求平均的结果是零，即不同的项不相关。此时，信号之和的功率谱密度等于各自功率谱密度之和，因此 $s(t)$ 的功率谱密度为

$$P_s(f) = \frac{1}{T^2} \sum_{k=-\infty}^{\infty} \delta\left(f - \frac{k}{T}\right)$$

43. 信号 $s(t) = e^{j2\pi f_0 t}$ 通过一个传递函数为 $G(f)$ 的滤波器后成为 $y(t)$，写出 $y(t)$ 的表达式、傅氏变换以及功率谱密度。

解： 信号 $s(t) = e^{j2\pi f_0 t}$ 的傅氏变换是 $\delta(f - f_0)$，滤波器输出信号 $y(t)$ 的傅氏变换为
$$Y(f) = G(f)S(f) = G(f)\delta(f - f_0)$$
$$= G(f_0)\delta(f - f_0) = G(f_0)S(f)$$

上式中的 $G(f_0)$ 是一个复系数，$Y(f)$ 与 $S(f)$ 是差一个系数的关系，因此 $y(t)$ 和 $s(t)$ 也是差一个系数的关系：
$$y(t) = G(f_0)s(t)$$

信号乘以复系数后，功率谱密度相应要乘以该系数的模平方，因此 $y(t)$ 的功率谱密度是
$$P_y(f) = |G(f_0)|^2 P_s(f) = |G(f_0)|^2 \delta(f - f_0)$$

> 复单频信号 $e^{j2\pi f_0 t}$ 通过滤波器 $G(f)$ 后仍然是一个复单频信号：$G(f_0)e^{j2\pi f_0 t}$。相当于将 $e^{j2\pi f_0 t}$ 通过了一个复数增益（复数放大倍数）为 $G(f_0)$ 的放大器。滤波器不改变输入信号的频率，只是通过复系数 $G(f_0)$ 影响信号的幅度和相位。
>
> 对于一般的滤波器而言，它的增益系数具有"频率选择性"，即增益系数对不同的输入频率有区别。传递函数 $G(f)$ 表述的正是增益 G 与频率 f 的关系。
>
> 复单频信号的功率与相位无关，因此对于频率为 f_0 的信号来说，滤波器的功率增益是 $|G(f_0)|^2$。任意功率信号的功率谱密度反映了信号的总平均功率在不同频率处的分布密度，滤波器对于不同的频率 f 有不同的复数幅度放大倍数 $G(f)$，相应地也有不同的功率放大倍数 $|G(f)|^2$。由此可以理解，若滤波器输入的功率谱密度是 $P_s(f)$，那么输出的功率谱密度理应是 $|G(f)|^2 P_s(f)$。

44. 正弦信号 $s(t) = A\cos(2\pi f_0 t + \theta)$ 通过一个传递函数为 $H(f)$ 的滤波器，求输出信号 $y(t)$ 的傅氏变换、时域表达式、功率谱密度、功率。

解： 可将 $s(t)$ 用欧拉公式展开为
$$s(t) = \frac{A}{2}e^{j(2\pi f_0 t + \theta)} + \frac{A}{2}e^{-j(2\pi f_0 t + \theta)} = \frac{Ae^{j\theta}}{2}e^{j2\pi f_0 t} + \frac{Ae^{-j\theta}}{2}e^{-j2\pi f_0 t}$$

其中 $e^{\pm j2\pi f_0 t}$ 的傅氏变换是 $\delta(f \mp f_c)$，因此 $s(t)$ 的频谱是
$$S(f) = \frac{A}{2}e^{j\theta}\delta(f - f_0) + \frac{A}{2}e^{-j\theta}\delta(f + f_0)$$

输出信号 $y(t)$ 的频谱是
$$Y(f) = S(f) \cdot H(f) = \frac{A}{2}e^{j\theta}H(f_0) \cdot \delta(f - f_0) + \frac{A}{2}e^{-j\theta}H(-f_0) \cdot \delta(f + f_0)$$

输出信号的时域表达式为
$$y(t) = \frac{A}{2}e^{j\theta}H(f_0)e^{j2\pi f_0 t} + \frac{A}{2}e^{-j\theta}H(-f_0)e^{-j2\pi f_0 t}$$

若 $H(f)$ 对应的冲激响应 $h(t)$ 是实函数，则
$$H(f_0) = H^*(-f_0) = |H(f_0)|e^{j\varphi(f_0)}$$

其中$|H(f_0)|$和$\varphi(f_0)=\angle H(f_0)$分别是系统在$f=f_0$处的幅频特性和相频特性。此时$y(t)$的表达式为

$$y(t)=\frac{A}{2}e^{j\theta}|H(f_0)|e^{j\varphi(f_0)}e^{j2\pi f_0 t}+\frac{A}{2}e^{-j\theta}|H(f_0)|e^{-j\varphi(f_0)}e^{-j2\pi f_0 t}$$

$$=\frac{A|H(f_0)|}{2}\{e^{j[2\pi f_0 t+\theta+\varphi(f_0)]}+e^{-j[2\pi f_0 t+\theta+\varphi(f_0)]}\}$$

$$=A|H(f_0)|\cos[2\pi f_0 t+\theta+\varphi(f_0)]$$

它是将输入信号的幅度乘以系统幅度增益$|H(f_0)|$,并对输入信号的相位引入了附加相移$\varphi(f_0)$。

$y(t)$的功率谱密度是

$$P_y(f)=\frac{A^2|H(f_0)|^2}{4}\cdot\delta(f-f_0)+\frac{A^2|H(f_0)|^2}{4}\cdot\delta(f+f_0)$$

其正频率和负频率部分的功率都是$\dfrac{A^2|H(f_0)|^2}{4}$,因此$y(t)$的功率是$\dfrac{A^2|H(f_0)|^2}{2}$,等于输入信号$s(t)$的功率$\dfrac{A^2}{2}$乘以系统在f_0处的功率增益$|H(f_0)|^2$。

45. 考虑图2-9所示的系统,$H(f)$是一个带宽为$\dfrac{1}{2T_b}$的理想低通滤波器,其传递函数为

$$H(f)=T_b\cdot\text{rect}(fT_b)=\begin{cases}T_b, & |f|\leqslant\dfrac{1}{2T_b}\\ 0, & |f|>\dfrac{1}{2T_b}\end{cases}$$

求图中输出信号$y(t)$及其频谱$Y(f)$,并画出$|Y(f)|$。

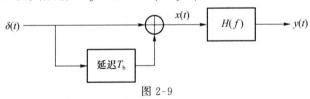

图2-9

解:图2-9所示的理想低通滤波器$H(f)$对应的冲激响应为

$$h(t)=\text{sinc}\left(\frac{t}{T_b}\right)$$

输入$x(t)=\delta(t)+\delta(t-T_b)$,故输出$y(t)$的表达式为

$$y(t)=h(t)+h(t-T_b)=\text{sinc}\left(\frac{t}{T_b}\right)+\text{sinc}\left(\frac{t-T_b}{T_b}\right)$$

$$=\frac{T_b}{\pi t}\sin\frac{\pi t}{T_b}+\frac{T_b}{\pi(t-T_b)}\sin\frac{\pi(t-T_b)}{T_b}=\frac{T_b}{\pi t}\sin\frac{\pi t}{T_b}-\frac{T_b}{\pi(t-T_b)}\sin\frac{\pi t}{T_b}$$

$$=\frac{T_b}{\pi}\left(\frac{1}{t}-\frac{1}{t-T_b}\right)\sin\frac{\pi t}{T_b}=\frac{T_b^2\sin\dfrac{\pi t}{T_b}}{\pi t(T_b-t)}$$

$x(t)=\delta(t)+\delta(t-T_b)$的频谱是$1+e^{-j2\pi fT_b}$,故$y(t)$的频谱为

$$Y(f) = H(f)(1+\mathrm{e}^{-\mathrm{j}2\pi fT_b}) = H(f)(\mathrm{e}^{\mathrm{j}\pi fT_b}+\mathrm{e}^{-\mathrm{j}\pi fT_b})\mathrm{e}^{-\mathrm{j}\pi fT_b}$$
$$= 2H(f)\mathrm{e}^{-\mathrm{j}\pi fT_b}\cos\pi fT_b$$
$$= \begin{cases} 2T_b \cdot \mathrm{e}^{-\mathrm{j}\pi fT_b}\cos\pi fT_b, & |f|\leqslant\dfrac{1}{2T_b} \\ 0, & |f|>\dfrac{1}{2T_b} \end{cases}$$

其振幅频谱$|Y(f)|$如图 2-10 所示。

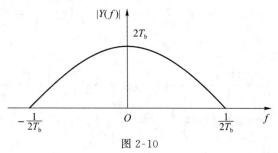

图 2-10

46. 将周期信号 $s(t) = \sum\limits_{n=-\infty}^{\infty}\delta(t-nT)$ 通过一个传递函数为 $H(f)$、冲激响应为 $h(t)$ 的线性时不变系统，求输出信号 $y(t)$ 的傅氏变换、傅氏级数展开式、时域表达式、功率谱密度、功率。

解：$\delta(t-nT)$ 通过线性系统后的输出是 $h(t-nT)$，因此输出信号 $y(t)$ 的时域表达式为

$$y(t) = \sum_{n=-\infty}^{\infty} h(t-nT)$$

输入信号 $s(t)$ 的傅氏变换是 $\dfrac{1}{T}\sum\limits_{m=-\infty}^{\infty}\delta\left(f-\dfrac{m}{T}\right)$，因此输出信号 $y(t)$ 的傅氏变换是

$$Y(f) = H(f) \cdot \frac{1}{T}\sum_{m=-\infty}^{\infty}\delta\left(f-\frac{m}{T}\right) = \frac{1}{T}\sum_{m=-\infty}^{\infty} H\left(\frac{m}{T}\right)\delta\left(f-\frac{m}{T}\right)$$

式中的 $H\left(\dfrac{m}{T}\right)\delta\left(f-\dfrac{m}{T}\right)$ 在时域是 $H\left(\dfrac{m}{T}\right)\mathrm{e}^{\mathrm{j}2\pi\frac{m}{T}t}$，因此上式的傅氏反变换是

$$y(t) = \frac{1}{T}\sum_{m=-\infty}^{\infty} H\left(\frac{m}{T}\right)\mathrm{e}^{\mathrm{j}2\pi\frac{m}{T}t}$$

此即输出信号 $y(t)$ 的傅氏级数展开式。上式中的每一项 $H\left(\dfrac{m}{T}\right)\mathrm{e}^{\mathrm{j}2\pi\frac{m}{T}t}$ 的功率谱密度均是 $\left|H\left(\dfrac{m}{T}\right)\right|^2\delta\left(f-\dfrac{m}{T}\right)$，不同的项不相关，因此输出信号的功率谱密度是

$$P_y(f) = \frac{1}{T^2}\sum_{m=-\infty}^{\infty}\left|H\left(\frac{m}{T}\right)\right|^2\delta\left(f-\frac{m}{T}\right)$$

功率是功率谱密度的积分，输出信号的功率是

$$P_y = \int_{-\infty}^{\infty} P_y(f)\mathrm{d}f = \frac{1}{T^2}\sum_{m=-\infty}^{\infty}\left|H\left(\frac{m}{T}\right)\right|^2$$

47. 设有周期信号 $s(t) = \sum\limits_{n=-\infty}^{\infty} g(t-nT)$，其中 $g(t)$ 的傅氏变换是 $G(f)$，求 $s(t)$ 的傅氏变换、傅氏级数展开式、功率谱密度。

解： $s(t)$ 可以看作 $\sum_{n=-\infty}^{\infty} \delta(t-nT)$ 通过冲激响应为 $g(t)$ 的滤波器的输出，根据上题结果可得

$$S(f) = \frac{1}{T} \sum_{m=-\infty}^{\infty} G\left(\frac{m}{T}\right) \delta\left(f - \frac{m}{T}\right)$$

$$s(t) = \frac{1}{T} \sum_{m=-\infty}^{\infty} G\left(\frac{m}{T}\right) e^{j2\pi \frac{m}{T} t}$$

$$P_s(f) = \frac{1}{T^2} \sum_{m=-\infty}^{\infty} \left|G\left(\frac{m}{T}\right)\right|^2 \delta\left(f - \frac{m}{T}\right)$$

48. 已知周期信号 $s(t) = \sum_{n=-\infty}^{\infty} g(t-nT)$，其中 $g(t) = \begin{cases} 2/T, & -T/4 \leqslant t < T/4 \\ 0, & \text{其他} \end{cases}$，求 $s(t)$ 的功率谱密度。

解： $g(t)$ 的傅氏变换是 $G(f) = \mathrm{sinc}\left(\frac{fT}{2}\right)$，代入上题结果可得

$$P_s(f) = \frac{1}{T^2} \sum_{m=-\infty}^{\infty} \mathrm{sinc}^2\left(\frac{m}{2}\right) \delta\left(f - \frac{m}{T}\right)$$

$$= \frac{1}{T^2} \delta(f) + \frac{1}{T^2} \sum_{k=-\infty}^{\infty} \frac{4}{(2k-1)^2 \pi^2} \delta\left(f - \frac{2k-1}{T}\right)$$

49. 已知周期信号 $s(t) = \sum_{n=-\infty}^{\infty} g(t-nT)$，其中 $g(t) = \begin{cases} 1, & 0 \leqslant t < T \\ 0, & t<0, t \geqslant T \end{cases}$，求 $s(t)$ 的功率谱密度。

解：方法一： 本题与上题相似。$g(t)$ 的傅氏变换是 $G(f) = T \cdot \mathrm{sinc}(fT) \cdot e^{-j\pi fT}$，因此

$$P_s(f) = \frac{1}{T^2} \sum_{m=-\infty}^{\infty} \left|G\left(\frac{m}{T}\right)\right|^2 \delta\left(f - \frac{m}{T}\right)$$

$$= \frac{1}{T^2} \sum_{m=-\infty}^{\infty} T^2 \cdot \mathrm{sinc}^2(m) \delta\left(f - \frac{m}{T}\right)$$

$$= \delta(f)$$

方法二： 本题中的 $g(t)$ 是位于 $[0,T]$ 的矩形，而 $s(t)$ 是将 $g(t)$ 进行周期性搬移叠加，如图 2-11 所示。

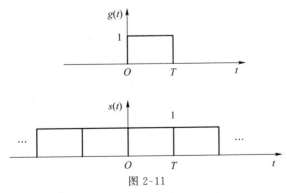

图 2-11

叠加后的 $s(t)$ 是一条直线，即 $s(t)=1$，是幅度为 1 的直流信号，其功率谱密度是 $\delta(f)$。

50. 求如下信号的傅氏级数展开式,并求其平均功率:

$$s(t) = \sum_{m=-\infty}^{\infty} \text{sinc}(t-3m)$$

解：可以看出 $s(t)$ 是将 $g(t)=\text{sinc}(t)$ 按 $T=3$ 进行周期性搬移叠加而形成的周期信号。$\text{sinc}(t)$ 的傅氏变换是

$$G(f) = \text{rect}(f) = \begin{cases} 1, & |f| \leqslant \frac{1}{2} \\ 0, & |f| > \frac{1}{2} \end{cases}$$

根据第 48 题的结果可知 $s(t)$ 的傅氏级数展开式为

$$s(t) = \frac{1}{T}\sum_{m=-\infty}^{\infty} G\left(\frac{m}{T}\right) e^{j2\pi\frac{m}{T}t} = \frac{1}{3}\sum_{m=-\infty}^{\infty} \text{rect}\left(\frac{m}{3}\right) e^{j2\pi\frac{m}{3}t}$$

当 $m=0,\pm 1$ 时，$\text{rect}\left(\frac{m}{3}\right)=1$；当 m 为其他整数时，$\text{rect}\left(\frac{m}{3}\right)=0$，代入 $s(t)$ 的表达式可得

$$s(t) = \frac{1}{3}\{e^{-j\frac{2}{3}\pi t} + 1 + e^{j\frac{2}{3}\pi t}\} = \frac{2}{3}\cos\left(\frac{2}{3}\pi t\right) + \frac{1}{3}$$

由这个结果可以求出 $s(t)$ 的平均功率是 $\frac{2}{9} + \frac{1}{9} = \frac{1}{3}$。

51. 设 $g(t)$ 是实信号，已知其傅氏变换是 $G(f)$，求 $h(t)=g(t_0-t)$ 的傅氏变换。

解：$h(t)=g(t_0-t)=g(-(t-t_0))$ 是 $g(-t)$ 延迟了 t_0 后的结果。$g(-t)$ 的傅氏变换是 $G(-f)=G^*(f)$，延迟 t_0 对应到频域是乘以 $e^{-j2\pi f t_0}$，因此 $h(t)=g(t_0-t)$ 的傅氏变换是 $G^*(f)e^{-j2\pi f t_0}$。

52. 设 $s_1(t)$、$s_2(t)$ 是复信号，$S_1(f)$、$S_2(f)$ 分别是它们的傅氏变换。证明时域内积等于频域内积：

$$\int_{-\infty}^{\infty} s_1(t)s_2^*(t)\,dt = \int_{-\infty}^{\infty} S_1(f)S_2^*(f)\,df$$

证明：
$$\int_{-\infty}^{\infty} s_1(t)s_2^*(t)\,dt = \int_{-\infty}^{\infty} \left[\int_{-\infty}^{\infty} S_1(u)e^{j2\pi ut}\,du\right]\left[\int_{-\infty}^{\infty} S_2(f)e^{j2\pi ft}\,df\right]^*\,dt$$

$$= \int_{-\infty}^{\infty}\int_{-\infty}^{\infty}\int_{-\infty}^{\infty} S_1(u)S_2^*(f)e^{j2\pi ut}e^{-j2\pi ft}\,du\,df\,dt$$

$$= \int_{-\infty}^{\infty}\int_{-\infty}^{\infty} S_1(u)S_2^*(f)\left[\int_{-\infty}^{\infty} e^{j2\pi ut}e^{-j2\pi ft}\,dt\right]du\,df$$

上式方括号内的积分是 $e^{j2\pi ut}$ 的傅氏变换，为 $\delta(f-u)=\delta(u-f)$，因此

$$\int_{-\infty}^{\infty} s_1(t)s_2^*(t)\,dt = \int_{-\infty}^{\infty}\int_{-\infty}^{\infty} S_1(u)S_2^*(f)\delta(u-f)\,du\,df$$

$$= \int_{-\infty}^{\infty}\left[\int_{-\infty}^{\infty} S_1(u)\delta(u-f)\,du\right]S_2^*(f)\,df$$

将狄拉克冲激的采样性代入方括号中的积分，得到

$$\int_{-\infty}^{\infty} s_1(t)s_2^*(t)\,dt = \int_{-\infty}^{\infty} S_1(f)S_2^*(f)\,df$$

若 $s_1(t)s_2(t)$ 是实信号，则上式左边的共轭操作可以省略，上式成为

$$\int_{-\infty}^{\infty} s_1(t)s_2(t)\,dt = \int_{-\infty}^{\infty} S_1(f)S_2^*(f)\,df$$

注意上式右边的共轭操作不能省略,因为实信号的傅氏变换一般是复函数。

证毕。

53. 求矩形脉冲 $s(t) = \text{rect}\left(\dfrac{t}{T}\right)$ 的自相关函数 $R_s(\tau)$。

解：方法一：$s(t)$ 的自相关函数为

$$R_s(\tau) = \int_{-\infty}^{\infty} s(t+\tau)s(t)\mathrm{d}t = \int_{-\infty}^{\infty} \text{rect}\left(\dfrac{t+\tau}{T}\right)\text{rect}\left(\dfrac{t}{T}\right)\mathrm{d}t$$

其中 $\text{rect}\left(\dfrac{t}{T}\right)$ 是位于区间 $\left[-\dfrac{T}{2}, \dfrac{T}{2}\right]$ 的矩形脉冲，$\text{rect}\left(\dfrac{t+\tau}{T}\right)$ 是位于区间 $\left[-\dfrac{T}{2}-\tau, \dfrac{T}{2}-\tau\right]$ 的矩形脉冲，因此

$$R_s(\tau) = \int_{-\frac{T}{2}}^{\frac{T}{2}} \text{rect}\left(\dfrac{t+\tau}{T}\right)\mathrm{d}t$$

当 $|\tau| \geq T$ 时，$\text{rect}\left(\dfrac{t+\tau}{T}\right)$ 落在区间 $\left[-\dfrac{T}{2}, \dfrac{T}{2}\right]$ 之外，积分是零。若 $0 \leq \tau < T$，被积函数在积分区间内不为零的部分是 $\left[-\dfrac{T}{2}, \dfrac{T}{2}-\tau\right]$，如图 2-12 所示。

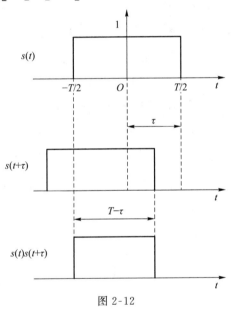

图 2-12

被积函数是一个宽度为 $T-\tau$、高度为 1 的矩形，因此积分值是 $T-\tau$，又因实信号的自相关函数是偶函数，故可得

$$R_s(\tau) = \begin{cases} T - |\tau|, & |\tau| \leq T \\ 0, & \text{其他} \end{cases}$$

方法二：$s(t)$ 的傅氏变换为 $T \cdot \text{sinc}(fT)$，能量谱密度为 $T^2 \cdot \text{sinc}^2(fT)$。自相关函数是能量谱密度的傅氏反变换。$\text{sinc}^2(fT)$ 的傅氏反变换为

$$\mathscr{F}^{-1}\left[\text{sinc}^2(fT)\right] = \begin{cases} \dfrac{1}{T}\left(1 - \dfrac{|\tau|}{T}\right), & |\tau| \leq T \\ 0, & \text{其他} \end{cases}$$

因此所求的自相关函数为

$$R_s(\tau) = \begin{cases} T - |\tau|, & |\tau| \leqslant T \\ 0, & \text{其他} \end{cases}$$

54. $\int_{-\infty}^{\infty} \operatorname{sinc}(\tau - t)\operatorname{sinc}(\tau)\mathrm{d}\tau = $ _____。

解：方法一：$\operatorname{sinc}(\tau-t)$、$\operatorname{sinc}(\tau)$ 关于变量 τ 的傅氏变换分别是 $\operatorname{rect}(f)\mathrm{e}^{-\mathrm{j}2\pi ft}$ 和 $\operatorname{rect}(f)$。时域内积等于频域内积，故有

$$\int_{-\infty}^{\infty} \operatorname{sinc}(\tau - t)\operatorname{sinc}(\tau)\mathrm{d}\tau = \int_{-\infty}^{\infty} \operatorname{rect}(f)\mathrm{e}^{-\mathrm{j}2\pi ft} \cdot [\operatorname{rect}(f)]^* \mathrm{d}f$$
$$= \int_{-\infty}^{\infty} \operatorname{rect}^2(f)\mathrm{e}^{-\mathrm{j}2\pi ft}\mathrm{d}f$$

$\operatorname{rect}(f)$ 是高度为 1、宽度为 1、中心在原点的矩形，其平方是自身，因此

$$\int_{-\infty}^{\infty} \operatorname{sinc}(\tau - t)\operatorname{sinc}(\tau)\mathrm{d}\tau = \int_{-\infty}^{\infty} \operatorname{rect}(f)\mathrm{e}^{-\mathrm{j}2\pi ft}\mathrm{d}f = \left[\int_{-\infty}^{\infty} \operatorname{rect}(f)\mathrm{e}^{\mathrm{j}2\pi ft}\mathrm{d}f\right]^*$$

上式方括号中的积分是矩形函数 $\operatorname{rect}(f)$ 的傅氏反变换，即 $\operatorname{sinc}(t)$，因此

$$\int_{-\infty}^{\infty} \operatorname{sinc}(\tau - t)\operatorname{sinc}(\tau)\mathrm{d}\tau = [\operatorname{sinc}(t)]^* = \operatorname{sinc}(t)$$

方法二：$\operatorname{sinc}(t)$ 是偶函数，因此 $s(t) = \int_{-\infty}^{\infty} \operatorname{sinc}(\tau - t)\operatorname{sinc}(\tau)\mathrm{d}\tau = \int_{-\infty}^{\infty} \operatorname{sinc}(t - \tau)\operatorname{sinc}(\tau)\mathrm{d}\tau$，可以看作 $\operatorname{sinc}(t)$ 与 $\operatorname{sinc}(t)$ 的卷积。又因时域卷积对应频域乘积，可得 $s(t)$ 的频谱为 $\operatorname{rect}(f) \cdot \operatorname{rect}(f) = \operatorname{rect}(f)$，做傅氏反变换后得到 $s(t) = \operatorname{sinc}(t)$。

55. 设有复能量信号 $s(t)$，其傅氏变换为 $S(f)$。$s(t)$ 的自相关函数的定义为

$$R_s(\tau) = \int_{-\infty}^{\infty} s(t+\tau)s^*(t)\mathrm{d}t$$

试证明：$R_s(\tau)$ 是 $|S(f)|^2$ 的傅氏反变换，$R_s^*(\tau)$ 是 $|S(-f)|^2$ 的傅氏反变换。

证明：$R_s(\tau)$ 是 $s(t+\tau)$ 与 $s(t)$ 的内积。$s(t)$ 的傅氏变换为 $S(f)$，$s(t+\tau)$ 的傅氏变换为 $S(f)\mathrm{e}^{\mathrm{j}2\pi f\tau}$。时域内积等于频域内积，因此

$$R_s(\tau) = \int_{-\infty}^{\infty} s(t+\tau)s^*(t)\mathrm{d}t$$
$$= \int_{-\infty}^{\infty} S(f)\mathrm{e}^{\mathrm{j}2\pi f\tau} \cdot S^*(f)\mathrm{d}f$$
$$= \int_{-\infty}^{\infty} |S(f)|^2 \mathrm{e}^{\mathrm{j}2\pi f\tau}\mathrm{d}f$$

上式的最后一个等式说明 $R_s(\tau)$ 是 $|S(f)|^2$ 的傅氏反变换。同理可知

$$R_s^*(\tau) = \int_{-\infty}^{\infty} s^*(t+\tau)s(t)\mathrm{d}t = \int_{-\infty}^{\infty} s(t)s^*(t+\tau)\mathrm{d}t$$
$$= \int_{-\infty}^{\infty} S(f) \cdot [S(f)\mathrm{e}^{\mathrm{j}2\pi f\tau}]^* \mathrm{d}f$$
$$= \int_{-\infty}^{\infty} |S(f)|^2 \mathrm{e}^{-\mathrm{j}2\pi f\tau}\mathrm{d}f$$
$$= \int_{-\infty}^{\infty} |S(-f)|^2 \mathrm{e}^{\mathrm{j}2\pi f\tau}\mathrm{d}f$$

最后一个等式说明 $R_s^*(\tau)$ 是 $|S(-f)|^2$ 的傅氏反变换。

证毕。

56. 证明：若信号 $x(t)$ 与 $y(t)$ 的能量谱密度或功率谱密度在频域不交叠，则它们的互相关函数 $R_{xy}(\tau)=0$。

证明：对于能量信号，能量谱密度在频域不交叠就是
$$|X(f)|^2 \cdot |Y(f)|^2 = 0, \quad -\infty < f < \infty$$
上式等价于
$$|X(f)Y^*(f)|^2 = 0, \quad -\infty < f < \infty$$
又等价于（复数 $|z|^2=0$ 意味着 $z=0$）
$$X(f)Y^*(f) = 0, \quad -\infty < f < \infty$$
上式左边是互能量谱密度，其傅氏反变换是互相关函数，由此可知 $R_{xy}(\tau)=0$。

对于功率信号，功率谱密度在频域不交叠就是
$$P_x(f)P_y(f) = 0, \quad -\infty < f < \infty$$
即
$$\lim_{T \to \infty} \frac{|X_T(f)|^2}{T} \cdot \frac{|Y_T(f)|^2}{T} = 0, \quad -\infty < f < \infty$$
其中 $X_T(f)$、$Y_T(f)$ 分别是 $x(t)$ 和 $y(t)$ 在区间 $\left[-\frac{T}{2}, \frac{T}{2}\right]$ 截断后的傅氏变换。上式等价于
$$\lim_{T \to \infty} \left|\frac{X_T(f)Y_T^*(f)}{T}\right|^2 = 0, \quad -\infty < f < \infty$$
即
$$\lim_{T \to \infty} \frac{X_T(f)Y_T^*(f)}{T} = 0, \quad -\infty < f < \infty$$
上式左边是互功率谱密度，其傅氏反变换是互相关函数，由此可知 $R_{xy}(\tau)=0$。

证毕。

57. 能量为 E_s 的信号 $s(t)$ 通过一个冲激响应为 $h(t)$ 的线性时不变系统后在 $t=T$ 时刻采样得到采样值 z，如图 2-13 所示。若已知 $h(t)$ 的能量为 E_h，求能使 z 最大的 $h(t)$。

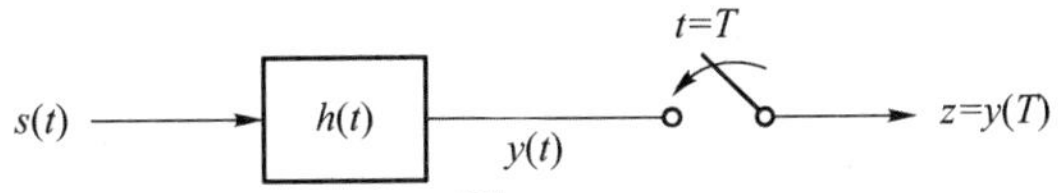

图 2-13

解：采样值 z 是 $s(t)$ 与 $h(t)$ 的卷积结果 $y(t)$ 在时刻 $t=T$ 的值，为
$$z = y(t) = \int_{-\infty}^{\infty} h(\tau)s(T-\tau)\mathrm{d}\tau = \int_{-\infty}^{\infty} h(t)s(T-t)\mathrm{d}t$$
上式右边是 $h(t)$ 与 $s(T-t)$ 的内积。根据许尔瓦兹不等式，内积达到最大的条件是 $h(t)$ 与 $s(T-t)$ 的波形形状相同，即
$$h(t) = K \cdot s(T-t)$$
另外，题中条件要求 $h(t)$ 的能量为 E_h，而 $s(T-t)$ 的能量等于 $s(t)$ 的能量，即等于 E_s，$Ks(T-t)$ 的能量是 $K^2 E_s$，所以 K 必须满足 $E_h = K^2 E_s$，即 $K = \sqrt{\dfrac{E_h}{E_s}}$，可得
$$h(t) = \sqrt{\dfrac{E_h}{E_s}} \cdot s(T-t)$$

58. 设 $m(t)$ 是带宽为 W 的基带信号，已知其希尔伯特变换是 $\hat{m}(t)$，傅氏变换是 $M(f)$。求以下带通信号的傅氏变换，其中 f_c 充分大。

(1) $s(t)=m(t)\cos 2\pi f_c t$。

(2) $s(t)=m(t)\cos 2\pi f_c t-\hat{m}(t)\sin 2\pi f_c t$。

解：带通信号的频谱可根据其复包络的频谱导出。若复包络 $s_L(t)$ 的傅氏变换为 $S_L(f)$，则带通信号 $s(t)$ 的傅氏变换的正频率部分是 $S_L(f)$ 右移除 2，负频率部分是 $S_L(f)$ 的镜像共轭 $S_L^*(-f)$ 左移除 2，即

$$S(f)=\frac{1}{2}S_L(f-f_c)+\frac{1}{2}S_L^*(-f-f_c)$$

(1) $s(t)=m(t)\cos 2\pi f_c t$ 的复包络是 $s_L(t)=m(t)$，其频谱为 $S_L(f)=M(f)$，镜像共轭为 $S_L^*(-f)=M^*(-f)$。注意 $m(t)$ 是实信号，其频谱满足共轭对称性 $M^*(-f)=M(f)$，故 $S_L^*(-f)=M(f)$。所以

$$S(f)=\frac{M(f-f_c)+M(f+f_c)}{2}$$

(2) $s(t)=m(t)\cos 2\pi f_c t-\hat{m}(t)\sin 2\pi f_c t$ 的复包络是 $s_L(t)=m(t)+\mathrm{j}\hat{m}(t)$，这是一个解析信号，其频谱在负频率处是零，在正频率处是原信号频谱的 2 倍：

$$S_L(f)=\begin{cases}2M(f), & f>0\\ 0, & f<0\end{cases}$$

其共轭是

$$S_L^*(f)=\begin{cases}2M^*(f), & f>0\\ 0, & f<0\end{cases}=\begin{cases}2M(-f), & f>0\\ 0, & f<0\end{cases}$$

其镜像共轭是

$$S_L^*(-f)=\begin{cases}2M(f), & f<0\\ 0, & f>0\end{cases}$$

镜像是频率轴反转，当 $S_L^*(f)$ 的表达式中的 $-f$ 变成 f 时，$f>0$ 相应地要变成 $f<0$。代入得到

$$S(f)=\begin{cases}\dfrac{1}{2}S_L(f-f_c), & f>0\\[4pt] \dfrac{1}{2}S_L^*(-f-f_c), & f<0\end{cases}=\begin{cases}M(f-f_c), & f>f_c\\ M(f+f_c), & f<f_c\\ 0, & \text{其他}\end{cases}$$

59. 设有带通信号 $s(t)=a(t)\cos 2\pi f_c t-b(t)\sin 2\pi f_c t$，其中 $a(t)$、$b(t)$ 是基带信号。求 $s(t)$ 以 $\cos(2\pi f_c t+\theta)$ 为参考载波的复包络。

解：若 $\theta=0$，则从 $s(t)=a(t)\cos 2\pi f_c t-b(t)\sin 2\pi f_c t$ 的表达式形式可以直接看出复包络是 $a(t)+\mathrm{j}b(t)$。此时，$s(t)$ 可以表示为

$$s(t)=\mathrm{Re}\{[a(t)+\mathrm{j}b(t)]\mathrm{e}^{\mathrm{j}2\pi f_c t}\}$$

若 $s_L(t)$ 表示 $s(t)$ 以 $\cos(2\pi f_c t+\theta)$ 为参考载波的复包络，说明：

$$s(t)=\mathrm{Re}\{s_L(t)\mathrm{e}^{\mathrm{j}(2\pi f_c t+\theta)}\}$$

又因为 $s(t)=\text{Re}\{[a(t)+\text{j}b(t)]\text{e}^{\text{j}2\pi f_c t}\}$ 可改写为
$$s(t)=\text{Re}\{[a(t)+\text{j}b(t)]\text{e}^{-\text{j}\theta}\text{e}^{\text{j}(2\pi f_c t+\theta)}\}$$
因此 $s(t)$ 以 $\cos(2\pi f_c t+\theta)$ 为参考载波的复包络为
$$s_\text{L}(t)=[a(t)+\text{j}b(t)]\text{e}^{-\text{j}\theta}$$

> 给定带通信号 $s(t)$ 和载波频率 f_c 时，$s(t)$ 的复包络 $s_\text{L}(t)$ 的表达式并不唯一，还与载波的参考相位有关。若参考载波为 $\cos(2\pi f_c t+\theta)$，则 $s_\text{L}(t)$ 满足
> $$\begin{aligned}s(t)&=\text{Re}\{s_\text{L}(t)\text{e}^{\text{j}(2\pi f_c t+\theta)}\}\\&=I(t)\cos(2\pi f_c t+\theta)-Q(t)\sin(2\pi f_c t+\theta)\end{aligned}$$
> 其中 $I(t)=\text{Re}\{s_\text{L}(t)\}$，$Q(t)=\text{Im}\{s_\text{L}(t)\}$，它们分别是以 $\cos(2\pi f_c t+\theta)$ 为参考载波时的同相分量和正交分量。
>
> 除另有说明的情况外，本书默认参考载波为 $\cos(2\pi f_c t)$。

60. 设有带通信号 $s(t)=x(t)\cos(2\pi f_c t+\theta)$，其中 θ 是定值，$x(t)$ 是基带信号，其自相关函数与功率谱密度分别为 $R_x(\tau)$、$P_x(f)$。求 $s(t)$ 的自相关函数和功率谱密度。

解：带通信号的功率谱密度可根据其复包络的功率谱密度导出。若复包络 $s_\text{L}(t)$ 的功率谱密度为 $P_\text{L}(f)$，则带通信号 $s(t)$ 的功率谱密度的正频率部分是 $P_\text{L}(f)$ 右移除 4，负频率部分是 $P_\text{L}(f)$ 镜像为 $P_\text{L}(-f)$ 后左移除 4，即
$$P_s(f)=\frac{1}{4}P_\text{L}(f-f_c)+\frac{1}{4}P_\text{L}(-f-f_c)$$
本题中的 $s(t)$ 可以表示成
$$s(t)=x(t)\cos(2\pi f_c t+\theta)=\text{Re}\{x(t)\cdot\text{e}^{\text{j}(2\pi f_c t+\theta)}\}=\text{Re}\{x(t)\text{e}^{\text{j}\theta}\cdot\text{e}^{\text{j}2\pi f_c t}\}$$
由此可知 $s(t)$ 的复包络是 $s_\text{L}(t)=x(t)\text{e}^{\text{j}\theta}$。$x(t)$ 的功率谱密度是 $P_x(f)$，乘上系数 $\text{e}^{\text{j}\theta}$ 后，复包络的功率谱密度是 $P_\text{L}(f)=|\text{e}^{\text{j}\theta}|^2 P_x(f)=P_x(f)$。实信号的功率谱密度是偶函数，故 $P_x(f)=P_x(-f)$，代入 $P_s(f)=\frac{1}{4}P_\text{L}(f-f_c)+\frac{1}{4}P_\text{L}(-f-f_c)$ 可得
$$P_s(f)=\frac{1}{4}P_x(f-f_c)+\frac{1}{4}P_x(f+f_c)$$
对上式做傅氏反变换得到
$$R_s(\tau)=\frac{1}{4}R_x(\tau)\text{e}^{\text{j}2\pi f_c \tau}+\frac{1}{4}R_x(\tau)\text{e}^{-\text{j}2\pi f_c \tau}=\frac{R_x(\tau)}{2}\cos 2\pi f_c\tau$$

61. 设带通信号 $s(t)$ 的功率谱密度是 $P_s(f)$，复包络是 $s_\text{L}(t)=m_1(t)+\text{j}m_2(t)$，其中 $m_1(t)$、$m_2(t)$ 是基带信号。另有一个带通信号 $y(t)$，已知其复包络是 $y_\text{L}(t)=s_\text{L}(t)\text{e}^{\text{j}\alpha}$，其中 α 是一个固定的相位，求 $y(t)$ 的表达式以及 $y(t)$ 的功率谱密度。

解：$y(t)$ 的复包络是
$$y_\text{L}(t)=s_\text{L}(t)\text{e}^{\text{j}\alpha}=[m_1(t)+\text{j}m_2(t)]\text{e}^{\text{j}\alpha}$$
根据带通信号与复包络的关系可以写出 $y(t)$ 的表达式：
$$\begin{aligned}y(t)&=\text{Re}\{y_\text{L}(t)\text{e}^{\text{j}2\pi f_c t}\}=\text{Re}\{[m_1(t)+\text{j}m_2(t)]\text{e}^{\text{j}\alpha}\text{e}^{\text{j}2\pi f_c t}\}\\&=\text{Re}\{[m_1(t)+\text{j}m_2(t)]\text{e}^{\text{j}(2\pi f_c t+\alpha)}\}\\&=m_1(t)\cos(2\pi f_c t+\alpha)-m_2(t)\sin(2\pi f_c t+\alpha)\end{aligned}$$
$y_\text{L}(t)$ 与 $s_\text{L}(t)$ 是差一个系数 $\text{e}^{\text{j}\alpha}$ 的关系，故它们的功率谱密度关系是

$$P_{y_L}(f) = |e^{j\alpha}|^2 P_{s_L}(f) = P_{s_L}(f)$$

对于两个带通信号，若复包络的功率谱密度相同，则带通信号的功率谱密度也相同，因此
$$P_s(f) = P_y(f)$$

注意，本题中若 $\alpha = -\dfrac{\pi}{2}$，那么 $y(t)$ 是 $s(t)$ 的希尔伯特变换。

62. 设 $y(t) = x(t) + j\hat{x}(t)$，其中 $x(t)$ 是实信号，其自相关函数与功率谱密度分别为 $R_x(\tau)$、$P_x(f)$，$\hat{x}(t)$ 是 $x(t)$ 的希尔伯特变换。求 $y(t)$ 的自相关函数和功率谱密度。

解： $y(t)$ 与 $x(t)$ 的关系如图 2-14 所示。

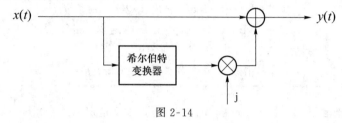

图 2-14

$y(t)$ 可以看作 $x(t)$ 通过一个线性系统后的输出，该线性系统的传递函数为
$$H(f) = 1 + j[-j\operatorname{sgn}(f)] = 1 + \operatorname{sgn}(f) = \begin{cases} 2, & f > 0 \\ 0, & f < 0 \end{cases}$$

因此 $y(t)$ 的功率谱密度为
$$P_y(f) = |H(f)|^2 P_x(f) = \begin{cases} 4P_x(f), & f > 0 \\ 0, & f < 0 \end{cases}$$

注意 $H(f)$ 的取值满足 $|H(f)|^2 = 2H(f)$，所以上式中的第一个等式又可以写成：
$$\begin{aligned}P_y(f) &= 2H(f)P_x(f) \\ &= 2\{1 + j[-j\operatorname{sgn}(f)]\}P_x(f) \\ &= 2P_x(f) + 2j[-j\operatorname{sgn}(f)]P_x(f)\end{aligned}$$

对上式做傅氏反变换：$P_x(f)$ 的傅氏反变换是 $R_x(\tau)$；频域乘以 $-j\operatorname{sgn}(f)$ 对应到时域是希尔伯特变换，因此 $[-j\operatorname{sgn}(f)]P_x(f)$ 的傅氏反变换是 $R_x(\tau)$ 的希尔伯特变换 $\hat{R}_x(\tau)$。于是，$P_y(f)$ 的傅氏反变换，即 $y(t)$ 的自相关函数为
$$R_y(\tau) = 2R_x(\tau) + 2j\hat{R}_x(\tau)$$

63. 设有窄带信号 $x(t) = m(t)\cos(2\pi f_c t + \varphi)$，其中 φ 是定值，$m(t)$ 是实基带信号，其带宽远小于 f_c。求 $x(t)$ 的复包络 $x_L(t)$、希尔伯特变换 $\hat{x}(t)$ 以及 $\hat{x}(t)$ 的复包络。

解： 可将 $x(t)$ 表示为
$$x(t) = m(t)\cos(2\pi f_c t + \varphi) = \operatorname{Re}\{m(t) \cdot e^{j(2\pi f_c t + \varphi)}\} = \operatorname{Re}\{m(t)e^{j\varphi} \cdot e^{j2\pi f_c t}\}$$

由此可知 $x(t)$ 的复包络是 $x_L(t) = m(t)e^{j\varphi}$。

进一步将 $x(t)$ 表示为
$$x(t) = \operatorname{Re}\{m(t) \cdot e^{j(2\pi f_c t + \varphi)}\} = \frac{1}{2}m(t) \cdot e^{j(2\pi f_c t + \varphi)} + \frac{1}{2}m(t) \cdot e^{-j(2\pi f_c t + \varphi)}$$

上式第二个等号右边第一项是正频率部分，第二项是负频率部分。希尔伯特变换是将正频率部分乘以 $-j$，将负频率部分乘以 j，因此 $x(t)$ 的希尔伯特变换为

$$\hat{x}(t) = -\frac{j}{2}m(t) \cdot e^{j(2\pi f_c t + \varphi)} + \frac{j}{2}m(t) \cdot e^{-j(2\pi f_c t + \varphi)}$$

$$= \frac{1}{2}m(t) \cdot e^{j\left(2\pi f_c t + \varphi - \frac{\pi}{2}\right)} + \frac{1}{2}m(t) \cdot e^{-j\left(2\pi f_c t + \varphi - \frac{\pi}{2}\right)}$$

$$= m(t)\cos\left(2\pi f_c t + \varphi - \frac{\pi}{2}\right) = m(t)\sin(2\pi f_c t + \varphi)$$

$\hat{x}(t)$ 的正频率部分是 $-\frac{j}{2}m(t) \cdot e^{j(2\pi f_c t + \varphi)}$,带通信号的复包络是正频率部分左移(时域乘以 $e^{-j2\pi f_c t}$)后乘以 2,故 $\hat{x}(t)$ 的复包络是

$$\hat{x}_L(t) = -jm(t) \cdot e^{j\varphi}$$

64. 设有窄带信号 $x(t) = I(t)\cos(2\pi f_c t + \varphi) - Q(t)\sin(2\pi f_c t + \varphi)$,其中 $I(t)$、$Q(t)$ 是实基带信号且其带宽远小于 f_c。

(1) 求 $x(t)$ 的希尔伯特变换 $\hat{x}(t)$。

(2) 以 $\cos(2\pi f_c t + \varphi)$ 为参考载波,求 $x(t)$、$\hat{x}(t)$ 的复包络。

(3) 以 $\cos 2\pi f_c t$ 为参考载波,求 $x(t)$、$\hat{x}(t)$ 的复包络。

解:(1) $I(t)\cos(2\pi f_c t + \varphi)$ 的希尔伯特变换是 $I(t)\sin(2\pi f_c t + \varphi)$,$-Q(t)\sin(2\pi f_c t + \varphi)$ 的希尔伯特变换是 $-Q(t)\sin\left(2\pi f_c t + \varphi - \frac{\pi}{2}\right) = Q(t)\cos(2\pi f_c t + \varphi)$。所以

$$\hat{x}(t) = I(t)\sin(2\pi f_c t + \varphi) + Q(t)\cos(2\pi f_c t + \varphi)$$
$$= Q(t)\cos(2\pi f_c t + \varphi) + I(t)\sin(2\pi f_c t + \varphi)$$

(2) 以 $\cos(2\pi f_c t + \varphi)$ 为参考载波时,$x(t) = I(t)\cos(2\pi f_c t + \varphi) - Q(t)\sin(2\pi f_c t + \varphi)$ 的同相分量是 $I(t)$,正交分量是 $Q(t)$,故复包络是

$$x_L(t) = I(t) + jQ(t)$$

$\hat{x}(t) = Q(t)\cos(2\pi f_c t + \varphi) + I(t)\sin(2\pi f_c t + \varphi)$ 的同相分量是 $Q(t)$,正交分量是 $-I(t)$,故其复包络是

$$\hat{x}_L(t) = Q(t) - jI(t) = -jx_L(t)$$

注意,此处记号 $\hat{x}_L(t)$ 表示 $\hat{x}(t)$ 的复包络,不是 $x_L(t)$ 的希尔伯特变换。

(3) 以 $\cos(2\pi f_c t)$ 为参考载波时,$I(t)\cos(2\pi f_c t + \varphi)$ 的复包络是 $I(t)e^{j\varphi}$。$-Q(t) \cdot \sin(2\pi f_c t + \varphi) = Q(t)\cos\left(2\pi f_c t + \varphi + \frac{\pi}{2}\right)$ 的复包络是 $Q(t)e^{j\left(\varphi + \frac{\pi}{2}\right)} = jQ(t)e^{j\varphi}$。因此,$x(t)$ 的复包络是

$$x_L(t) = I(t)e^{j\varphi} + jQ(t)e^{j\varphi} = [I(t) + jQ(t)]e^{j\varphi}$$

对于 $x(t)$ 的希尔伯特变换 $\hat{x}(t) = I(t)\sin(2\pi f_c t + \varphi) + Q(t)\cos(2\pi f_c t + \varphi)$ 来说,$I(t) \cdot \sin(2\pi f_c t + \varphi) = I(t)\cos\left(2\pi f_c t + \varphi - \frac{\pi}{2}\right)$ 的复包络是 $I(t)e^{j\left(\varphi - \frac{\pi}{2}\right)} = -jI(t)e^{j\varphi}$,$Q(t) \cdot \cos(2\pi f_c t + \varphi)$ 的复包络是 $Q(t)e^{j\varphi}$。因此 $\hat{x}(t)$ 的复包络是

$$\hat{x}_L(t) = -jI(t)e^{j\varphi} + Q(t)e^{j\varphi} = [Q(t) - jI(t)]e^{j\varphi} = -jx_L(t)$$

> 对带通信号进行希尔伯特变换后,输出的带通信号是输入的带通信号的载波相位后移 $-\pi/2$,输出信号的复包络是输入信号的复包络乘以 $-j$。

65. 在图 2-15 中，$s(t)$ 是带通信号，$h(t)$ 表示带通滤波器的冲激响应。已知 $s(t) = \begin{cases} A\cos 2\pi f_c t, & 0 \leqslant t < T \\ 0, & t < 0, t \geqslant T \end{cases}$，$h(t) = \begin{cases} 2\cos 2\pi f_c t, & 0 \leqslant t < T \\ 0, & t < 0, t \geqslant T \end{cases}$。试求 $s(t)$、$x(t)$、$y(t)$、$z(t)$ 的复包络以及 $x(t)$、$y(t)$、$z(t)$ 的表达式，并按 $f_c = 3/T$ 画出 $s(t)$、$x(t)$、$y(t)$、$z(t)$ 的信号波形及包络波形。

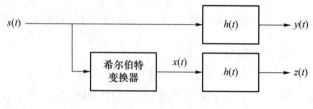

图 2-15

解：令 $g(t) = \begin{cases} A, & 0 \leqslant t < T \\ 0, & t < 0, t \geqslant T \end{cases}$，则 $s(t) = g(t)\cos 2\pi f_c t$。$s(t)$ 只有同相分量，没有正交分量，其复包络为

$$s_L(t) = g(t) = \begin{cases} A, & 0 \leqslant t < T \\ 0, & t < 0, t \geqslant T \end{cases}$$

带通信号 $s(t) = g(t)\cos 2\pi f_c t$ 的希尔伯特变换是

$$x(t) = \hat{s}(t) = g(t)\sin 2\pi f_c t = \begin{cases} A\sin 2\pi f_c t, & 0 \leqslant t < T \\ 0, & t < 0, t \geqslant T \end{cases}$$

$x(t)$ 只有正交分量 $-g(t)$，没有同相分量，其复包络是

$$x_L(t) = -jg(t) = \begin{cases} -jA, & 0 \leqslant t < T \\ 0, & t < 0, t \geqslant T \end{cases}$$

带通滤波器 $h(t)$ 的等效低通响应 $h_e(t)$ 是其复包络的 $\frac{1}{2}$。比较 $h(t)$ 与 $s(t)$ 可知，$h(t) = \frac{2}{A}s(t)$，故其复包络是

$$h_L(t) = \frac{2}{A}s_L(t) = \begin{cases} 2, & 0 \leqslant t < T \\ 0, & t < 0, t \geqslant T \end{cases}$$

$h(t)$ 的等效低通冲激响应为

$$h_e(t) = \frac{1}{2}h_L(t) = \begin{cases} 1, & 0 \leqslant t < T \\ 0, & t < 0, t \geqslant T \end{cases}$$

带通滤波器输出信号的复包络是输入复包络与带通系统等效低通响应的卷积，因此 $y(t)$ 的复包络为

$$y_L(t) = \int_{-\infty}^{\infty} s_L(t-\tau)h_e(\tau)d\tau = \int_0^T s_L(t-\tau)d\tau = \begin{cases} At, & 0 \leqslant t < T \\ A(2T-t), & T \leqslant t < 2T \\ 0, & t < 0, t \geqslant 2T \end{cases}$$

$y(t)$ 的表达式为

$$y(t) = \text{Re}\{y_L(t)e^{j2\pi f_c t}\} = \begin{cases} At\cos 2\pi f_c t, & 0 \leqslant t < T \\ A(2T-t)\cos 2\pi f_c t, & T \leqslant t < 2T \\ 0, & t < 0, t \geqslant 2T \end{cases}$$

$z(t)$ 是 $s(t)$ 先经过希尔伯特变换器,然后通过滤波器 $h(t)$ 而得到的。希尔伯特变换器是一种特定的滤波器,信号通过两个前后级联的滤波器时,滤波器的次序可以交换而不改变结果,如图 2-16 所示。

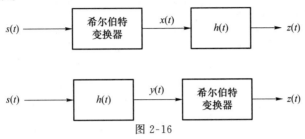

图 2-16

因此,$z(t)$ 是 $y(t)$ 的希尔伯特变换:

$$z(t)=\hat{y}(t)=\begin{cases}At\sin 2\pi f_c t, & 0\leqslant t<T\\ A(2T-t)\sin 2\pi f_c t, & T\leqslant t<2T\\ 0, & t<0, t\geqslant 2T\end{cases}$$

此信号只有正交分量,没有同相分量,其复包络的表达式为

$$z_L(t)=\begin{cases}-jAt, & 0\leqslant t<T\\ -jA(2T-t), & T\leqslant t<2T\\ 0, & t<0, t\geqslant 2T\end{cases}$$

$s(t)$、$x(t)$、$y(t)$、$z(t)$ 的信号波形及包络波形分别示于图 2-17 中。注意,带通信号经过希尔伯特变换后,波形会发生变化,但包络不变。

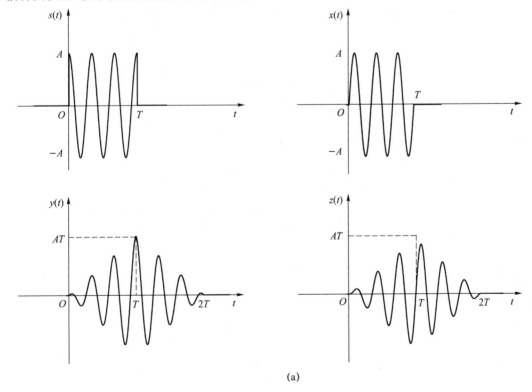

(a)

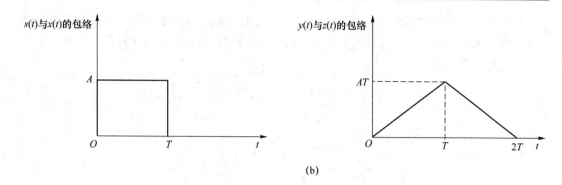

(b)

图 2-17

66. 设有信号 $g(t)=\mathrm{e}^{-\frac{t^2}{2}}$,求其能量及自相关函数。

解: $g(t)$ 的能量是

$$E_g = \int_{-\infty}^{\infty} g^2(t)\mathrm{d}t = \int_{-\infty}^{\infty} \mathrm{e}^{-t^2}\mathrm{d}t$$

注意如下积分:

$$\int_{-\infty}^{\infty} \frac{1}{\sqrt{2\pi\sigma^2}}\mathrm{e}^{-\frac{t^2}{2\sigma^2}}\mathrm{d}t = 1$$

取 $\sigma^2 = \frac{1}{2}$ 代入可得 $\int_{-\infty}^{\infty} \frac{1}{\sqrt{\pi}}\mathrm{e}^{-t^2}\mathrm{d}t = 1$,因此 $E_g = \sqrt{\pi}$。

$g(t)$ 的自相关函数是

$$R_g(\tau) = \int_{-\infty}^{\infty} g(t+\tau)g(t)\mathrm{d}t = \int_{-\infty}^{\infty} \mathrm{e}^{-\frac{(t+\tau)^2}{2}} \cdot \mathrm{e}^{-\frac{t^2}{2}}\mathrm{d}t$$

$$= \int_{-\infty}^{\infty} \mathrm{e}^{-\left(t^2+t\tau+\frac{\tau^2}{2}\right)}\mathrm{d}t = \int_{-\infty}^{\infty} \mathrm{e}^{-\left(t+\frac{\tau}{2}\right)^2-\frac{\tau^2}{4}}\mathrm{d}t$$

$$= \mathrm{e}^{-\frac{\tau^2}{4}} \int_{-\infty}^{\infty} \mathrm{e}^{-\left(t+\frac{\tau}{2}\right)^2}\mathrm{d}t = \sqrt{\pi}\mathrm{e}^{-\frac{\tau^2}{4}}$$

或者

$$R_g(\tau) = \int_{-\infty}^{\infty} g(t+\tau)g(t)\mathrm{d}t$$

$$= \int_{-\infty}^{\infty} \mathrm{e}^{-\frac{(t+\tau)^2}{2}} \cdot \mathrm{e}^{-\frac{t^2}{2}}\mathrm{d}t$$

$$\overset{t\to t-\frac{\tau}{2}}{=} \int_{-\infty}^{\infty} \mathrm{e}^{-\frac{\left(t+\frac{\tau}{2}\right)^2}{2}} \cdot \mathrm{e}^{-\frac{\left(t-\frac{\tau}{2}\right)^2}{2}}\mathrm{d}t \int_{-\infty}^{\infty} \mathrm{e}^{-\left(t^2+\frac{\tau^2}{4}\right)}\mathrm{d}t$$

$$= \mathrm{e}^{-\frac{\tau^2}{4}} \int_{-\infty}^{\infty} \mathrm{e}^{-t^2}\mathrm{d}t = \sqrt{\pi}\mathrm{e}^{-\frac{\tau^2}{4}}$$

第 3 章 随 机 过 程

1. 判断:若 Z 是均值为 0、方差为 $\frac{1}{2}$ 的高斯随机变量,则 Z 的绝对值大于 1 的概率是 erfc(1)。

解:正确。

2. 判断:若 Z 是均值为 0、方差为 1 的高斯随机变量,则 Z 大于 1 的概率是 $Q(1)$。

解:正确。

3. 判断:若 $X(t)$、$Y(t)$ 是平稳过程,则 $X(t)+Y(t)$ 也是平稳过程。

解:错误。判定随机过程平稳的条件是其均值为常数且自相关函数只与 $\tau=t_1-t_2$ 有关。记 $Z(t)=X(t)+Y(t)$。$Z(t)$ 的均值 $E[Z(t)]=E[X(t)]+E[Y(t)]=m_X+m_Y$ 是常数。$Z(t)$ 的自相关函数 $R_Z(t_1,t_2)=R_X(t_1,t_2)+R_Y(t_1,t_2)+R_{XY}(t_1,t_2)+R_{YX}(t_1,t_2)$,$X(t)$、$Y(t)$ 是平稳过程只能导出 $R_X(t_1,t_2)=R_X(\tau)$ 和 $R_Y(t_1,t_2)=R_Y(\tau)$,而无法确定互相关函数 $R_{XY}(t_1,t_2)R_{YX}(t_1,t_2)$ 是否只与 τ 有关,因此无法判定 $Z(t)$ 是平稳过程。

4. 判断:若 $X(t)$、$Y(t)$ 是高斯过程,则 $X(t)+Y(t)$ 也是高斯过程。

解:错误。考虑服从标准正态分布的随机变量 $X\sim N(0,1)$,假设 $Y=ZX$,其中 Z 取值于 $\{\pm1\}$ 且与 X 独立。Y 的概率分布函数满足:

$$F_Y(y)=P\{ZX<y\}=P\{ZX<y|Z=1\}P\{Z=1\}+P\{ZX<y|Z=-1\}P\{Z=-1\}$$
$$=P\{X<y\}P\{Z=1\}+P\{X>-y\}P\{Z=-1\}$$
$$=P\{X<y\}P\{Z=1\}+P\{X<y\}P\{Z=-1\}$$
$$=P\{X<y\}=F_X(y)$$

由上式可知,Y 和 X 同分布,即 $Y\sim N(0,1)$。但 $X+Y=(Z+1)X$ 显然不是正态分布。

5. 判断:若 X、Y 不相关,则 X、Y 独立。

解:错误。不相关是指二者没有线性相关性,独立是指二者完全没有关系。独立一定不相关,不相关未必独立。

6. 判断:设 $n(t)$ 是窄带平稳高斯过程,记其解析信号为 $Z(t)$,其复包络为 $n_L(t)$。对于任意时刻 t_1、t_2,$Z(t_1)$ 与 $n_L(t_2)$ 这两个复随机变量有相同的概率密度函数。

解:正确。$Z(t)=n(t)+j\hat{n}(t)$,对于任意时刻 t_1,$Z(t_1)$ 的实部 $n(t_1)$、虚部 $\hat{n}(t_1)$ 均是均值为 0、方差为 $E[n^2(t_1)]=P_n$ 的高斯随机变量,故 $Z(t_1)$ 是均值为 0、方差为 P_n 的复高斯随机变量。

$n_L(t)=Z(t)\mathrm{e}^{-\mathrm{j}2\pi f_c t}=n_c(t)+\mathrm{j}n_s(t)$,可得 $n_L(t)$ 的实部为 $n_c(t)=n(t)\cos 2\pi f_c t+\hat{n}(t)\cdot \sin 2\pi f_c t$,虚部为 $n_s(t)=\hat{n}(t)\cos 2\pi f_c t-n(t)\sin 2\pi f_c t$。对于任意时刻 t_2,$n_c(t_2)$、$n_s(t_2)$ 均是均值为 0、方差为 $E[n_c^2(t_2)]=E[n_s^2(t_2)]=E[n^2(t_2)]=P_n$ 的高斯随机变量,故 $n_L(t_2)$ 也是均值为 0、方差为 P_n 的复高斯随机变量。

7. 判断:设 $X(t)=\cos(200\pi t+\theta)$,其中随机变量 θ 在区间 $[0,2\pi]$ 内均匀分布,则 $X(t)$ 是平稳过程。

解:正确。$X(t)$ 的均值 $E[X(t)]=0$ 为常数,其自相关函数为
$$\begin{aligned}R_X(t+\tau,t)&=E\{\cos[200\pi(t+\tau)+\theta]\cos(200\pi t+\theta)\}\\&=\frac{1}{2}E[\cos(400\pi t+200\pi\tau+2\theta)]+\frac{1}{2}\cos 200\pi\tau\\&=\frac{1}{2}\cos 200\pi\tau\\&=R_X(\tau)\end{aligned}$$
只与时间间隔 τ 有关,故 $X(t)$ 是平稳过程。

8. 判断:设 $X(t)$、$Y(t)$ 是零均值平稳过程,它们的功率谱密度分别是 $P_X(f)$、$P_Y(f)$。若对于任意 t_1、t_2,恒有 $E[X(t_1)Y(t_2)]=0$,则 $X(t)+Y(t)$ 的功率谱密度是 $P_X(f)+P_Y(f)$。

解:正确。记 $Z(t)=X(t)+Y(t)$,则 $Z(t)$ 的自相关函数为
$$\begin{aligned}R_Z(t+\tau,t)&=E\{[X(t+\tau)+Y(t+\tau)][X(t)+Y(t)]\}\\&=E[X(t+\tau)X(t)]+E[Y(t+\tau)Y(t)]+E[X(t+\tau)Y(t)]+E[Y(t+\tau)X(t)]\\&=R_X(\tau)+R_Y(\tau)+E[X(t+\tau)Y(t)]+E[Y(t+\tau)X(t)]\end{aligned}$$
由题中条件可知,$E[X(t+\tau)Y(t)]$ 和 $E[Y(t+\tau)X(t)]$ 均等于 0,故 $R_Z(t+\tau,t)=R_X(\tau)+R_Y(\tau)=R_Z(\tau)$ 只与 τ 有关,$Z(t)$ 是平稳过程。由维纳-辛钦定理可知,$P_Z(f)=P_X(f)+P_Y(f)$。

9. 判断:零均值平稳过程通过线性时不变系统后的输出是零均值平稳过程。

解:正确。考虑随机过程 $X(t)$ 通过冲激响应为 $h(t)$ 的线性时不变系统,输出 $Y(t)=X(t)*h(t)=\int_{-\infty}^{\infty}X(t-u)h(u)\mathrm{d}u$。

若 $X(t)$ 平稳,则 $Y(t)$ 的均值
$$\begin{aligned}E[Y(t)]&=E\left[\int_{-\infty}^{\infty}X(t-u)h(u)\mathrm{d}u\right]\\&=\int_{-\infty}^{\infty}E[X(t-u)]h(u)\mathrm{d}u\\&=m_X\int_{-\infty}^{\infty}h(u)\mathrm{d}u=m_X H(0)\end{aligned}$$
是常数。$Y(t)$ 的自相关函数为
$$\begin{aligned}R_Y(t+\tau,t)&=E[Y(t+\tau)Y(t)]=E\left[\int_{-\infty}^{\infty}X(t+\tau-u)h(u)\mathrm{d}u\int_{-\infty}^{\infty}X(t-v)h(v)\mathrm{d}v\right]\\&=\int_{-\infty}^{\infty}\int_{-\infty}^{\infty}E[X(t+\tau-u)X(t-v)]h(u)h(v)\mathrm{d}u\mathrm{d}v\\&=\int_{-\infty}^{\infty}\int_{-\infty}^{\infty}R_X(\tau-u+v)h(u)h(v)\mathrm{d}u\mathrm{d}v\end{aligned}$$
是只与 τ 有关的函数,故 $Y(t)$ 是平稳过程。

若进一步假设 $X(t)$ 是零均值,即 $m_X=0$,则 $m_Y=m_X H(0)=0$,即 $Y(t)$ 也是零均值。

10. 判断:若 $X(t)$ 是带通型平稳过程,则 $E[X(t)]=0$。

解：正确。

方法一：带通型随机过程的功率谱分布在远离零频的某一中心频率附近，这意味着 $X(t)$ 不包含离散的直流分量，即 $E[X(t)]=0$。

方法二：带通型随机过程 $X(t)$ 可表示为 $X(t)=I(t)\cos 2\pi f_c t - Q(t)\sin 2\pi f_c t$，其中 $I(t)$ 和 $Q(t)$ 分别表示 $X(t)$ 的同相分量和正交分量。因为 $X(t)$ 是平稳过程，所以其均值 $E[X(t)]=E[I(t)]\cos 2\pi f_c t - E[Q(t)]\sin 2\pi f_c t$ 必为常数，则必有 $E[I(t)]=E[Q(t)]=0$，从而有 $E[X(t)]=0$。

11. 判断：白高斯噪声 $n_w(t)$ 的均值一定是零，即 $E[n_w(t)]=0$。

解：正确。白高斯噪声的功率谱密度可以建模为常数 $P_n(f)=\dfrac{N_0}{2}$，其自相关函数为 $P_n(f)$ 的傅氏变换 $R_n(\tau)=\dfrac{N_0}{2}\delta(\tau)$。对于非周期的平稳随机过程，当 $\tau\to\infty$ 时其自相关函数趋于其均值平方，即

$$\lim_{\tau\to\infty} R_n(\tau) = \lim_{\tau\to\infty} E[n_w(t+\tau)n_w(t)]$$
$$= E[n_w(t+\tau)]E[n_w(t)]$$
$$= E^2[n_w(t)]$$

又因为 $\lim_{\tau\to\infty} R_n(\tau)=0$，因此 $E[n_w(t)]=0$。

12. 若复平稳序列 $\{a_n\}$ 的元素的均值为零、方差为 1，且两两不相关，则 $\{a_n\}$ 的自相关函数 $R_a(k)=E[a_{n+k}a_n^*]=$ _____。

(A) 0 (B) $\begin{cases}0, & k=0 \\ 1, & k\neq 0\end{cases}$ (C) 1 (D) $\begin{cases}1, & k=0 \\ 0, & k\neq 0\end{cases}$

解：D。$k=0$ 时，$R_a(k)=E[a_n a_n^*]=E[|a_n|^2]=1$，$k\neq 0$ 时，$R_a(k)=E[a_{n+k}a_n^*]=E[a_{n+k}]E[a_n^*]=0$。

13. 设 $g_1(t)=\begin{cases}1, & 0\leq t\leq 2 \\ 0, & \text{其他}\end{cases}$，$g_2(t)=\begin{cases}1, & 1\leq t\leq 3 \\ 0, & \text{其他}\end{cases}$ 是两个确定信号，$n_w(t)$ 是白高斯噪声。令 $Z_1=\int_{-\infty}^{\infty} n_w(t)g_1(t)\mathrm{d}t$，$Z_2=\int_{-\infty}^{\infty} n_w(t)g_2(t)\mathrm{d}t$，则 Z_1、Z_2 的关系是 _____。

(A) 不相关 (B) 独立 (C) 独立同分布 (D) 同分布

解：D。Z_1、Z_2 都是服从高斯分布的随机变量。对于 $i=1,2$，Z_i 的均值为

$$E[Z_i]=E\left[\int_{-\infty}^{\infty} n_w(t)g_i(t)\mathrm{d}t\right]=\int_{-\infty}^{\infty} E[n_w(t)]g_i(t)\mathrm{d}t=0$$

Z_i 的方差为

$$E[Z_i^2]=E\left\{\left[\int_{-\infty}^{\infty} n_w(t)g_i(t)\mathrm{d}t\right]^2\right\}$$
$$=\int_{-\infty}^{\infty}\int_{-\infty}^{\infty} E[n_w(t)n_w(u)]g_i(t)g_i(u)\mathrm{d}u\mathrm{d}t$$
$$=\int_{-\infty}^{\infty}\left\{\int_{-\infty}^{\infty}\frac{N_0}{2}\delta(t-u)g_i(u)\mathrm{d}u\right\}g_i(t)\mathrm{d}t$$
$$=\frac{N_0}{2}\int_{-\infty}^{\infty} g_i^2(t)\mathrm{d}t$$
$$=\frac{N_0 E_{g_i}}{2}$$

其中 $E_{g_1}=E_{g_2}=1^2\times 2=2$ J。Z_1、Z_2 的均值、方差均相同,故二者同分布。

注意,二者的相关值 $E[Z_1Z_2]=\frac{N_0}{2}\int_{-\infty}^{\infty}g_1(t)g_2(t)\mathrm{d}t=\frac{N_0}{2}\neq E[Z_1]E[Z_2]$,可知 Z_1、Z_2 之间存在线性相关性,不独立。

14. 某随机过程 $X(t)$ 的样本函数为 $\cos 200\pi t$ 和 $-\cos 200\pi t$,其自相关函数 $R_X(t_1,t_2)=E[X(t_1)X(t_2)]=$ _____。

(A) $\cos 200\pi t_1+\cos 200\pi t_2$ (B) $\cos 200\pi t_1 \cos 200\pi t_2$

(C) $\cos 200\pi t_1-\cos 200\pi t_2$ (D) 0

解:B。遍历两个可能的样本函数,对于样本函数 $\cos 200\pi t$,$X(t_1)X(t_2)=\cos 200\pi t_1\cdot\cos 200\pi t_2$;对于样本函数 $-\cos 200\pi t$,$X(t_1)X(t_2)=[-\cos 200\pi t_1][-\cos 200\pi t_2]=\cos 200\pi t_1\cos 200\pi t_2$。$X(t)$ 的自相关函数是以上两种情况的统计平均,仍为 $\cos 200\pi t_1\cos 200\pi t_2$。

15. 零均值实平稳过程 $X(t)$ 的希尔伯特变换为 $\hat{X}(t)$。若 $X(t)$ 的自相关函数是 $R_X(\tau)$,则 $E[\hat{X}(t+\tau)X(t)]=$ _____,其中 $\hat{R}_X(\tau)$ 是 $R_X(\tau)$ 的希尔伯特变换。

(A) $R_X(\tau)$ (B) $\hat{R}_X(\tau)$ (C) $-R_X(\tau)$ (D) $\hat{R}_X(-\tau)$

解:B。

$$\begin{aligned}
E[\hat{X}(t+\tau)X(t)] &= E\left\{\left[X(t+\tau)*\frac{1}{\pi t}\right]X(t)\right\} \\
&= E\left\{\left[\int_{-\infty}^{\infty}X(t+\tau-u)\frac{1}{\pi u}\mathrm{d}u\right]\cdot X(t)\right\} \\
&= \int_{-\infty}^{\infty}E[X(t+\tau-u)X(t)]\cdot\frac{1}{\pi u}\mathrm{d}u \\
&= \int_{-\infty}^{\infty}R_X(\tau-u)\cdot\frac{1}{\pi u}\mathrm{d}u \\
&= R_X(\tau)*\frac{1}{\pi\tau} \\
&= \hat{R}_X(\tau)
\end{aligned}$$

16. 设平稳随机过程 $X(t)$ 的均值为零,自相关函数为 $R_X(\tau)$。将 $X(t)$ 分别通过传递函数为 $H_1(f)=1+\mathrm{sgn}(f)$、$H_2(f)=1-\mathrm{sgn}(f)$ 的两个滤波器,得到两路输出 $Z_1(t)$、$Z_2(t)$。$Z_1(t)$、$Z_2(t)$ 的互相关函数是 _____。

(A) $R_X(\tau)+\mathrm{j}\hat{R}_X(\tau)$ (B) $R_X(\tau)$

(C) 0   (D) $\hat{R}_X(\tau)$

解:C。$H_1(f)=1+\mathrm{sgn}(f)=\begin{cases}2, & f\geqslant 0\\ 0, & \text{其他}\end{cases}$,信号通过 $H_1(f)$ 后的输出 $Z_1(t)$ 只有正频率谱;$H_2(f)=1-\mathrm{sgn}(f)=\begin{cases}2, & f<0\\ 0, & \text{其他}\end{cases}$,信号通过 $H_2(f)$ 后的输出 $Z_2(t)$ 只有负频率谱。$Z_1(t)$、$Z_2(t)$ 在频域不交叠,其互功率谱密度为 0,从而互相关函数也为 0。

17. 将模拟基带信号 $m(t)$ 输入 SSB 调制器,输出已调 SSB 信号 $s(t)=m(t)\cos 2\pi f_c t-\hat{m}(t)\sin(2\pi f_c t)$。从 $m(t)$ 到 $s(t)$ 是一个信号系统,此系统是 _____。

(A) 线性时不变系统   (B) 线性时变系统
(C) 非线性时不变系统   (D) 非线性时变系统

解：B。用 $H(\cdot)$ 表示该系统。考虑两个模拟基带信号 $m_1(t)$ 和 $m_2(t)$，假设它们经过该 SSB 系统后的输出分别为 $s_1(t)$ 和 $s_2(t)$。$m_1(t)$、$m_2(t)$ 的线性和经过系统后的输出为

$$H[am_1(t)+bm_2(t)] = [am_1(t)+bm_2(t)]\cos 2\pi f_c t - [a\hat{m}_1(t)+b\hat{m}_2(t)]\sin 2\pi f_c t$$
$$= a[m_1(t)\cos 2\pi f_c t - \hat{m}_1(t)\sin 2\pi f_c t] +$$
$$\quad b[m_2(t)\cos 2\pi f_c t - \hat{m}_2(t)\sin 2\pi f_c t]$$
$$= as_1(t)+bs_2(t)$$

等于二者分别经过系统后输出的线性和，因此该系统是线性系统。

将 $m(t)$ 延迟 Δt 后输入系统，输出 $s(t-\Delta t)=m(t-\Delta t)\cos 2\pi f_c t-\hat{m}(t-\Delta t)\sin 2\pi f_c t$，这与 $s(t)$ 的延迟 $s(t-\Delta t)=m(t-\Delta t)\cos[2\pi f_c(t-\Delta t)]-\hat{m}(t-\Delta t)\sin[2\pi f_c(t-\Delta t)]$ 不同，因此该系统是时变系统。

18. 设 $m(t)$ 是基带型的零均值平稳过程，其希尔伯特变换是 $\hat{m}(t)$，f_c 充分大。在下列带通型随机信号中，_____ 是平稳过程。

(A) $m(t)\cos 2\pi f_c t$ (B) $m(t)\cos 2\pi f_c t-\hat{m}(t)\sin 2\pi f_c t$
(C) $\hat{m}(t)\cos 2\pi f_c t$ (D) $2m(t)\cos 2\pi f_c t-\hat{m}(t)\sin 2\pi f_c t$

解：B。

考虑带通信号 $x(t)=Am(t)\cos 2\pi f_c t-B\hat{m}(t)\sin 2\pi f_c t$，其中 A 和 B 是任意实数。$x(t)$ 的均值是 $E[x(t)]=E[m(t)]A\cos 2\pi f_c t-E[\hat{m}(t)]B\sin 2\pi f_c t$，由 $m(t)$ 零均值可知 $E[m(t)]=E[\hat{m}(t)]=0$，故 $E[x(t)]=0$。

$x(t)$ 的自相关函数是
$$R_x(t+\tau,t)=E[x(t+\tau)x(t)]$$
$$=E[Am(t+\tau)\cos[2\pi f_c(t+\tau)]+B\hat{m}(t+\tau)\sin[2\pi f_c(t+\tau)]][Am(t)\cos 2\pi f_c t+B\hat{m}(t)\sin 2\pi f_c t]$$
$$=A^2 E[m(t+\tau)m(t)]\cos[2\pi f_c(t+\tau)]\cos 2\pi f_c t+B^2 E[\hat{m}(t+\tau)\hat{m}(t)]\sin[2\pi f_c(t+\tau)]\sin 2\pi f_c t+$$
$$AB\{E[m(t+\tau)\hat{m}(t)]\cos[2\pi f_c(t+\tau)]\sin 2\pi f_c t+E[\hat{m}(t+\tau)m(t)]\sin[2\pi f_c(t+\tau)]\cos 2\pi f_c t\}$$
$$=R_m(\tau)[A^2\cos[2\pi f_c(t+\tau)]\cos 2\pi f_c t+B^2\sin[2\pi f_c(t+\tau)]\sin 2\pi f_c t]+AB\hat{R}_m(\tau)\sin 2\pi f_c \tau$$

上式第三个等号的计算用到了希尔伯特变换的相关性质 $E[\hat{m}(t+\tau)\hat{m}(t)]=R_m(\tau)$ 和 $E[\hat{m}(t+\tau)m(t)]=-E[m(t+\tau)\hat{m}(t)]=\hat{R}_m(\tau)$。

要想 $x(t)$ 平稳，需满足上式的结果只和 τ 有关。根据三角函数性质可知，当 $A^2=B^2$，即 $x(t)$ 同相分量和正交分量的功率相同时，上式结果等于 $A^2 R_m(\tau)\cos 2\pi f_c \tau+AB\hat{R}_m(\tau)\sin 2\pi f_c \tau$，只和 τ 有关。

上边 4 个选项中，只有选项 B 满足 $A^2=B^2$ 的条件。

19. 设 $X(t)=2\cos(2\pi t+\theta)$，其中 θ 为在 $[0,2\pi]$ 内均匀分布的随机变量。$X(t)$ 的功率谱密度是 _____。

(A) $4\delta(f-1)+4\delta(f+1)$ (B) $\dfrac{1}{2}\delta(f-1)+\dfrac{1}{2}\delta(f+1)$

(C) $2\delta(f-1)+2\delta(f+1)$ (D) $\delta(f-1)+\delta(f+1)$

解：D。

方法一：$X(t)$的自相关函数为

$$\begin{aligned}R_X(\tau)&=E[X(t+\tau)X(t)]\\&=4E\{\cos[2\pi(t+\tau)+\theta]\cos(2\pi t+\theta)\}\\&=2E\{\cos[2\pi(2t+\tau)+2\theta]\}+2\cos 2\pi\tau\\&=2\cos 2\pi\tau\end{aligned}$$

对$R_X(\tau)$求傅氏变换可得$X(t)$的功率谱密度：

$$P_X(f)=\delta(f-1)+\delta(f+1)$$

方法二：$X(t)=2\cos(2\pi t+\theta)=\mathrm{e}^{\mathrm{j}(2\pi t+\theta)}+\mathrm{e}^{-\mathrm{j}(2\pi t+\theta)}$。其中$\mathrm{e}^{\mathrm{j}(2\pi t+\theta)}$是频率为1 Hz、功率为1 W的复单频信号,其功率谱密度为$\delta(f-1)$；$\mathrm{e}^{-\mathrm{j}(2\pi t+\theta)}$是频率为$-1$ Hz、功率为1 W的复单频信号,其功率谱密度为$\delta(f+1)$。因此,$X(t)$的功率谱密度为$\delta(f-1)+\delta(f+1)$。

20. 功率谱密度为$\frac{N_0}{2}$的白高斯噪声$n_\mathrm{w}(t)$通过冲激响应为$h(t)$的滤波器后成为$n(t)$,若$h(t)$的自相关函数是$R_h(\tau)$,则$n(t)$的功率为_____。

(A) $\frac{N_0}{4}R_h(0)$ (B) $\frac{N_0}{2}R_h(0)$ (C) $R_h(0)$ (D) $\frac{N_0}{2}$

解：B。$n(t)$的功率谱密度为$\frac{N_0}{2}|H(f)|^2$,其中$H(f)$是冲激响应$h(t)$对应的传递函数,对其求积分可得$n(t)$的功率：

$$P_n=\int_{-\infty}^{\infty}\frac{N_0}{2}|H(f)|^2\mathrm{d}f=\frac{N_0}{2}\int_{-\infty}^{\infty}|H(f)|^2\mathrm{d}f$$

其中$\int_{-\infty}^{\infty}|H(f)|^2\mathrm{d}f$是将$h(t)$看作信号时的信号能量,又等于$h(t)$的自相关函数在零处的取值$R_h(0)$,代入可得$P_n=\frac{N_0}{2}R_h(0)$。

21. 设$n(t)$是零均值复平稳随机过程,其功率谱密度是$P_n(f)$。$n(t)$的共轭$n^*(t)$的功率谱密度是_____。

(A) $P_n(f)$ (B) $P_n(-f)$
(C) $P_n^*(f)$ (D) $P_n(f)+P_n(-f)$

解：B。$n^*(t)$的自相关函数为

$$\begin{aligned}R_{n^*}(t+\tau,t)&=E\{n^*(t+\tau)[n^*(t)]^*\}\\&=\{E[n(t+\tau)n^*(t)]\}^*\\&=R_n^*(\tau)\end{aligned}$$

$n^*(t)$的功率谱密度为$R_n^*(\tau)$的傅氏变换。$R_n^*(\tau)$是$R_n(\tau)$的共轭,其频域为$R_n(\tau)$傅氏变换的共轭取反,即$P_n^*(-f)$,又因为功率谱密度为实函数,故$P_n^*(-f)=P_n(-f)$。

22. 设$n(t)$是零均值复平稳随机过程,其功率谱密度是$P_n(f)$。若$E[n(t+\tau)n(t)]=0$,则$n(t)$的实部$\mathrm{Re}(n(t))$的功率谱密度是_____。

(A) $\frac{P_n(f)+P_n(-f)}{2}$ (B) $\mathrm{Re}\{P_n(f)\}$

(C) $\dfrac{P_n(f)+P_n^*(f)}{2}$ (D) $\dfrac{P_n(f)+P_n(-f)}{4}$

解：D。$\mathrm{Re}\{n(t)\}=\dfrac{n(t)+n^*(t)}{2}$。$n(t)$ 和 $n^*(t)$ 和的互相关函数为 $R_{nn^*}(t+\tau,t)=E\{n(t+\tau)[n^*(t)]^*\}=E[n(t+\tau)n(t)]=0$，从而 $n(t)$ 和 $n^*(t)$ 的互功率谱密度为 0，$\dfrac{n(t)+n^*(t)}{2}$ 的功率谱密度等于 $\dfrac{n(t)}{2}$ 的功率谱密度和 $\dfrac{n^*(t)}{2}$ 的功率谱密度之和。根据上题结果可知，$n^*(t)$ 的功率谱密度是 $P_n(-f)$，因此 $\mathrm{Re}\{n(t)\}$ 的功率谱密度是 $\dfrac{P_n(f)+P_n(-f)}{4}$。

23. 白高斯噪声 $n_w(t)$ 微分后通过一个截止频率为 B 的理想低通滤波器，输出是 $n(t)$。$n(t)$ 的功率与 B 的_____次方成正比。

(A) 1   (B) 2   (C) 3   (D) 4

解：C。对 $n_w(t)$ 做微分运算等价于将其通过一个传递函数为 $H(f)=\mathrm{j}2\pi f$ 的线性系统，微分后信号的功率谱密度为 $\dfrac{N_0}{2}|H(f)|^2=2N_0\pi^2 f^2$；微分后的信号再通过截止频率为 B 的理想低通滤波器，输出 $n(t)$ 的功率谱密度为 $P_n(f)=\begin{cases}2N_0\pi^2 f^2, & -B\leqslant f\leqslant B\\0, & 其他\end{cases}$。$n(t)$ 的功率是其功率谱密度的积分，即

$$P_n=\int_{-\infty}^{\infty}P_n(f)\mathrm{d}f=2N_0\pi^2\int_{-B}^{B}f^2\mathrm{d}f=\dfrac{4}{3}N_0\pi^2 B^3$$

与 B 的 3 次方成正比。

24. 设有随机过程 $X(t)=\sum\limits_{n=-\infty}^{\infty}a_n\cdot\mathrm{sinc}\left(\dfrac{t}{T}-n\right)$，其中每个 a_n 都等概取值于 0 或 1。$X(3T)$ 的方差是_____。

解：0.25。$X(3T)=\sum\limits_{n=-\infty}^{\infty}a_n\cdot\mathrm{sinc}(3-n)=a_3$，其方差 $\sigma^2=E(a_3^2)-E^2(a_3)=0.5-(0.5)^2=0.25$。

25. 零均值平稳随机过程 $X(t)$ 通过希尔伯特变换后成为 $\hat{X}(t)$。若 $X(t)$ 的平均功率是 1 W，则 $X(t)+\hat{X}(t)$ 的平均功率是_____W。

解：2。$X(t)$ 与其希尔伯特变换 $\hat{X}(t)$ 正交，二者互功率为 0。$X(t)+\hat{X}(t)$ 的平均功率为 $X(t)$ 与 $\hat{X}(t)$ 的功率之和，即 1 W+1 W=2 W。

26. 平稳随机过程的自相关函数为 $R(\tau)$。已知对任意 t，$X(t)$ 和 $X(t+\tau)$ 当 $\tau\to\infty$ 时不相关。$X(t)$ 的平均功率、直流功率、交流功率各为多少？

解：$X(t)$ 的平均功率是 $E[X^2(t)]=R(0)$，令 $m_X=E[X(t)]=E[X(t+\tau)]$，则

$$R(\infty)=\lim_{\tau\to\infty}E[X(t+\tau)X(t)]=\lim_{\tau\to\infty}E[X(t+\tau)]E[X(t)]=m_X^2$$

即直流功率是 $R(\infty)$。交流功率是总功率扣除直流功率，即 $R(0)-R(\infty)$。

27. 设 X_1、X_2 是两个独立同分布的零均值高斯随机变量，令 $Z_1=X_1+X_2$，$Z_2=X_1-X_2$，证明 Z_1、Z_2 独立同分布。

证明：先证 Z_1、Z_2 同分布。由于 X_1、X_2 服从联合高斯分布，故 Z_1、Z_2 都是高斯随机变

量。Z_1 的均值为 $E[Z_1]=E[X_1+X_2]=0$，Z_1 的方差为 $E[Z_1^2]=E[(X_1+X_2)^2]=E[X_1^2]+2E[X_1X_2]+E[X_2^2]$，由 X_1、X_2 是独立同分布的零均值高斯随机变量可知，二者方差相同（设为 σ^2），即 $E[X_1^2]=E[X_2^2]=\sigma^2$，且 $E[X_1X_2]=E[X_1]E[X_2]=0$，因此 Z_1 的方差是 $2\sigma^2$；类似可得 Z_2 的均值为 0，方差为 $2\sigma^2$，即 Z_1、Z_2 同分布。

再证 Z_1、Z_2 独立。Z_1、Z_2 的相关值为 $E[Z_1Z_2]=E[(X_1+X_2)(X_1-X_2)]=E[X_1^2-X_2^2]=E[X_1^2]-E[X_2^2]=0$，零均值故满足 $E[Z_1Z_2]=E[Z_1]E[Z_2]$，即 Z_1、Z_2 不相关。高斯分布时，不相关等价于独立，即 Z_1、Z_2 独立。

证毕。

28. 设有复随机信号 $\xi(t)=e^{j(2\pi f_c t+\theta)}$，其中 θ 等概取值于 $\left\{0,\dfrac{\pi}{3},-\dfrac{\pi}{3}\right\}$，求 $\xi(t)$ 的均值 $E[\xi(t)]$、自相关函数 $R_\xi(t+\tau,t)=E[\xi(t+\tau)\xi^*(t)]$、平均自相关函数 $\overline{R_\xi}(\tau)=\overline{R_\xi(t+\tau,t)}$、功率谱密度 $P_\xi(f)$。

解：随机信号 $\xi(t)$ 有三种可能的结果——$e^{j2\pi f_c t}$、$e^{j\left(2\pi f_c t+\frac{\pi}{3}\right)}$、$e^{j\left(2\pi f_c t-\frac{\pi}{3}\right)}$，三种结果出现的概率都是 $\dfrac{1}{3}$，其数学期望是

$$E[\xi(t)]=\dfrac{1}{3}\left(e^{j2\pi f_c t}+e^{j\left(2\pi f_c t+\frac{\pi}{3}\right)}+e^{j\left(2\pi f_c t-\frac{\pi}{3}\right)}\right)$$

$$=\dfrac{1}{3}e^{j2\pi f_c t}\left(1+e^{j\frac{\pi}{3}}+e^{-j\frac{\pi}{3}}\right)=\dfrac{2}{3}e^{j2\pi f_c t}$$

其自相关函数是 $\xi(t+\tau)\xi^*(t)$ 的数学期望，而 $\xi(t+\tau)\xi^*(t)=e^{j(2\pi f_c t+2\pi f_c \tau+\theta)}\cdot e^{-j(2\pi f_c t+\theta)}=e^{j2\pi f_c \tau}$ 正好是非随机的，也就是说，无论 $\xi(t)$ 的具体实现是三个样本函数 $e^{j2\pi f_c t}$、$e^{j\left(2\pi f_c t+\frac{\pi}{3}\right)}$、$e^{j\left(2\pi f_c t-\frac{\pi}{3}\right)}$ 中的哪一个，$\xi(t+\tau)\xi^*(t)$ 都一样，所以它的数学期望自然就是 $e^{j2\pi f_c \tau}$。这个结果与绝对时间无关，所以 $\xi(t)$ 的平均自相关函数也是 $e^{j2\pi f_c \tau}$，功率谱密度是平均自相关函数的傅氏变换，故 $P_\xi(f)=\delta(f-f_c)$。

$\xi(t)$ 的平均自相关函数和功率谱密度还有另一种求法。随机过程的功率谱密度是样本函数的功率谱密度的数学期望。今 $e^{j2\pi f_c t}$、$e^{j\left(2\pi f_c t+\frac{\pi}{3}\right)}$、$e^{j\left(2\pi f_c t-\frac{\pi}{3}\right)}$ 这三个样本函数的功率都是 1，功率谱密度都是 $\delta(f-f_c)$，所以随机过程 $\xi(t)$ 的功率谱密度是 $P_\xi(f)=\delta(f-f_c)$，从而平均自相关函数是 $e^{j2\pi f_c \tau}$。

29. 设随机过程 $X(t)$ 的样本空间 Ω 中的样本函数一共有两个：$\Omega=\{x_1(t),x_2(t)\}$，两个样本的波形如图 3-1 所示。若这两个波形的出现概率相同，求 $X(t)$ 的能量谱密度。

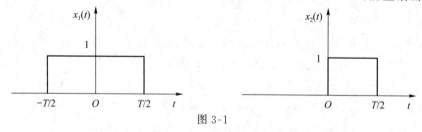

图 3-1

解：随机过程的能量谱密度是各个样本函数的能量谱密度的统计平均。$x_1(t)$ 的能量谱密度是 $[T\mathrm{sinc}(fT)]^2$，$x_2(t)$ 的能量谱密度是 $\left|\dfrac{T}{2}\mathrm{sinc}\left(f\dfrac{T}{2}\right)e^{-j\frac{\pi fT}{2}}\right|^2=\dfrac{T^2}{4}\mathrm{sinc}^2\left(f\dfrac{T}{2}\right)$。因

此 $X(t)$ 的能量谱密度为

$$E_X(f) = \frac{T^2}{2}\text{sinc}^2(fT) + \frac{T^2}{8}\text{sinc}^2\left(f\frac{T}{2}\right)$$

30. 设随机过程 $X(t)$ 的样本空间包含如下三个函数：

$$x_1(t) = \cos 200\pi t$$

$$x_2(t) = 2\cos\left(200\pi t + \frac{\pi}{3}\right)$$

$$x_3(t) = \sin 300\pi t$$

这三个函数出现的概率分别是 $\frac{1}{4}$、$\frac{1}{2}$、$\frac{1}{4}$，求 $X(t)$ 的功率谱密度。

解： 三个样本函数的功率谱分别为

$$P_1(f) = \frac{1}{4}\delta(f-100) + \frac{1}{4}\delta(f+100)$$

$$P_2(f) = \delta(f-100) + \delta(f+100)$$

$$P_3(f) = \frac{1}{4}\delta(f-150) + \frac{1}{4}\delta(f+150)$$

按其出现概率取平均，得到 $X(t)$ 的功率谱密度为

$$P_X(f) = \frac{1}{4}P_1(f) + \frac{1}{2}P_2(f) + \frac{1}{4}P_3(f)$$

$$= \frac{9}{16}\delta(f-100) + \frac{9}{16}\delta(f+100) + \frac{1}{16}\delta(f-150) + \frac{1}{16}\delta(f+150)$$

31. 设有随机过程 $S(t) = X \cdot \cos 2\pi f_0 t$，其中 X 等概取值于 $\{\pm 1\}$。求 $S(t)$ 的功率谱密度。

解： 两个样本函数 $+\cos 2\pi f_0 t$ 和 $-\cos 2\pi f_0 t$ 的功率谱密度都是 $\frac{1}{4}\delta(f-f_0) + \frac{1}{4}\delta(f+f_0)$，随机过程的功率谱密度是样本函数功率谱密度的统计平均，因此 $S(t)$ 的功率谱密度为

$$P_S(f) = \frac{1}{4}\delta(f-f_0) + \frac{1}{4}\delta(f+f_0)$$

32. 设 $Y(t)$ 是带通随机过程，其复包络为 $X(t)$，即 $Y(t) = \text{Re}\{X(t)e^{j2\pi f_c t}\}$。已知 $X(t)$ 的功率谱密度为 $P_X(f)$，求 $Y(t)$ 的功率谱密度。

解： 随机过程 $Y(t)$ 的每个样本函数 $y(t)$ 都是一个带通信号，$y(t)$ 的复包络 $x(t)$ 构成随机过程 $X(t)$ 的样本函数。对每个样本函数来说，$y(t)$ 的功率谱密度 $P_y(f)$ 与 $x(t)$ 的功率谱密度 $P_x(f)$ 的关系是

$$P_y(f) = \frac{1}{4}P_x(f-f_c) + \frac{1}{4}P_x(-f-f_c)$$

这一关系对每个样本函数都成立。随机过程的功率谱密度是样本函数功率谱密度的数学期望。对每个样本函数都成立的关系自然也对数学期望成立，因此有

$$P_Y(f) = \frac{1}{4}P_X(f-f_c) + \frac{1}{4}P_X(-f-f_c)$$

33. 设 $m(t)$ 是实零均值平稳高斯过程，其自相关函数 $R_m = E[m(t+\tau)m(t)]$ 已知。求如下 AM 信号的平均自相关函数：

$$s(t) = A[1+m(t)]\cos(2\pi f_c t + \theta)$$

解：令 $g(t)=\dfrac{A}{2}[1+m(t)]$，则 $g(t)$ 也是平稳过程，其自相关函数为

$$R_g(\tau)=E[g(t+\tau)g(t)]$$
$$=E\left[\dfrac{A}{2}[1+m(t+\tau)]\cdot\dfrac{A}{2}[1+m(t)]\right]$$
$$=\dfrac{A^2}{4}E[1+m(t+\tau)+m(t)+m(t+\tau)m(t)]$$
$$=\dfrac{A^2}{4}[1+R_m(\tau)]$$

此时

$$s(t)=2g(t)\cos(2\pi f_c t+\theta)=g(t)[e^{j(2\pi f_c t+\theta)}+e^{-j(2\pi f_c t+\theta)}]$$
$$s(t+\tau)s(t)=g(t+\tau)(e^{j(2\pi f_c(t+\tau)+\theta)}+e^{-j(2\pi f_c(t+\tau))+\theta})\cdot g(t)(e^{j(2\pi f_c t+\theta)}+e^{-j(2\pi f_c t+\theta)})$$
$$=g(t+\tau)g(t)(e^{j(4\pi f_c t+2\pi f_c\tau+2\theta)}+e^{j2\pi f_c\tau}+e^{-j2\pi f_c\tau}+e^{-j(4\pi f_c t+2\pi f_c\tau+2\theta)})$$
$$=2g(t+\tau)g(t)[\cos(4\pi f_c t+2\pi f_c\tau+2\theta)+\cos 2\pi f_c\tau]$$

对上式求数学期望后得到 $s(t)$ 的自相关函数为

$$R_s(t+\tau,t)=2R_g(\tau)[\cos(4\pi f_c t+2\pi f_c\tau+2\theta)+\cos 2\pi f_c\tau]$$

对 t 取平均后得到 $s(t)$ 的平均自相关函数为

$$\overline{R}_s(\tau)=2R_g(\tau)\cos 2\pi f_c\tau=\dfrac{A^2}{2}[1+R_m(\tau)]\cos 2\pi f_c\tau$$

34. 设 $Y(t)=X(t)\cos(2\pi f_c t+\theta)$，其中 $X(t)$ 为零均值平稳遍历随机过程，θ 是与 $X(t)$ 独立的随机变量。已知 $X(t)$ 的自相关函数与功率谱密度分别为 $R_X(\tau)$、$P_X(f)$。求 $Y(t)$ 的均值、功率谱密度。

解：$X(t)$ 的均值为零，且 θ 与 $X(t)$ 独立，故有

$$E[Y(t)]=E[X(t)]E[\cos(2\pi f_c t+\theta)]=0$$

随机过程 $Y(t)$ 的每一个实现均对应一个随机过程 $X(t)$ 的实现 $x(t)$ 以及一个 θ 值：

$$y(t)=x(t)\cos(2\pi f_c t+\theta)$$

$y(t)$ 的功率谱密度 $P_y(f)$ 与相位 θ 无关，$P_y(f)$ 是 $x(t)$ 的功率谱密度 $P_x(f)$ 的左、右搬移：

$$P_y(f)=\dfrac{1}{4}P_x(f-f_c)+\dfrac{1}{4}P_x(f+f_c)$$

按本题条件，$X(t)$ 是平稳遍历过程，它的所有样本函数都有相同的功率谱密度：$P_x(f)=P_X(f)$。注意，随机过程的功率谱密度 $P_X(f)$ 的定义为所有样本函数的功率谱密度 $P_x(f)$ 的统计平均。再根据 $P_y(f)$ 的表达式可知，$Y(t)$ 的所有样本函数也都具有相同的功率谱密度：

$$P_Y(f)=P_y(f)=\dfrac{1}{4}P_x(f-f_c)+\dfrac{1}{4}P_x(f+f_c)$$
$$=\dfrac{1}{4}P_X(f-f_c)+\dfrac{1}{4}P_X(f+f_c)$$

35. 设 $s(t)$ 是功率谱密度为 $P_s(f)$ 的确定信号，$x(t)$ 是功率谱密度为 $P_x(f)$ 的随机过程，且 $E[x(t)]=0$。求 $y(t)=s(t)+x(t)$ 的功率谱密度。

解：$s(t)$ 与 $x(t)$ 的互相关函数为

$$R_{sx}(t+\tau,t)=E[s(t+\tau)x(t)]=s(t+\tau)\cdot E[x(t)]=0$$

因此 $s(t)$ 与 $x(t)$ 的互功率谱密度为 0,从而 $y(t)=s(t)+x(t)$ 的功率谱密度是 $s(t)$、$x(t)$ 的功率谱密度之和:

$$P_y(f)=P_x(f)+P_s(f)$$

> $x(t)$、$s(t)$ 无论是确定信号还是随机信号,无论是能量信号还是功率信号,无论是实信号还是复信号,只要互相关函数满足 $R_{xs}(\tau)=0$,$\forall \tau \in (-\infty,\infty)$,那么 $x(t)$ 与 $s(t)$ 之和的能量或功率谱密度必定等于各自的能量或功率谱密度之和。

36. 设有随机过程 $s(t) = \sum_{n=-\infty}^{\infty} a_n \delta(t-nT)$,其中序列 $\{a_n\}$ 的元素独立同分布,$E[a_n]=0$,$E[a_n^2]=\sigma^2$。求 $s(t)$ 的功率谱密度。

解: $s(t)$ 的自相关函数为

$$\begin{aligned}
R_s(t+\tau,t) &= E[s(t+\tau)s(t)] \\
&= E\Big[\Big(\sum_{n=-\infty}^{\infty} a_n \delta(t+\tau-nT)\Big) \cdot \Big(\sum_{m=-\infty}^{\infty} a_m \delta(t-mT)\Big)\Big] \\
&= E\Big[\sum_{n=-\infty}^{\infty}\sum_{m=-\infty}^{\infty} a_n a_m \delta(t+\tau-nT)\delta(t-mT)\Big] \\
&= \sum_{n=-\infty}^{\infty}\sum_{m=-\infty}^{\infty} E[a_n a_m] \delta(t+\tau-nT)\delta(t-mT)
\end{aligned}$$

式中的 $E[a_n a_m]$ 是序列 $\{a_n\}$ 的自相关函数。当 $m \neq n$ 时,由于 a_n 与 a_m 不相关,所以 $E[a_n a_m]=E[a_n]E[a_m]=0$;当 $m=n$ 时,由于 $E[a_m a_m]=E[a_m^2]=\sigma^2$,所以

$$R_s(t+\tau,t) = \sum_{m=-\infty}^{\infty} \sigma^2 \delta(t+\tau-nT)\delta(t-mT)$$

根据冲激函数的性质,

$$\delta(t+\tau-nT)\delta(t-mT)=\delta(\tau+mT-nT)\delta(t-mT)$$

当 $n=m$ 时,

$$\delta(t+\tau-nT)\delta(t-mT)=\delta(\tau)\delta(t-mT)$$

因此,

$$R_s(t+\tau,t) = \sum_{m=-\infty}^{\infty} \sigma^2 \delta(\tau)\delta(t-mT) = \sigma^2 \delta(\tau) \sum_{m=-\infty}^{\infty} \delta(t-mT)$$

上式第二个等号右边是 t 的周期函数,取一个周期 $\left(-\dfrac{T}{2},\dfrac{T}{2}\right)$ 做平均:

$$\begin{aligned}
\overline{R_s}(\tau) &= \frac{1}{T}\int_{-T/2}^{T/2} \sigma^2 \delta(\tau) \sum_{m=-\infty}^{\infty} \delta(t-mT) \mathrm{d}t \\
&= \frac{\sigma^2}{T}\delta(\tau) \int_{-T/2}^{T/2} \delta(t) \mathrm{d}t \\
&= \frac{\sigma^2}{T}\delta(\tau)
\end{aligned}$$

做傅氏变换得到

$$P_s(f)=\frac{\sigma^2}{T}$$

37. 双边功率谱密度为 $\frac{N_0}{2}$ 的白噪声经过传递函数为 $H(f)$ 的滤波器后成为 $X(t)$,若

$$H(f)=\begin{cases}\frac{T_s}{2}(1+\cos \pi fT_s), & |f|\leqslant\frac{1}{T_s}\\ 0, & |f|>\frac{1}{T_s}\end{cases}$$

求 $X(t)$ 的功率谱密度及功率。

解:随机过程通过滤波器之后,功率谱密度将乘以传递函数的模平方。$X(t)$ 的功率谱密度为

$$P_X(f)=\frac{N_0}{2}|H(f)|^2=\begin{cases}\frac{N_0 T_s^2}{8}(1+\cos \pi fT_s)^2, & |f|\leqslant\frac{1}{T_s}\\ 0, & \text{其他}\end{cases}$$

$X(t)$ 的功率是功率谱密度的面积,为

$$P=\int_{-\infty}^{\infty}P_X(f)\mathrm{d}f=\int_{-\frac{1}{T_s}}^{\frac{1}{T_s}}\frac{N_0 T_s^2}{8}(1+\cos \pi T_s f)^2\mathrm{d}f=\frac{3N_0 T_s}{8}$$

38. 双边功率谱密度为 $\frac{N_0}{2}$ 的白噪声经过传递函数为 $H(f)$ 的滤波器后成为 $X(t)$,若

$$H(f)=\begin{cases}\sqrt{T_s}\cos\frac{\pi fT_s}{2}, & |f|\leqslant\frac{1}{T_s}\\ 0, & |f|>\frac{1}{T_s}\end{cases}$$

求 $X(t)$ 的功率谱密度及功率。

解:$X(t)$ 的功率谱密度为

$$P_X(f)=\frac{N_0}{2}|H(f)|^2=\begin{cases}\frac{N_0 T_s}{2}\cos^2\frac{\pi fT_s}{2}, & |f|\leqslant\frac{1}{T_s}\\ 0, & \text{其他}\end{cases}$$

$X(t)$ 的功率为

$$P=\int_{-\infty}^{\infty}P_X(f)\mathrm{d}f=2\int_0^{1/T_s}\frac{N_0 T_s}{2}\cos^2\frac{\pi fT_s}{2}\mathrm{d}f=\frac{N_0}{2}$$

39. 设 $x(t)=x_c(t)\cos 2\pi f_c t-x_s(t)\sin 2\pi f_c t$ 是一个零均值平稳窄带随机过程,其功率谱密度为 $P_x(f)$,求其复包络 $x_L(t)=x_c(t)+\mathrm{j}x_s(t)$ 以及同相分量 $x_c(t)$、正交分量 $x_s(t)$ 的功率谱密度及功率。

解:复包络的功率谱密度是带通信号功率谱密度的正频率部分左移后乘以 4:

$$P_L(f)=\begin{cases}4P_x(f+f_c), & |f|<f_c\\ 0, & |f|>f_c\end{cases}$$

注意,本书中默认带通信号都是实信号,其最高频率不超过 $2f_c$,所以正频率左移后范围不会超出 $[-f_c,f_c]$。

同相分量 $x_c(t)$、正交分量 $x_s(t)$ 与复包络 $x_L(t)$ 的关系是

$$x_c(t)=\mathrm{Re}\{x_L(t)\}=\frac{x_L(t)+x_L^*(t)}{2}$$

$$x_s(t)=\mathrm{Im}\{x_L(t)\}=\frac{x_L(t)-x_L^*(t)}{2\mathrm{j}}$$

式中 $x_L(t)$ 的功率谱密度是 $P_L(f)$，其共轭 $x_L^*(t)$ 的功率谱密度是 $P_L(-f)$。

根据平稳窄带随机过程的性质，$x_L(t)$ 与 $x_L^*(t)$ 是两个不相关的零均值随机过程，此时 $x_L(t)+x_L^*(t)$ 的功率谱密度是 $P_L(f)+P_L(-f)$，因此 $x_c(t)$、$x_s(t)$ 的功率谱密度为

$$P_c(f)=P_s(f)=\frac{1}{4}\{P_L(f)+P_L(-f)\}$$

$$=\begin{cases} P_x(f+f_c)+P_x(-f+f_c), & |f|<f_c \\ 0, & |f|>f_c \end{cases}$$

$x(t)$ 是实随机过程，其功率谱密度 $P_x(f)$ 是偶函数，因此上式也可以写成

$$P_c(f)=P_s(f)=\begin{cases} P_x(f+f_c)+P_x(f-f_c), & |f|<f_c \\ 0, & |f|>f_c \end{cases}$$

它是将 $P_x(f)$ 的正频率部分左移、负频率部分右移后重叠的结果。

同相分量 $x_c(t)$、正交分量 $x_s(t)$ 有相同的功率谱密度，因此有相同的功率：

$$P_c = P_s = \int_{-f_c}^{f_c} [P_x(f-f_c)+P_x(f+f_c)]df$$

$$= \int_{-f_c}^{f_c} P_x(f-f_c)df + \int_{-f_c}^{f_c} P_x(f+f_c)df$$

在第一个积分中做变量代换 $f-f_c \to f$，在第二个积分中做变量代换 $f+f_c \to f$：

$$P_c = P_s = \int_{-2f_c}^{0} P_x(f)df + \int_{0}^{2f_c} P_x(f)df = \int_{-2f_c}^{2f_c} P_x(f)df$$

注意 $P_x(f)$ 是偶函数且最高频率范围不超过 $2f_c$，即 $P_x(f)$ 在区间 $(-\infty, -2f_c)$、$(2f_c, \infty)$ 内是零，故有

$$P_c = P_s = \int_{-\infty}^{\infty} P_x(f)df = P_x$$

上式说明窄带平稳随机过程 $x(t)$ 与其同相分量 $x_c(t)$、正交分量 $x_s(t)$ 有相同的功率。

复包络 $x_L(t)=x_c(t)+jx_s(t)$ 是一个复信号。复信号的功率为实部和虚部的功率之和，故复包络的功率是带通信号功率的 2 倍。

对于任意带通信号 $x(t)$，无论其是否随机，总有：①复包络的功率谱密度是带通信号功率谱密度的正频率部分左移后乘以 4；②复包络的功率等于同相分量、正交分量的功率之和，等于带通信号功率的 2 倍。

如果 $x(t)$ 是带通型的零均值平稳过程（窄带随机过程），则其除具有以上性质外，还有如下性质：①同相分量、正交分量有相同的功率谱密度，都等于带通信号的正频率部分左移、负频率部分右移后的叠加；②带通信号、同相分量、正交分量三者有相同的功率；③同相分量、正交分量在同一时刻不相关。

---

40. 功率谱密度为 $\frac{N_0}{2}$ 的平稳白高斯噪声通过一个带宽为 $2W$ 的理想带通滤波器后成为窄带噪声 $n(t)=n_c(t)\cos 2\pi f_c t - n_s(t)\sin 2\pi f_c t$，滤波器的传递函数如图 3-2 所示。求 $n(t)$、$n_c(t)$、$n_s(t)$ 的功率谱密度及功率。

解： $n(t)$ 的功率谱密度是

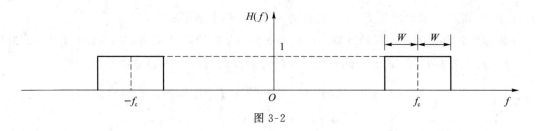

图 3-2

$$P_n(f) = \frac{N_0}{2}|H(f)|^2 = \begin{cases} \dfrac{N_0}{2}, & |f-f_c|<W \\ \dfrac{N_0}{2}, & |f+f_c|<W \\ 0, & \text{其他} \end{cases}$$

$n_c(t)$、$n_s(t)$ 的功率谱密度为

$$P_c(f) = P_s(f) = \begin{cases} P_n(f+f_c) + P_n(f-f_c), & |f|<f_c \\ 0, & \text{其他} \end{cases}$$

$$= \begin{cases} N_0, & |f|<W \\ 0, & \text{其他} \end{cases}$$

$n(t)$、$n_c(t)$、$n_s(t)$ 的功率谱密度如图 3-3 所示。

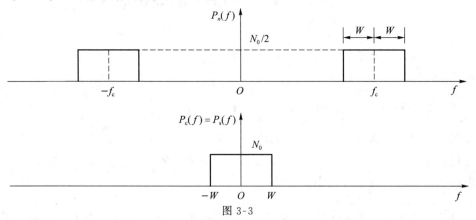

图 3-3

功率是功率谱密度的面积,从图中可知,$n(t)$、$n_c(t)$、$n_s(t)$ 的功率都是 $2N_0W$。

41. 功率谱密度为 $\dfrac{N_0}{2}$ 的平稳白高斯噪声通过一个带宽为 W 的理想带通滤波器后成为窄带噪声 $n(t) = n_c(t)\cos 2\pi f_c t - n_s(t)\sin 2\pi f_c t$,滤波器的传递函数如图 3-4 所示,注意 f_c 位于滤波器通带的边缘。求 $n(t)$、$n_c(t)$、$n_s(t)$ 的功率谱密度及功率。

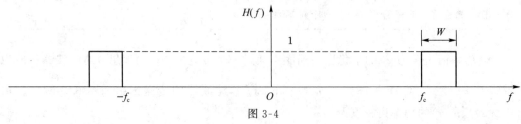

图 3-4

解: $n(t)$ 的功率谱密度为

$$P_n(f) = \frac{N_0}{2}|H(f)|^2 = \begin{cases} \dfrac{N_0}{2}, & f_c < f < f_c + W \\ \dfrac{N_0}{2}, & -W - f_c < f < -f_c \\ 0, & 其他 \end{cases}$$

$n_c(t)$、$n_s(t)$ 的功率谱密度为

$$P_c(f) = P_s(f) = \begin{cases} P_n(f+f_c) + P_n(f-f_c), & |f| < f_c \\ 0, & 其他 \end{cases}$$

$$= \begin{cases} \dfrac{N_0}{2}, & |f| < W \\ 0, & 其他 \end{cases}$$

$n(t)$、$n_c(t)$、$n_s(t)$ 的功率谱密度如图 3-5 所示。

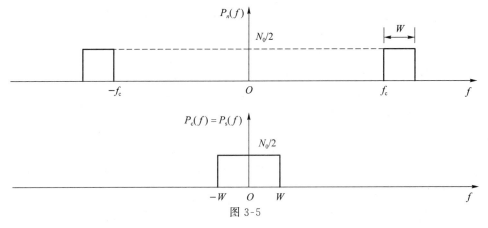

图 3-5

功率是功率谱密度的面积,从图中可知,$n(t)$、$n_c(t)$、$n_s(t)$ 的功率都是 N_0W。

42. 功率谱密度为 $\dfrac{N_0}{2}$ 的高斯白噪声 $n_w(t)$ 通过一个传递函数为 $H(f)$ 的滤波器后成为一个窄带平稳高斯噪声 $n(t)$,再对 $n(t)$ 微分,得到 $y(t)$。$y(t)$ 是零均值窄带平稳高斯过程,可以表示成 $y(t) = y_c(t)\cos 2\pi f_c t - y_s(t)\sin 2\pi f_c t$。若 $H(f)$ 如图 3-6 所示,求 $y(t)$、$y_c(t)$、$y_s(t)$ 的功率谱密度。

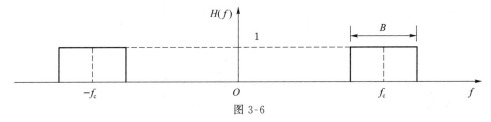

图 3-6

解: $n(t)$ 的功率谱密度为

$$P_n(f) = \frac{N_0}{2}|H(f)|^2 = \begin{cases} \dfrac{N_0}{2}, & |f \pm f_c| \leq \dfrac{B}{2} \\ 0, & 其他 \end{cases}$$

可将微分看成传递函数为 $j2\pi f$ 的滤波器,因此 $y(t)$ 的功率谱密度为

$$P_y(f) = P_n(f)|j2\pi f|^2 = \begin{cases} 2N_0\pi^2 f^2, & |f \pm f_c| \leqslant \dfrac{B}{2} \\ 0, & \text{其他} \end{cases}$$

$y_c(t)$、$y_s(t)$ 的功率谱密度为

$$P_c(f) = P_s(f) = \begin{cases} P_y(f+f_c) + P_y(f-f_c), & |f| < f_c \\ 0, & \text{其他} \end{cases}$$

$$= \begin{cases} 2N_0\pi^2(f+f_c)^2 + 2N_0\pi^2(f-f_c)^2, & |f| \leqslant \dfrac{B}{2} \\ 0, & \text{其他} \end{cases}$$

$$= \begin{cases} 4N_0\pi^2(f^2+f_c^2), & |f| \leqslant \dfrac{B}{2} \\ 0, & \text{其他} \end{cases}$$

$y(t)$、$y_c(t)$、$y_s(t)$ 的功率谱密度如图 3-7 所示。

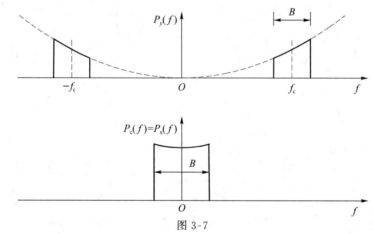

图 3-7

43. 功率谱密度为 $\dfrac{N_0}{2}$ 的平稳白高斯噪声 $n_w(t)$ 经过一个冲激响应为 $h(t)$ 的线性系统后成为 $x(t)$。若已知 $h(t)$ 的能量为 E_h,求 $x(t)$ 的方差。

解: 白高斯噪声通过滤波器后的输出是零均值平稳过程。因为 $x(t)$ 是零均值,所以其方差等于二阶矩,即 $\sigma_x^2 = E[x^2(t)]$。而 $E[x^2(t)]$ 是平稳过程 $x(t)$ 的平均功率,它等于功率谱密度的面积。

设 $h(t)$ 的傅氏变换为 $H(f)$,则 $x(t)$ 的功率谱密度为

$$P_x(f) = \dfrac{N_0}{2}|H(f)|^2$$

其功率(也即方差)为

$$\sigma_x^2 = \int_{-\infty}^{\infty} \dfrac{N_0}{2}|H(f)|^2 df = \dfrac{N_0}{2}\int_{-\infty}^{\infty}|H(f)|^2 df = \dfrac{N_0}{2}E_h$$

注意,$|H(f)|^2$ 是 $h(t)$ 的能量谱密度,能量谱密度的积分是能量。

44. 功率谱密度为 $\dfrac{N_0}{2}$ 的平稳白高斯噪声 $n_w(t)$ 与脉冲 $g(t)$ 做相关,其输出是

$$z = \int_{-\infty}^{\infty} n_w(t) g(t) \mathrm{d}t$$

已知 $g(t)$ 的能量是 E_g,求 z 的均值、方差、概率密度函数。

解:白噪声是零均值平稳高斯过程,所以 z 是高斯随机变量,其均值为

$$E[z] = E\left[\int_{-\infty}^{\infty} n_w(t) g(t) \mathrm{d}t\right] = \int_{-\infty}^{\infty} E[n_w(t)] g(t) \mathrm{d}t = 0$$

在零均值的情况下,其方差就是二阶矩:

$$\begin{aligned}\sigma_z^2 = E[z^2] &= E\left[\int_{-\infty}^{\infty} g(t_1) n_w(t_1) \mathrm{d}t_1 \cdot \int_{-\infty}^{\infty} g(t_2) n_w(t_2) \mathrm{d}t_2\right] \\ &= E\left[\int_{-\infty}^{\infty}\int_{-\infty}^{\infty} g(t_1) g(t_2) n_w(t_1) n_w(t_2) \mathrm{d}t_1 \mathrm{d}t_2\right] \\ &= \int_{-\infty}^{\infty}\int_{-\infty}^{\infty} g(t_1) g(t_2) E[n_w(t_1) n_w(t_2)] \mathrm{d}t_1 \mathrm{d}t_2 \end{aligned}$$

白噪声的自相关函数是冲激函数:

$$E[n_w(t_1) n_w(t_2)] = \frac{N_0}{2} \delta(t_1 - t_2)$$

于是有

$$\begin{aligned}\sigma_z^2 &= \int_{-\infty}^{\infty}\int_{-\infty}^{\infty} g(t_1) g(t_2) \frac{N_0}{2} \delta(t_1 - t_2) \mathrm{d}t_1 \mathrm{d}t_2 \\ &= \frac{N_0}{2} \int_{-\infty}^{\infty} g(t_2) \left[\int_{-\infty}^{\infty} g(t_1) \delta(t_1 - t_2) \mathrm{d}t_1\right] \mathrm{d}t_2 \\ &= \frac{N_0}{2} \int_{-\infty}^{\infty} g(t_2) g(t_2) \mathrm{d}t_2 \\ &= \frac{N_0}{2} E_g \end{aligned}$$

于是,z 的概率密度函数为

$$\begin{aligned}f(z) &= \frac{1}{\sqrt{2\pi \frac{N_0}{2} E_g}} e^{-\frac{z^2}{2 \times \frac{N_0}{2} E_g}} \\ &= \frac{1}{\sqrt{\pi N_0 E_g}} e^{-\frac{z^2}{N_0 E_g}} \end{aligned}$$

45. 设 $\xi_1 = \int_0^T n(t) \varphi_1(t) \mathrm{d}t$, $\xi_2 = \int_0^T n(t) \varphi_2(t) \mathrm{d}t$,其中 $n(t)$ 是双边功率谱密度为 $\frac{N_0}{2}$ 的白高斯噪声,$\varphi_1(t)$ 和 $\varphi_2(t)$ 是定义在 $[0, T]$ 上的确定函数,求 ξ_1 和 ξ_2 统计独立的条件。

解:由于 $n(t)$ 是高斯过程,所以 ξ_1、ξ_2 是高斯随机变量。对于高斯随机变量,不相关则独立,即 ξ_1 和 ξ_2 独立的条件是 $E[\xi_1 \xi_2] = E[\xi_1] E[\xi_2]$。白噪声的均值是零:$E[n(t)] = 0$,由此可知

$$E[\xi_1] = E\left[\int_0^T n(t) \varphi_1(t) \mathrm{d}t\right] = \int_0^T E[n(t)] \varphi_1(t) \mathrm{d}t = 0$$

$$E[\xi_2] = E\left[\int_0^T n(t) \varphi_2(t) \mathrm{d}t\right] = \int_0^T E[n(t)] \varphi_2(t) \mathrm{d}t = 0$$

于是 ξ_1、ξ_2 独立的条件变成 $E[\xi_1 \xi_2] = 0$。下面计算 $E[\xi_1 \xi_2]$。

$$E[\xi_1\xi_2] = E\left[\int_0^T n(t)\varphi_1(t)dt \int_0^T n(t)\varphi_2(t)dt\right]$$
$$= E\left[\int_0^T \int_0^T n(t)n(t')\varphi_1(t)\varphi_2(t')dtdt'\right]$$
$$= \int_0^T \int_0^T E[n(t)n(t')]\varphi_1(t)\varphi_2(t')dtdt'$$
$$= \int_0^T \int_0^T \frac{N_0}{2}\delta(t-t')\varphi_1(t)\varphi_2(t')dtdt'$$
$$= \frac{N_0}{2}\int_0^T \varphi_1(t)\varphi_2(t)dt$$

所以 ξ_1、ξ_2 独立的条件是 $\varphi_1(t)$ 和 $\varphi_2(t)$ 正交，即
$$\int_0^T \varphi_1(t)\varphi_2(t)dt = 0$$

46. 设 $X(t)=X_c(t)\cos 2\pi f_c t - X_s(t)\sin 2\pi f_c t$ 为窄带高斯平稳随机过程，已知 $X(t)$ 的功率为 σ_X^2。信号 $A\cos 2\pi f_c t + X(t)$ 经过图 3-8 所示的电路后成为 $Y(t)=u(t)+v(t)$，其中 $u(t)$ 是 $A\cos 2\pi f_c t$ 对应的输出，$v(t)$ 是 $X(t)$ 对应的输出。假设 $X_c(t)$ 及 $X_s(t)$ 的带宽 W 等于低通滤波器的带宽，$f_c \gg W$。

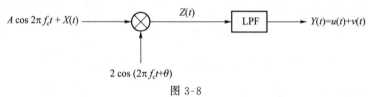

图 3-8

(1) 若 θ 为常数，分别求 $u(t)$ 和 $v(t)$ 的平均功率。

(2) 若 θ 是在 $[0,2\pi]$ 上均匀分布的随机变量，且 θ 与 $X(t)$ 独立，分别求 $u(t)$ 和 $v(t)$ 的平均功率。

解：方法一：LPF 输入端的信号是
$$Z(t) = \{A\cos 2\pi f_c t + X_c(t)\cos 2\pi f_c t - X_s(t)\sin 2\pi f_c t\} \times 2\cos(2\pi f_c t + \theta)$$
$$= \{[A+X_c(t)]\cos 2\pi f_c t - X_s(t)\sin 2\pi f_c t\} \times 2\cos(2\pi f_c t + \theta)$$

利用三角函数中的积化和差公式可将 LPF 输入端的信号表示为
$$Z(t) = [A+X_c(t)]\{\cos\theta + \cos(4\pi f_c t + \theta)\} + X_s(t)\{\sin\theta - \sin(4\pi f_c t + \theta)\}$$
$$= [A+X_c(t)]\cos\theta + X_s(t)\sin\theta + [A+X_c(t)]\cos(4\pi f_c t + \theta) - X_s(t)\sin(4\pi f_c t + \theta)$$

上式第二个等号右边的前两项的带宽是 W，可以通过 LPF；后两项是以 $\cos(4\pi f_c t + \theta)$ 为参考载波，以 $[A+X_c(t)]$ 为同相分量、以 $X_s(t)$ 为正交分量的带通信号，不可以通过 LPF。故 LPF 的输出是
$$Y(t) = [A+X_c(t)]\cos\theta + X_s(t)\sin\theta$$
$$= A\cos\theta + [X_c(t)\cos\theta + X_s(t)\sin\theta]$$

其中第二个等号右边的第一项是 $A\cos 2\pi f_c t$ 对应的输出 $u(t)$，第二项是 $X(t)$ 对应的输出 $v(t)$，即
$$u(t) = A\cos\theta$$
$$v(t) = X_c(t)\cos\theta + X_s(t)\sin\theta$$

(1) θ 为定值时，$u(t)$ 是一个确定的直流信号，其功率为

$$P_u = A^2\cos^2\theta$$

$v(t)$是随机过程。根据平稳窄带过程的性质,$X(t)$、$X_c(t)$、$X_s(t)$有相同的功率,且 $X_c(t)$、$X_s(t)$在同一时刻不相关,因此 $v(t)$ 的平均功率为

$$P_v = E[v^2(t)] = \sigma_X^2\cos^2\theta + \sigma_X^2\sin^2\theta = \sigma_X^2$$

(2) 注意 $v(t)$ 的功率与 θ 的取值无关。因此当 θ 为随机变量时,$v(t)$ 的平均功率仍然是 σ_X^2,而 $u(t)$ 的功率 $A^2\cos^2\theta$ 是随机量,其平均功率是

$$P_u = E[A^2\cos^2\theta] = A^2E[\cos^2\theta] = A^2E\left[\frac{1}{2} + \frac{1}{2}\cos 2\theta\right] = \frac{A^2}{2} + \frac{A^2}{2}E[\cos 2\theta]$$

相位 θ 在 $[0,2\pi]$ 上均匀分布,因此相位 2θ 在 $[0,4\pi]$ 上均匀分布,此时 $\cos 2\theta$ 的数学期望是零,因此在(2)小题条件下 $u(t)$ 的平均功率是 $\dfrac{A^2}{2}$。

方法二:题图是一个以 $\cos(2\pi f_c t + \theta)$ 为参考载波的相干解调器,其输出是输入带通信号的同相分量。输入信号是

$A\cos 2\pi f_c t + X(t) = A\cos 2\pi f_c t + X_c(t)\cos 2\pi f_c t - X_s(t)\sin 2\pi f_c t$
$\qquad = A\cos(2\pi f_c t + \theta - \theta) + X_c(t)\cos(2\pi f_c t + \theta - \theta) - X_s(t)\sin(2\pi f_c t + \theta - \theta)$

以 $\cos(2\pi f_c t + \theta)$ 为参考载波,其复包络是

$$Ae^{-j\theta} + X_c(t)e^{-j\theta} + jX_s(t)e^{-j\theta}$$

同相分量是

$$Y(t) = \text{Re}\{Ae^{-j\theta} + X_c(t)e^{-j\theta} + jX_s(t)e^{-j\theta}\}$$
$$= A\cos\theta + [X_c(t)\cos\theta + X_s(t)\sin\theta]$$

后续步骤与方法一相同。

47. 设 $n(t)$ 是双边功率谱密度为 $\dfrac{N_0}{2} = 10^{-6}$ W/Hz 的白噪声,$y(t) = \dfrac{dn(t)}{dt}$,将 $y(t)$ 通过一个截止频率为 $B = 10$ Hz 的理想低通滤波器,从而得到 $y_0(t)$。

(1) 求 $y(t)$ 的双边功率谱密度。
(2) 求 $y_0(t)$ 的平均功率。

解:(1) 微分器是一个传递函数为 $j2\pi f$ 的线性系统,因此 $y(t)$ 的双边功率谱密度为

$$P_y(f) = \frac{N_0}{2}|j2\pi f|^2 = 2\pi^2 N_0 f^2 = 3.95\times 10^{-5} f^2 \text{ W/Hz}$$

(2) $y_0(t)$ 是 $y(t)$ 落在频率区间 $[-10, +10]$ 内的部分,其平均功率为

$$P_{y_o} = \int_{-B}^{B} P_y(f)df = 2\int_0^B 2\pi^2 N_0 f^2 df = \frac{4\pi^2 N_0 B^3}{3} = 0.0263 \text{ W}$$

48. 设 $\xi(t)$ 是高斯白噪声通过截止频率为 f_H 的理想低通滤波器后的输出,今以 $2f_H$ 的速率对 $\xi(t)$ 抽样,若 $\xi_1,\xi_2,\cdots,\xi_n$ 是其中的 n 个抽样值,求这 n 个抽样值的联合概率密度。

解:因为 $\xi(t)$ 是高斯白噪声通过线性系统的输出,故 $\xi(t)$ 是零均值平稳高斯过程。设白噪声的功率谱密度为 $\dfrac{N_0}{2}$,则 $\xi(t)$ 的功率是 $N_0 f_H$,所以 $\xi(t)$ 的一维概率密度是

$$f_\xi(x) = \frac{1}{\sqrt{2\pi N_0 f_H}} e^{-\frac{x^2}{2N_0 f_H}}$$

$\xi(t)$ 的功率谱密度为

$$P_\xi(f) = \begin{cases} \dfrac{N_0}{2}, & |f| < f_H \\ 0, & |f| > f_H \end{cases}$$

其自相关函数是功率谱密度的傅氏反变换。矩形函数的傅氏反变换是 sinc 函数。上式中这个矩形功率谱密度的宽度是 $2f_H$，其面积是 $N_0 f_H$，故 $\xi(t)$ 的自相关函数为

$$R_\xi(\tau) = N_0 f_H \mathrm{sinc}(2f_H \tau)$$

注意，自相关函数 $R_\xi(\tau) = E[\xi(t+\tau)\xi(t)]$ 代表间隔为 τ 的两个随机变量 $\xi(t+\tau)$ 与 $\xi(t)$ 之间的相关值。上式中的 $R_\xi(\tau)$ 当 $2f_H\tau$ 为非零整数(即间隔 τ 为 $\dfrac{1}{2f_H}$ 的整倍数)时，$\xi(t+\tau)$ 与 $\xi(t)$ 这两个样值不相关。对于高斯随机变量，不相关对应独立，所以题中的 $\xi_1, \xi_2, \cdots, \xi_n$ 两两独立。于是 $\xi_1, \xi_2, \cdots, \xi_n$ 的联合概率密度为

$$f_{\xi_1,\xi_2,\cdots,\xi_n}(x_1,x_2,\cdots,x_n) = f_{\xi_1}(x_1) f_{\xi_2}(x_2) \cdots f_{\xi_n}(x_n) = (2\pi N_0 f_H)^{-\frac{n}{2}} e^{-\frac{x_1^2+x_2^2+\cdots+x_n^2}{2N_0 f_H}}$$

49．发送图 3-9 所示的波形 $b(t)$，它在通过 AWGN 信道传输时叠加了功率谱密度为 $\dfrac{N_0}{2}$ 的白高斯噪声后成为 $r(t) = b(t) + n_w(t)$。

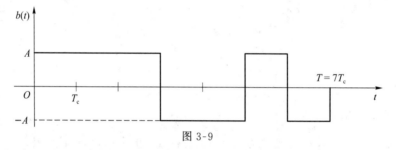

图 3-9

(1) 画出对 $b(t)$ 匹配的匹配滤波器的冲激响应波形。
(2) 求匹配滤波器的最大输出信噪比 $\gamma_{\max}$。
(3) 求输出信噪比最大时刻输出值的概率密度。

解：(1) 对 $b(t)$ 匹配的匹配滤波器的冲激响应通式为 $h(t) = Kb(t_0 - t)$，考虑到因果性，取最佳抽样时刻为 $t_0 = T$，并取 $K = 1$，则 $h(t) = b(T-t)$，冲激响应波形如图 3-10 所示。

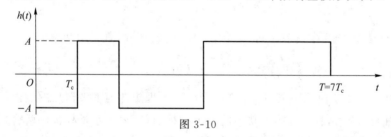

图 3-10

(2) 匹配滤波器输出的噪声是零均值平稳高斯过程，在任何抽样点上，其平均功率都是

$$\sigma^2 = \frac{N_0}{2} E_h = \frac{N_0}{2} \int_{-\infty}^{\infty} h^2(t) \mathrm{d}t = \frac{N_0}{2} A^2 T$$

滤波器输出的有用信号是 $r(t)$ 与 $h(t)$ 的卷积，其在最佳采样时刻的值是

$$\int_{-\infty}^{\infty} b(T-\tau) h(\tau) \mathrm{d}\tau = \int_0^T b(T-\tau) b(T-\tau) \mathrm{d}\tau = A^2 T$$

故最大输出信噪比为
$$\gamma_{\max}=\frac{(A^2T)^2}{\sigma^2}=\frac{2A^2T}{N_0}$$

（3）最佳取样时刻的输出值是
$$y=A^2T+\xi$$

其中 ξ 是噪声分量，它是均值为 0、方差为 $\sigma^2=\frac{N_0}{2}A^2T$ 的高斯随机变量。因此 y 的概率密度函数为
$$f(y)=\frac{1}{\sqrt{\pi N_0 A^2 T}}e^{-\frac{(y-A^2T)^2}{N_0 A^2 T}}$$

50. 在图 3-11 中，$s(t)$ 是一个确定的能量信号，其自相关函数为 $R_s(\tau)=4\,\text{sinc}^2\left(\frac{\tau}{T}\right)$，白高斯噪声 $n_w(t)$ 的功率谱密度为 $\frac{N_0}{2}$，$g(t)$ 是对 $s(t)$ 匹配的匹配滤波器，已知 $g(t)$ 的能量为 1。不考虑因果性，取 $g(t)=Ks(-t)$。图中 $y(t)$ 是 $s(t)$ 的输出，$z(t)$ 是 $n_w(t)$ 的输出。求输出端任意时刻 t 的瞬时信噪比 $\gamma(t)=\frac{y^2(t)}{E[z^2(t)]}$。

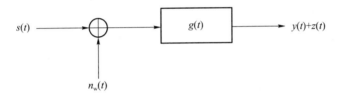

图 3-11

解：$g(t)=Ks(-t)$ 的能量是 $s(t)$ 能量的 K^2 倍。$g(t)$ 的能量是 1，$s(t)$ 的能量是 $R_s(0)=4$，故 $K=\frac{1}{2}$。输出的噪声 $z(t)$ 是零均值平稳过程，其方差为 $\frac{N_0}{2}E_g=\frac{N_0}{2}$。

输出的 $y(t)$ 是 $s(t)$ 与 $g(t)$ 的卷积：
$$\begin{aligned}y(t)&=\int_{-\infty}^{\infty}g(\tau)s(t-\tau)\mathrm{d}\tau=\int_{-\infty}^{\infty}\frac{1}{2}s(-\tau)s(t-\tau)\mathrm{d}\tau\\&=-\frac{1}{2}\int_{-\infty}^{\infty}s(\tau)s(t+\tau)\mathrm{d}\tau=-\frac{1}{2}R_s(t)=-2\text{sinc}^2\left(\frac{t}{T}\right)\end{aligned}$$

输出端任意时刻 t 的瞬时信噪比是
$$\gamma(t)=\frac{y^2(t)}{E[z^2(t)]}=\frac{8}{N_0}\text{sinc}^4\left(\frac{t}{T}\right)$$

51. 已知 X_1、X_2 是两个独立的随机变量，其中 X_1 为瑞利分布，X_2 为莱斯分布，它们的概率密度函数分别为
$$p_{X_1}(x)=\frac{x}{\sigma^2}e^{-\frac{x^2}{2\sigma^2}},\quad x\geqslant 0$$
$$p_{X_2}(x)=\frac{x}{\sigma^2}e^{-\frac{x^2+A^2}{2\sigma^2}}I_0\left(\frac{Ax}{\sigma^2}\right),\quad x\geqslant 0$$

求 $X_1>X_2$ 的概率。

解：方法一：X_1、X_2 的联合概率密度函数为

$$p_{X_1,X_2}(x_1,x_2) = p_{X_1}(x_1) p_{X_2}(x_2)$$

$$= \frac{x_1 x_2}{\sigma^4} e^{-\frac{x_1^2 + x_2^2 + A^2}{2\sigma^2}} I_0\left(\frac{A x_2}{\sigma^2}\right), \quad x_1, x_2 \geq 0$$

所求概率为

$$\Pr(X_1 > X_2) = \iint_{x_1 > x_2} \frac{x_1 x_2}{\sigma^4} e^{-\frac{x_1^2 + x_2^2 + A^2}{2\sigma^2}} I_0\left(\frac{A x_2}{\sigma^2}\right) dx_1 dx_2$$

$$= \int_0^\infty \int_{x_2}^\infty \frac{x_1 x_2}{\sigma^4} e^{-\frac{x_1^2 + x_2^2 + A^2}{2\sigma^2}} I_0\left(\frac{A x_2}{\sigma^2}\right) dx_1 dx_2$$

$$\overset{t = \frac{x_1^2}{2\sigma^2}}{=} \int_0^\infty \int_{\frac{x_2^2}{2\sigma^2}}^\infty \frac{x_2}{\sigma^2} e^{-t - \frac{x_2^2 + A^2}{2\sigma^2}} I_0\left(\frac{A x_2}{\sigma^2}\right) dt\, dx_2$$

$$= \int_0^\infty \frac{x_2}{\sigma^2} e^{-\frac{x_2^2 + A^2}{2\sigma^2}} I_0\left(\frac{A x_2}{\sigma^2}\right) \cdot e^{-\frac{x_2^2}{2\sigma^2}} dx_2$$

令 $x = \sqrt{2} x_2$，$A' = A/\sqrt{2}$，则

$$\Pr(X_1 > X_2) = \int_0^\infty \frac{x}{2\sigma^2} e^{-\frac{x^2 + 2(A')^2}{2\sigma^2}} I_0\left(\frac{A' x}{\sigma^2}\right) dx$$

$$= \frac{1}{2} e^{-\frac{(A')^2}{2\sigma^2}} \int_0^\infty \frac{x}{\sigma^2} e^{-\frac{x^2 + (A')^2}{2\sigma^2}} I_0\left(\frac{A' x}{\sigma^2}\right) dx$$

上式最后一个积分中的被积函数是莱斯概率密度函数，其积分是 1，因此

$$\Pr(X_1 > X_2) = \frac{1}{2} e^{-\frac{(A')^2}{2\sigma^2}} = \frac{1}{2} e^{-\frac{A^2}{4\sigma^2}}$$

方法二：在 X_2 固定为 x_2 的条件下，$X_1 > X_2$ 的概率为

$$q(x_2) = \Pr\{X_1 > X_2 \mid X_2 = x_2\} = \Pr\{X_1 > x_2\}$$

$$= \int_{x_2}^\infty \frac{x}{\sigma^2} e^{-\frac{x^2}{2\sigma^2}} dx = e^{-\frac{x_2^2}{2\sigma^2}}$$

再对所有 X_2 的可能取值取平均就是所求概率：

$$\Pr\{X_1 > X_2\} = E[q(X_2)] = \int_0^\infty p_{X_2}(x) q(x) dx$$

$$= \int_0^\infty \frac{x}{\sigma^2} e^{-\frac{x^2 + A^2}{2\sigma^2}} I_0\left(\frac{Ax}{\sigma^2}\right) e^{-\frac{x^2}{2\sigma^2}} dx$$

$$= \int_0^\infty \frac{x}{\sigma^2} e^{-\frac{2x^2 + A^2}{2\sigma^2}} I_0\left(\frac{Ax}{\sigma^2}\right) dx$$

令 $t = \sqrt{2} x$，$A' = A/\sqrt{2}$：

$$\Pr\{X_1 > X_2\} = \int_0^\infty \frac{t}{\sqrt{2} \sigma^2} e^{-\frac{t^2 + 2(A')^2}{2\sigma^2}} I_0\left(\frac{A' t}{\sigma^2}\right) \cdot \frac{1}{\sqrt{2}} dt$$

$$= \frac{1}{2} e^{-\frac{(A')^2}{2\sigma^2}} \int_0^\infty \frac{t}{\sigma^2} e^{-\frac{t^2 + (A')^2}{2\sigma^2}} I_0\left(\frac{A' t}{\sigma^2}\right) dt$$

上式最后一个积分中的被积函数是莱斯概率密度函数，其积分为 1，故

$$\Pr\{X_1 > X_2\} = \frac{1}{2}e^{-\frac{(A')^2}{2\sigma^2}} = \frac{1}{2}e^{-\frac{A^2}{4\sigma^2}}$$

52. 高斯白噪声 $n(t)$ 通过滤波器 $H_1(f)$ 和 $H_2(f)$ 后的输出分别为 $\xi_1(t)$ 和 $\xi_2(t)$，如图 3-12 所示。已知两个滤波器在频域不交叠，即 $H_1(f)H_2(f)=0$，$-\infty < f < \infty$。

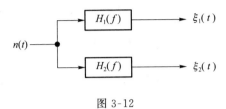

图 3-12

(1) 试证明两个滤波器的冲激响应 $h_1(t)$、$h_2(t)$ 的互相关函数为零。
(2) 试证明 $\xi_1(t)$ 与 $\xi_2(t)$ 统计独立。

证明：(1) $H_1(f)H_2(f)=0$ 说明对于任意某个 f 值，$H_1(f)$、$H_2(f)$ 两者中至少有一个是零。零的共轭也是零，故对 $-\infty < f < \infty$ 来说，必有 $H_1(f)H_2^*(f)=0$。即 $h_1(t)$、$h_2(t)$ 的互能量谱密度为零。互能量谱密度与互相关函数是傅氏变换对的关系，因此 $h_1(t)$、$h_2(t)$ 的互相关函数为零，即

$$\int_{-\infty}^{\infty} h_1(t+\tau)h_2(t)\,\mathrm{d}t = 0$$

(2) 高斯白噪声是零均值平稳过程，它通过两个滤波器后的输出 $\xi_1(t)$、$\xi_2(t)$ 也是零均值平稳高斯过程。欲证 $\xi_1(t)$、$\xi_2(t)$ 独立，需证 $\xi_1(t)$、$\xi_2(t)$ 不相关，即 $E[\xi_1(t)\xi_2(t)] = E[\xi_1(t)]E[\xi_2(t)] = 0$。$\xi_1(t)$、$\xi_2(t)$ 是 $n(t)$ 分别与 $h_1(t)$、$h_2(t)$ 的卷积：

$$\xi_1(t) = \int_{-\infty}^{\infty} h_1(t-u)n(u)\,\mathrm{d}u$$

$$\xi_2(t) = \int_{-\infty}^{\infty} h_2(t-v)n(v)\,\mathrm{d}v$$

因此

$$E[\xi_1(t_1)\xi_2(t_2)] = E\left[\int_{-\infty}^{\infty} h_1(t_1-u)n(u)\,\mathrm{d}u \cdot \int_{-\infty}^{\infty} h_2(t_2-v)n(v)\,\mathrm{d}v\right]$$

$$= E\left[\int_{-\infty}^{\infty}\int_{-\infty}^{\infty} h_1(t_1-u)h_2(t_2-v)n(u)n(v)\,\mathrm{d}u\,\mathrm{d}v\right]$$

$$= \int_{-\infty}^{\infty}\int_{-\infty}^{\infty} h_1(t_1-u)h_2(t_2-v)E[n(u)n(v)]\,\mathrm{d}u\,\mathrm{d}v$$

其中的 $E[n(u)n(v)]$ 是 $n(t)$ 的自相关函数，$n(t)$ 是白噪声，故有

$$E[n(u)n(v)] = \frac{N_0}{2}\delta(u-v) = \frac{N_0}{2}\delta(v-u)$$

其中 $N_0/2$ 是 $n(t)$ 的功率谱密度。将上式代入 $E[\xi_1(t_1)\xi_2(t_2)]$ 的表达式可得

$$E[\xi_1(t_1)\xi_2(t_2)] = \int_{-\infty}^{\infty}\int_{-\infty}^{\infty} h_1(t_1-u)h_2(t_2-v) \cdot \frac{N_0}{2}\delta(u-v)\,\mathrm{d}u\,\mathrm{d}v$$

$$= \frac{N_0}{2}\int_{-\infty}^{\infty} h_2(t_2-v)\left\{\int_{-\infty}^{\infty} h_1(t_1-u)\delta(u-v)\,\mathrm{d}u\right\}\mathrm{d}v$$

$$= \frac{N_0}{2}\int_{-\infty}^{\infty} h_2(t_2-v)h_1(t_1-v)\,\mathrm{d}v$$

再根据 $\int_{-\infty}^{\infty} h_1(t+\tau)h_2(t)\mathrm{d}t = 0$ 可知上式的最后一个积分是零,因此
$$E[\xi_1(t_1)\xi_2(t_2)]=0=E[\xi_1(t_1)]E[\xi_2(t_2)]$$
即 $\xi_1(t)$、$\xi_2(t)$ 不相关,而 $\xi_1(t)$、$\xi_2(t)$ 作为高斯过程,不相关就是独立。

证毕。

"随机过程 $X(t)$ 和 $Y(t)$ 不相关"的意思是:对于任意的时间 t_1、t_2,$X(t_1)$ 和 $Y(t_2)$ 这两个随机变量不相关,即
$$R_{XY}(t_1,t_2)=E[X(t_1)Y(t_2)]=E[X(t_1)]E[Y(t_2)]$$
若 $X(t)$ 和 $Y(t)$ 中至少有一个是零均值随机过程,则不相关就是互相关函数为零。对于零均值的联合平稳过程,不相关就是 $R_{XY}(\tau)=0$,$\forall \tau \in (-\infty,\infty)$。

如果在 $t_1=t_2$ 的情况下,$X(t_1)$ 和 $Y(t_2)=Y(t_1)$ 这两个随机变量不相关,称为"$X(t)$ 和 $Y(t)$ 在同一时刻不相关"。对于零均值随机过程,同一时刻不相关对应 $R_{XY}(0)=0$。

两个高斯过程不相关则独立,即对于任意的时间 t_1、t_2,$X(t_1)$ 和 $Y(t_2)$ 这两个随机变量独立。若两个高斯过程在同一时刻不相关,则它们在相同时刻彼此独立,即 $X(t_1)$ 与 $Y(t_1)$ 独立,$X(t_2)$ 与 $Y(t_2)$ 独立,但 $X(t_1)$ 与 $Y(t_2)$ 不一定独立。

---

53. 设 $X(t)$ 是零均值平稳高斯过程,已知其自相关函数为 $R_X(\tau)=\mathrm{sinc}^2\left(\dfrac{\tau}{T}\right)$。令 $Y(t)=X(t-T)$,求 $Y(t)$ 的自相关函数、$Y(t)$ 与 $X(t)$ 的互相关函数、$Y(0)$ 与 $X(0)$ 的联合概率密度函数、$Y(T)$ 与 $X(0)$ 的联合概率密度函数。

解: $Y(t)$ 是零均值平稳高斯过程 $X(t)$ 的延迟,因此 $Y(t)$ 也是零均值平稳高斯过程。延迟不改变功率谱密度及自相关函数,故 $Y(t)$ 的自相关函数是 $R_Y(\tau)=R_X(\tau)=\mathrm{sinc}^2\left(\dfrac{\tau}{T}\right)$。

$Y(t)$ 与 $X(t)$ 的互相关函数为
$$R_{YX}(\tau)=E[Y(t+\tau)X(t)]=E[X(t+\tau-T)X(t)]$$
$$=R_X(\tau-T)=\mathrm{sinc}^2\left(\dfrac{\tau-T}{T}\right)$$

当 $\tau=0$ 时,$R_{YX}(\tau)=\mathrm{sinc}^2(-1)=0$,即 $Y(t)$ 与 $X(t)$ 在同一时刻不相关。由于两者是高斯随机变量,所以 $Y(0)$ 与 $X(0)$ 独立,它们是独立同分布的零均值高斯随机变量,它们的方差为 $E[X^2(0)]=E[Y^2(0)]=R_X(0)=R_Y(0)=1$。$Y(0)$ 与 $X(0)$ 的联合概率密度函数为
$$p_{Y(0)X(0)}(y,x)=p_{Y(0)}(y)p_{X(0)}(x)=\dfrac{1}{2\pi}\mathrm{e}^{-\frac{y^2+x^2}{2}}$$

$Y(T)=X(T-T)=X(0)$ 与 $X(0)$ 是同一个随机变量,它们的联合概率密度函数为
$$p_{Y(T)X(0)}(y,x)=p_{X(0)}(x)\delta(y-x)=\dfrac{1}{\sqrt{2\pi}}\mathrm{e}^{-\frac{x^2}{2}}\delta(y-x)$$

54. 设有随机信号 $x(t)=\dfrac{1}{\sqrt{N}}\sum\limits_{i=1}^{N}\cos(2\pi it+\theta_i)$,其中 θ_i,$i=1,2,\cdots,N$ 是一组独立同分布的随机变量,θ_i 在 $[0,2\pi]$ 内均匀分布。求 $x(t)$ 的数学期望、自相关函数,并求 $N\to\infty$ 时 $x(t)$ 的一维概率密度函数。

解：就求和中的每一项 $\cos(2\pi it+\theta_i)$ 来说，其均值是

$$E\left[\frac{1}{\sqrt{N}}\cos(2\pi it+\theta_i)\right]=\frac{1}{\sqrt{N}}\int_0^{2\pi}\frac{1}{2\pi}\cos(2\pi it+\varphi)\mathrm{d}\varphi=0$$

所以 $x(t)$ 的数学期望是零。

每一项 $\frac{1}{\sqrt{N}}\cos(2\pi it+\theta_i)$ 的自相关函数是

$$E\left[\frac{1}{\sqrt{N}}\cos[2\pi i(t+\tau)+\theta_i]\cdot\frac{1}{\sqrt{N}}\cos(2\pi it+\theta_i)\right]$$

$$=\frac{1}{N}E\left[\cos(2\pi it+2\pi i\tau+\theta_i)\cos(2\pi it+\theta_i)\right]$$

$$=\frac{1}{2N}E\left[\cos 2\pi i\tau+\cos(4\pi it++2\pi i\tau+2\theta_i)\right]$$

$$=\frac{1}{2N}\cos 2\pi i\tau+\frac{1}{2N}E\left[\cos(4\pi it+2\pi i\tau+2\theta_i)\right]$$

相位 θ_i 在 $[0,2\pi]$ 内均匀分布，相位 $2\theta_i$ 在 $[0,4\pi]$ 内均匀分布，这使上式中的最后一个数学期望是零。于是 $\frac{1}{\sqrt{N}}\cos(2\pi it+\theta_i)$ 的自相关函数是 $\frac{1}{2N}\cos(2\pi i\tau)$。

求和式中不同的项 $\frac{1}{\sqrt{N}}\cos(2\pi it+\theta_i)$、$\frac{1}{\sqrt{N}}\cos(2\pi it+\theta_k)$，$i\neq k$，它们之间的互自相关函数是

$$E\left[\frac{1}{\sqrt{N}}\cos[2\pi i(t+\tau)+\theta_i]\cdot\frac{1}{\sqrt{N}}\cos(2\pi kt+\theta_k)\right]$$

$$=\frac{1}{N}E\left[\cos(2\pi it+2\pi t\tau+\theta_i)\cos(2\pi kt+\theta_k)\right]$$

$$=\frac{1}{2N}E\{\cos[2\pi(i-k)t\tau+2\pi t\tau+\theta_i-\theta_k]+\cos[2\pi(i+k)t\tau+2\pi it\tau+\theta_i+\theta_k]\}$$

相位 θ_i、θ_k 独立同分布，均在 $[0,2\pi]$ 内均匀分布，它们的和或者差也在 $[0,2\pi]$ 内均匀分布，因此上式中的两个数学期望均为零。说明求和式中的不同项不相关。因此，和的自相关函数是各个项的自相关函数之和，从而得到 $x(t)$ 的自相关函数为

$$R_x(\tau)=\sum_{i=1}^N\left(\frac{1}{2N}\cos 2\pi i\tau\right)=\frac{1}{2N}\sum_{i=1}^N\cos 2\pi i\tau$$

对于任意给定的 t，令 $\varphi_i=2\pi it+\theta_i$，则 φ_i 在 $[0,2\pi]$ 内均匀分布，又由于 $\theta_1,\theta_2,\cdots,\theta_N$ 独立，所以 $\varphi_1,\varphi_2,\cdots,\varphi_N$ 独立同分布。再令 $W_i=\cos\varphi_i=\cos(2\pi it+\theta_i)$，则 $W_1,W_2,\cdots,W_N$ 独立同分布。由中心极限定理知，$N\to\infty$ 时，$x(t)=\frac{1}{\sqrt{N}}\sum_{i=1}^N W_i$ 将趋向于高斯分布。其均值为 $m_x=0$，其方差为 $R_x(0)=\frac{1}{2}$，其一维概率密度函数是

$$p(x)=\frac{1}{\sqrt{\pi}}\mathrm{e}^{-x^2}$$

> "相位"的取值范围是 $0 \sim 2\pi$。若相位 θ 在 $[0, 2\pi]$ 内均匀分布，X 是确定实数或者与 θ 独立的随机变量，则 $\theta + X$ 在 $[0, 2\pi]$ 内均匀分布。
>
> 若相位 θ 在 $[0, 2\pi]$ 内均匀分布，则下列随机变量的数学期望是零：$\cos\theta$、$\cos(X+\theta)$、$\cos(2\pi f_0 t + \theta)$、$e^{j\theta}$、$e^{j(2\pi f_0 t + \theta)}$，等等。直观来说，若三角函数 $\cos(\cdot)$ 的相位在 $0° \sim 360°$ 内以均匀的机会出现，那么函数值为正和负的机会相同，均值自然是零。复指数函数 $e^{j(\cdot)}$ 是幅度为 1 的向量，若向量的相位在 $0° \sim 360°$ 内以均匀的机会出现，那么对于每个随机出现的向量值，总有一个与其相反的向量，所以 $e^{j(\cdot)}$ 的平均值一定是零。

55. 设 X_1、X_2、Z 是三个相互独立的随机变量，已知 X_1、X_2 均以等概方式取值于 $\{\pm 1\}$，Z 是标准正态随机变量。令 $Y_1 = X_1 Z$，$Y_2 = X_2 Z$。

(1) 求 Y_1、Y_2 的概率密度函数。

(2) 求 $Y = \frac{1}{2}(Y_1 + Y_2)$ 的概率密度函数。

(3) 求 Y_1、Y_2 的联合概率密度函数。

(4) 判断 Y_1、Y_2 是否联合高斯、是否不相关、是否独立。

解：(1) 对于充分小的 $\Delta > 0$，Y_1 的取值落入区间 $[y_1, y_1+\Delta]$ 的情形是 $Z \in [y_1, y_1+\Delta]$ 且 $X_1 = 1$，或者 $Z \in [-y_1-\Delta, -y_1]$ 且 $X_1 = -1$。因此，$Y_1 \in [y_1, y_1+\Delta]$ 的概率是

$$P(Y_1 \in [y_1, y_1+\Delta]) = \frac{1}{2} \cdot \frac{1}{\sqrt{2\pi}} e^{-\frac{y_1^2}{2}} \Delta + \frac{1}{2} \cdot \frac{1}{\sqrt{2\pi}} e^{-\frac{(-y_1)^2}{2}} \Delta = \frac{1}{\sqrt{2\pi}} e^{-\frac{y_1^2}{2}} \Delta$$

其概率密度函数是

$$f_{Y_1}(y_1) = \lim_{\Delta \to 0} \frac{P(Y_1 \in [y_1, y_1+\Delta])}{\Delta} = \frac{1}{\sqrt{2\pi}} e^{-\frac{y_1^2}{2}}$$

同理可知，Y_2 的概率密度函数是 $f_{Y_2}(y_2) = \frac{1}{\sqrt{2\pi}} e^{-\frac{y_2^2}{2}}$。

(2) $Y = \frac{1}{2}(Y_1 + Y_2) = \frac{X_1 + X_2}{2} Z = \tilde{X} \cdot Z$，其中 $\tilde{X} = \frac{X_1 + X_2}{2}$ 是离散随机变量，可能取值是 -1、0、$+1$，取 3 个值的概率依次是 $\frac{1}{4}$、$\frac{1}{2}$、$\frac{1}{4}$。当 $\tilde{X} = 0$ 时，$Y = 0$，Y 的条件概率密度是 $f(y | \tilde{X} = 0) = \delta(y)$，而当 $\tilde{X} = \pm 1$ 时，根据(1)小题，Y 的条件概率密度是 $f(y | \tilde{X} = \pm 1) = \frac{1}{\sqrt{2\pi}} e^{-\frac{y^2}{2}}$，因此 Y 的概率密度函数是

$$f_Y(y) = \frac{1}{2} \delta(y) + \frac{1}{2} \frac{1}{\sqrt{2\pi}} e^{-\frac{y^2}{2}}$$

(3) 由 $Y_1 = X_1 Z$ 可写出 $Z = X_1 Y_1$，$Y_2 = X_1 X_2 Y_1$。在 $Y_1 = y_1$ 的条件下，$Y_2 = X_1 X_2 y_1$ 是一个离散随机变量，等概取值于 $\{\pm y_1\}$，其条件概率密度是

$$f(y_2 | y_1) = \frac{1}{2} \delta(y_2 - y_1) + \frac{1}{2} \delta(y_2 + y_1)$$

因此，Y_1、Y_2 的联合概率密度函数是

$$f_{Y_1Y_2}(y_1,y_2)=f(y_2|y_1)f_{Y_1}(y_1)=\frac{1}{\sqrt{8\pi}}[\delta(y_2-y_1)+\delta(y_2+y_1)]\mathrm{e}^{-\frac{y_1^2}{2}}$$

(4) Y_1、Y_2 各自都服从标准正态分布,但它们不是联合高斯。由于 $E[Y_1Y_2]=E[X_1X_2Z^2]=E[X_1]E[X_2]E[Z^2]=0=E[Y_1]E[Y_2]$,所以 Y_1、Y_2 不相关,但它们不独立,因为 $f_{Y_1Y_2}(y_1,y_2)\neq f_{Y_1}(y_1)f_{Y_2}(y_2)$。

56. 已知 $Y=X+z$,其中 $z\sim N\left(0,\dfrac{N_0}{2}\right)$ 是与 X 相互独立的零均值高斯随机变量,随机变量 X 等概取值于 $\{\pm\sqrt{E_b}\}$。求 Y 与 X 极性不相同的概率。

解:当 $X=+\sqrt{E_b}$ 时,事件"Y 为负极性"等价于"$z<-\sqrt{E_b}$"。由于 z 分布对称,所以"$z<-\sqrt{E_b}$"的概率等于"$z>\sqrt{E_b}$"的概率,为

$$p=\frac{1}{2}\mathrm{erfc}\left(\frac{\sqrt{E_b}}{\sqrt{2\times\frac{N_0}{2}}}\right)=\frac{1}{2}\mathrm{erfc}\left(\sqrt{\frac{E_b}{N_0}}\right)$$

同理可得,当 $X=-\sqrt{E_b}$ 时,事件"Y 为正极性"的概率也是 p,因此 Y 与 X 极性不相同的概率是 $\dfrac{1}{2}\mathrm{erfc}\left(\sqrt{\dfrac{E_b}{N_0}}\right)$。

57. 已知平稳遍历白高斯噪声的功率谱密度为 $\dfrac{N_0}{2}$。此噪声经过一个带宽为 B 的滤波器后成为 $n(t)$。对 $n(t)$ 做大量的采样测量,问超过正 2 伏的样本个数所占的比率是多少?

解:$n(t)$ 是零均值的高斯平稳遍历随机过程,其方差为 N_0B,因此

$$P(n>2)=\frac{1}{2}\mathrm{erfc}\left(\frac{2}{\sqrt{2N_0B}}\right)=\frac{1}{2}\mathrm{erfc}\left(\sqrt{\frac{2}{N_0B}}\right)$$

58. 已知 $n(t)=x(t)+\mathrm{j}y(t)$ 是基带型的复平稳遍历高斯随机过程,其实部 $x(t)$ 和虚部 $y(t)$ 都是均值为 0、方差为 1 的高斯随机变量。对 $n(t)$ 做大量的采样测量,问采样结果中瞬时幅度超过 2 且相位在 $\pm\dfrac{\pi}{8}$ 之内的采样数所占的比率是多少?

解:由题中的条件可知 $x(t)$、$y(t)$ 在同一时刻独立。实际上,$n(t)$ 是某个窄带高斯噪声的复包络,$x(t)$、$y(t)$ 是其同相分量和正交分量。根据窄带平稳噪声的性质,$x(t)$、$y(t)$ 在同一时刻不相关,又因为 $x(t)$、$y(t)$ 均是高斯过程,因此二者在同一时刻独立。

由于 $x(t)$、$y(t)$ 是独立同分布标准正态随机变量,故 $n(t)$ 的模 $A(t)=|n(t)|$ 服从瑞利分布,其概率密度函数为

$$P_A(x)=x\mathrm{e}^{-\frac{x^2}{2}},\quad x\geq 0$$

$n(t)$ 的幅度超过 2 的概率为

$$\Pr\{A>2\}=\int_2^\infty x\mathrm{e}^{-\frac{x^2}{2}}\mathrm{d}x=\mathrm{e}^{-2}$$

$n(t)$ 的相位在 $[0,2\pi]$ 内服从均匀分布,相位落在 $\pm\dfrac{\pi}{8}$ 内的概率为 $1/8$。

相位与幅度独立,故所求比率为

$$\Pr\left\{A>2,|\theta|\leq\frac{\pi}{8}\right\}=\Pr\{A>2\}\cdot\Pr\left\{|\theta|\leq\frac{\pi}{8}\right\}=\frac{1}{8\mathrm{e}^2}$$

59. 设有随机序列 $\{a_n\} = \{a_1, a_2, \cdots, a_n, \cdots\}$,其元素两两不相关且 $E[a_n] = 0$,$E[a_n^2] = 1$。另有序列 $\{b_n\} = \{b_0, b_1, b_2, \cdots, b_n, \cdots\}$,其中 $b_0 = 1, b_n = a_n b_{n-1}$。证明 $\{b_n\}$ 中的元素两两不相关且 $E[b_n] = 0, E[b_n^2] = 1$。

证明:根据 $b_n = a_n b_{n-1}, b_{n-1} = a_{n-1} b_{n-2}, \cdots$,可以写出

$$b_n = a_n b_{n-1} = a_n a_{n-1} b_{n-2} = \cdots = a_n a_{n-1} \cdots a_1 b_0 = \prod_{i=1}^{n} a_i \quad (n \geqslant 1)$$

序列 $\{a_n\}$ 的元素两两不相关,因此

$$E[b_n] = E\left[\prod_{i=1}^{n} a_i\right] = \prod_{i=1}^{n} E[a_i] = 0$$

$$E[b_n^2] = E\left[\left(\prod_{i=1}^{n} a_i\right)^2\right] = E\left[\prod_{i=1}^{n} a_i^2\right] = \prod_{i=1}^{n} E[a_i^2] = 1$$

对于任意的 $m \geqslant 1, n > m$,有

$$E[b_n b_m] = E\left[\prod_{i=1}^{n} a_i \times \prod_{j=1}^{m} a_j\right] = E\left[a_n \times \prod_{i=1}^{n-1} a_i \times \prod_{j=1}^{m} a_j\right]$$

上式中的 $\prod_{i=1}^{n-1} a_i \times \prod_{j=1}^{m} a_j$ 不包含 a_n,故与 a_n 不相关,所以

$$E[b_n b_m] = E[a_n]\left[\prod_{i=1}^{n-1} a_i \times \prod_{j=1}^{m} a_j\right] = 0$$

即 b_n、b_m 不相关。

60. 设有窄带随机过程 $X(t) = I(t)\cos 2\pi f_c t - Q(t)\sin 2\pi f_c t$,已知其同相分量 $I(t)$ 与正交分量 $Q(t)$ 是两个互不相关的零均值平稳过程,它们的功率谱密度如图 3-13 所示。试画出 $X(t)$ 的功率谱密度图,并判断 $X(t)$ 是否平稳。

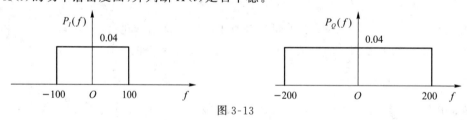

图 3-13

解:$I(t)$ 与 $Q(t)$ 不相关且零均值,说明对于任意 t_1、t_2 有 $E[I(t_1)Q(t_2)] = 0$。根据这一点可以看出,$E[I(t_1)\cos 2\pi f_c t_1 \cdot Q(t_2)\sin 2\pi f_c t_2] = E[I(t_1)\cos 2\pi f_c t_1]E[Q(t_2)\sin 2\pi f_c t_2] = 0$,即 $I(t)\cos 2\pi f_c t$ 与 $Q(t)\sin 2\pi f_c t$ 是两个互不相关的零均值随机过程。两个不相关的零均值随机过程之和(或差)的功率谱密度是各自功率谱密度之和。

$I(t)\cos 2\pi f_c t$ 的功率谱密度是 $I(t)$ 的功率谱密度左右搬移除以 4,$Q(t)\sin 2\pi f_c t$ 的功率谱密度是 $Q(t)$ 的功率谱密度左右搬移除以 4,两者叠加后得到 $X(t)$ 的功率谱密度,如图 3-14 所示。

如果 $X(t)$ 是平稳窄带过程,那么它的同相分量、正交分量一定有相同的功率谱密度,本题中两个分量的功率谱密度不相同,因此 $X(t)$ 不是平稳过程。

61. 设有平稳窄带随机过程 $X(t) = I(t)\cos 2\pi f_c t - Q(t)\sin 2\pi f_c t$,已知其功率谱密度如图 3-15 所示,试画出同相分量 $I(t)$ 与正交分量 $Q(t)$ 的功率谱密度图。

解:本题中的 $X(t)$ 是平稳窄带过程。平稳窄带过程的同相分量、正交分量有相同的功

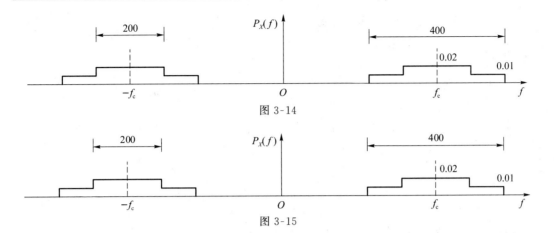

图 3-14

图 3-15

率谱密度,都等于正、负频率部分搬移到基带后的叠加,故此本题中 $I(t)$ 与 $Q(t)$ 的功率谱密度图为图 3-16。

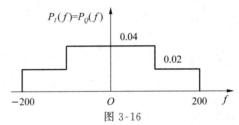

图 3-16

> 形如 $X(t)=I(t)\cos 2\pi f_c t - Q(t)\sin 2\pi f_c t$ 的随机过程可能平稳,也可能不平稳。如果 $X(t)$ 平稳,那么 $I(t)$、$Q(t)$ 一定是零均值的,一定联合平稳,一定有相同的功率谱密度并且一定等于 $X(t)$ 的功率谱密度左、右搬移到基带后的叠加,$I(t)$、$Q(t)$ 的互相关函数 $R_{IQ}(\tau)$ 在 $\tau=0$ 处一定是零。

62. 考虑图 3-17 所示的级联系统,假设 $X_1(t)=\sum_{n=-\infty}^{\infty}a_n\delta(t-nT_b)$,其中 a_n 以独立等概方式取值于 $\{\pm 1\}$,$g(t)$、$p(t)$、$q(t)$ 分别是三个滤波器的冲激响应。已知 $g(t)=\begin{cases}1, & 0\leqslant t\leqslant T_b \\ 0, & 其他\end{cases}$,$p(t)=\mathrm{sinc}\left(\dfrac{t}{T_b}\right)$,$q(t)=\begin{cases}1, & 0\leqslant t\leqslant \dfrac{T_b}{2} \\ 0, & 其他\end{cases}$。试判断 $X_1(t)$、$X_2(t)$、$X_3(t)$、$X_4(t)$ 是否平稳。

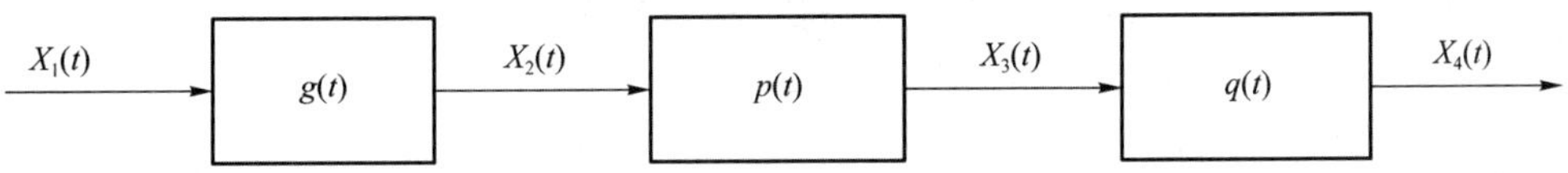

$$X_1(t) \to \boxed{g(t)} \xrightarrow{X_2(t)} \boxed{p(t)} \xrightarrow{X_3(t)} \boxed{q(t)} \to X_4(t)$$

图 3-17

解:令 $h_1(t)=\delta(t)$,$h_2(t)=g(t)$,$h_3(t)=g(t)*p(t)$,$h_4(t)=g(t)*p(t)*q(t)$,其中 * 表示卷积,则题中的 $X_1(t)$、$X_2(t)$、$X_3(t)$、$X_4(t)$ 都可以写成 $X_i(t)=\sum_{n=-\infty}^{\infty}a_n h_i(t-nT_b)$ 的形式。它们的均值是

$$E[X_i(t)] = E\Big[\sum_{n=-\infty}^{\infty} a_n h_i(t-nT_b)\Big] = \sum_{n=-\infty}^{\infty} E[a_n] h_i(t-nT_b) = 0$$

自相关函数是

$$E[X_i(t+\tau)X_i(t)] = E\Big[\sum_{n=-\infty}^{\infty} a_n h_i(t+\tau-nT_b) \times \sum_{k=-\infty}^{\infty} a_k h_i(t-kT_b)\Big]$$

$$= E\Big[\sum_{n=-\infty}^{\infty}\sum_{k=-\infty}^{\infty} a_n a_k h_i(t+\tau-nT_b) h_i(t-kT_b)\Big]$$

$$= \sum_{n=-\infty}^{\infty}\sum_{k=-\infty}^{\infty} E[a_n a_k] h_i(t+\tau-nT_b) h_i(t-kT_b)$$

$$= \sum_{n=-\infty}^{\infty} h_i(t+\tau-nT_b) h_i(t-nT_b)$$

令 $a_i(t) = h_i(t+\tau)h_i(t)$，则上式可以进一步表示为

$$E[X_i(t+\tau)X_i(t)] = \sum_{n=-\infty}^{\infty} a(t-nT_b)$$

对于 $X_1(t)$，$a_1(t) = \delta(t+\tau)\delta(t) = \delta(\tau)\delta(t)$，$X_1(t)$ 的自相关函数是

$$E[X_1(t+\tau)X_1(t)] = \delta(\tau) \sum_{n=-\infty}^{\infty} \delta(t-nT_b)$$

这个结果明确 $X_1(t)$ 的自相关函数与 t 有关，所以 $X_1(t)$ 不是平稳过程。

对于 $X_2(t)$，$a_2(t) = g(t+\tau)g(t)$ 是矩形脉冲错位相乘，如果 $|\tau| > T_b$，$a_2(t) = 0$，$X_2(t)$ 自相关函数与 t 无关，但如果 $|\tau| < T_b$，$a_2(t)$ 是一个宽度为 $T_b - |\tau|$ 的矩形脉冲，如图 3-18 所示。$X_2(t)$ 的自相关函数 $\sum_{n=-\infty}^{\infty} a_2(t-nT_b)$ 是周期方波，明确与 t 有关，所以 $X_2(t)$ 不是平稳过程。

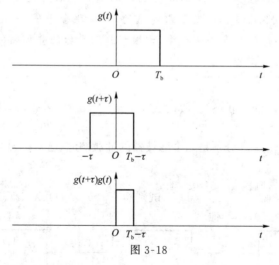

图 3-18

对于 $X_3(t)$，可以注意到 $\sum_{n=-\infty}^{\infty} a_3(t-nT_b)$ 是 $\sum_{n=-\infty}^{\infty} \delta(t-nT_b)$ 通过冲激响应为 $a_3(t)$ 的滤波器的输出。由于 $\sum_{n=-\infty}^{\infty} \delta(t-nT_b)$ 可以展开成傅氏级数：

$$\sum_{n=-\infty}^{\infty} \delta(t-nT_b) = \frac{1}{T_b} \sum_{k=-\infty}^{\infty} e^{j2\pi \frac{k}{T_b} t}$$

令 $A_3(f)$ 表示 $a_3(t)$ 的傅氏变换，上式中的每一项 $e^{j2\pi\frac{k}{T_b}t}$ 通过滤波器 $A_3(f)$ 后的输出是 $A_3\left(\dfrac{k}{T_b}\right)e^{j2\pi\frac{k}{T_b}t}$，所以

$$E[X_i(t+\tau)X_i] = \sum_{n=-\infty}^{\infty} a_3(t-nT_b) = \frac{1}{T_b}\sum_{k=-\infty}^{\infty} A_3\left(\frac{k}{T_b}\right)e^{j2\pi\frac{k}{T_b}t}$$

这个结果是否与 t 有关取决于是否对于所有 $k\neq 0$ 有 $A_3\left(\dfrac{k}{T_b}\right)=0$。$A_3(f)$ 是 $a_3(t)=h_3(t+\tau)\cdot h_3(t)$ 的傅氏变换。$h_3(t)=g(t)*p(t)$ 中的 $p(t)=\mathrm{sinc}\left(\dfrac{t}{T_b}\right)$ 的带宽是 $\dfrac{1}{2T_b}$。$g(t)*p(t)$ 代表两个滤波器级联，级联后的整体带宽一定不超过任何一个滤波器的带宽，所以 $h_3(t)$ 以及 $h_3(t+\tau)$ 的带宽不大于 $\dfrac{1}{2T_b}$。$a_3(t)=h_3(t+\tau)h_3(t)$ 中的时域相乘对应频域卷积，卷积后频域变宽，范围从 $\left(-\dfrac{1}{2T_b},\dfrac{1}{2T_b}\right)$ 变成 $\left(-\dfrac{1}{T_b},\dfrac{1}{T_b}\right)$，在此区间之外频谱一定为零，注意卷积后的频谱在这个区间的边界 $\pm\dfrac{1}{T_b}$ 处也是零。由此可知，对于所有 $k\neq 0$ 有 $A_3\left(\dfrac{k}{T_b}\right)=0$，因此 $X_3(t)$ 的自相关函数与 t 无关，它是平稳过程。

$X_4(t)$ 是平稳过程 $X_3(t)$ 通过滤波器的输出，所以 $X_4(t)$ 也是平稳过程。

> 平稳过程通过滤波器的输出一定是平稳过程，非平稳过程通过滤波器的输出可能是平稳过程，也可能是非平稳过程。

63. 两路基带信号 $I(t)$、$Q(t)$ 通过 I/Q 调制器后成为已调信号 $s(t)$，如图 3-19 所示。已知 $I(t)$、$Q(t)$ 是相互独立的两个零均值平稳过程，其功率谱密度分别为 $P_I(f)$、$P_Q(f)$，求 $s(t)$ 的功率谱密度。

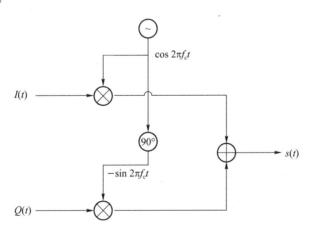

图 3-19

解：$s(t)$ 的复包络是 $s_L(t)=I(t)+jQ(t)$，由于 $I(t)$、$Q(t)$ 是相互独立的零均值平稳过程，所以 $I(t)+jQ(t)$ 的功率谱密度为 $P_L(f)=P_I(f)+P_Q(f)$，注意系数 j 不影响功率谱密度。

$s(t)$ 的功率谱密度为

$$P_s(f) = \frac{P_L(f-f_c) + P_L(-f-f_c)}{4}$$

$$= \frac{P_I(f-f_c) + P_Q(f-f_c) + P_I(-f-f_c) + P_Q(-f-f_c)}{4}$$

$$= \frac{P_I(f-f_c) + P_Q(f-f_c) + P_I(f+f_c) + P_Q(f+f_c)}{4}$$

注意 $I(t)$、$Q(t)$ 是实信号，其功率谱密度是偶函数。

第4章 模拟通信系统

1. 判断:标准调幅(Amplitude Modulation,AM)的调制效率随调制指数的减小而降低。

解:正确。AM 的调制效率为 $\eta = \dfrac{a^2 P_{m_n}}{1+a^2 P_{m_n}} = 1 - \dfrac{1}{1+a^2 P_{m_n}}$,其中 a 是调制指数,P_{m_n} 是调制信号 $m(t)$ 归一化后的功率。给定 $m(t)$ 时,P_{m_n} 不变,η 随 a 的减小而降低。实际上,减小调制指数也就是减小调制信号相对于载波的大小,这会降低调制信号功率占总发送功率的比例,即降低调制效率。

2. 判断:将模拟基带信号微分后线性调相,得到的是线性调频信号。

解:错误。积分后调相才是调频。

3. 判断:对于 AM 已调信号,接收端既可以非相干解调,也可以相干解调。

解:正确。AM 已调信号可以采用包络检波进行非相干解调,也可以按 DSB 进行相干解调再隔直流。

4. 某模拟调制系统在接收端的解调输出是 $m(t)+n(t)$,其中目标信号 $m(t)$、噪声 $n(t)$ 均为随机过程。解调输出信噪比的定义为_____。

(A) $E\left[\dfrac{m^2(t)}{n^2(t)}\right]$ (B) $\left(\dfrac{E[m(t)]}{E[n(t)]}\right)^2$ (C) $\dfrac{E[m^2(t)]}{E[n^2(t)]}$ (D) $\left\{E\left[\dfrac{m(t)}{n(t)}\right]\right\}^2$

解:C。

5. 设 $m(t)$ 是零均值模拟基带信号,下列中_____是 DSB-SC 信号。

(A) $2m(t)\sin 2\pi f_c t$

(B) $[4+m(t)]\cos 2\pi f_c t$

(C) $2\cos[2\pi f_c t + m(t)]$

(D) $m(t)\sin 2\pi f_c t - \left[\displaystyle\int_{-\infty}^{\infty}\dfrac{m(\tau)}{\pi(t-\tau)}\mathrm{d}\tau\right]\cos 2\pi f_c t$

解:A。(B) 是 AM 信号,(C) 是 PM 信号,(D) 中 $\displaystyle\int_{-\infty}^{\infty}\dfrac{m(\tau)}{\pi(t-\tau)}\mathrm{d}\tau$ 等于 $m(t)$ 的希尔伯特变换,故 (D) 是 SSB 信号。

6. 若接收端本地载波与已调信号的载波同频同相,则相干解调器的输出正比于接收信号的_____。

(A) 包络　　　　　(B) 相位　　　　　(C) 同相分量　　　　　(D) 瞬时频率

解：C。

7. 图 4-1 中，$s(t)=m(t)\cos(2\pi f_c t+\theta)$ 是 DSB-SC 信号，其中基带信号 $m(t)$ 的带宽是 W，低通滤波器 LPF 的截止频率是 W。为使输出正好等于 $m(t)$，接收端本地载波 $c(t)$ 应为_____。

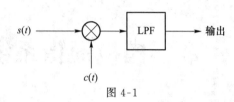

图 4-1

(A) $\cos 2\pi f_c t$　　　　　　　　(B) $2m(t)\cos 2\pi f_c t$
(C) $2\cos(2\pi f_c t+\theta)$　　　　(D) $2\sin(2\pi f_c t+\theta)$

解：C。

8. 设基带信号 $m(t)$ 是平稳过程。在任何时刻 t，m 在区间 $[-A,+A]$ 内均匀分布，且已知 $m(t)$ 的自相关函数是 $R_m(\tau)=12\,\text{sinc}^2(200\tau)$。AM 已调信号 $[8+m(t)]\cos 2\pi f_c t$ 的调幅系数是_____。

(A) 1　　　　(B) $\dfrac{3}{4}$　　　　(C) $\dfrac{1}{2}$　　　　(D) $\dfrac{1}{3}$

解：B。调幅系数 $a=\dfrac{|m(t)|_{\max}}{8}=\dfrac{A}{8}$。分析 $m(t)$ 的平均功率 P_m，按自相关函数算，$P_m=R_m(0)=12$；按概率分布算，$P_m=E[m^2(t)]=E[m^2]=\dfrac{A^2}{3}$。可知 $\dfrac{A^2}{3}=12$，$A=6$。因此，$a=\dfrac{6}{8}=\dfrac{3}{4}$。

9. 图 4-2 中，若输入为窄带高斯噪声 $n_c(t)\cos 2\pi f_c t-n_s(t)\sin 2\pi f_c t$，则输出是_____。

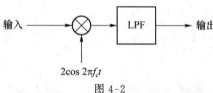

图 4-2

(A) $\dfrac{1}{2}n_c(t)$　　　(B) $n_c(t)$　　　(C) $\dfrac{1}{2}n_s(t)$　　　(D) $n_s(t)$

解：B。对输出信号乘以载波 $2\cos 2\pi f_c t$ 得到
$[n_c(t)\cos 2\pi f_c t-n_s(t)\sin 2\pi f_c t]\cdot 2\cos 2\pi f_c t=2n_c(t)\cos^2 2\pi f_c t-2n_s(t)\sin 2\pi f_c t\cdot\cos 2\pi f_c t$
$=n_c(t)(1+\cos 4\pi f_c t)-n_s(t)\sin 4\pi f_c t$

上式中的 $n_c(t)$ 是窄带噪声 $n(t)$ 的复包络的实部，是一个基带信号，$n_c(t)\cos 4\pi f_c t$ 和 $n_s(t)\cdot\sin 4\pi f_c t$ 均是以 $2f_c$ 为中心频率的频带信号。通过 LPF 后 $n_c(t)\cos 4\pi f_c t$ 和 $n_s(t)\sin 4\pi f_c t$ 被滤除，输出是 $n_c(t)$。

10. 设基带信号 $m(t)$ 是平稳过程，m 在 $[-2,+2]$ 内均匀分布。用 $m(t)$ 对载波进行

AM 调制得到已调信号 $s(t)=\left[1+\dfrac{1}{3}m(t)\right]\cos 2\pi f_c t$。$s(t)$ 的调制效率是_____。

(A) 1/7　　　　(B) 2/13　　　　(C) 1/9　　　　(D) 4/31

解：D。$s(t)$ 的调制效率是 $\left[1+\dfrac{1}{3}m(t)\right]$ 中 $\dfrac{1}{3}m(t)$ 的功率占比,等于 $\dfrac{\dfrac{1}{9}P_m}{1+\dfrac{1}{9}P_m}$,其中 P_m 是 $m(t)$ 的功率,可依据 m 的分布计算得到

$$P_m = E[m^2] = \int_{-2}^{2} m^2 \cdot \dfrac{1}{4}\mathrm{d}m = \dfrac{4}{3}$$

代入可得调制效率等于 $\dfrac{\dfrac{1}{9}\times\dfrac{4}{3}}{1+\dfrac{1}{9}\times\dfrac{4}{3}}=\dfrac{4}{31}$。

11. 设基带信号 $m(t)$ 是平稳过程,m 在 $[-1,+1]$ 内均匀分布。用 $m(t)$ 对高频载波进行 AM 调制得到已调信号 $s(t)=[2+m(t)]\cos 2\pi f_c t$。$s(t)$ 的调制指数是_____。

(A) 1　　　　(B) 1/2　　　　(C) 1/3　　　　(D) 1/4

解：B。调制指数等于基带信号的最大幅值与载波幅值之比:$a=\dfrac{|m(t)|_{\max}}{2}=\dfrac{1}{2}$。

12. 设 $m(t)$ 是功率为 2 W 的零均值基带信号。AM 已调信号 $[4+m(t)]\cos(2\pi f_c t+\varphi)$ 的调制效率为_____。

(A) 1/9　　　　(B) 1/18　　　　(C) 1/5　　　　(D) 1/3

解：A。已调信号中有用信号分量 $m(t)\cos(2\pi f_c t+\varphi)$ 的功率为 $P_m/2=1$ W,载波分量 $4\cos(2\pi f_c t+\varphi)$ 的功率为 $4^2/2=8$ W,故调制效率为 $\eta=\dfrac{1}{1+8}=\dfrac{1}{9}$。

13. 若上边带 SSB 系统中模拟基带信号 $m(t)$ 的希尔伯特变换是 $\hat{m}(t)$,则已调信号 $s(t)$ 的复包络是_____。

(A) $m(t)-\hat{m}(t)$　　(B) $m(t)-\mathrm{j}\hat{m}(t)$　　(C) $m(t)+\hat{m}(t)$　　(D) $m(t)+\mathrm{j}\hat{m}(t)$

解：D。上边带 SSB 信号可以表示为 $A_c m(t)\cos 2\pi f_c t - A_c \hat{m}(t)\sin 2\pi f_c t$,取 $A_c=1$,其复包络为 $s_L(t)=m(t)+\mathrm{j}\hat{m}(t)$。

14. 设基带调制信号 $m(t)$ 的希尔伯特变换为 $\hat{m}(t)$。下列中的_____是下边带 SSB 信号。

(A) $m(t)\sin 2\pi f_c t - \hat{m}(t)\cos 2\pi f_c t$　　　　(B) $m(t)\cos 2\pi f_c t$

(C) $m(t)\cos 2\pi f_c t + \hat{m}(t)\sin 2\pi f_c t$　　　　(D) $m(t)\sin 2\pi f_c t + \hat{m}(t)\cos 2\pi f_c t$

解：AC。下边带 SSB 信号满足正交分量是同相分量的希尔伯特变换取反。(A)中信号的正交分量是 $-m(t)$,同相分量是 $-\hat{m}(t)$,$-m(t)$ 等于 $-\hat{m}(t)$ 的希尔伯特变换取反,故(A)是下边带 SSB 信号;(B)是 DSB-SC 信号;(C)是下边带 SSB 信号;(D)是上边带 SSB 信号。

15. 设 $m(t)$ 是带宽为 100 Hz 的零均值基带信号,将 $m(t)\cos 2\,000\pi t$ 通过一个传递函数为 $H(f)$ 的滤波器后成为 $s(t)$。当 $H(f)$ 为下列中的_____时,$s(t)$ 是 $m(t)$ 的上边

SSB 信号。

(A) $H(f)=\begin{cases} 2, & |f| \geqslant 1\,000 \\ 0, & -1\,000 < f < 1\,000 \end{cases}$
(B) $H(f)=\begin{cases} 0, & |f| \geqslant 1\,000 \\ 1, & -1\,000 < f < 1\,000 \end{cases}$

(C) $H(f)=\begin{cases} 2, & 1\,000 \leqslant |f| \leqslant 1\,050 \\ 0, & 其他 \end{cases}$
(D) $H(f)=\begin{cases} 1, & 1\,000 \leqslant |f| \leqslant 1\,100 \\ 0, & 其他 \end{cases}$

解：AD。双边带信号 $m(t)\cos 2\,000\pi t$ 的频谱位于频率范围 $900 \leqslant |f| \leqslant 1\,100$，其中下边带部分位于频率范围 $900 \leqslant |f| \leqslant 1\,000$，上边带部分位于频率范围 $1\,000 \leqslant |f| \leqslant 1\,100$。(A)和(D)中的滤波器均完整地过滤出了上边带部分。

16. 设有 SSB 信号 $s(t)=m(t)\cos 2\pi f_c t - \hat{m}(t)\sin 2\pi f_c t$，其中 $m(t)$ 是基带信号，载频 f_c 充分大。下列框图中能正确解调出 $m(t)$ 的是_____。

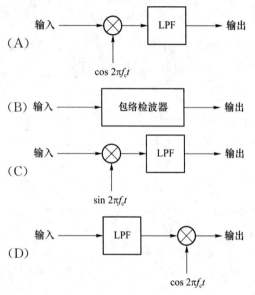

解：A。(A)是载波同步理想时的相干解调，输出同相分量 $m(t)$；(B)是包络检波器，输出 $s(t)$ 的包络 $\sqrt{m^2(t)+\hat{m}^2(t)}$；(C)是恢复载波与发送载波的相位差 $90°$ 时的相干解调，输出正交分量 $\hat{m}(t)$；(D)中的带通信号经过 LPF 后被滤除，输出为零。

17. 若模拟基带调制信号为 $m(t)=\cos 200\pi t$，载波为 $\cos 20\,000\pi t$，则上边带 SSB 已调信号为_____。

(A) $\cos 20\,000\pi t$
(B) $\cos 19\,800\pi t$
(C) $\cos 20\,200\pi t + \cos 19\,800\pi t$
(D) $\cos 20\,200\pi t$

解：D。(A)是载波；(B)是下边带 SSB 信号；(C)是 DSB-SC 信号；(D)是上边带 SSB 信号。

18. 图 4-3 中，$s(t)=4m(t)\cos 4\,000\pi t$ 是已调信号，其中基带信号 $m(t)$ 的功率是 1 W，$m(t)$ 的带宽是 200 Hz，高斯白噪声 $n_w(t)$ 的单边功率谱密度是 $N_0 = 10^{-5}$ W/Hz，理想带通滤波器 BPF 的中心频率是 2 kHz，它的带宽是 400 Hz，理想低通滤波器 LPF 的截止频率是 200 Hz。解调输出信噪比是_____。

(A) 30 dB (B) 33 dB (C) 36 dB (D) 39 dB

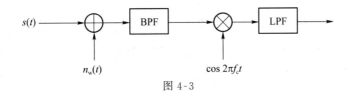

图 4-3

解: C。$s(t)$ 是中心频率为 2 kHz、带宽为 400 Hz 的 DSB-SC 信号,BPF 恰好能使之完全通过。图 4-3 是对 DSB-SC 信号的相干解调,输出信噪比是 $\dfrac{P_R}{N_0 W}$,其中 P_R 是 $s(t)$ 的功率:$P_R = \dfrac{4^2 P_m}{2} = 8$,代入可得解调输出信噪比为 $\dfrac{P_R}{N_0 W} = \dfrac{8}{10^{-5} \times 200} = 4\,000 = 36$ dB。

19. 图 4-4 中,$s(t) = 4m(t)\cos 4\,000\pi t$ 是已调信号,其中基带信号 $m(t)$ 的功率是 1 W,$m(t)$ 的带宽是 200 Hz,白噪声 $n_w(t)$ 的单边功率谱密度是 $N_0 = 10^{-5}$ W/Hz,BPF 的中心频率是 2 kHz,它的带宽是 500 Hz,LPF 的截止频率是 300 Hz。解调输出信噪比是_____。

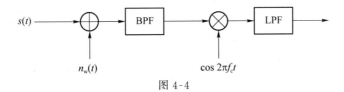

图 4-4

(A) 30 dB (B) 32.1 dB (C) 33 dB (D) 35.1 dB

解: D。BPF 输出 $y(t) = s(t) + n(t)$,其中 $n(t)$ 是中心频率为 2 kHz、带宽为 500 Hz 的带通型高斯白噪声,$n(t)$ 的功率 $P_n = 500 \times 10^{-5} = 0.005$ W。经相干解调后 LPF 输出 $\dfrac{1}{2}\text{Re}\{y_L(t)\}$,其中 $y_L(t) = s_L(t) + n_L(t)$ 是 $y(t)$ 的复包络。输出信号中的有用信号分量为 $\dfrac{1}{2}\text{Re}\{s_L(t)\} = 2m(t)$,其功率等于 $4P_m = 4$ W;噪声分量为 $\dfrac{1}{2}\text{Re}\{n_L(t)\} = \dfrac{1}{2}n_c(t)$,其中 $n_c(t)$ 是 $n(t)$ 的同相分量,噪声功率等于 $\dfrac{1}{4}P_{n_c} = \dfrac{1}{4}P_n = 0.001\,25$ W。故解调输出信噪比等于 $4/0.001\,25 = 3\,200 = 35.1$ dB。

20. 图 4-5 中,$s(t) = 4[4 + m(t)]\cos 4\,000\pi t$ 是 AM 已调信号,其中零均值基带信号 $m(t)$ 的均值为零,功率是 1 W,带宽是 200 Hz,高斯白噪声 $n_w(t)$ 的单边功率谱密度是 $N_0 = 10^{-5}$ W/Hz,理想带通滤波器 BPF 的中心频率是 2 kHz,带宽是 400 Hz。理想低通滤波器 LPF 具有理想隔直流功能,其输出为 $am(t) + n_o(t)$,其中 a 是一个固定的系数,$n_o(t)$ 是带宽为 200 Hz 的输出噪声。输出信噪比是_____。

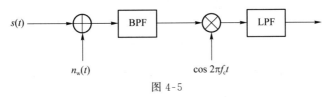

图 4-5

(A) 30 dB (B) 33 dB (C) 36 dB (D) 39 dB

解：C。一种解题思路是，LPF 输出的信号中有用信号分量为 $\frac{1}{2}\mathrm{Re}\{s_L(t)\}$ 隔直流后的结果，即 $2m(t)$，其功率为 4 W；噪声分量是中心频率为 2 kHz、带宽为 400 Hz 的带通型高斯白噪声的同相分量乘以 $\frac{1}{2}$，其功率等于带通噪声的功率乘以 $\frac{1}{4}$，即 $400 \times 10^{-5} \times \frac{1}{4} = 0.001$ W。故输出信噪比为 $4/0.001 = 4\,000 = 36$ dB。

另一种解题思路是，$s(t)$ 通过该系统的输出和直接对 DSB-SC 信号 $4m(t)\cos 4\,000\pi t$ 进行相干解调的输出相同，两者的信噪比也相同。信号 $4m(t)\cos 4\,000\pi t$ 的功率为 $P'_R = \frac{4^2}{2}P_m = 8$ W，故输出信噪比等于 $\frac{P'_R}{N_0 W} = \frac{8}{10^{-5} \times 200} = 4\,000 = 36$ dB。

21. 对于标准 AM 信号 $s(t)$ 叠加高斯白噪声后的非相干解调，下列框图中正确的是 _____。

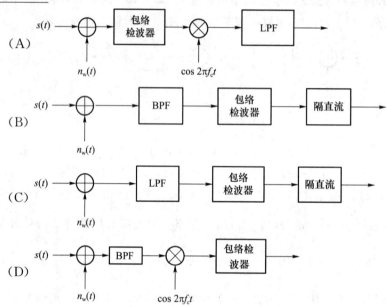

解：B。

22. 设 $m(t)$ 是零均值基带信号，下列已调信号中 _____ 是关于 $m(t)$ 的 FM 信号。

(A) $A\cos\left[2\pi f_c t + 2\pi \int_{-\infty}^{t} m(u)\mathrm{d}u\right]$ (B) $[4+m(t)]\cos 2\pi f_c t$

(C) $2\cos[2\pi f_c t + m(t)]$ (D) $2m(t)\sin 2\pi f_c t$

解：A。(B) 是 AM 信号，(C) 是关于 $m(t)$ 的 PM 信号，(D) 是 DSB-SC 信号。

23. 用基带信号 $m(t)$ 对高频载波进行 FM 调制得到已调信号 $s(t) = \cos[2\pi f_c t + \varphi(t)]$，其中的 $\varphi(t)$ 与 _____ 成正比。

(A) $m(t)$ (B) $\frac{\mathrm{d}}{\mathrm{d}t}m(t)$ (C) $\int_{-\infty}^{t} m(\tau)\mathrm{d}\tau$ (D) $\int_{-\infty}^{\infty} m(\tau)\mathrm{d}\tau$

解：C。FM 已调信号的瞬时频偏 $\frac{1}{2\pi}\frac{\mathrm{d}}{\mathrm{d}t}\varphi(t)$ 与调制信号 $m(t)$ 成正比，即 $\varphi(t)$ 与 $m(t)$ 的积分成正比。

24. 对于模拟基带信号 $m(t)$，下列框图中 _____ 的输出是 FM 已调信号。

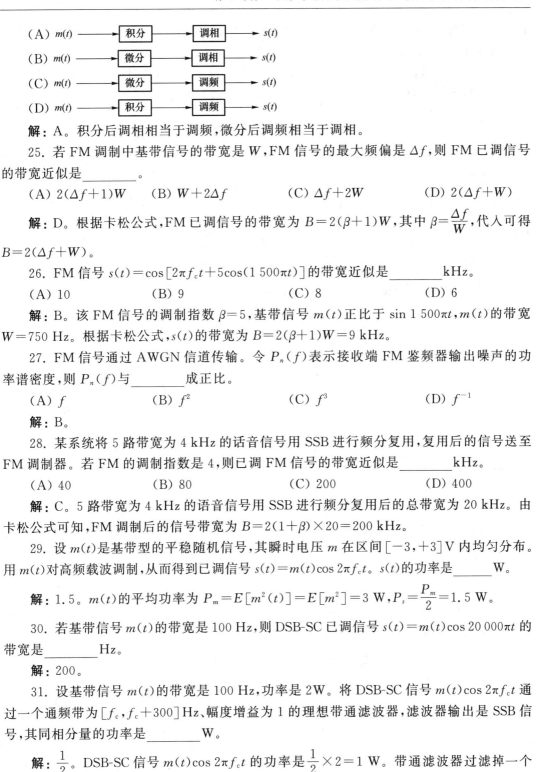

解：A。积分后调相相当于调频，微分后调频相当于调相。

25. 若 FM 调制中基带信号的带宽是 W，FM 信号的最大频偏是 Δf，则 FM 已调信号的带宽近似是_____。

  (A) $2(\Delta f+1)W$ (B) $W+2\Delta f$ (C) $\Delta f+2W$ (D) $2(\Delta f+W)$

解：D。根据卡松公式，FM 已调信号的带宽为 $B=2(\beta+1)W$，其中 $\beta=\dfrac{\Delta f}{W}$，代入可得 $B=2(\Delta f+W)$。

26. FM 信号 $s(t)=\cos[2\pi f_c t+5\cos(1\,500\pi t)]$ 的带宽近似是_____kHz。

  (A) 10   (B) 9   (C) 8   (D) 6

解：B。该 FM 信号的调制指数 $\beta=5$，基带信号 $m(t)$ 正比于 $\sin 1\,500\pi t$，$m(t)$ 的带宽 $W=750$ Hz。根据卡松公式，$s(t)$ 的带宽为 $B=2(\beta+1)W=9$ kHz。

27. FM 信号通过 AWGN 信道传输。令 $P_n(f)$ 表示接收端 FM 鉴频器输出噪声的功率谱密度，则 $P_n(f)$ 与_____成正比。

  (A) f (B) f^2 (C) f^3 (D) f^{-1}

解：B。

28. 某系统将 5 路带宽为 4 kHz 的话音信号用 SSB 进行频分复用，复用后的信号送至 FM 调制器。若 FM 的调制指数是 4，则已调 FM 信号的带宽近似是_____kHz。

  (A) 40   (B) 80   (C) 200   (D) 400

解：C。5 路带宽为 4 kHz 的语音信号用 SSB 进行频分复用后的总带宽为 20 kHz。由卡松公式可知，FM 调制后的信号带宽为 $B=2(1+\beta)\times 20=200$ kHz。

29. 设 $m(t)$ 是基带型的平稳随机信号，其瞬时电压 m 在区间 $[-3,+3]$ V 内均匀分布。用 $m(t)$ 对高频载波调制，从而得到已调信号 $s(t)=m(t)\cos 2\pi f_c t$。$s(t)$ 的功率是_____W。

解：1.5。$m(t)$ 的平均功率为 $P_m=E[m^2(t)]=E[m^2]=3$ W，$P_s=\dfrac{P_m}{2}=1.5$ W。

30. 若基带信号 $m(t)$ 的带宽是 100 Hz，则 DSB-SC 已调信号 $s(t)=m(t)\cos 20\,000\pi t$ 的带宽是_____Hz。

解：200。

31. 设基带信号 $m(t)$ 的带宽是 100 Hz，功率是 2W。将 DSB-SC 信号 $m(t)\cos 2\pi f_c t$ 通过一个通频带为 $[f_c,f_c+300]$ Hz、幅度增益为 1 的理想带通滤波器，滤波器输出是 SSB 信号，其同相分量的功率是_____W。

解：$\dfrac{1}{2}$。DSB-SC 信号 $m(t)\cos 2\pi f_c t$ 的功率是 $\dfrac{1}{2}\times 2=1$ W。带通滤波器过滤掉一个边带，输出功率减半，为 $\dfrac{1}{2}$ W。同相分量的功率和带通信号相同，也是 $\dfrac{1}{2}$ W。

32. 设 AM 已调信号是 $s(t)=[A+m(t)]\cos 2\pi f_c t$，其中基带信号 $m(t)$ 是平稳过程，其

取值 m 在区间 $[-a, +a]$ 内均匀分布。$m(t)$ 的自相关函数是 $R_m(\tau) = 12\text{sinc}(200\tau)$。为了能够用包络检波器来解调，$A$ 的最小取值是_____。

解：6。包络检波器能解调的前提是，A 不小于 $m(t)$ 的最大幅值 $|m(t)|_{\max}$。分析 $m(t)$ 的平均功率 P_m，按自相关函数算，$P_m = R_m(0) = 12$；按概率分布算，$P_m = E[m^2(t)] = E[m^2] = \dfrac{a^2}{3}$。由此可知，$\dfrac{a^2}{3} = 12$，$a = |m(t)|_{\max} = 6$。故 A 的最小取值为 6。

33. 某 AM 信号的表达式为 $s(t) = (6 + 4\cos 3\,000\pi t + 2\cos 6\,000\pi t)\cos(2\pi \times 10^5 t)$，其调制效率是_____。

解：$\dfrac{5}{23}$。AM 信号 $s(t)$ 的复包络可以表示为 $s_L(t) = A + m(t)$，其中 $A = 6$，对应载波分量，$m(t) = 4\cos 3\,000\pi t + 2\cos 6\,000\pi t$ 对应有用信号分量，$m(t)$ 的功率为 $P_m = 8 + 2 = 10\,\text{W}$。$s(t)$ 的调制效率等于 $s_L(t)$ 中 $m(t)$ 的功率占总功率之比，即 $\eta = \dfrac{P_m}{P_m + 6^2} = \dfrac{5}{23}$。

34. 已知 AM 已调信号 $s(t)$ 的傅氏变换 $S(f)$ 如图 4-6 所示，图中冲激旁的数字表示冲激强度。该 AM 信号的调制效率是_____。

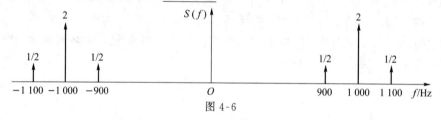

图 4-6

解：$\dfrac{1}{9}$。载波信号功率为 $2^2 + 2^2 = 8$，有用信号功率为 $\dfrac{1}{2^2} + \dfrac{1}{2^2} + \dfrac{1}{2^2} + \dfrac{1}{2^2} = 1$，故 $\eta = \dfrac{1}{1+8} = \dfrac{1}{9}$。

35. 设基带信号的 3 dB 带宽是 1 000 Hz，载频充分大。采用 SSB 调制后，已调信号的 3 dB 带宽是_____Hz。

解：1 000。

36. 图 4-7 中，$s(t) = 4m(t)\cos 4\,000\pi t$，基带信号 $m(t)$ 的功率是 1 W，带宽是 200 Hz，高斯白噪声 $n_w(t)$ 的单边功率谱密度是 $N_0 = 10^{-5}$ W/Hz，理想带通滤波器 BPF 的通带范围是 2～2.5 kHz，理想低通滤波器 LPF 的截止频率是 200 Hz。解调输出信噪比是_____。

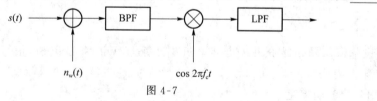

图 4-7

解：33 dB。$s(t)$ 是载波频率为 2 kHz 的 DSB-SC 信号，经 BPF 过滤后成为上边带 SSB 信号 $2m(t)\cos 4\,000\pi t - 2\hat{m}(t)\sin 4\,000\pi t$，其经相干解调后的输出是 $m(t)$，$m(t)$ 的功率为 1 W。BPF 输出的噪声分量是单边功率谱密度为 $N_0 = 10^{-5}$ W/Hz、频带范围为 2～2.5 kHz 的带通型高斯白噪声，LPF 输出的噪声分量是单边功率谱密度为 $N_0 = 10^{-5}$ W/Hz、频带范围为

$0\sim200$ Hz 的低通型高斯白噪声乘以 $\frac{1}{2}$,其功率为 $\frac{1}{4}\times200\times10^{-5}=0.0005$ W。故输出信噪比为 $1/0.0005=2000=33$ dB。

37. 图 4-8 中,$s(t)=[A+m(t)]\cos 4000\pi t$ 是 AM 信号,其中 $A>|m(t)|_{\max}$,$m(t)$ 的功率是 8 W,带宽是 200 Hz,高斯白噪声 $n_w(t)$ 的单边功率谱密度是 $N_0=10^{-5}$ W/Hz,理想带通滤波器 BPF 的中心频率是 2 kHz,带宽是 500 Hz,理想低通滤波器 LPF 的带宽是 250 Hz。解调输出信噪比近似是_____。

图 4-8

解:32 dB。在高输入信噪比条件下,AM 包络检波与相干解调的输出信噪比近似相同,为 $\frac{\eta P_R}{N_0 W}$。ηP_R 是 $s(t)$ 中有用信号分量 $m(t)\cos 4000\pi t$ 的功率,等于 $\frac{1}{2}P_m=4$ W,W 是输出噪声分量的带宽,等于低通滤波器的带宽 250 Hz,代入可得输出信噪比为 1600,约等于 32 dB。

38. FM 信号 $s(t)=\cos[2\pi f_c t+4\cos 200\pi t]$ 的最大频偏是_____Hz。

解:400。瞬时相偏为 $\varphi(t)=4\cos 200\pi t$,瞬时频偏为 $\frac{1}{2\pi}\frac{d}{dt}\varphi(t)=-400\sin 200\pi t$,最大频偏为 $\left|\frac{1}{2\pi}\frac{d}{dt}\varphi(t)\right|_{\max}=400$ Hz。

39. 某 FM 系统的调制指数是 4,基带调制信号 $m(t)$ 的自相关函数是 $R_m(\tau)=16\operatorname{sinc}^2(1000\tau)$。此 FM 系统需要的信道带宽近似是_____kHz。

解:10。$m(t)$ 的功率谱密度 $P_m(f)$ 是 $R_m(\tau)$ 的傅氏变换。时域 $\operatorname{sinc}(1000\tau)$ 对应频域 $\frac{1}{1000}\operatorname{rect}\left(\frac{f}{1000}\right)$,是带宽为 500 Hz 的矩形频谱;时域 $\operatorname{sinc}(1000\tau)$ 和 $\operatorname{sinc}(1000\tau)$ 的乘积对应频域 $\frac{1}{1000}\operatorname{rect}\left(\frac{f}{1000}\right)$ 和 $\frac{1}{1000}\operatorname{rect}\left(\frac{f}{1000}\right)$ 的卷积,其带宽为 $W=500\times2=1000$ Hz。由卡松公式得 FM 调制后的信号带宽为 $B=2(\beta+1)W=2\times5\times1000=10$ kHz。

40. 某模拟调制系统的基带调制信号 $m(t)$ 的带宽为 $W=10$ kHz,$m(t)$ 的峰值功率与平均功率之比为 $C_m=\frac{|m(t)|_{\max}^2}{\overline{m^2(t)}}=8$,发射功率为 $P_T=10$ W,发送端与接收端之间的路径损耗是 30 dB,接收端高斯白噪声的单边功率谱密度为 $N_0=10^{-10}$ W/Hz,求下列调制方式在理想解调下的解调输出信噪比:

(1) SSB;

(2) 调幅系数为 $a=0.8$ 的 AM;

(3) 调频指数为 $\beta_f=8$ 的 FM。

解:接收功率 $P_R=P_T\times10^{-3}=10^{-2}$ W。

(1) SSB 的解调输出信噪比为 $\frac{P_R}{N_0 W}=\frac{10\times10^{-3}}{10^{-10}\times10^4}=10^4$;

69

(2) AM 的调制效率为 $\eta=\dfrac{\dfrac{a^2}{C_m}}{1+\dfrac{a^2}{C_m}}=\dfrac{0.64}{8+0.64}=\dfrac{2}{27}$，解调输出信噪比为 $\eta\cdot\dfrac{P_R}{N_0W}=\dfrac{2}{27}\times 10^4$；

(3) FM 的解调输出信噪比为 $\dfrac{3\beta_f^2}{C_m}\cdot\dfrac{P_R}{N_0W}=\dfrac{3\times 8^2}{8}\times 10^4=24\times 10^4$。

41. DSB-SC 信号 $s(t)=m(t)\cos 2\pi f_c t$ 的功率谱密度如图 4-9(a) 所示。$s(t)$ 在传输中受到双边功率谱密度为 $\dfrac{N_0}{2}$ 的加性高斯白噪声干扰，其解调框图为图 4-9(b)。试写出：

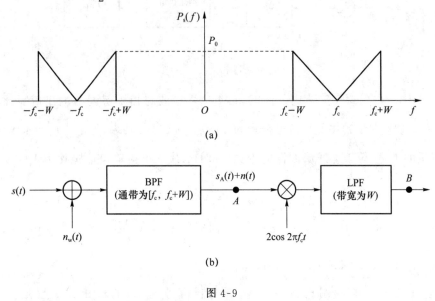

图 4-9

(1) $s(t)$ 的功率及 $m(t)$ 的功率；
(2) A 点有用信号 $s_A(t)$ 及 $n(t)$ 的功率；
(3) $s_A(t)$ 及噪声 $n(t)$ 的表达式；
(4) B 点信号加噪声的表达式、输出信噪比。

解：(1) $s(t)$ 的功率为 $P_s=\displaystyle\int_{-\infty}^{\infty}P_s(f)\mathrm{d}f$，是图 4-9(a) 给出的功率谱密度的面积，等于 $2P_0W$，又由 $P_s=\dfrac{1}{2}P_m$ 可知 $P_m=4P_0W$；

(2) 经通带为 $[f_c,f_c+W]$ 的带通滤波器后，$s(t)$ 只剩下其上边带部分，故 $s_A(t)$ 的功率为 $\dfrac{1}{2}P_s=P_0W$，$n(t)$ 是带宽为 W 的高斯白噪声，其功率为 $P_n=N_0W$；

(3) $s_A(t)$ 是 $s(t)$ 中的上边带部分，其表达式为 $s_A(t)=\dfrac{1}{2}m(t)\cos 2\pi f_c t-\dfrac{1}{2}\hat m(t)\cdot\sin 2\pi f_c t$，$n(t)$ 是带通型高斯白噪声，其表达式为 $n(t)=n_c(t)\cos 2\pi f_c t-n_s(t)\sin 2\pi f_c t$；

(4) $s_A(t)+n(t)$ 相干解调后的输出即 B 点信号，其表达式为 $\dfrac{1}{2}m(t)+n_c(t)$，其中 $n_c(t)$ 的功率等于 $n(t)$ 的功率 N_0W，输出信噪比等于 $\dfrac{P_m}{4P_n}=\dfrac{P_0}{N_0}$。

42. 设模拟基带信号 $m(t)$ 的带宽是 10 kHz，用 $m(t)$ 对高频载波进行调频指数为 4 的 FM 调制，求已调信号的带宽。

解：根据卡松公式，FM 已调信号的带宽近似是 $2(4+1)\times 10 = 100$ kHz。

43. 设模拟基带信号 $m(t)$ 的幅度是 2 V，功率是 0.5 W，带宽是 10 kHz，用 $m(t)$ 对高频载波进行调幅指数为 0.4 的 AM 调制，求已调信号的带宽、调制效率。

解：AM 已调信号的表达式为 $s(t)=A[1+0.2m(t)]\cos 2\pi f_c t$，其带宽是 20 kHz，调制效率为 $\dfrac{0.2^2 \times 0.5}{1+0.2^2 \times 0.5}=\dfrac{1}{51}$。

44. 将模拟信号 $m(t)=\sin 2\pi f_m t$ 与载波 $c(t)=2\cos 2\pi f_c t$ 相乘得到双边带抑制载波调幅(DSB-SC)信号 $s(t)=m(t)c(t)$，已知 $f_c=4f_m$。

(1) 画出 DSB-SC 的信号波形图。

(2) 写出 DSB-SC 信号的傅氏变换，画出其振幅频谱图。

解：(1) $s(t)=m(t)c(t)=2\sin 2\pi f_m t \cos 8\pi f_m t$ 的波形图为图 4-10。

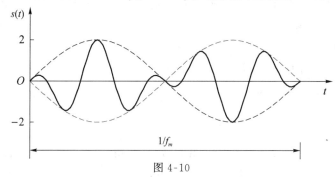

图 4-10

(2) $m(t)=\sin 2\pi f_m t$ 又可以写为 $m(t)=\dfrac{1}{2\mathrm{j}}(\mathrm{e}^{\mathrm{j}2\pi f_m t}-\mathrm{e}^{-\mathrm{j}2\pi f_m t})$，其傅氏变换为

$$M(f)=\dfrac{1}{2\mathrm{j}}[\delta(f-f_m)-\delta(f+f_m)]$$

时域乘以载波 $c(t)=2\cos 2\pi f_c t$ 后，频域变为 $M(f)$ 左、右搬移 f_c 后的叠加，即

$$S(f)=M(f+f_c)+M(f-f_c)=\dfrac{1}{2\mathrm{j}}[\delta(f-5f_m)-\delta(f-3f_m)+\delta(f+3f_m)-\delta(f+5f_m)]$$

其振幅频谱图为图 4-11。

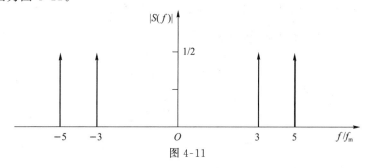

图 4-11

45. 图 4-12 中，$s(t)=m(t)\cos(2\pi f_c t+\theta)$ 是 DSB-SC 信号，其中 $m(t)$ 的功率为 P_m，$m(t)$ 的带宽 $W\ll f_c$，BPF 是中心频率为 f_c、带宽为 2 W 的理想带通滤波器。$n_w(t)$ 是双边功

率谱密度为 $\frac{N_0}{2}$ 的加性高斯白噪声。

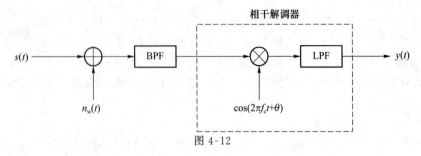

图 4-12

（1）求相干解调器输入信噪比 $\mathrm{SNR_i}$。

（2）求相干解调器输出信噪比 $\mathrm{SNR_o}$。

（3）如保持 $s(t)$ 不变，将本地载波变成 $\sin(2\pi f_c t+\theta)$，求输出信噪比。

解：（1）$s(t)$ 是中心频率为 f_c、带宽为 $2W$ 的带通信号，通过 BPF 后不变，输入信号的功率为 $P_s = \frac{P_m}{2}$；$n_w(t)$ 通过 BPF 后输出是带宽为 $2W$ 的带通型高斯白噪声 $n(t)$，其功率为 $P_n = 2N_0 W$；故输入信噪比为 $\mathrm{SNR_i} = \frac{P_s}{P_n} = \frac{P_m}{4N_0 W}$。

（2）图 4-12 中相干解调器的本地载波是 $\cos(2\pi f_c t+\theta)$，在此情形下，解调输出是以 $\cos(2\pi f_c t+\theta)$ 为参考载波的输入的同相分量的 $\frac{1}{2}$。相干解调器的输入包括有用信号 $s(t)$ 以及窄带噪声 $n(t)$。以 $\cos(2\pi f_c t+\theta)$ 为参考载波时，有用信号 $s(t) = m(t)\cos(2\pi f_c t+\theta)$ 的同相分量是 $m(t)$；窄带噪声可表示为 $n(t) = n_c(t)\cos(2\pi f_c t+\theta) - n_s(t)\sin(2\pi f_c t+\theta)$，其同相分量是 $n_c(t)$。解调输出是

$$y(t) = \frac{1}{2}[m(t) + n_c(t)]$$

输出信噪比是

$$\mathrm{SNR_i} = \frac{P_m}{P_n} = \frac{P_m}{2N_0 W}$$

（3）如果本地载波变成 $\sin(2\pi f_c t+\theta)$，那么解调器的输出将是以 $\sin(2\pi f_c t+\theta) = \cos\left(2\pi f_c t+\theta-\frac{\pi}{2}\right)$ 为参考载波时输入的同相分量的 $\frac{1}{2}$，也就是以 $\cos(2\pi f_c t+\theta)$ 为参考载波时输入的正交分量。在本题条件下，解调输出将是

$$y(t) = \frac{1}{2}[0 - n_s(t)]$$

解调器输出的有用信号是 0，因而输出信噪比为 0。

46. 双边带调幅信号 $s(t) = m(t)\cos 2\pi f_c t$ 的功率谱密度 $P_s(f)$ 如图 4-13(a) 示，$s(t)$ 在传输中受到功率谱密度为 $\frac{N_0}{2}$ 的加性高斯白噪声 $n_w(t)$ 的干扰，接收端用图 4-13(b) 所示的解调框进行解调。求解调输出的信噪比。

解：$s(t)$ 的表达式为 $s(t) = m(t)\cos 2\pi f_c t$，$s(t)$ 与 $m(t)$ 的功率关系是 $P_s = \frac{P_m}{2}$，对

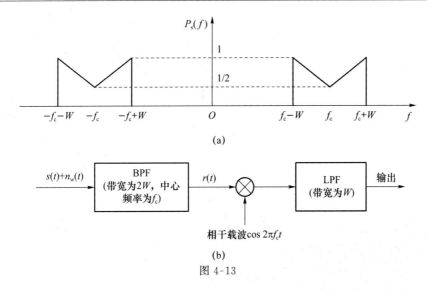

图 4-13

图 4-13(a)中的功率谱密度积分可得到 $s(t)$ 的功率:

$$P_s = \int_{-\infty}^{\infty} P_s(f)\,\mathrm{d}f = 4\int_{f_c}^{f_c+W}\left[\frac{1}{2W}(f-f_c)+\frac{1}{2}\right]\mathrm{d}f = 3W$$

因此 $P_m = 6W$。

图 4-13(b)中 $r(t)$ 的表达式为

$$r(t) = s(t) + n(t) = m(t)\cos 2\pi f_c t + n_c(t)\cos 2\pi f_c t - n_s(t)\sin 2\pi f_c t$$

根据窄带噪声的性质,$n_c(t)$、$n_s(t)$ 的功率都等于 BPF 输出端的窄带噪声功率,为 $P_n = 2WN_0$。LPF 的输出是

$$y(t) = \frac{1}{2}[m(t) + n_c(t)]$$

系数 $1/2$ 不影响信噪比,因此输出信噪比是

$$\left(\frac{S}{N}\right)_o = \frac{P_m}{P_n} = \frac{3}{N_0}$$

47. 图 4-14 中,$m(t)$ 的功率为 P_m,最高频率是 f_m,$n_w(t)$ 是双边功率谱密度为 $\frac{N_0}{2}$ 的加性高斯白噪声,本地恢复的载波和发送载波有固定的相位差 θ。求该系统的输出信噪比。

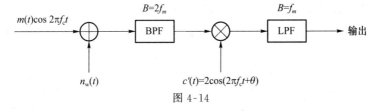

图 4-14

解:方法一:BPF 的输出是

$$r(t) = m(t)\cos 2\pi f_c t + n(t)$$
$$= m(t)\cos 2\pi f_c t + n_c(t)\cos 2\pi f_c t - n_s(t)\sin 2\pi f_c t$$
$$= [m(t) + n_c(t)]\cos 2\pi f_c t - n_s(t)\sin 2\pi f_c t$$

其中 $n(t) = n_c(t)\cos 2\pi f_c t - n_s(t)\sin 2\pi f_c t$ 是 BPF 输出的噪声,$n(t)$、$n_c(t)$、$n_s(t)$ 的功率都

是 $P_n = 2N_0 f_m$。

$r(t)$ 与本地载波 $c'(t) = \cos(2\pi f_c t + \theta)$ 的乘积为

$$\begin{aligned}r'(t) &= r(t)c'(t) \\ &= \{[m(t)+n_c(t)]\cos 2\pi f_c t - n_s(t)\sin 2\pi f_c t\} \cdot \cos(2\pi f_c t + \theta) \\ &= \frac{m(t)+n_c(t)}{2}\cos\theta + \frac{m(t)+n_c(t)}{2}\cos(4\pi f_c t + \theta) + \frac{n_s(t)}{2}\sin\theta - \frac{n_s(t)}{2}\sin(4\pi f_c t + \theta)\end{aligned}$$

LPF 输出是

$$y(t) = \frac{1}{2}[m(t)\cos\theta + n_c(t)\cos\theta + n_s(t)\sin\theta]$$

其中 $n_c(t)\cos\theta + n_s(t)\sin\theta$ 是噪声分量。对于任意给定的 t,$n_c(t)$、$n_s(t)$ 是两个独立同分布的零均值高斯随机变量,其方差都是 $P_n = 2N_0 f_m$。$n_c(t)\cos\theta + n_s(t)\sin\theta$ 的方差是 $P_n\cos^2\theta + P_n\sin^2\theta = P_n$,因此输出信噪比为

$$\text{SNR}_\text{o} = \frac{P_m}{P_n} = \frac{P_m\cos^2\theta}{2N_0 f_m}$$

方法二:由于解调器所用的本地载波是 $2\cos(2\pi f_c t + \theta)$,其解调输出是解调器输入以 $\cos(2\pi f_c t + \theta)$ 为参考载波时的同相分量。可将发送信号表示成

$$\begin{aligned}s(t) &= m(t)\cos 2\pi f_c t \\ &= m(t)(\cos 2\pi f_c t + \theta - \theta) \\ &= m(t)\cos\theta\cos(2\pi f_c t + \theta) + m(t)\sin\theta\sin(2\pi f_c t + \theta)\end{aligned}$$

其同相分量是 $m(t)\cos\theta$,功率是 $P_m\cos^2\theta$。解调器输入端的窄带噪声也通过以 $\cos(2\pi f_c t + \theta)$ 为参考载波来表示:

$$n(t) = n_c(t)\cos(2\pi f_c t + \theta) - n_s(t)\sin(2\pi f_c t + \theta)$$

其同相分量 $n_c(t)$ 的功率等于 $n(t)$ 的功率,等于 $2N_0 f_m$。解调器输出是 $m(t)\cos\theta + n_c(t)$,其信噪比是

$$\text{SNR}_\text{o} = \frac{P_m\cos^2\theta}{2N_0 f_m}$$

可以注意到,本题中解调输出的有用信号的功率与本地载波的相位 θ 有关,但噪声功率与 θ 无关,无论 θ 是多少,噪声功率都是 $2N_0 f_m$。

设 $n(t)$ 是零均值平稳窄带高斯噪声,以 $\cos(2\pi f_c t + \theta)$ 为参考载波时,可将 $n(t)$ 表示为

$$n(t) = n_c(t)\cos(2\pi f_c t + \theta) - n_s(t)\sin(2\pi f_c t + \theta)$$

其中 $n_c(t)$、$n_s(t)$ 有相同的功率,且等于 $n(t)$ 的功率。这一点与相位 θ 无关。

---

48. 图 4-15 中,DSB-SC 信号 $s(t) = m(t)\cos(2\pi f_c t + \theta)$,其中 $m(t)$ 的带宽为 W,功率为 P_m。$s(t)$ 叠加了功率谱密度为 $\frac{N_0}{2}$ 的高斯白噪声后通过理想相干解调器进行解调,其中理想低通滤波器 LPF 的截止频率为 W。求解调输出信噪比。

解:LPF 输出包括有用信号及噪声,其中的有用信号是 $\frac{m(t)}{2}$,它的功率为 $\frac{P_m}{4}$。LPF 输

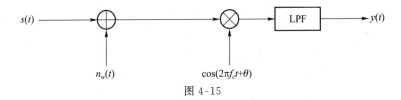

图 4-15

出的噪声是 $n_w(t)\cos(2\pi f_c t+\theta)$ 与 LPF 的冲激响应 $h(t)$ 的卷积:

$$n(t) = \int_{-\infty}^{\infty} n_w(\tau)\cos(2\pi f_c \tau+\theta)h(t-\tau)\mathrm{d}\tau$$

其功率为

$$\begin{aligned}
E[n^2(t)] &= E\left[\int_{-\infty}^{\infty} n_w(\tau)\cos(2\pi f_c\tau+\theta)h(t-\tau)\mathrm{d}\tau \int_{-\infty}^{\infty} n_w(u)\cos(2\pi f_c u+\theta)h(t-u)\mathrm{d}u\right] \\
&= E\left[\int_{-\infty}^{\infty}\int_{-\infty}^{\infty} n_w(\tau)n_w(u)\cos(2\pi f_c\tau+\theta)\cos(2\pi f_c u+\theta)h(t-\tau)h(t-u)\mathrm{d}\tau\mathrm{d}u\right] \\
&= \int_{-\infty}^{\infty}\int_{-\infty}^{\infty} E[n_w(\tau)n_w(u)]\cos(2\pi f_c\tau+\theta)\cos(2\pi f_c u+\theta)h(t-\tau)h(t-u)\mathrm{d}\tau\mathrm{d}u
\end{aligned}$$

其中 $E[n_w(\tau)n_w(u)]$ 是白噪声的自相关函数,为 $\frac{N_0}{2}\delta(\tau-u)$,将其代入:

$$\begin{aligned}
E[n^2(t)] &= \int_{-\infty}^{\infty}\int_{-\infty}^{\infty} \frac{N_0}{2}\delta(\tau-u)\cos(2\pi f_c\tau+\theta)\cos(2\pi f_c u+\theta)h(t-\tau)h(t-u)\mathrm{d}\tau\mathrm{d}u \\
&= \frac{N_0}{2}\int_{-\infty}^{\infty}\cos(2\pi f_c u+\theta)h(t-u)\left[\int_{-\infty}^{\infty}\delta(\tau-u)\cos(2\pi f_c\tau+\theta)h(t-\tau)\mathrm{d}\tau\right]\mathrm{d}u \\
&= \frac{N_0}{2}\int_{-\infty}^{\infty}\cos^2(2\pi f_c u+\theta)h^2(t-u)\mathrm{d}u \\
&= \frac{N_0}{2}\int_{-\infty}^{\infty}\left[\frac{1}{2}+\frac{1}{2}\cos(4\pi f_c u+2\theta)\right]h^2(t-u)\mathrm{d}u \\
&= \frac{N_0}{4}\int_{-\infty}^{\infty} h^2(t-u)\mathrm{d}u + \frac{N_0}{4}\int_{-\infty}^{\infty}\cos(4\pi f_c u+2\theta)h^2(t-u)\mathrm{d}u
\end{aligned}$$

上式中,第五个等号右边的第二项积分中的被积函数 $\cos(4\pi f_c u+2\theta)h^2(t-u)$ 是一个以 u 为时间变量的带通信号。时域积分等于频域的原点值。带通信号的频谱在 $f=0$ 处近似是零,因此上式中的最后一个积分可以忽略。

上式中第五个等号右边的第一个积分是冲激响应 $h(t)$ 的能量。令 $H(f)$ 表示 LPF 的传递函数,$h(t)$ 的能量是能量谱密度的积分:

$$E_h = \int_{-\infty}^{\infty} |H(f)|^2 \mathrm{d}f = \int_{-W}^{W} 1^2 \mathrm{d}f = 2W$$

因此,LPF 输出噪声的功率是

$$E[n^2(t)] = \frac{N_0}{4}\int_{-\infty}^{\infty} h^2(t-u)\mathrm{d}u = \frac{N_0}{4}\times 2W = \frac{N_0 W}{2}$$

解调输出信噪比为

$$\mathrm{SNR_o} = \frac{P_m/4}{N_0 W/2} = \frac{P_m}{2N_0 W}$$

49. 已知某 DSB-SC 系统中已调信号 $s(t)$ 的功率是 P_t,模拟基带调制信号 $m(t)$ 的均值为零,带宽为 $W=5\,\mathrm{kHz}$。$s(t)$ 通过 AWGN 信道传输,到达接收端时有用信号的接收功率

P_r 比发送功率 P_t 低 60 dB,同时其叠加了单边功率谱密度为 $N_0 = 10^{-13}$ W/Hz 的加性高斯白噪声。若要求输出信噪比不低于 30 dB,发送功率 P_t 至少应该是多少?

解:在理想情况下,DSB-SC 的输出信噪比是
$$\text{SNR}_o = \frac{P_r}{N_0 W}$$

今 $N_0 W = 10^{-13} \times 5 \times 10^3 = 5 \times 10^{-10}$ W, $P_r = 10^{-6} P_t$, $\text{SNR}_o \geqslant 30 \text{ dB} = 10^3$, 代入上式可得
$$\frac{10^{-6} P_t}{5 \times 10^{-10}} \geqslant 1\,000$$

因此发送功率 P_t 至少应当是 0.5 W。

50. 已知某 AM 已调信号展开后的形式为 $s(t) = 2\cos 2\,000\pi t + 8\cos 2\,200\pi t + 2\cos 2\,400\pi t$。

(1) 试求该信号的傅氏变换,并画出它的振幅频谱图。
(2) 试求 $s(t)$ 的复包络 $s_L(t)$。
(3) 试求该 AM 信号的调幅系数、调制效率。

解:(1) 对于任意的 f_0, $\cos 2\pi f_0 t$ 的傅氏变换为
$$\frac{1}{2}\delta(f - f_0) + \frac{1}{2}\delta(f + f_0)$$

因此 $s(t)$ 的频谱为

$S(f) = \delta(f - 1\,000) + \delta(f + 1\,000) + 4\delta(f - 1\,100) + 4\delta(f + 1\,100) + \delta(f - 1\,200) + \delta(f + 1\,200)$

振幅频谱图为图 4-16。

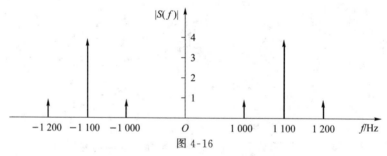

图 4-16

从频谱可见,此调幅信号的中心频率为 $f_c = 1\,100$ Hz,两个边带的频率分别是 1 000 Hz 和 1 200 Hz,可看出调制信号是频率为 100 Hz 的单频信号,载波是 $8\cos 2\,200\pi t$。

(2) $s(t)$ 的复包络 $s_L(t)$ 的频谱是 $s(t)$ 的正频率部分向左搬移 f_c 并乘以 2,可表示为
$$S_L(f) = 2\delta(f + 100) + 8\delta(f) + 2\delta(f - 100)$$

求傅氏反变换得到
$$s_L(t) = 8 + 4\cos 200\pi t = 8\left(1 + \frac{1}{2}\cos 200\pi t\right)$$

(3) 将复包络表示为 $A_c[1 + a m_n(t)]$ 的形式,可以看出调幅系数为 $a = \frac{1}{2}$, $m_n(t) = \cos 200\pi t$。调制效率是 $1 + a m_n(t)$ 中 $a m_n(t)$ 的功率占比。$a m_n(t) = \frac{1}{2}\cos 200\pi t$ 的功率为 $\frac{1}{8}$,该

AM 信号的调制效率是 $\dfrac{\dfrac{1}{8}}{1+\dfrac{1}{8}}=\dfrac{1}{9}$。

51. 设有 AM 信号 $s(t)=\mathrm{Re}\{[A+m(t)]\mathrm{e}^{\mathrm{j}\left(2\pi f_c t+\frac{\pi}{2}\right)}\}$，已知 $|m(t)|_{\max}=\dfrac{A}{2}$，$m(t)$ 的功率为 $\dfrac{A^2}{8}$。

(1) 写出 $s(t)$ 的调幅系数、功率以及调制效率。

(2) 若用 $\cos 2\pi f_c t$ 对 $s(t)$ 进行相干解调，不考虑噪声，求解调输出。

解：(1) $s(t)$ 的调幅系数为
$$a=\frac{|m(t)|_{\max}}{A}=\frac{1}{2}$$

带通信号的功率是其复包络功率的一半，现复包络 $A+m(t)$ 的功率为 $A^2+\dfrac{A^2}{8}=\dfrac{9A^2}{8}$，故 $s(t)$ 的功率是 $\dfrac{9A^2}{16}$。

调幅效率是 $A+m(t)$ 中 $m(t)$ 的功率占比：
$$\eta=\frac{\dfrac{A^2}{8}}{\dfrac{9A^2}{8}}=\frac{1}{9}$$

(2) 以 $\cos 2\pi f_c t$ 为参考载波时，$s(t)=\mathrm{Re}\{[A+m(t)]\mathrm{e}^{\mathrm{j}\left(2\pi f_c t+\frac{\pi}{2}\right)}\}=\mathrm{Re}\{\mathrm{j}[A+m(t)]\mathrm{e}^{\mathrm{j}2\pi f_c t}\}$ 的复包络是 $\mathrm{j}[A+m(t)]$，$s(t)$ 的同相分量是 0，故用 $\cos 2\pi f_c t$ 进行相干解调的结果是 0。

52. 图 4-17 中，$s(t)=[A+m(t)]\cos(2\pi f_c t+\theta)$ 是 AM 信号，其中 $m(t)$ 是零均值基带信号，其功率为 P_m，带宽为 W，AM 的调制效率为 η，BPF 是中心频率为 f_c、带宽为 $2W$ 的理想带通滤波器。$n_w(t)$ 是双边功率谱密度为 $\dfrac{N_0}{2}$ 的加性高斯白噪声。

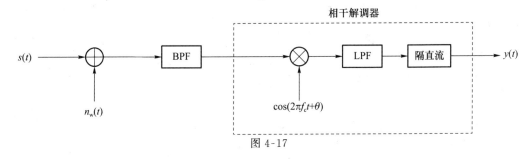

图 4-17

(1) 求解调器的输入信噪比 $\mathrm{SNR_i}$。

(2) 求解调器的输出信噪比 $\mathrm{SNR_o}$。

解：AM 信号 $s(t)=[A+m(t)]\cos(2\pi f_c t+\theta)$ 是 DSB-SC 信号 $m(t)\cos(2\pi f_c t+\theta)$ 和纯载波 $A\cos(2\pi f_c t+\theta)$ 的叠加。DSB 部分 $m(t)\cos(2\pi f_c t+\theta)$ 的功率是 $\dfrac{P_m}{2}$，纯载波部分

$A\cos(2\pi f_c t+\theta)$ 的功率是 $\dfrac{A^2}{2}$。已知调制效率是 η，即

$$\dfrac{\dfrac{P_m}{2}}{\dfrac{A^2}{2}+\dfrac{P_m}{2}}=\eta$$

所以 $s(t)$ 的总功率是

$$P_s=\dfrac{A^2}{2}+\dfrac{P_m}{2}=\dfrac{P_m}{2\eta}$$

(1) 解调器输入端有用信号 $s(t)$ 的功率是 P_s，噪声 $n(t)$ 的功率是 $P_n=2N_0W$，故输入信噪比为

$$\mathrm{SNR_i}=\dfrac{P_s}{P_n}=\dfrac{P_m}{4N_0W\eta}$$

(2) AM 信号中的载波分量 $A\cos(2\pi f_c t+\theta)$ 通过相干解调器的 LPF 后的输出是直流 $\dfrac{A}{2}$，经隔直流电路后是 0，故此载波分量 $A\cos(2\pi f_c t+\theta)$ 对输出无贡献，也就是说，无论 $s(t)$ 中是否存在 $A\cos(2\pi f_c t+\theta)$ 分量，输出都是一样的。若不考虑这个载频分量，则问题成为 DSB-SC 的相干解调，解调输出是 $\dfrac{1}{2}[m(t)+n_c(t)]$，其中 $n_c(t)$ 是噪声 $n(t)$ 的同相分量，其功率也是 $P_n=2N_0W$。因此解调输出信噪比为

$$\mathrm{SNR_o}=\dfrac{P_m}{P_n}=\dfrac{P_m}{2N_0W}$$

53. 设有已调信号 $s(t)=[1+Am(t)]\cos 2\pi f_c t$，其中模拟基带信号 $m(t)$ 的均值为零，幅度为 $|m(t)|_{\max}=1$，常数 $A=15$，载频 f_c 充分大。

(1) 能否用包络检波从 $s(t)$ 中解调出 $m(t)$？

(2) 画出相干解调框图，说明如何获得所需的同步载波。

解：(1) $s(t)$ 的包络是 $|1+Am(t)|=|1+15m(t)|$，其中 $15m(t)$ 的取值范围是 $[-15,15]$，$1+15m(t)$ 的取值范围是 $[-14,16]$，显然 $|1+15m(t)|\neq 1+15m(t)$。包络检波器的输出是 $|1+15m(t)|$，本题条件下，无法从 $|1+15m(t)|$ 中唯一获得 $1+15m(t)$，因此不能用包络检波从 $s(t)$ 中解调出 $m(t)$。

(2) 相干解调框图为图 4-18。

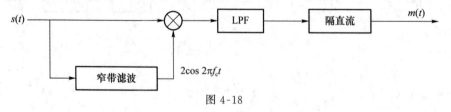

图 4-18

由于已调信号 $s(t)=[1+Am(t)]\cos 2\pi f_c t=\cos 2\pi f_c t+Am(t)\cos 2\pi f_c t$ 中直接包含着 $\cos 2\pi f_c t$，故可以用一个窄带滤波器或者锁相环直接提取出所需的同步载波。

54. 设有 AM 信号 $s(t)=[A_c+m(t)]\cos(2\pi f_c t+\theta)$，其中模拟基带信号 $m(t)$ 的均值为零。若已知 $s(t)$ 的包络 $A(t)=A_c+m(t)$ 如图 4-19 所示，求该 AM 信号的调幅系数及调

制效率。

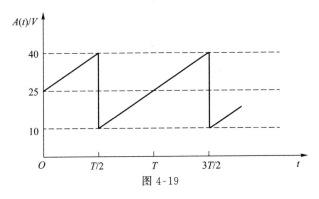

图 4-19

解：从图中可以看出 $A_c=25$，$m(t)$ 的幅度是 $|m(t)|_{\max}=15$，因此该 AM 信号的调幅指数是 $\frac{15}{25}=0.6$。$m(t)$ 是幅度为 15 的锯齿波，在周期 $\left[-\frac{T}{2},\frac{T}{2}\right]$ 内，$m(t)=\frac{30t}{T}$，其平均功率为

$$P_m=\frac{1}{T}\int_{-\frac{T}{2}}^{\frac{T}{2}}m^2(t)\mathrm{d}t=\frac{1}{T}\int_{-\frac{T}{2}}^{\frac{T}{2}}\left(\frac{30t}{T}\right)^2\mathrm{d}t=75$$

因此该 AM 信号的调制效率为

$$\eta=\frac{P_m}{A_c^2+P_m}=\frac{75}{25^2+75}=\frac{3}{28}$$

55. 图 4-20 中，$s(t)$ 是 AM 信号 $s(t)=[A+m(t)]\cos 2\pi f_c t$，其中基带信号 $m(t)$ 的均值为零，功率为 P_m，带宽为 W。图中的高斯白噪声 $n_w(t)$ 的双边功率谱密度为 $\frac{N_0}{2}$。BPF 的带宽是 $2W$，中心频率是 f_c。假设 BPF 输出端的噪声与有用信号相比充分小，求输出信噪比。

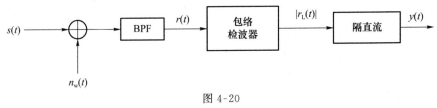

图 4-20

解：BPF 输出的窄带噪声为

$$n(t)=n_c(t)\cos 2\pi f_c t-n_s(t)\sin 2\pi f_c t$$

其中 $n(t)$ 及其同相分量 $n_c(t)$、正交分量 $n_s(t)$ 的功率都是 $2N_0W$。

BPF 的总输出是

$$r(t)=s(t)+n(t)$$
$$=[A+m(t)+n_c(t)]\cos 2\pi f_c t-n_s(t)\sin 2\pi f_c t$$

包络检波器的输出是其输入 $r(t)$ 的包络：

$$|r_L(t)|=\sqrt{[A+m(t)+n_c(t)]^2+n_s^2(t)}$$
$$=\sqrt{[A+m(t)+n_c(t)]^2\left[1+\frac{n_s^2(t)}{[A+m(t)+n_c(t)]^2}\right]}$$

依假设，噪声充分小，所以上式中的 $\frac{n_s^2(t)}{[A+m(t)+n_c(t)]^2}$ 远小于 1，于是

$$|r_L(t)| \approx A + m(t) + n_c(t)$$

隔直流之后的输出是

$$y(t) = m(t) + n_c(t)$$

因此输出信噪比是

$$\text{SNR}_o = \frac{P_m}{2N_0 W}$$

56. 将带通信号 $s(t) = A(t)\cos[2\pi f_c t + \varphi(t)]$ 送入图 4-21 所示的解调器，求输出信号的表达式。

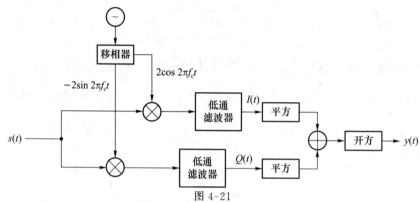

图 4-21

解：图中左侧是一个 I/Q 解调器，两个低通滤波器的输出 $I(t)$、$Q(t)$ 分别是 $s(t)$ 的同相分量及正交分量。$s(t)$ 的复包络是 $s_L(t) = A(t)\mathrm{e}^{j\varphi(t)}$，可得 $I(t)$、$Q(t)$ 的表达式分别为

$$I(t) = \text{Re}\{s_L(t)\} = A(t)\cos[\varphi(t)]$$
$$Q(t) = \text{Im}\{s_L(t)\} = A(t)\sin[\varphi(t)]$$

图中最后的输出为

$$y(t) = \sqrt{I^2(t) + Q^2(t)}$$
$$= \sqrt{A^2(t)\cos^2[\varphi(t)] + A^2(t)\sin^2[\varphi(t)]}$$
$$= A(t)$$

> 包络检波的实现方法有很多，例如可以利用二极管的单向导通性来实现包络检波。本题给出了另一种方法，就是先获得带通信号的同相分量及正交分量（即先获得复包络），然后通过对复包络取模得到包络。对复包络取模就是求同相分量、正交分量之平方和的开方。

57. 设 $m_1(t)$、$m_2(t)$ 是频谱分布在 $0\sim 3\,400$ Hz 内的两个话音信号，它们的功率都是 1 W。现发送 $s(t) = m_1(t)\cos 2\pi f_c t - m_2(t)\sin 2\pi f_c t$。

(1) 接收端如何解出 $m_1(t)$、$m_2(t)$？

(2) 若 $s(t)$ 叠加了一个双边功率谱密度为 $\dfrac{N_0}{2}$ 的白噪声，求解调输出信噪比。

解：(1) $m_1(t)$ 和 $m_2(t)$ 分别是 $s(t)$ 的同相分量及正交分量，可用 I/Q 正交解调器解调，如图 4-22 所示。其中 BPF 的中心频率是 f_c，带宽是 $B = 2\times 3\,400$ Hz，LPF 的截止频率是

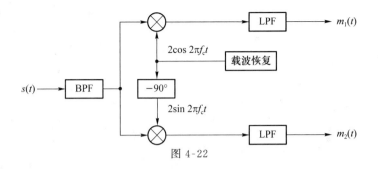

图 4-22

3 400 Hz。

(2) 当 $s(t)$ 叠加了白噪声后，BPF 的输出是 $s(t)+n(t)$，其中 $n(t)$ 是窄带噪声，其功率是 $P_n=N_0B=6\,800N_0$。$n(t)$ 的同相分量 $n_c(t)$、正交分量 $n_s(t)$ 的功率都是 $6\,800N_0$。

$s(t)$ 叠加了白噪声后，图 4-22 中上、下两路的输出分别是 $s(t)+n(t)$ 的同相分量 $m_1(t)+n_c(t)$、正交分量 $m_2(t)+n_s(t)$。其中 $m_1(t)$、$m_2(t)$ 的功率都是 1，$n_c(t)$、$n_s(t)$ 的功率都是 $6\,800N_0$，因此两路的输出信噪比都是 $\dfrac{1}{6\,800N_0}$。

58. 图 4-23 中，基带信号为 $m(t)=\cos 180\pi t$，载频为 $f_c=1$ kHz，高斯白噪声的单边功率谱密度为 10^{-5} W/Hz，理想带通滤波器 BPF 的通频带是 $1\sim1.1$ kHz，理想低通滤波器 LPF 的截止频率是 100 Hz。

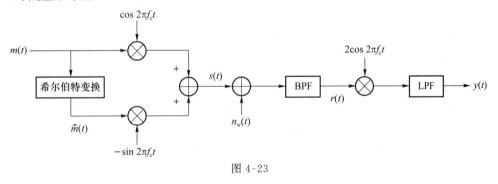

图 4-23

(1) 试写出希尔伯特变换 $\hat{m}(t)$ 的表达式、$s(t)$ 的表达式。
(2) 试写出 $s(t)$ 的傅氏变换表达式。
(3) 试写出 BPF 输出端的信噪比、LPF 输出端的信噪比。

解：(1) $\hat{m}(t)=\sin 180\pi t$，$s(t)$ 的表达式为

$$s(t)=m(t)\cos 2\pi f_c t-\hat{m}(t)\sin 2\pi f_c t$$
$$=\operatorname{Re}\{[m(t)+j\hat{m}(t)]e^{j2\pi f_c t}\}=\operatorname{Re}\{[\cos 180\pi t+j\sin 180\pi t]e^{j2\pi f_c t}\}$$
$$=\operatorname{Re}\{e^{j180\pi t}\cdot e^{j2\pi f_c t}\}=\cos[2\pi(f_c+90)t]=\cos 2\,180\pi t$$

(2) $S(f)=\dfrac{1}{2}\delta(f-1\,090)+\dfrac{1}{2}\delta(f+1\,090)$。

(3) BPF 输出的有用信号是 $s(t)$，功率是 0.5 W，输出噪声 $n(t)$ 的功率是 $N_0B=10^{-5}\times 100=0.001$ W，信噪比是 500；LPF 的输出是 $m(t)+n_c(t)$，其中 $m(t)$ 的功率是 0.5 W，$n_c(t)$ 的功率等于 $n(t)$ 的功率 0.001 W，信噪比是 500。

59. 两个零均值模拟基带信号 $m_1(t)$、$m_2(t)$ 被同一射频信号同时发送,发送信号为
$$s(t)=m_1(t)\cos 2\pi f_c t + m_2(t)\sin 2\pi f_c t + K\cos 2\pi f_c t$$
其中 K 是常数。已知 $m_1(t)$ 与 $m_2(t)$ 的频谱分别为 $M_1(f)$ 及 $M_2(f)$,它们的带宽分别为 5 kHz 与 10 kHz。

(1) 计算 $s(t)$ 的带宽。

(2) 写出 $s(t)$ 的频谱表示式。

(3) 画出从 $s(t)$ 得到 $m_1(t)$ 及 $m_2(t)$ 的解调框图。

解:(1) $s(t)$ 由两个 DSB-SC 信号和一个单频信号组成,这两个 DSB 信号的中心频率均与单频信号的频率相同,它们的带宽分别是 10 kHz 和 20 kHz,因此 $s(t)$ 的带宽是 20 kHz。

(2) $s(t)$ 的复包络是 $s_L(t)=m_1(t)-jm_2(t)+K$,复包络的傅氏变换为
$$S_L(f)=M_1(f)-jM_2(f)+K\delta(f)$$
其共轭镜像是
$$S_L^*(-f)=M_1(f)+jM_2(f)+K\delta(f)$$
注意 $m_1(t)$、$m_2(t)$ 是实信号,其频谱满足共轭对称性。

$s(t)$ 的频谱表示式为
$$S(f)=\frac{1}{2}S_L(f-f_c)+\frac{1}{2}S_L^*(-f-f_c)$$
$$=\frac{1}{2}[M_1(f-f_c)-jM_2(f-f_c)+K\delta(f-f_c)]+$$
$$\frac{1}{2}[M_1(f+f_c)+jM_2(f+f_c)+K\delta(f+f_c)]$$

(3) 从 $s(t)$ 得到 $m_1(t)$ 及 $m_2(t)$ 的解调框图为图 4-24。

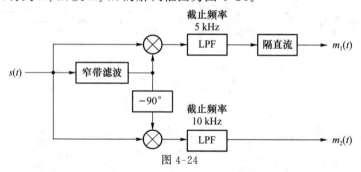

图 4-24

60. 图 4-25 中,$s(t)=I(t)\cos 2\pi f_c t - Q(t)\sin 2\pi f_c t$,其中 $I(t)$、$Q(t)$ 是两个带宽为 W 的基带信号,它们的功率分别是 P_I、P_Q。$n_w(t)$ 是双边功率谱谱密度为 $\frac{N_0}{2}$ 的加性高斯白噪声。BPF 是中心频率为 f_c、带宽为 $2W$ 的理想带通滤波器,LPF 是截止频率为 W 的理想低通滤波器。求两路输出的输出信噪比。

解: BPF 的输出信号是 $r(t)=s(t)+n(t)$,其中窄带噪声 $n(t)$ 的表达式为
$$n(t)=n_c(t)\cos 2\pi f_c t - n_s(t)\sin 2\pi f_c t$$

图 4-25 中的 $r(t)$ 通过了一个 I/Q 解调器,两路输出分别是 $r(t)$ 的同相分量的 $\frac{1}{2}$、正交分量的 $\frac{1}{2}$。$r(t)=s(t)+n(t)$ 的同相分量是 $I(t)+n_c(t)$,正交分量是 $Q(t)+n_s(t)$,故

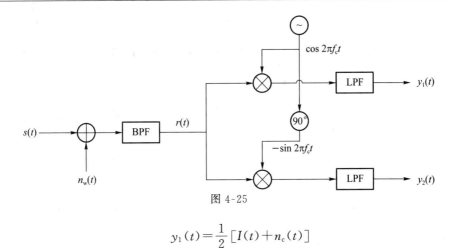

图 4-25

$$y_1(t) = \frac{1}{2}[I(t) + n_c(t)]$$

$$y_2(t) = \frac{1}{2}[Q(t) + n_s(t)]$$

根据窄带噪声的性质，$n_c(t)$、$n_s(t)$ 的功率都等于 $n(t)$ 的功率，为 $P_n = 2N_0W$，故两路的输出信噪比为

$$\text{SNR}_{o,1} = \frac{P_I}{P_n} = \frac{P_I}{2N_0W}$$

$$\text{SNR}_{o,2} = \frac{P_Q}{P_n} = \frac{P_Q}{2N_0W}$$

61. 模拟基带信号 $m(t)$ 通过图 4-26(a)所示的调制器后成为已调信号 $s(t)$。已知 $m(t)$ 的频谱如图 4-26(b)所示。

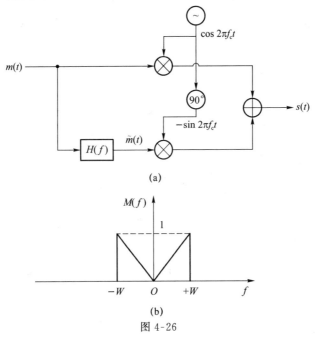

图 4-26

(1) 若 $H(f)$ 是带宽为 W 的理想低通滤波器，画出 $s(t)$ 的振幅谱 $|S(f)|$。

(2) 若 $H(f) = -\mathrm{jsgn}(f)$,画出 $s(t)$ 的振幅谱 $|S(f)|$。

解:(1) 当 $H(f) = \mathrm{rect}\left(\dfrac{f}{2W}\right)$ 是带宽为 W 的理想低通滤波器时,$\tilde{m}(t) = m(t)$,已调信号为

$$s(t) = m(t)[\cos 2\pi f_c t - \sin 2\pi f_c t] = \sqrt{2}\, m(t)\cos\left(2\pi f_c t + \dfrac{\pi}{4}\right)$$
$$= \dfrac{m(t)}{\sqrt{2}}\left[\mathrm{e}^{\mathrm{j}\left(2\pi f_c t + \frac{\pi}{4}\right)} + \mathrm{e}^{-\mathrm{j}\left(2\pi f_c t + \frac{\pi}{4}\right)}\right]$$

其傅氏变换为

$$S(f) = \dfrac{\mathrm{e}^{\mathrm{j}\frac{\pi}{4}}}{\sqrt{2}} M(f - f_c) + \dfrac{\mathrm{e}^{-\mathrm{j}\frac{\pi}{4}}}{\sqrt{2}} M(f + f_c)$$

$s(t)$ 的振幅谱为图 4-27。

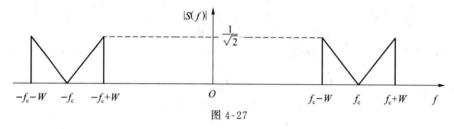

图 4-27

(2) 若 $H(f) = -\mathrm{jsgn}(f)$,则 $\tilde{m}(t)$ 是 $m(t)$ 的希尔伯特变换:$\tilde{m}(t) = \hat{m}(t)$。已调信号为

$$s(t) = m(t)\cos 2\pi f_c t - \hat{m}(t)\sin 2\pi f_c t$$

其复包络 $m(t) + \mathrm{j}\hat{m}(t)$ 是一个解析信号,复包络的频谱为

$$S_\mathrm{L}(f) = \begin{cases} 2M(f), & f > 0 \\ 0, & f < 0 \end{cases}$$

$s(t)$ 的频谱为

$$S(f) = \dfrac{1}{2}\{S_\mathrm{L}(f - f_c) + S_\mathrm{L}^*(-f - f_c)\}$$
$$= \begin{cases} M(f - f_c), & f > f_c \\ M(f + f_c), & f < -f_c \\ 0, & 其他 \end{cases}$$

$s(t)$ 的振幅谱为图 4-28。

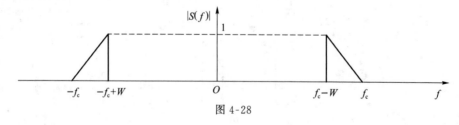

图 4-28

62. 已调信号的表达式为

$$s(t) = 2\sin 2\pi f_m t \cdot \cos 2\pi f_c t + 2\cos 2\pi f_m t \cdot \sin 2\pi f_c t$$

其中调制信号为 $m(t) = \sin 2\pi f_m t$,$f_c \gg f_m$。

(1) 求 $s(t)$ 的傅氏变换,并画出振幅谱。

(2) 写出该已调信号的调制方式。

解:(1) 由三角公式 $\sin(a+b)=\sin a\cos b+\cos a\sin b$ 可知
$$s(t)=2\sin(2\pi f_c t+2\pi f_m t)=-\mathrm{j}[\mathrm{e}^{\mathrm{j}(2\pi f_c t+2\pi f_m t)}-\mathrm{e}^{-\mathrm{j}(2\pi f_c t+2\pi f_m t)}]$$

其傅氏变换为
$$S(f)=-\mathrm{j}[\delta(f-f_c-f_m)-\delta(f+f_c+f_m)]$$

$s(t)$ 的振幅谱 $|S(f)|$ 如图 4-29 所示。

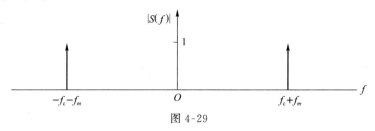

图 4-29

(2) 由图 4-29 可见,$s(t)$ 的频谱只在载频 f_c 的上侧有边带分量,故其调制方式为上单边带调制。

63. 单边带调幅信号的表达式为
$$s(t)=m(t)\cos 2\pi f_c t-a\hat{m}(t)\sin 2\pi f_c t$$

其中 $m(t)$ 的功率谱密度为 $P_m(f)$,$\hat{m}(t)$ 是 $m(t)$ 的希尔伯特变换。a 取 $+1$(或 -1)代表 $s(t)$ 是上单边带(或下单边带),f_c 远大于 $m(t)$ 的带宽。

(1) 求 $s(t)$ 的复包络 $s_L(t)$ 的功率谱密度。

(2) 求 $s(t)$ 的解析信号 $\tilde{s}(t)$ 及其功率谱密度。

(3) 求 $s(t)$ 的功率谱密度。

(4) 求 $s(t)$ 的功率。

解:(1) $s(t)$ 的复包络为 $s_L(t)=m(t)+\mathrm{j}a\hat{m}(t)$,复包络的傅氏变换是
$$S_L(f)=M(f)+\mathrm{j}a[-\mathrm{j}\mathrm{sgn}(f)M(f)]=M(f)[1+a\mathrm{sgn}(f)]$$

可见,$s_L(t)$ 与 $m(t)$ 的关系相当于:$m(t)$ 通过了一个传递函数为 $1+a\mathrm{sgn}(f)$ 的滤波器后变成了 $s_L(t)$。因此 $s_L(t)$ 的功率谱密度为:
$$P_L(f)=P_m(f)|1+a\mathrm{sgn}(f)|^2=2P_m(f)[1+a\mathrm{sgn}(f)]$$

对于上单边带,$a=1$,$s_L(t)$ 的功率谱密度为
$$P_L(f)=\begin{cases}4P_m(f), & f>0 \\ 0, & f<0\end{cases}$$

对于下单边带,$a=-1$,$s_L(t)$ 的功率谱密度为
$$P_L(f)=\begin{cases}0, & f>0 \\ 4P_m(f), & f<0\end{cases}$$

(2) $s(t)$ 的解析信号是

$$\tilde{s}(t) = s_L(t) e^{j2\pi f_c t}$$

其功率谱密度为 $P_L(f-f_c)$。对于上单边带，$\tilde{s}(t)$ 的功率谱密度为

$$P_{\tilde{s}}(f) = \begin{cases} 4P_m(f-f_c), & f > f_c \\ 0, & f < f_c \end{cases}$$

对于下单边带，$\tilde{s}(t)$ 的功率谱密度为

$$P_{\tilde{s}}(f) = \begin{cases} 4P_m(f-f_c), & 0 < f < f_c \\ 0, & 其他 \end{cases}$$

(3) $s(t)$ 与 $\tilde{s}(t)$ 的关系是

$$s(t) = \mathrm{Re}\{\tilde{s}(t)\} = \frac{\tilde{s}(t) + \tilde{s}^*(t)}{2}$$

其中 $\frac{\tilde{s}(t)}{2}$ 的功率谱密度是 $\frac{1}{4}P_{\tilde{s}}(f)$，是 $s(t)$ 的正频率部分；$\frac{\tilde{s}^*(t)}{2}$ 的功率谱密度是 $\frac{1}{4}P_{\tilde{s}}(-f)$，是 $s(t)$ 的负频率部分。因此上单边带信号的功率谱密度为

$$P_s(f) = \begin{cases} P_m(f-f_c), & f_c < f < f_c + W \\ P_m(f+f_c), & -W-f_c < f < -f_c \\ 0, & 其他 \end{cases}$$

下单边带信号的功率谱密度为

$$P_s(f) = \begin{cases} P_m(f-f_c), & f_c - W < f < f_c \\ P_m(f+f_c), & -f_c < f < -f_c + W \\ 0, & 其他 \end{cases}$$

(4) $s(t)$ 的正频率部分和负频率部分的功率均是 $m(t)$ 功率的一半，故 $s(t)$ 的功率等于 $m(t)$ 的功率 $\int_{-\infty}^{\infty} P_m(f) \mathrm{d}f$。

64. 已知某下单边带调幅信号 $s(t)$ 的功率为 5 W，载波频率为 $f_c = 80\,\mathrm{kHz}$，基带调制信号为

$$m(t) = \cos 200\pi t + 2\sin 2\,000\pi t$$

(1) 写出 $m(t)$ 的希尔伯特变换 $\hat{m}(t)$ 表达式。
(2) 写出该下单边带调制信号的时域表达式。
(3) 画出该下单边带调制信号的功率谱密度图。

解：(1) $\cos 200\pi t$ 的希尔伯特变换是 $\sin 200\pi t$，$\sin 2\,000\pi t$ 的希尔伯特变换是 $-\cos 2\,000\pi t$，因此 $m(t)$ 的希尔伯特变换是

$$\hat{m}(t) = \sin 200\pi t - 2\cos 2\,000\pi t$$

(2) 作为下单边带调制的已调信号，$s(t)$ 的同相分量是 $m(t)$，正交分量是 $-\hat{m}(t)$：

$$s(t) = A[m(t)\cos 2\pi f_c t + \hat{m}(t)\sin 2\pi f_c t]$$

其功率是 $P_s = A^2 P_m$。现 $P_m = 0.5 + 4 \times 0.5 = 2.5$，$P_s = 5$，因此 $A = \sqrt{2}$。$s(t)$ 的时域表达式为

$$s(t)=\sqrt{2}\,[m(t)\cos 2\pi f_c t+\hat{m}(t)\sin 2\pi f_c t]$$
$$=\sqrt{2}\,\text{Re}\{[m(t)-\mathrm{j}\hat{m}(t)]\mathrm{e}^{\mathrm{j}2\pi f_c t}\}$$
$$=\sqrt{2}\,\text{Re}\{[\cos 200\pi t+2\sin 2\,000\pi t-\mathrm{j}(\sin 200\pi t-2\cos 2\,000\pi t)]\mathrm{e}^{\mathrm{j}2\pi f_c t}\}$$
$$=\sqrt{2}\,\text{Re}\{[\cos 200\pi t-\mathrm{j}\sin 200\pi t+2\mathrm{j}(\cos 2\,000\pi t-\mathrm{j}\sin 2\,000\pi t)]\mathrm{e}^{\mathrm{j}2\pi f_c t}\}$$
$$=\sqrt{2}\,\text{Re}\{[\mathrm{e}^{-\mathrm{j}200\pi t}+2\mathrm{j}\mathrm{e}^{-\mathrm{j}2\,000\pi t}]\mathrm{e}^{\mathrm{j}2\pi f_c t}\}$$
$$=\sqrt{2}\,\text{Re}\{\mathrm{e}^{\mathrm{j}159\,800\pi t}+2\mathrm{j}\mathrm{e}^{\mathrm{j}158\,000\pi t}\}$$
$$=\sqrt{2}\cos 159\,800\pi t-2\sqrt{2}\sin 158\,000\pi t$$

（3）$s(t)$ 包含两个正弦波，它们的频率分别是 79 900 Hz 和 79 000 Hz，它们的功率分别是 1 W 和 4 W，其功率谱密度如图 4-30 所示。

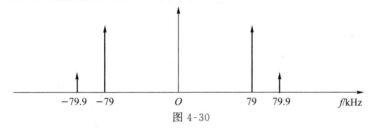

图 4-30

65. 图 4-31 中，$s(t)=m(t)\cos(2\pi f_c t+\theta)\mp\hat{m}(t)\sin(2\pi f_c t+\theta)$ 是 SSB 信号，其中 $m(t)$ 的功率为 P_m，带宽为 W，BPF 是带宽为 W 的理想滤波器，恰好能使 SSB 信号无失真通过。$n_w(t)$ 是双边功率谱密度为 $\dfrac{N_0}{2}$ 的加性高斯白噪声。

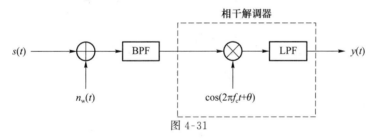

图 4-31

（1）求解调器的输入信噪比 SNR_i。
（2）求解调器的输出信噪比 SNR_o。

解：（1）BPF 的输出信号是 $r(t)=s(t)+n(t)$，其中 $s(t)$ 的功率等于 $m(t)$ 的功率 P_m，$n(t)$ 是带宽为 W 的窄带噪声，其功率为 N_0W，故解调器的输入信噪比是

$$\text{SNR}_\text{i}=\frac{P_m}{N_0W}$$

（2）相干解调器的输出是 $r(t)$ 的同相分量的一半。$r(t)=s(t)+n(t)$ 中，$s(t)$ 的同相分量是 $m(t)$，其功率是 P_m；$n(t)$ 的同相分量是 $n_c(t)$，其功率等于 $n(t)$ 的功率 $P_n=N_0W$。解调输出是 $\dfrac{1}{2}[m(t)+n_c(t)]$，输出信噪比是

$$\text{SNR}_\text{o}=\frac{P_m}{P_n}=\frac{P_m}{N_0W}$$

66. 已知某 SSB 系统中模拟基带信号 $m(t)$ 的带宽是 $W=5$ kHz。发送端发送的已调信

号的功率是 P_T，接收端收到的有用信号的功率 P_R 比发送功率低 60 dB，接收信号中还叠加了白噪声，其单边功率谱密度为 $N_0 = 10^{-13}$ W/Hz。若要求解调输出信噪比不低于 30 dB，则发送功率 P_T 至少应该是多少？

解：在 SSB 系统中，解调输入端（BPF 输出端）的有用信号的功率是 $P_R = 10^{-6} P_T$，噪声功率是 $P_n = N_0 W = 5 \times 10^{-10}$，信噪比是 $2\,000 P_T$。SSB 的解调输出信噪比等于解调输入信噪比，现要求解调输出信噪比不低于 10^3，即要求 $2\,000 P_T \geq 1\,000$。因此发送功率 P_T 至少应该是 0.5 W。

67. 设已调信号为 $s(t) = m(t)\cos 2\pi f_c t - \hat{m}(t)\sin 2\pi f_c t$，其中 $f_c = 20$ kHz，$m(t)$ 的自相关函数为 $R_m(\tau) = 21\,\text{sinc}^2(5\,000\tau)$，$\hat{m}(t)$ 是 $m(t)$ 的希尔伯特变换。解调框图为图 4-32，图中高斯白噪声 $n_w(t)$ 的单边功率谱密度为 $N_0 = 10^{-6}$ W/Hz，带通滤波器的通带范围是 19~26 kHz，输出是 $s(t) + n(t)$，其中 $n(t) = n_c(t)\cos 2\pi f_c t - n_s(t)\sin 2\pi f_c t$ 是窄带噪声，低通滤波器的截止频率是 5 kHz。

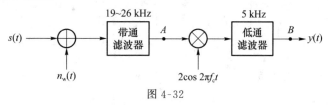

图 4-32

(1) 求 $s(t)$ 的功率和带宽。
(2) 写出 $s(t)$ 的复包络 $s_L(t)$ 的表达式。
(3) 画出带通滤波器输出噪声的同相分量 $n_c(t)$ 的功率谱密度图。
(4) 求图中 A 点和 B 点的信噪比。

解：(1) $m(t)$ 及 $\hat{m}(t)$ 的功率均为 $P_m = P_{\hat{m}} = R_m(0) = 21$ W，$s(t)$ 的功率是 $P_s = \dfrac{P_m}{2} + \dfrac{P_{\hat{m}}}{2} = P_m = 21$ W。从表达式可以看出 $s(t)$ 是上边带 SSB 信号，其带宽等于 $m(t)$ 的带宽。对 $R_m(\tau)$ 做傅氏反变换，得到 $m(t)$ 的功率谱密度为

$$P_m(f) = \begin{cases} 1 - \dfrac{f}{5\,000}, & 0 \leq f < 5\,000 \\ 1 + \dfrac{f}{5\,000}, & -5\,000 \leq f < 0 \\ 0, & \text{其他} \end{cases}$$

其带宽是 5 000 Hz，因此 $s(t)$ 的带宽是 5 kHz。

(2) 由 $s(t)$ 的表达式可以看出其复包络的表达式为 $s_L(t) = m(t) + j\hat{m}(t)$。

(3) A 点的噪声 $n(t) = n_c(t)\cos 2\pi f_c t - n_s(t)\sin 2\pi f_c t$ 是窄带平稳高斯过程。根据窄带平稳过程的性质，$n_c(t)$ 的功率谱密度是 $n(t)$ 的功率谱密度向左搬移、向右搬移后基带部分的叠加。$n(t)$ 的功率谱密度是

$$P_n(f) = \begin{cases} \dfrac{N_0}{2}, & 19\,\text{kHz} \leq f < 26\,\text{kHz} \\ \dfrac{N_0}{2}, & -26\,\text{kHz} \leq f < -19\,\text{kHz} \\ 0, & \text{其他} \end{cases}$$

其左、右搬移后叠加可得 $n_c(t)$ 的功率谱密度,如图 4-33 所示。

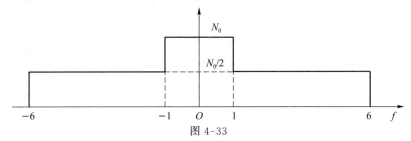

图 4-33

(4) A 点信噪比是 $s(t)$ 的功率比上 $n(t)$ 的功率,是 $\dfrac{21}{N_0 B} = \dfrac{21}{10^{-6} \times 7 \times 10^3} = 3\,000$,约等于 34.8 dB。$B$ 点输出的信号表达式为 $y(t) = m(t) + \tilde{n}_c(t)$,其中的 $\tilde{n}_c(t)$ 是 $n_c(t)$ 的 5 kHz 以内的部分。B 点信噪比是 $m(t)$ 的功率比上 $\tilde{n}_c(t)$ 的功率。$m(t)$ 的功率是 21 W。$\tilde{n}_c(t)$ 的功率是 $n_c(t)$ 的功率谱密度在 $-5\text{ kHz} < f < +5\text{ kHz}$ 内的积分,为 $2\left(N_0 \times 1\,000 + \dfrac{N_0}{2} \times 4\,000\right) = 6\,000 N_0 = 6$ mW,因此 B 点信噪比是 $\dfrac{21}{6 \times 10^{-3}} = 3\,500$,约等于 35.4 dB。

68. 在图 4-34 所示的 SSB 系统中,已知基带调制信号 $m(t)$ 的均值为 0,功率谱密度为

$$P_m(f) = \begin{cases} N_m \sin^2\left(\dfrac{\pi f}{f_m}\right), & |f| \leqslant f_m \\ 0, & |f| > f_m \end{cases}$$

高斯白噪声 $n_w(t)$ 的双边功率谱密度为 $\dfrac{N_0}{2}$。

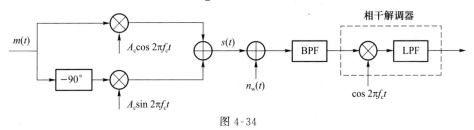

图 4-34

(1) 图中的 BPF 应该如何设计?
(2) 画出 $m(t)$ 及 $s(t)$ 的单边功率谱密度图。
(3) 求相干解调器的输出信噪比。

解:(1) 图中 $s(t) = A_c m(t) \cos 2\pi f_c t + A_c \hat{m}(t) \sin 2\pi f_c t$,是一个下单边带 SSB 信号。在理想情况下,图中的 BPF 应设计为一个理想带通滤波器,其通频带为 $[f_c - f_m, f_c]$。
(2) $m(t)$ 及 $s(t)$ 的单边功率谱密度分别如图 4-35(a) 和图 4-35(b) 所示。
(3) SSB 信号的功率等于其同相分量、正交分量的功率:

$$P_s = A_c^2 P_m = A_c^2 \int_0^{f_m} 2 N_m \sin^2\left(\dfrac{\pi f}{f_m}\right) df$$

$$= A_c^2 N_m \int_0^{f_m} \left[1 - \cos\left(\dfrac{2\pi f}{f_m}\right)\right] df = A_c^2 N_m f_m$$

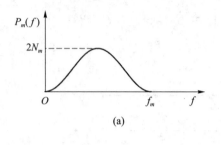
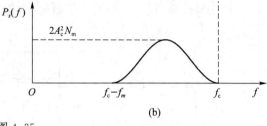

图 4-35

BPF 输出的噪声功率为 $f_m N_0$。解调输入信噪比为 $\dfrac{A_c^2 N_m}{N_0}$。SSB 的输出信噪比等于输入信噪比,也是 $\dfrac{A_c^2 N_m}{N_0}$。

69. 设有单边带信号 $s(t)=m(t)\cos 2\pi f_c t - \hat{m}(t)\sin 2\pi f_c t$,其中模拟基带信号 $m(t)$ 的功率谱密度为 $P_m(f)$,$\hat{m}(t)$ 是 $m(t)$ 的希尔伯特变换。求 $s(t)$ 的功率谱密度。

解:$s(t)$ 的复包络 $s_L(t)=m(t)+j\hat{m}(t)$ 的功率谱是

$$P_L(f)=\begin{cases}4P_m(f),&f>0\\0,&f<0\end{cases}$$

因此带通信号 $s(t)$ 的功率谱为

$$P_s(f)=\frac{1}{4}\{P_L(f-f_c)+P_L(-f-f_c)\}$$

$$=\begin{cases}P_m(f-f_c),&f>f_c\\P_m(f+f_c),&f<-f_c\\0,&\text{其他}\end{cases}$$

70. 已知某模拟广播系统中基带信号 $m(t)$ 的带宽为 10 kHz,$m(t)$ 的峰值功率 $|m(t)|_{\max}^2$ 与平均功率 $P_m=\overline{m^2(t)}$ 之比(即峰均比)为 $C_m=3$。此广播系统的平均发射功率为 4 000 W,发射信号经过 60 dB 信道衰减后到达接收端,并在接收端叠加了双边功率谱密度为 $\dfrac{N_0}{2}=10^{-9}$ W/Hz 的高斯白噪声。

(1) 若此系统采用 SSB 调制,求接收机可达到的输出信噪比。
(2) 若此系统采用 DSB-SC 调制,求接收机可达到的输出信噪比。
(3) 若此系统采用调幅系数为 1 的标准幅度调制,求接收机可达到的输出信噪比。

解:到达接收机的已调信号功率是

$$P_R = 4\,000 \times 10^{-6} = 0.004 \text{ W}$$

(1) 采用 SSB 时,$s(t)$ 的带宽是 10 kHz,接收机输入端(BPF 输出端)的噪声功率是 $P_n = 10\times 10^3 \times 2\times 10^{-9}=2\times 10^{-5}$ W,输入信噪比是

$$\text{SNR}_i=\frac{P_s}{P_n}=\frac{0.004}{2\times 10^{-5}}=200=23 \text{ dB}$$

SSB 的解调输出信噪比等于输入信噪比,故该系统可达到的输出信噪比是 23 dB。

(2) 采用 DSB-SC 调制时,$s(t)$ 的带宽为 20 kHz,接收机输入端(BPF 输出端)的噪声功率是 $P_n = 20\times 10^3 \times 2\times 10^{-9}=4\times 10^{-5}$ W,输入信噪比是

$$\text{SNR}_i = \frac{P_s}{P_n} = \frac{0.004}{4 \times 10^{-5}} = 100 = 20 \text{ dB}$$

DSB 的解调输出信噪比是输入信噪比的 2 倍(3 dB),故该系统可达到的输出信噪比是 23 dB。

(3) 采用 AM 调制时,解调器输入的有用信号为

$$s(t) = [A + m(t)]\cos 2\pi f_c t = A\cos 2\pi f_c t + m(t)\cos 2\pi f_c t$$

$s(t)$ 由一个纯载波 $A\cos 2\pi f_c t$ 和一个 DSB-SC 分量 $m(t)\cos 2\pi f_c t$ 组成。这两部分的总功率是

$$P_s = \frac{A^2 + P_m}{2} = 0.004 \text{ W}$$

根据已知条件可以列出

$$\frac{|m(t)|_{\max}}{A} = 1$$

$$\frac{|m(t)|_{\max}^2}{P_m} = 3$$

由此可以解出 $A^2 = 0.006$ W, $P_m = 0.002$ W。DSB-SC 分量 $m(t)\cos 2\pi f_c t$ 的功率是 $\frac{P_m}{2} = 0.001$ W,与(1)小题中的 0.004 W 相比低了 6 dB,因此输出信噪比是 17 dB。

71. 设 $m(t)$ 是带宽为 W 的模拟基带信号,f_c 充分大。DSB-SC 信号 $m(t)\cos 2\pi f_c t$ 通过一个传递函数为 $H(f)$ 的滤波器后成为 $s(t)$,$H(f)$ 如图 4-36 所示。试求 $s(t)$ 的同相分量的表达式,并画出能从 $s(t)$ 中无失真解调出 $m(t)$ 的解调框图。

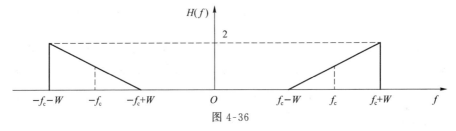

图 4-36

解:$H(f)$ 的等效基带传递函数 $H_e(f)$ 如图 4-37 所示。它是 $H(f)$ 的正频率部分左移。

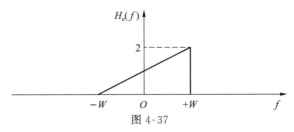

图 4-37

$m(t)\cos 2\pi f_c t$ 的复包络 $m(t)$ 通过等效基带滤波器 $H_e(f)$ 后的输出是 $s(t)$ 的复包络 $s_L(t)$,频域关系是

$$S_L(f) = M(f) H_e(f)$$

其中 $M(f)$ 是 $m(t)$ 的傅氏变换。

$s(t)$ 的同相分量 $s_I(t)$ 是其复包络 $s_L(t)$ 的实部：

$$s_I(t) = \text{Re}\{s_L(t)\} = \frac{1}{2}[s_L(t) + s_L^*(t)]$$

频域关系是

$$S_I(f) = \frac{1}{2}[S_L(f) + S_L^*(-f)]$$

将 $S_L(f) = M(f)H_e(f)$ 代入，并注意实信号 $m(t)$ 的频谱 $M(f)$ 满足共轭对称性，即 $M(f) = M^*(-f)$，于是

$$S_I(f) = \frac{1}{2}[M(f)H_e(f) + M(f)H_e^*(-f)]$$

$$= \frac{M(f)}{2}[H_e(f) + H_e^*(-f)]$$

从 $H_e(f)$ 的图示可以看出，$H_e(f) + H_e^*(-f)$ 在 $[-W, W]$ 范围内的取值恒为 2，因此

$$S_I(f) = M(f)$$

其对应到时域为

$$s_I(t) = m(t)$$

即 $s(t)$ 的同相分量为 $m(t)$。

用图 4-38 所示的相干解调器可以从 $s(t)$ 中无失真解调出 $m(t)$。

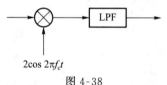

图 4-38

72. 如图 4-39 所示，设 $m(t)$ 是带宽为 W 的模拟基带信号，$m(t)$ 通过一个基带滤波器后成为 $\tilde{m}(t)$，然后将 $m(t)$ 和 $\tilde{m}(t)$ 送入 I/Q 调制器，得到带通信号 $s(t) = m(t)\cos 2\pi f_c t - \tilde{m}(t)\sin 2\pi f_c t$。如欲 $s(t)$ 的带宽为 $1.5W$，频带范围是 $\left[f_c - \dfrac{W}{2}, f_c + W\right]$，试设计 $H(f)$。（注：图 4-39 中的 $m(t)$、$\tilde{m}(t)$、$s(t)$ 均为实信号。）

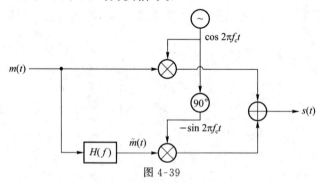

图 4-39

解：$s(t)$ 的带宽是其频谱 $S(f)$ 在正频率部分的宽度，等于其复包络 $s_L(t) = m(t) + j\tilde{m}(t)$ 的频谱 $S_L(f)$ 按正、负频率计算的宽度。令 $M(f)$、$\tilde{M}(f)$ 分别表示 $m(t)$、$\tilde{m}(t)$ 的傅氏变换，则复包络的频谱为

$$S_L(f) = M(f) + \mathrm{j}\tilde{M}(f) = M(f)[1 + \mathrm{j}H(f)]$$

$S(f)$ 在正频率部分的频带范围是 $\left[f_c - \dfrac{W}{2}, f_c + W\right]$，说明 $S_L(f)$ 的频带范围是 $\left[-\dfrac{W}{2}, +W\right]$。由于 $M(f)$ 在区间 $[-W, +W]$ 外为零，因此 $1 + \mathrm{j}H(f)$ 在 $\left[-W, -\dfrac{W}{2}\right)$ 内必须是零，在 $\left[-\dfrac{W}{2}, +W\right]$ 内必须非零，也就是要求 $H(f)$ 在 $\left[-W, -\dfrac{W}{2}\right)$ 内必须是 j，在 $\left[-\dfrac{W}{2}, +W\right]$ 范围必须不等于 j。

另外，$m(t)$、$\tilde{m}(t)$ 是实信号，其频谱满足共轭对称性。由于 $\tilde{M}(f) = H(f)M(f)$，所以 $H(f)$ 必满足共轭对称性，$H(f)$ 在 $\left(\dfrac{W}{2}, W\right]$ 内必须是 $-\mathrm{j}$，在 $\left[-W, +\dfrac{W}{2}\right]$ 内必须和在 $\left[-\dfrac{W}{2}, +\dfrac{W}{2}\right]$ 内共轭对称。在 $\left[-\dfrac{W}{2}, +\dfrac{W}{2}\right]$ 内满足共轭对称的函数很多，不妨将其设计为过原点的直线，再考虑将 $H(f)$ 设计为 f 的连续函数，则

$$H(f) = \begin{cases} -\mathrm{j}, & \dfrac{W}{2} < f < W \\ -\dfrac{\mathrm{j}2f}{W}, & |f| \leqslant \dfrac{W}{2} \\ \mathrm{j}, & -W < f < -\dfrac{W}{2} \end{cases}$$

图 4-40 示出了 $\mathrm{j}H(f)$ 的图形。

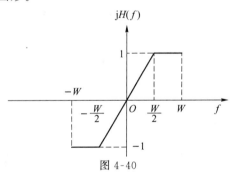

图 4-40

73. 某 I/Q 调制器的输出信号为

$$s(t) = m_1(t)\cos(2\pi f_c t - \varphi) - m_2(t)\sin(2\pi f_c t - \varphi) = \mathrm{Re}\{s_L(t)\mathrm{e}^{\mathrm{j}2\pi f_c t}\}$$

其中基带信号 $m_1(t)$ 和 $m_2(t)$ 的带宽都是 W 且 $W \ll f_c$，$s_L(t)$ 是 $s(t)$ 以 $\cos 2\pi f_c t$ 为参考载波的复包络。

(1) 求 $s_L(t)$ 的实部 $m_o(t) = \mathrm{Re}\{s_L(t)\}$。

(2) 当 $m_2(t)$ 和 $m_1(t)$ 之间满足何种关系时，$s(t)$ 的频谱在 $|f| < f_c$ 范围内是 0？

解：(1) 由 $s(t) = m_1(t)\cos(2\pi f_c t - \varphi) - m_2(t)\sin(2\pi f_c t - \varphi)$ 可知，以 $\cos 2\pi f_c t$ 为参考载波时，$s(t)$ 的复包络是

$$s_L(t) = [m_1(t) + \mathrm{j}m_2(t)]\mathrm{e}^{-\mathrm{j}\varphi}$$

其实部为

$$m_o(t) = \text{Re}\{s_L(t)\} = m_1(t)\cos\varphi + m_2(t)\sin\varphi$$

(2) $s(t)$ 的复包络 $s_L(t)$ 是将 $s(t)$ 的正频率部分左移 f_c。若 $s(t)$ 的频谱在 $|f|<f_c$ 范围内为零,则其正频率部分在 $0<f<f_c$ 范围内为零,此时 $s_L(t)$ 的频谱在 $f<0$ 范围内为零。即 $s_L(t)$ 是一个解析信号,由此可知 $m_2(t)$ 一定是 $m_1(t)$ 的希尔伯特变换。

74. 将基带信号 $m(t) = A_m\cos 2\pi f_m t$ 送入一个频率偏移常数(调频灵敏度)为 K_f 的调频器,得到调频信号 $s(t) = A_c\cos\left[2\pi f_c t + 2\pi K_f\int_{-\infty}^{t}m(\tau)d\tau\right]$。

(1) 求 $s(t)$ 的最大频偏、调频指数及近似带宽。

(2) 写出 $s(t)$ 及其复包络 $s_L(t)$ 的表达式。

(3) 利用第一类修正的贝塞尔函数 $J_n(x) = \dfrac{1}{2\pi}\int_0^{2\pi}e^{jx\sin u}\cdot e^{-jnu}du$ 求 $s_L(t)$ 的傅氏变换。

解:(1) $s(t)$ 的相位是 $\varphi(t) = 2\pi K_f\int_{-\infty}^{t}m(\tau)d\tau$,瞬时频率偏移为

$$f(t) = \frac{1}{2\pi}\frac{d}{dt}\varphi(t) = K_f m(t)$$

最大频偏是瞬时频率偏移的最大值,等于 $|K_f m(t)|_{\max} = A_m K_f$。调频指数是最大频偏按基带信号的最高频率归一化的值,为 $\beta_f = \dfrac{A_m K_f}{f_m}$。根据卡松公式,近似带宽为 $2(A_m K_f + f_m)$。

(2) $s(t)$ 的表达式为

$$\begin{aligned}
s(t) &= A_c\cdot\cos\left[2\pi f_c t + 2\pi K_f\int_{-\infty}^{t}m(\tau)d\tau\right]\\
&= A_c\cdot\cos\left[2\pi f_c t + 2\pi K_f\int_{-\infty}^{t}A_m\cos 2\pi f_m\tau\, d\tau\right]\\
&= A_c\cdot\cos\left[2\pi f_c t + \frac{A_m K_f}{f_m}\sin 2\pi f_m t\right]\\
&= A_c\cdot\cos[2\pi f_c t + \beta_f\sin 2\pi f_m t]
\end{aligned}$$

其复包络为

$$s_L(t) = A_c e^{j\beta_f\sin 2\pi f_m t}$$

(3) $s_L(t)$ 是 t 的周期信号,其周期为 $T_m = \dfrac{1}{f_m}$。将其展开为傅氏级数:

$$s_L(t) = A_c\sum_{n=-\infty}^{\infty}c_n e^{j2\pi n f_m t}$$

其中傅立叶级数的系数为

$$c_n = \frac{1}{T_m}\int_0^{T_m}e^{j\beta_f\sin 2\pi f_m t}e^{-j2\pi n f_m t}dt$$

做变量代换 $x = 2\pi f_m t$,则

$$c_n = \frac{1}{2\pi}\int_0^{2\pi}e^{j\beta_f\sin x}e^{-jnx}dx = J_n(\beta_f)$$

因此

$$s_L(t) = A_c\sum_{n=-\infty}^{\infty}J_n(\beta_f)e^{j2\pi n f_m t}$$

其傅氏变换为
$$S_L(f) = A_c \sum_{n=-\infty}^{\infty} J_n(\beta_f) \delta(f - nf_m)$$

> 在 FM 调制中，频率偏移常数 K_f 也叫调频灵敏度，其单位是 Hz/V。它表示调频器的输入电压 m 从 0 V 增加到 1 V 时，调频信号的瞬时频率偏离中心频率 f_c 的数值是 K_f Hz。如果调频器输入电压 m 随时间变化，则输出将是一个频率随 $m(t)$ 变化的 FM 信号。如果信号 $m(t)$ 的最大幅度是 A_m，那么瞬时频率偏离中心频率的最大值是 $A_m K_f$。

75. 一角度调制信号 $s(t) = 500\cos[2\pi f_c t + 5\cos 2\pi f_m t]$，其中 $f_m = 1$ kHz, $f_c \gg f_m$。

(1) 写出 $s(t)$ 的近似带宽。

(2) 若已知 $s(t)$ 是调制信号为 $m(t)$ 的调相信号，其相位偏移常数（调相灵敏度）为 $K_p = 5$ rad/V，写出 $m(t)$ 的表达式。

(3) 若已知 $s(t)$ 是调制信号为 $m(t)$ 的调相信号，其频率偏移常数（调频灵敏度）为 $K_f = 5\,000$ Hz/V，写出 $m(t)$ 的表达式。

解：(1) $s(t)$ 的最大频偏是
$$\Delta f_{\max} = \left| \frac{1}{2\pi} \cdot \frac{d}{df}[5\cos 2\pi f_m t] \right|_{\max} = 5 f_m$$

因此其近似带宽为
$$B \approx 2(f_m + \Delta f_{\max}) = 12 f_m = 12 \text{ kHz}$$

(2) 若 $s(t)$ 为调相信号，则
$$5\cos 2\pi f_m t = K_p m(t)$$

因此
$$m(t) = \frac{5\cos 2\pi f_m t}{K_p} = \cos 2\pi f_m t$$

(3) 若 $s(t)$ 为调频信号，则
$$5\cos 2\pi f_m t = 2\pi K_f \int_{-\infty}^{t} m(\tau) d\tau$$

因此
$$m(t) = \frac{5 \times (-2\pi f_m \sin 2\pi f_m t)}{2\pi K_f} = -\sin 2\pi f_m t$$

76. 某调频信号的表达式为
$$s(t) = 2\cos(400\,000\pi t + 2\sin 100\pi t)$$

求其平均功率、调制指数、最大频偏以及近似带宽。

解： 该调频信号的平均功率为 $P_s = \dfrac{2^2}{2} = 2$ W，最大频偏为
$$\Delta f_{\max} = \left| \frac{1}{2\pi} \frac{d}{dt}[2\sin 100\pi t] \right|_{\max}$$
$$= |100\cos 100\pi t|_{\max}$$
$$= 100 \text{ Hz}$$

记 $m(t)$ 为调制信号，K_f 为调频灵敏度，则

$$2\sin 100\pi t = 2\pi K_f \int_{-\infty}^{t} m(\tau) d\tau$$

故有

$$m(t) = \frac{100}{K_f} \cos 100\pi t$$

所以 $m(t)$ 的频率是 $f_m = 50$ Hz，因此其调频指数为

$$\beta_f = \frac{\Delta f_{\max}}{f_m} = 2$$

近似带宽为

$$B \approx 2(1+\beta_f) f_m = 300 \text{ Hz}$$

77. 已知某调频信号中，模拟基带信号为 $m(t) = a \cdot \cos 2\pi f_m t$，其中 $f_m = 1$ kHz，调制载波为 $c(t) = 8\cos 2\pi f_c t$，其中 $f_c \gg f_m$。

(1) 若调频器的频率偏移常数为 $K_f = 10$ kHz/V，调制信号 $m(t)$ 的幅度为 $a = 0.5$ V，求该调频信号的调制指数 β，写出 $s_{FM}(t)$ 的表达式，并求其近似带宽。

(2) 若其他条件同(1)，但 $m(t)$ 的幅度变成 1 V，请重复求解题(1)。

解：(1) 最大频偏是

$$\Delta f_{\max} = K_f a = 10 \times 10^3 \times 0.5 = 5\,000 \text{ Hz}$$

调制指数为

$$\beta = \frac{\Delta f_{\max}}{f_m} = 5$$

调频信号的表达式为

$$\begin{aligned} s_{FM}(t) &= 8\cos\left[2\pi f_c t + 2\pi K_f \int_{-\infty}^{t} m(\tau) d\tau\right] \\ &= 8\cos\left(2\pi f_c t + 2\pi \times 10 \times 10^3 \int_{-\infty}^{t} 0.5\cos 2\,000\pi\tau d\tau\right) \\ &= 8\cos(2\pi f_c t + 5\sin 2\,000\pi t) \end{aligned}$$

根据卡松公式，调频信号的近似带宽为

$$B \approx 2(1+\beta) f_m = 12 \text{ kHz}$$

(2) a 增大到 1 V 时，最大频偏增加到 10 kHz，调制指数变为 10，调频信号的表达式变为

$$s_{FM}(t) = 8\cos(2\pi f_c t + 10\sin 2\,000\pi t)$$

调频信号的近似带宽为

$$B \approx 2(1+\beta) f_m = 22 \text{ kHz}$$

78. 设有信号

$$s(t) = 100\cos(2\pi f_c t + 4\sin 2\pi f_m t)$$

其中 $f_c \gg f_m$，调制信号的频率是 $f_m = 1\,000$ Hz。

(1) 求 $s(t)$ 的近似带宽。

(2) 假设 $s(t)$ 是 $m(t)$ 通过调频器输出的调频信号，已知 $m(t)$ 的最大幅度是 $A_m = 1$，求频率偏移常数 K_f。若保持 K_f 和调频器输入的 $m(t)$ 的幅度 A_m 不变，但将其频率 f_m 加倍，求相应的已调信号的表达式及近似带宽。

(3) 假设 $s(t)$ 是 $m(t)$ 通过调相器输出的调相信号,已知 $m(t)$ 的最大幅度是 $A_m=1$,求相位偏移常数 K_p。若保持 K_p 和调相器输入的 $m(t)$ 的幅度不变,但将其频率 f_m 加倍,求相应的已调信号的表达式及近似带宽。

解: $s(t)$ 的相位是 $\varphi(t)=4\sin 2\pi f_m t$,若其为 PM 信号,则相位 $\varphi(t)$ 与 $m(t)$ 成正比,$m(t)$ 的形式是 $m(t)=A_m\sin 2\pi f_m t$;若其为 FM 信号,则相位 $\varphi(t)$ 的一阶导与 $m(t)$ 成正比,$m(t)$ 的形式是 $m(t)=A_m\cos 2\pi f_m t$。无论其为调频还是调相,基带信号的频率都是 f_m。

(1) 从 $s(t)$ 的表达式可以求出最大频偏:
$$\Delta f_{\max}=\left|\frac{1}{2\pi}\cdot\frac{\mathrm{d}}{\mathrm{d}t}\varphi(t)\right|_{\max}=\frac{1}{2\pi}\left|\frac{\mathrm{d}}{\mathrm{d}t}(4\sin 2\pi f_m t)\right|_{\max}=4f_m$$

根据卡松公式,信号的近似带宽为
$$B\approx 2(\Delta f_{\max}+f_m)=10\text{ kHz}$$

(2) 此时:
$$\varphi(t)=2\pi K_f\int_{-\infty}^t m(\tau)\mathrm{d}\tau=2\pi K_f\int_{-\infty}^t A_m\cos 2\pi f_m\tau\mathrm{d}\tau=\frac{K_f}{f_m}\sin 2\pi f_m t$$

另外,$\varphi(t)=4\sin 2\pi f_m t$,因此 $\frac{K_f}{f_m}=4$,$K_f=4f_m=4\ 000\text{ Hz/V}$。

保持 K_f 和 A_m 不变,将 f_m 变成 $2\ 000\text{ Hz}$ 后,$m(t)$ 将变成 $m_1(t)=\cos 4\ 000\pi t$,已调信号变成
$$\begin{aligned}s_1(t)&=100\cos\left(2\pi f_c t+2\pi K_f\int_{-\infty}^t m(\tau)\mathrm{d}\tau\right)\\&=100\cos\left(2\pi f_c t+2\pi\cdot 4\ 000\int_{-\infty}^t\cos 4\ 000\pi t\mathrm{d}t\right)\\&=100\cos(2\pi f_c t+2\sin 4\ 000\pi t)\end{aligned}$$

$s_1(t)$ 的最大频偏是 $\frac{1}{2\pi}\left|\frac{\mathrm{d}}{\mathrm{d}t}(2\sin 4\ 000\pi t)\right|_{\max}=4\ 000\text{ Hz}$,近似带宽是 $2(4\ 000+2\ 000)=12\text{ kHz}$。

(3) 此时:
$$\varphi(t)=K_p m(t)=K_p A_m\sin 2\pi f_m t=K_p\sin 2\ 000\pi t$$

另外,$\varphi(t)=4\sin 2\pi f_m t$,因此 $K_p=4\text{ rad/V}$。

保持 K_p 和 A_m 不变,f_m 加倍变成 $2\ 000\text{ Hz}$ 后,$m(t)$ 将变成 $m_2(t)=\sin 4\ 000\pi t$,已调信号变成
$$s_2(t)=100\cos(2\pi f_c t+K_p m(t))=100\cos(2\pi f_c t+4\sin 4\ 000\pi t)$$

$s_2(t)$ 的最大频偏是 $\frac{1}{2\pi}\left|\frac{\mathrm{d}}{\mathrm{d}t}(4\cdot\sin 4\ 000\pi t)\right|_{\max}=8\ 000\text{ Hz}$,近似带宽是 $2(8\ 000+2\ 000)=20\text{ kHz}$。

79. 已知某调频系统中,调频指数是 β_f,到达接收端的 FM 信号的功率是 P_R,信道噪声的单边功率谱密度是 N_0,基带调制信号 $m(t)$ 的带宽是 W,解调输出信噪比和输入信噪比之比为 $3\beta_f^2(\beta_f+1)$。

(1) 求解调输出信噪比。

(2) 如果发送端将基带调制信号 $m(t)$ 变成 $2m(t)$,并假设接收端的 BPF 也相应设计,请问此时输出信噪比将大约增大多少分贝?

解：(1) 输入解调器的噪声带宽等于信号带宽，为 $B=2(\beta_f+1)W$，故输入信噪比是

$$\left(\frac{S}{N}\right)_i = \frac{P_R}{2N_0W(\beta_f+1)}$$

输出信噪比是

$$\left(\frac{S}{N}\right)_o = 3\beta_f^2(\beta_f+1)\left(\frac{S}{N}\right)_i = \frac{3\beta_f^2 P_R}{2N_0W}$$

(2) 若输入 FM 调制系统的调制信号 $m(t)$ 的幅度加倍，则 FM 已调信号的最大频偏加倍，调频指数也加倍，即从 β_f 变成了 $2\beta_f$，代入上式可知输出信噪比是原来的 4 倍，即增加了 6 dB。

80. 将模拟基带信号 $m_1(t)$、$m_2(t)$ 按图 4-41(a) 所示的框图进行复合调制，并假设 $m_1(t)$、$m_2(t)$ 的频谱 $M_1(f)$、$M_2(f)$ 如图 4-40(b) 所示。

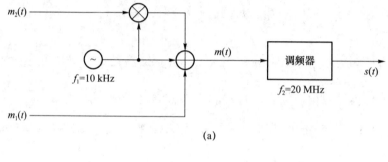

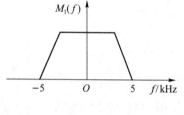
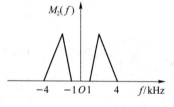

(b)

图 4-41

(1) 画出图 4-41(a) 中 $m(t)$ 的频谱示意图。
(2) 若调频器的调制指数 $\beta_f=4$，求调频信号的带宽。
(3) 画出从 $s(t)$ 中解调出 $m_1(t)$、$m_2(t)$ 的框图。

解：(1) $m(t) = m_1(t) + m_2(t)\cos 2\,000\pi t + \cos 2\,000\pi t$ 是 $m_2(t)$ 的 DSB 调制与 $m_1(t)$ 的频分复用，其频谱示意图为图 4-42。

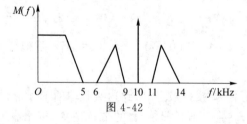

图 4-42

(2) $m(t)$ 的带宽是 $W=14$ kHz，$s(t)$ 的带宽按卡松公式计算是 $2(4+1)\times 14 = 140$ kHz。
(3) 从 $s(t)$ 中解调出 $m_1(t)$、$m_2(t)$ 的框图为图 4-43。

81. 设有 12 路话音信号，每路的带宽是 $0.3\sim 3.4$ kHz。现用两级 SSB 频分复用系统实现复用，即先把这 12 路话音信号分为 4 组，在这 4 组信号经过第一级 SSB 复用后再将 4

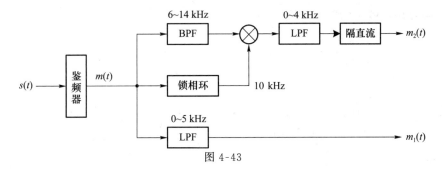

图 4-43

个一级 SSB 复用的结果经过第二级 SSB 复用。已知第一级 SSB 复用时采用上边带 SSB，三个载波频率分别为 0 kHz、4 kHz 和 8 kHz。第二级 SSB 复用采用下单边带 SSB，4 个载波频率分别为 84 kHz、96 kHz、108 kHz、120 kHz。试画出此系统发送端框图，并分别画出第一级和第二级复用器输出的频谱(标出频率值，第一级只画一个即可)。

解：系统发送端框图为图 4-44。

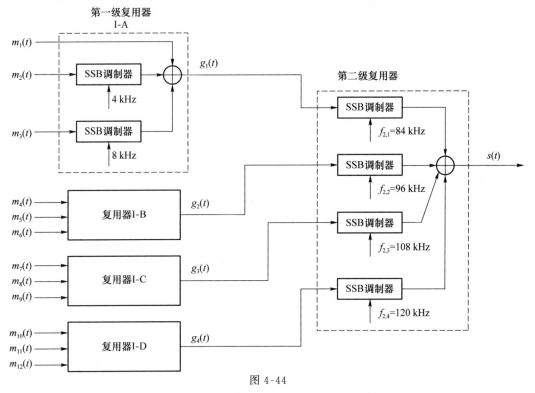

图 4-44

第一级复用器输出的频谱如图 4-45 所示。

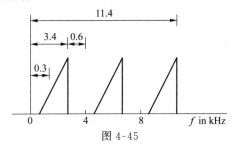

图 4-45

第二级复用器输出的频谱如图 4-46 所示。

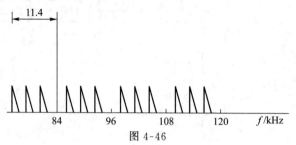

图 4-46

82. 有 12 路话音信号 $m_1(t), m_2(t), \cdots, m_{12}(t)$，它们的带宽都限制在 $(0,4\,000)$ Hz 范围内。将这 12 路信号以 SSB/FDM 方式复用为 $m(t)$，频谱安排如图 4-47 所示。再将 $m(t)$ 通过 FM 方式传输。已知调频器输出的 FM 信号的最大频偏为 480 kHz。

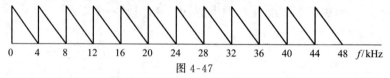

图 4-47

(1) 求 FM 信号的带宽。
(2) 画出解调框图。
(3) 假设 FM 信号在信道传输中受到加性高斯白噪声的干扰，令鉴频器输出的第 i 路噪声的功率为 N_i，求 $\dfrac{N_i}{N_1}, i=2,3,\cdots,12$。

解：(1) $m(t)$ 的带宽为 48 kHz，由卡松公式可得 FM 信号的近似带宽为 $2\times(480+48)=1\,056$ kHz。

(2) 解调框图为图 4-48。其中 $f_i=4(i-1)\text{kHz}(i=1,2,\cdots,12)$，第 i 个 BPF 的通带为 $(f_i, f_i+4\text{ kHz})$，LPF 的截止频率是 4 kHz。

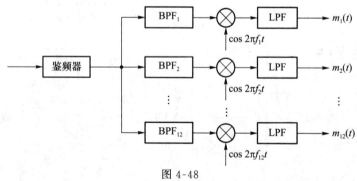

图 4-48

(3) 鉴频器输出的噪声的功率谱密度与 f^2 成正比，即
$$P_{n_o}(f)=Kf^2$$
其中 K 是常系数。因此，第 i 路 BPF 的输出噪声功率为

$$N_i = \int_{f_i}^{f_i+4} K f^2 \,\mathrm{d}f$$

$$= \frac{K}{3}\left[(f_i+4)^3 - f_i^3\right]$$

$$= \frac{K}{3}\left[(4i)^3 - (4i-4)^3\right]$$

$$= \frac{64K}{3}(3i^2 - 3i + 1)$$

因此

$$\frac{N_i}{N_1} = 3i^2 - 3i + 1, \quad i = 2, 3, \cdots, 12$$

第 5 章 数字信号的基带传输

1. 判断：设有 PAM 信号 $s(t) = \sum_{n=-\infty}^{\infty} a_n g(t-nT_s)$，其中幅度序列 $\{a_n\}$ 是零均值广义平稳随机序列。当 $g(t) = \mathrm{sinc}\left(\dfrac{t}{T_s}\right)$ 时，$s(t)$ 是广义平稳过程。

解： 正确。$s(t)$ 的均值为

$$E[s(t)] = \sum_{n=-\infty}^{\infty} E[a_n] g(t-nT_s) = 0$$

$s(t)$ 的自相关函数为

$$R_s(t+\tau,t) = E[s(t+\tau)s(t)] = E\Big[\sum_{n=-\infty}^{\infty} a_n g(t+\tau-nT_s) \sum_{m=-\infty}^{\infty} a_m g(t-mT_s)\Big]$$

$$= \sum_{n=-\infty}^{\infty} \sum_{m=-\infty}^{\infty} E(a_n a_m) g(t+\tau-nT_s) g(t-mT_s)$$

$$= \sum_{n=-\infty}^{\infty} \sum_{m=-\infty}^{\infty} R_a(n-m) g(t+\tau-nT_s) g(t-mT_s)$$

$$= \sum_{m=-\infty}^{\infty} \sum_{k=-\infty}^{\infty} R_a(k) g(t+\tau-kT_s-mT_s) g(t-mT_s)$$

其中 $k = n - m$。

令 $x_k^\tau(t) = g(t+\tau-kT_s) g(t)$，则

$$R_s(t+\tau,t) = \sum_{m=-\infty}^{\infty} \sum_{k=-\infty}^{\infty} R_a(k) x_k^\tau(t-mT_s) = \sum_{k=-\infty}^{\infty} R_a(k) \Big\{ \sum_{m=-\infty}^{\infty} x_k^\tau(t-mT_s) \Big\}$$

其中的 $\sum_{m=-\infty}^{\infty} x_k^\tau(t-mT_s)$ 是周期信号，其傅氏级数展开式为

$$\sum_{m=-\infty}^{\infty} x_k^\tau(t-mT_s) = \frac{1}{T_s} \sum_{i=-\infty}^{\infty} X_k^\tau\left(\frac{i}{T_s}\right) \mathrm{e}^{\mathrm{j}2\pi\frac{i}{T_s}t}$$

其中 $X_k^\tau(f)$ 是 $x_k^\tau(t)$ 的傅氏变换。

由定义 $x_k^\tau(t) = g(t+\tau-kT_s)g(t)$ 可知，$X_k^\tau(f) = [G(f) \cdot \mathrm{e}^{\mathrm{j}2\pi f(\tau-kT_s)}] * G(f)$。当 $g(t) = \mathrm{sinc}\left(\dfrac{t}{T_s}\right)$ 时，$G(f) = \mathrm{rect}(fT_s)$，是高度为 1、宽度为 $\dfrac{1}{T_s}$ 的矩形，其带宽为 $\dfrac{1}{2T_s}$。故 $X_k^\tau(f)$ 的

带宽不超过 $\frac{1}{T_s}$，且其在 $\frac{1}{T_s}$ 处的取值为 0（两个宽度为 $\frac{1}{T_s}$ 的矩形相卷积得到的是宽度为 $\frac{2}{T_s}$ 的三角波形）。傅氏级数展开式中所有满足 $|i| \geqslant \frac{1}{T_s}$ 的项均为零，那么

$$\sum_{m=-\infty}^{\infty} x_k^\tau(t - mT_s) = \frac{1}{T_s} X_k^\tau(0)$$

与 t 无关。此时 $R_s(t+\tau,t) = \sum_{k=-\infty}^{\infty} R_a(k) \left\{ \frac{1}{T_s} X_k^\tau(0) \right\}$ 也与 t 无关，故 $s(t)$ 是广义平稳过程。

2. 判断：设有 PAM 信号 $s(t) = \sum_{n=-\infty}^{\infty} a_n g(t - nT_s)$，其中幅度序列 $\{a_n\}$ 是零均值广义平稳随机序列，脉冲 $g(t)$ 的频谱为根升余弦滚降频谱（滚降因子大于 0），则 $s(t)$ 是广义平稳过程。

解：错误。参考上题。当采用滚降因子大于 0 的根升余弦滚降频谱时，$g(t)$ 的带宽大于奈奎斯特带宽 $\frac{1}{2T_s}$，因此 $x_k^\tau(t) = g(t+\tau-kT_s)g(t)$ 的带宽大于 $\frac{1}{T_s}$，即 $X_k^\tau(f)$ 在 $\pm\frac{1}{T_s}$ 处不为 0。从而，$\sum_{m=-\infty}^{\infty} x_k^\tau(t-mT_s)$ 的傅氏级数展开式 $\sum_{m=-\infty}^{\infty} x_k^\tau(t-mT_s) = \frac{1}{T_s} \sum_{i=-\infty}^{\infty} X_k^\tau\left(\frac{i}{T_s}\right) e^{j2\pi \frac{i}{T_s} t}$ 中至少包含 $i = 0, \pm 1$ 这 3 项，其中 $i = \pm 1$ 这 2 项均是 t 的函数，故 $R_s(t+\tau,t) = \sum_{k=-\infty}^{\infty} R_a(k) \{ \sum_{m=-\infty}^{\infty} x_k^\tau(t-mT_s) \}$ 与 t 有关，$s(t)$ 不是广义平稳过程。又因 $R_s(t+\tau,t)$ 是关于 t 的周期函数，故 $s(t)$ 是循环平稳过程。

3. 判断：符号能量 E_s 和噪声功率谱密度 N_0 有相同的量纲。

解：正确。噪声功率谱密度的量纲是 W/Hz，等价于 W·s=J。

4. 判断：在升余弦滚降系统中，滚降系数越大，则频带利用率也越大。

解：错误。滚降系数越大，传输同样符号速率所需的系统带宽越大，相应地频带利用率越小。

5. 判断：在升余弦滚降系统中，滚降因子的大小会影响眼图的形状。

解：正确。眼图是数字信号在不同符号周期的时域波形叠加显示的结果。滚降因子的大小会影响信号波形的形状，进而影响眼图的形状。

6. 判断：4PAM 信号是用 4 种能量相同但形状不同的波形来表达四进制信息的。

解：错误。PAM 是脉冲幅度调制，即用脉冲的不同幅度来表示不同的数字信息。4PAM 信号是用 4 种形状相同但幅度不同的波形来表达四进制信息。

7. 判断：PAM 信号通过线性时不变系统的输出是 PAM 信号。

解：正确。考虑 PAM 信号 $s(t) = \sum_{n=-\infty}^{\infty} a_n g(t-nT_s)$，通过冲激响应为 $h(t)$ 的线性时不变系统后，输出 $y(t) = s(t) * h(t) = \sum_{n=-\infty}^{\infty} a_n g(t-nT_s) * h(t) = \sum_{n=-\infty}^{\infty} a_n \tilde{g}(t-nT_s)$，其中 $\tilde{g}(t) = g(t) * h(t)$，$y(t)$ 可以看作以 $\{a_n\}$ 为幅度序列、以 $\tilde{g}(t)$ 为脉冲成形波形的 PAM 信号。

8. 判断：如果基带传输系统的信道带宽严格受限，那么 ISI 不可避免。

解：错误。当系统总体设计满足奈奎斯特准则时，可以实现抽样时刻无 ISI。

9. 判断：某最佳基带系统的发送端采用了频谱为根号升余弦滚降的成形脉冲 $g_T(t)$，对 $g_T(t)$ 按符号间隔进行等间隔采样的结果中只有一个样值不是零。

解：错误。奈奎斯特准则约束的是系统的总体特性。在满足奈奎斯特准则的条件下，对由发送滤波器、信道响应和接收滤波器级联的系统总体响应按符号间隔进行等间隔采样的结果中只有一个样值不是零。

10. 判断：对于采用了升余弦滚降频谱成形的最佳基带传输系统来说，滚降系数越大则接收滤波器的带宽越大，通过的噪声越多，因此在相同符号能量及噪声功率谱密度的条件下，滚降系数越大，误符号率也越高。

解：错误。滚降系数越大，则带宽越大，但带宽越大未必代表输出噪声的功率越大。升余弦系统中的接收滤波器不是理想低通滤波器，而是根号升余弦滤波器。设 $X_{rcos}(f)$ 是升余弦系统的总体传递函数，其带宽为 $W = \dfrac{1+\alpha}{2T_s}$，其中 α 是滚降因子，则接收滤波器的传递函数为 $G_R(f) = \sqrt{X_{rcos}(f)}$。双边功率谱密度为 $\dfrac{N_0}{2}$ 的高斯白噪声通过接收滤波器，输出噪声的功率为 $\dfrac{N_0}{2}\int_{-\infty}^{\infty}|G_R(f)|^2 df = \dfrac{N_0}{2}\int_{-W}^{W}X_{rcos}(f)df$。对于不同的滚降系数，$X_{rcos}(f)$ 的带宽不同但 $\int_{-\infty}^{\infty}X_{rcos}(f)df$ 不变，表明通过接收滤波器的噪声功率与滤波器的带宽没有直接关系。

11. 判断：可以将单极性不归零码看成双极性不归零码叠加了一个直流。

解：正确。例如，幅度为 A 的单极性不归零码等于幅度为 $\dfrac{A}{2}$ 的双极性不归零码叠加幅度为 $\dfrac{A}{2}$ 的直流。

12. 判断：双极性归零码叠加周期性方波可形成单极性归零码。

解：正确。幅度为 A 的单极性归零码等于幅度为 $\dfrac{A}{2}$ 的双极性归零码叠加一个幅度为 $\dfrac{A}{2}$ 的周期性方波。

13. 判断：符号间干扰（Inter Symbol Interference，ISI）是由其他符号构成的干扰，由于其他符号的随机性，ISI 自身是一个随机变量。在二进制 PAM 系统中，ISI 一般服从高斯分布。

解：错误。例如，对于二进制 PAM 信号 $y(t) = \sum_{-\infty}^{\infty}a_n x(t-nT_b)$，其中 $x(t)$ 是总体冲激响应。接收端的采样值为 $y_k = x_0 a_k + \sum_{n\neq k}a_n x_{k-n}$，其中 $x_k = x(kT_b)$ 是对 $x(t)$ 的采样，$\sum_{n\neq k}a_n x_{k-n}$ 是 ISI，它是一组二进制随机变量 $\{a_n\}$ 的线性组合，这个组合一般来说不构成高斯随机变量。例如，对于第 I 类部分响应系统，$x_n = \begin{cases}1, & n=0,1 \\ 0, & \text{其他}\end{cases}$，$y_k = a_k + a_{k-1}$，ISI 是 a_{k-1}，明显不是高斯分布。

14. 判断：某系统采用根升余弦滚降技术，设 $p(t)$ 是其发送脉冲，则 $p(t)$ 的能量谱密度具有升余弦滚降频谱形状。

解：正确。$p(t)$的能量谱密度等于其根升余弦频谱的幅值平方,具有升余弦滚降频谱形状。

15. 判断：在最佳升余弦系统中,设$p(t)$表示发送端的成形脉冲,T表示符号间隔,则$p(t)$和$p(t-T)$相互正交。

解：正确。要证明$p(t)$和$p(t-T)$相互正交,只需证明二者内积为0。依据帕塞瓦尔定理,时域内积等于频域内积：

$$\langle p(t), p(t-T) \rangle = \langle P(f), P(f)e^{-j2\pi fT} \rangle$$
$$= \int_{-\infty}^{\infty} P(f)P^*(f)e^{j2\pi fT} df$$
$$= \int_{-\infty}^{\infty} |P(f)|^2 e^{j2\pi fT} df$$

上式等于$|P(f)|^2$的傅里叶反变换在$t=T$处的取值,$p(t)$是根升余弦脉冲,$|P(f)|^2$是升余弦谱,$|P(f)|^2$的傅里叶反变换是升余弦脉冲,在除0以外的整数倍符号周期抽样时刻的取值均为0。

16. 判断：二进制第一类部分响应系统的发送信号是一种有3种幅度值的PAM信号。

解：正确。

17. 判断：在相同E_b/N_0的条件下,逐符号检测的二进制第I类部分响应系统的误符号率比双极性升余弦系统的误符号率大。

解：正确。第I类部分响应系统在双极性升余弦系统的基础上对前、后符号进行了相关编码,这使得其发送波形有3种可能,相比于只有2种可能的双极性升余弦系统,相同E_b/N_0条件下其检测错误的概率更大。此外,若对第I类部分响应信号进行逐符号检测,还可能会出现"误码传播"问题,进一步增大误符号率。

18. 判断：在高信噪比条件下,ZF均衡和MMSE均衡的性能基本相同。

解：正确。ZF均衡是最小化ISI的功率,MMSE均衡是最小化ISI和噪声之和的功率。在高信噪比条件下,ISI的功率+噪声的功率近似等于ISI的功率,此时最小化ISI的功率近似等同于最小化ISI的功率+噪声的功率,即ZF均衡和MMSE均衡的性能基本相同。

19. 判断：比较ZF均衡和MMSE均衡后的输出,后者包含的ISI更少。

解：错误。理想ZF能完全消除ISI,但会导致噪声增强。为了解决噪声增强的问题,MMSE均衡并没有完全消除ISI,而是考虑让ISI与噪声的和的功率最小。因此单看ISI的话,ZF均衡后的ISI更少。

20. 判断：MMSE均衡存在噪声增强的问题,故此提出了ZF均衡。

解：错误。ZF均衡器在设计时忽略了实际通信中的加性噪声,存在噪声增强问题：当信道传递函数的幅频特性在某频率有很大衰减(出现传输零点)时,由于均衡器的滤波特性与信道特性相逆,所以ZF均衡器在此频率有很大的幅度增益,当实际信道存在加性噪声时,系统的输出噪声将会增强,导致系统的输出信噪比下降。为克服ZF均衡的上述问题,故此提出了MMSE均衡。

21. 某16进制系统的平均发送功率是2瓦,数据速率是1 Mbit/s,其平均比特能量是$E_b =$ _____ 微焦耳。

(A) 1　　　　(B) 2　　　　(C) 4　　　　(D) 8

解：B。平均比特能量等于平均发送功率 2 W 乘以每比特持续时间 1 μs，等于 2 μJ。

22. 某 4 进制数字通信系统的误符号率为 0.002，其误比特率_____。
(A) 介于 0.001 和 0.002 之间　　　(B) 等于 0.002
(C) 等于 0.001　　　　　　　　　(D) 大于 0.002

解：A。4 进制系统 1 个符号对应 2 个比特。误码分两种情况：最好的情况是，1 个符号错误对应 1 个比特错误，此时误比特率等于误符号率的一半，为 0.001；最坏的情况是，1 个符号错误对应 2 个比特错误，此时误比特率等于误符号率，为 0.002。

23. 下列框图中，_____是差分编码。

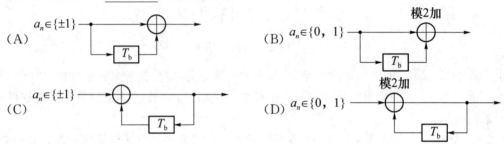

解：D。

24. 设 $\{a_n\}$ 是零均值广义平稳序列，T_s 是符号间隔，$g(t)$ 是带宽为 $\dfrac{1}{2T_s}$ 的基带脉冲。构造 PAM 信号 $s(t)=\sum\limits_{n=-\infty}^{\infty}a_n g(t-nT_s)$，则 $s(t)$ 是_____过程。

(A) 平稳　　　(B) 循环平稳　　　(C) 高斯　　　(D) 泊松

解：A。参考本章第 1 题解析。

25. 设 $\{a_n\}$ 是幅度序列，$g(t)=\begin{cases}1, & 0\leqslant t\leqslant T_s \\ 0, & \text{其他}\end{cases}$，下列中的_____不是 PAM 信号。

(A) $\sum\limits_{n=-\infty}^{\infty} a_n g(t-nT_s)$

(B) $\sum\limits_{n=-\infty}^{\infty} a_n g(t-nT_s)\cos\dfrac{18\pi t}{T_s}$

(C) $\cos\left[\dfrac{18\pi t}{T_s}+2\pi\int_{-\infty}^{t}\sum\limits_{n=-\infty}^{\infty} a_n g(\tau-nT_s)\mathrm{d}\tau\right]$

(D) $\cos\left[\dfrac{18\pi t}{T_s}+\sum\limits_{n=-\infty}^{\infty} a_n g(t-nkT_s)\right]$

解：CD。PAM 信号用脉冲幅度携带数字信息，(C) 和 (D) 是恒幅信号。

26. 设 $\{a_n\}$ 是幅度序列，下列信号表达式中的_____是 PAM 信号。

(A) $\sum\limits_{n=-\infty}^{\infty} a_n \cdot \mathrm{sinc}(10t-n)$　　　(B) $\sum\limits_{n=0}^{N-1} a_n \cdot \mathrm{e}^{\mathrm{j}20\pi nt}$

(C) $\sum\limits_{n=-\infty}^{\infty} a_n \cdot \mathrm{sinc}(10nt)$　　　(D) $\sum\limits_{n=-\infty}^{\infty} \sin 10 a_n \pi t$

解：A。(A) 中的 $\sum\limits_{n=-\infty}^{\infty} a_n \cdot \mathrm{sinc}(10t-n)=\sum\limits_{n=-\infty}^{\infty} a_n \cdot \mathrm{sinc}[10(t-0.1n)]$ 可以看作脉冲成形波形为 $\mathrm{sinc}(10t)$、符号周期为 0.1 s 的 PAM 信号；(B) 中的 $\sum\limits_{n=0}^{N-1} a_n \cdot \mathrm{e}^{\mathrm{j}20\pi nt}=\sum\limits_{n=0}^{N-1} a_n$ 和 (C) 中

的 $\sum_{n=-\infty}^{\infty} a_n \cdot \text{sinc}(10nt) = a_n$ 均不是 PAM 信号;(D) 中 a_n 取不同值时,信号的幅度不变,频率不同,故(D) 不属于 PAM 信号。

27. 设 $\{a_n\}$ 是幅度序列,PAM 信号 $\sum_{n=-\infty}^{\infty} a_n \cdot \text{sinc}(10t-n)$ 的符号间隔是 _____ s。

(A) 10　　　　　(B) 1　　　　　(C) 0.1　　　　　(D) 0.01

解：C。$\sum_{n=-\infty}^{\infty} a_n \text{sinc}(10t-n) = \sum_{n=-\infty}^{\infty} a_n \text{sinc}[10(t-0.1n)]$,和 PAM 信号的标准形式 $\sum_{n=-\infty}^{\infty} a_n g_T(t-nT_s)$ 对比可得,发送波形为 $g_T(t) = \text{sinc}(10t)$,符号间隔为 $T_s = 0.1$。

28. 将 $\sum_{n=-\infty}^{\infty} a_n \delta(t-nT_s)$ 通过一个冲激响应为 $g(t)$ 的滤波器,其输出是 _____。

(A) $\sum_{n=-\infty}^{\infty} a_n g(t)$ 　　　　　(B) $\sum_{n=-\infty}^{\infty} a_n g(t-nT_s)$

(C) $\sum_{n=-\infty}^{\infty} a_n \delta(t-nT_s) g(t-nT_s)$　　　　　(D) $g(t) \sum_{n=-\infty}^{\infty} a_n \delta(t-nT_s)$

解：B。$\sum_{n=-\infty}^{\infty} a_n \delta(t-nT_s) * g(t) = \sum_{n=-\infty}^{\infty} a_n [\delta(t-nT_s) * g(t)] = \sum_{n=-\infty}^{\infty} a_n g(t-nT_s)$。

29. 设有 PAM 信号 $s(t) = \sum_{n=-\infty}^{\infty} a_n g(t-nT_s)$,其中 $\{a_n\}$ 是零均值平稳不相关序列,方差 $E[a_n^2] = 2$,$g(t)$ 的傅氏变换是 $G(f)$。$s(t)$ 的功率谱密度是 _____。

(A) $\frac{2}{T_s} |G(f)|^2$　　(B) $\frac{4}{T_s} |G(f)|^2$　　(C) $\frac{1}{T_s} |G(f)|^2$　　(D) $2T_s |G(f)|^2$

解：A。当幅度序列 $\{a_n\}$ 零均值且不相关时,$s(t)$ 的功率谱密度是 $P_s(f) = \frac{\sigma_a^2}{T_s} |G_T(f)|^2$,其中 $\sigma_a^2 = E[a_n^2] = 2$,$G_T(f) = G(f)$,故 $P_s(f) = \frac{2}{T_s} |G(f)|^2$。

30. 设有 PAM 信号 $s(t) = \sum_{n=-\infty}^{\infty} a_n \delta(t-nT_s)$,其中 $\{a_n\}$ 是零均值平稳不相关序列,方差 $E[a_n^2] = 1$。$s(t)$ 的功率谱密度是 _____。

(A) $\frac{1}{T_s}$　　　　　(B) 1　　　　　(C) $\frac{1}{T_s} \delta(f)$　　　　　(D) $\frac{1}{T_s} \delta(f - \frac{1}{T_s})$

解：A。$P_s(f) = \frac{\sigma_a^2}{T_s} |G_T(f)|^2$,其中 $\sigma_a^2 = 1$,$G_T(f)$ 是 $\delta(t)$ 的傅氏变换,为 1,代入得 $P_s(f) = \frac{1}{T_s}$。

31. 设 $s(t) = m(t) + \sum_{n=-\infty}^{\infty} a_n \delta(t-nT_s)$,其中:$\{a_n\}$ 是零均值平稳不相关序列,方差 $E[a_n^2] = 1$;$m(t)$ 是确定信号,其功率谱密度是 $P_m(f)$。$s(t)$ 的功率谱密度是 _____。

(A) $\frac{1}{T_s} P_m(f)$ 　　　　　(B) $\frac{1}{T_s} + P_m(f)$

(C) $\frac{1}{T_s} \delta(f) + P_m(f)$ 　　　　　(D) $\frac{1}{T_s} P_m\left(f - \frac{1}{T_s}\right)$

解：B。令 $s(t)=m(t)+x(t)$，其中 $x(t)=\sum_{n=-\infty}^{\infty}a_n\delta(t-nT_s)$。由 $E[m(t)x(t)]=m(t)E[x(t)]=0$ 可知 $m(t)$ 和 $x(t)$ 正交，从而满足 $P_s(f)=P_m(f)+P_x(f)$，根据第 30 题可知，$P_x(f)=\dfrac{1}{T_s}$，故 $P_s(f)=\dfrac{1}{T_s}+P_m(f)$。

32. 下列信号中，_____的平方是直流。
    （A）双极性不归零码 （B）双极性归零码
    （C）单极性不归零码 （D）单极性归零码
    解：A。

33. 下列信号中，_____的平方是周期方波。
    （A）双极性不归零码 （B）双极性归零码
    （C）单极性不归零码 （D）单极性归零码
    解：B。

34. 假设数据独立等概，数据速率为 10 bit/s。下列中_____是单极性不归零码的功率谱密度图。

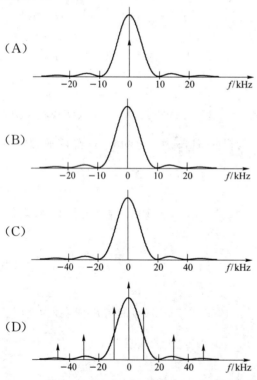

解：A。采用不归零矩形脉冲成形时，功率谱中的连续谱是 sinc^2 形状，主瓣带宽为 $W=R_s=10$ Hz，且功率谱在除 0 外的其他 10 Hz 整数倍频率处过零点。单极性幅度序列的均值非零，功率谱中包含以 $R_s=10$ Hz 为周期的离散谱分量，离散谱的强度正比于连续谱在该频率处的取值，故只在 $f=0$ 处有直流分量。

35. 假设数据独立等概，数据速率为 10 bit/s。下列中_____是单极性 RZ 码的功率谱密度图。

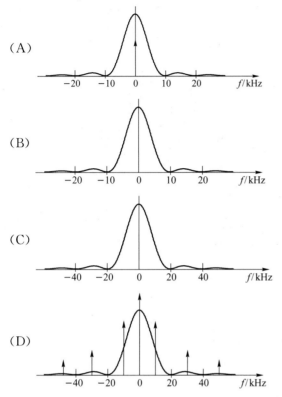

解：D。采用持续时间为 τ 的归零矩形脉冲成形时,功率谱中的连续谱是 sinc^2 形状,主瓣带宽为 $W=\dfrac{1}{\tau}$,显然 $\tau < T_s$,故 $W > R_s = 10$ Hz。采用单极性幅度序列时功率谱中包含以 $R_s = 10$ Hz 为周期的离散谱分量,离散谱在某频率处的强度正比于连续谱在该频率处的取值。满足上述条件的选项只有 D。

36. 设 $s(t)$ 是幅度为 ± 1 的双极性不归零码,则 $x(t)=s(t)+1$ 是_____。
(A) 双极性不归零码　　　　(B) 双极性归零码
(C) 单极性不归零码　　　　(D) 单极性归零码

解：C。

37. 若数据速率是 10 kbit/s,则 AMI 码的主瓣带宽是_____kHz。
(A) 0　　　(B) 5　　　(C) 10　　　(D) 20

解：C。

38. 与双极性 RZ 码相比,AMI 码的优点是_____。
(A) 连"0"长度不超过 3　　(B) 主瓣带宽小
(C) 适合隔直流传输　　　　(D) 峰均比低

解：BC。相比于双极性 RZ 码,AMI 在前、后码元之间引入了相关性,这改变了功率谱的形状,减小了主瓣带宽。AMI 码正、负电平交替的设计使得即使"0""1"不等概也几乎没有直流分量,更适合隔直流传输。AMI 码和双极性 RZ 码的峰值功率相同,但 AMI 码采用 0 电平传输符号"0",其平均功率更小,峰均比更大。

39. 下列波形中,_____是 HDB3 码。

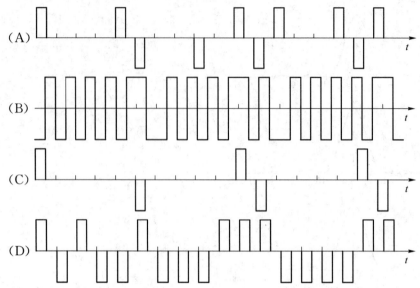

解：A。(B)为数字双相码，(C)为 AMI 码，(D)为双极性归零码。

40. 设有幅度为 ± 1 的双极性 NRZ 信号 $s(t)$，已知其数据独立等概，比特间隔是 $T_b = 1$ s。令 $y(t) = s(t) + s(t-T_b)$，则 $y(t)$ 的主瓣带宽是 _____ Hz。

(A) 1/4 (B) 0.5 (C) 1 (D) 2

解：B。$y(t) = s(t) + s(t-T_b)$ 可以看作 $s(t)$ 通过传递函数为 $H(f) = 1 + e^{-j2\pi fT_b}$ 的滤波器后的输出，则 $y(t)$ 的功率谱密度为

$$P_y(f) = P_s(f)|H(f)|^2 = P_s(f)|e^{-j\pi fT_b}(e^{j\pi fT_b} + e^{-j\pi fT_b})|^2$$
$$= P_s(f)|e^{j\pi fT_b} + e^{-j\pi fT_b}|^2$$
$$= 4\cos^2 \pi fT_b \cdot P_s(f)$$

其中 $P_s(f)$ 是双极性 NRZ 信号 $s(t)$ 的功率谱密度。$P_s(f)$ 的第 1 个零点等于其主瓣带宽 $1/T_b = 1$ Hz，$\cos \pi fT_b$ 的第 1 个零点位于 $f = 1/2T_b = 0.5$ Hz 处，$P_y(f)$ 的主瓣带宽等于二者中较小的那个，即 0.5 Hz。

41. 数据 000011110000 经过 AMI 编码后是 _____。

(A) 0000+−+−0000 (B) 0000++++0000
(C) 000−+−+−000− (D) 000−+−+−00+

解：A。AMI 编码将信息符号"1"交替编码为"+1"和"−1"。

42. 数据 10000110000110000 经过 HDB3 编码后是 _____。

(A) +000+−+−00−+−+00+ (B) +0000−0000−+000+
(C) +000−+000+−+000+ (D) +000+−+−00−+−000−

解：A。(B)中有 4 个连"0"；(C)中三个取代节的 V 极性均相同；(D)中后两个取代节的 V 极性相同，均不符合 HDB3 的编码规则。

43. HDB3 码是在 AMI 码基础上的进一步改进，改进的目的是 _____。

(A) 减少符号间干扰 (B) 降低主瓣带宽
(C) 有利于隔直流传输 (D) 有利于时钟提取

解：D。当信源发送连"0"时，AMI 码的发送波形长时间处于零电平，导致时钟提取困

难。HDB3 码在 AMI 的基础上，限制连"0"个数不大于3，有利于时钟提取。

44. 双极性不归零码通过 AWGN 信道传输，给定比特信噪比 E_b/N_0，接收端最佳接收的误比特率为_____。

(A) $\frac{1}{2}\text{erfc}\left(\sqrt{\frac{E_b}{N_0}}\right)$　　　　　　(B) $\frac{1}{2}\text{erfc}\left(\sqrt{\frac{E_b}{2N_0}}\right)$

(C) $\frac{1}{2}\text{erfc}\left(\sqrt{\frac{N_0}{E_b}}\right)$　　　　　　(D) $\frac{1}{2}\text{erfc}\left(\sqrt{\frac{2E_b}{N_0}}\right)$

解：A。双极性不归零码采用最佳接收时，接收端的判决量为 $y=\pm E_b+Z$，其中 Z 是均值为 0、方差为 $\frac{N_0 E_b}{2}$ 的高斯随机变量。判决门限为两个均值 E_b 和 $-E_b$ 的中点 0。发送两种比特的错误概率分别为 $P(-E_b+Z>0)=P(Z>E_b)$ 和 $P(E_b+Z<0)=P(Z<-E_b)$，二者均等于 $\frac{1}{2}\text{erfc}\left(\sqrt{\frac{E_b}{N_0}}\right)$，故平均误比特率也为 $\frac{1}{2}\text{erfc}\left(\sqrt{\frac{E_b}{N_0}}\right)$。

45. 单极性不归零码经过 AWGN 信道传输，给定比特信噪比 E_b/N_0，接收端最佳接收的误比特率为_____。

(A) $\frac{1}{2}\text{erfc}\left(\sqrt{\frac{E_b}{N_0}}\right)$　　　　　　(B) $\frac{1}{2}\text{erfc}\left(\sqrt{\frac{E_b}{2N_0}}\right)$

(C) $\frac{1}{2}\text{erfc}\left(\sqrt{\frac{N_0}{E_b}}\right)$　　　　　　(D) $\frac{1}{2}\text{erfc}\left(\sqrt{\frac{2E_b}{N_0}}\right)$

解：B。假设单极性不归零码传"1"和传"0"时的比特能量分别为 E_1 和 0，则平均比特能量为 $E_b=\frac{E_1+0}{2}=\frac{E_1}{2}$，即 $E_1=2E_b$。采用最佳接收时，接收端的判决量为 $y=E_1+Z=2E_b+Z$ 和 $y=0+Z$，其中 Z 是均值为 0、方差为 $\frac{N_0 E_1}{2}=N_0 E_b$ 的高斯随机变量。判决门限为两个均值 $2E_b$ 和 0 的中点 E_b。发送两种比特的错误概率分别为 $P(2E_b+Z<E_b)=P(Z<-E_b)$ 和 $P(0+Z>E_b)=P(Z>E_b)$，二者均等于 $\frac{1}{2}\text{erfc}\left(\sqrt{\frac{E_b}{2N_0}}\right)$，故平均误比特率也为 $\frac{1}{2}\text{erfc}\left(\sqrt{\frac{E_b}{2N_0}}\right)$。

46. 假设基带传输系统中的数据独立等概，数据速率是 2 kbit/s。发送信号是幅度为 2 V 的半占空双极性归零码。信号经过 AWGN 信道传输时叠加了单边功率谱密度为 0.0001 W/Hz 的白高斯噪声，采用最佳接收时接收端的判决错误率是_____。

(A) $\frac{1}{2}\text{erfc}(5)$　　　　　　(B) $\frac{1}{2}\text{erfc}(\sqrt{5})$

(C) $\frac{1}{2}\text{erfc}(\sqrt{10})$　　　　　　(D) $\frac{1}{2}\text{erfc}\left(\frac{5}{\sqrt{2}}\right)$

解：C。给定比特信噪比 E_b/N_0 时，双极性归零码的误比特率等于 $\frac{1}{2}\text{erfc}\left(\sqrt{\frac{E_b}{N_0}}\right)$。将 $E_b=2^2\times\frac{1}{2\,000}\times 50\%=0.001$ J，$N_0=0.0001$ W/Hz 代入可得 $P_b=\frac{1}{2}\text{erfc}(\sqrt{10})$。

47. 某基带传输系统发送的幅度序列为 $\{a_n\}$。对于其中的第 k 个符号 a_k，接收端在 $t=$

kT_s 时刻采样得到 $y_k = 3a_k + a_{k-1} + n_k$,其中 n_k 是零均值高斯噪声,_____是符号间干扰。

(A) $3a_k + a_{k-1} + \gamma_k$ (B) $3a_k$

(C) $3a_k + a_{k-1}$ (D) a_{k-1}

解:D。$t = kT_s$ 时刻采样的目标符号是 a_k,除 a_k 外的其他符号都是符号间干扰。

48. 某基带传输系统的发送信号是 $s(t) = \sum_{n=-\infty}^{\infty} a_n g_T(t - nT_s)$。发送信号到达接收端时叠加了白高斯噪声 $n_w(t)$,成为 $r(t) = s(t) + n_w(t)$。$r(t)$ 通过冲激响应为 $g_R(t)$ 的接收滤波器,输出是 $y(t) = \sum_{n=-\infty}^{\infty} a_n x(t - nT_s) + n(t)$,其中 $x(t)$ 等于_____。

(A) $\int_{-\infty}^{\infty} g_T(t-u) g_R(u) du$ (B) $\int_{-\infty}^{\infty} g_T(t-u) g_R(u-t) du$

(C) $g_T(t) g_R(t)$ (D) $\int_{-\infty}^{\infty} g_T(u) g_R(t+u) du$

解:A。输出 $y(t)$ 为

$$y(t) = r(t) * g_R(t) = \left[\sum_{n=-\infty}^{\infty} a_n g_T(t - nT_s) + n_w(t)\right] * g_R(t)$$

$$= \sum_{n=-\infty}^{\infty} a_n g_T(t - nT_s) * g_R(t) + n_w(t) * g_R(t)$$

对比可知,$x(t) = g_T(t) * g_R(t)$,是系统的总体响应。

49. 设基带传输系统的总体冲激响应为 $x(t)$,接收端的采样时刻是 $kT_s + t_0$。记 $x_k = x(kT_s + t_0)$。当 x_k 满足下列中的_____时,采样点无 ISI。

(A) $x_k = \begin{cases} 1, & k=0 \\ 0, & k \neq 0 \end{cases}$ (B) $x_k = \begin{cases} 1, & k=0,1 \\ 0, & k \neq 0 \end{cases}$

(C) $x_k = \begin{cases} 1, & k \geq 0 \\ 0, & k < 0 \end{cases}$ (D) $x_k = \begin{cases} 1, & k=0 \\ -1, & k \neq 0 \end{cases}$

解:A

50. 设基带传输系统接收端的采样时刻是 kT_s。当该系统的总体冲激响应是下列中的_____时,采样点无 ISI。

(A) $\text{sinc}\left(\frac{t}{T_s}\right) + e^{-|t|} \cos\left(\frac{\pi t}{T_s}\right)$ (B) $\text{sinc}\left(\frac{t}{T_s}\right) \cdot e^{-|t|} \cos\left(\frac{\pi t}{T_s}\right)$

(C) $\text{sinc}\left(\frac{t}{2T_s}\right)$ (D) $\text{sinc}\left(\frac{t}{T_s}\right) + \text{sinc}\left(\frac{t}{2T_s}\right)$

解:B。验证无符号间干扰的时域条件:在 kT_s 时刻对系统的总体响应抽样,其结果只在 $k=0$ 时有值,在 $k \neq 0$ 时为零。(A)在 kT_s 时刻的抽样值等于 $(-1)^k e^{-|kT_s|}$;(C)在 kT_s 时刻的抽样值等于 $\text{sinc}\left(\frac{k}{2}\right)$;(D)在 kT_s 时刻的抽样值等于 $\text{sinc}(k) + \text{sinc}\left(\frac{k}{2}\right)$,均不满足前述条件。

51. 某基带传输系统的发送信号为 $s(t) = \sum_{n=-\infty}^{\infty} a_n g_T(t - nT_s)$,不考虑噪声,接收滤波器输出 $y(t) = \sum_{n=-\infty}^{\infty} a_n x(t - nT_s)$,接收端在 $t = kT_s$ 时刻采样得到 $y_k = y(kT_s)$。若 $x(t)$ 满足

$$x(mT_s) = \begin{cases} 1, & m=0,1 \\ 0, & \text{其他} \end{cases}, 则 y_k 等于 \underline{\qquad}。$$

(A) $a_k + a_{k-1}$ (B) a_k

(C) $a_k + a_{k+1}$ (D) $a_{k+1} + a_k + a_{k-1}$

解：A。$y_k = y(kT_s) = \sum_{n=-\infty}^{\infty} a_n x[(k-n)T_s]$，仅当 $k-n=0$ 和 1（即 $n=k$ 和 $k-1$）时，$x[(k-n)T_s]$ 有值且为 1，对应 a_k 和 a_{k-1} 两项，即 $y_k = a_k + a_{k-1}$。

52. 某基带 PAM 传输系统发送的幅度序列是 $\{a_n\}$，在无噪声情况下接收滤波器输出 $y(t) = \sum_{n=-\infty}^{\infty} a_n x(t - nT_s)$，接收端在 $t = kT_s$ 时刻采样。当 $x(t)$ 的傅氏变换 $X(f)$ 满足下列中的 \underline{\qquad} 时，该系统在采样点不存在 ISI。

(A) $\sum_{n=-\infty}^{\infty} X^n(f) = T_s$ (B) $\sum_{n=-\infty}^{\infty} X\left(f - \dfrac{n}{T_s}\right) = X(f)$

(C) $\sum_{n=-\infty}^{\infty} X\left(f - \dfrac{n}{T_s}\right) = T_s$ (D) $\sum_{n=-\infty}^{\infty} X\left(f - \dfrac{n}{T_s}\right) e^{-j2\pi nT_s} = T_s$

解：C。此为无符号间干扰传输的频域条件，也是奈奎斯特第一准则。

53. 如果基带传输系统的设计遵循奈奎斯特准则，则可以实现 \underline{\qquad}。

(A) 主瓣带宽最小 (B) 判决输出无差错

(C) 采样点信噪比最大 (D) 采样点无符号间干扰

解：D。

54. 若升余弦滚降数字基带传输系统的滚降因子是 α，则频带利用率是 \underline{\qquad} Baud/Hz。

(A) $\dfrac{2}{1+\alpha}$ (B) $\dfrac{1}{1+\alpha}$ (C) $\dfrac{1+\alpha}{2}$ (D) $1+\alpha$

解：A。假设符号速率为 R_s，若基带升余弦滚降系统的滚降因子是 α，其带宽为 $W = \dfrac{R_s}{2}(1+\alpha)$，频带利用率为 $\eta = \dfrac{R_s}{W} = \dfrac{2}{1+\alpha}$ Baud/Hz。

55. 某升余弦滚降数字基带传输系统的总体传递函数如图 5-1 所示，该系统的滚降系数是 \underline{\qquad}。

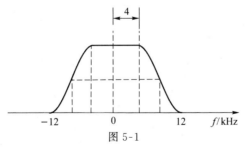

图 5-1

(A) 1 (B) 1/2 (C) 0 (D) 1/3

解：B。由图 5-1 可知，$(1-\alpha)W = 4$，$(1+\alpha)W = 12$，求得 $\alpha = 1/2$。

56. 某基带传输系统的总体冲激响应是 $x(t) = \text{sinc}(10t) \cdot \dfrac{\cos 10\pi t}{1 - 400t^2}$。对 $x(t)$ 按间隔

$T_s = 0.1$ s 进行等间隔采样,采样值为 $x_k = x\left(\dfrac{k}{10}\right) = $ _____。

(A) $\begin{cases} 1, & k=0,1 \\ 0, & \text{其他} \end{cases}$ \qquad (B) $\begin{cases} 1, & k=0 \\ 0, & \text{其他} \end{cases}$

(C) $\begin{cases} \dfrac{1}{2}, & k=0,1 \\ 0, & \text{其他} \end{cases}$ \qquad (D) $\begin{cases} 1, & k=0,\pm 1 \\ 0, & \text{其他} \end{cases}$

解:B。采样值 $x_k = x\left(\dfrac{k}{10}\right) = \text{sinc}(k) \cdot \dfrac{\cos(k\pi)}{1-4k^2}$。当 $k=0$ 时,$x_0 = \text{sinc}(0) \cdot \cos 0 = 1$;当 $k \neq 0$ 时,$\text{sinc}(k) = 0$,故 $x_k = 0$。

57. 某基带传输系统的总体冲激响应是 $x(t) = \text{sinc}(t) \cdot \dfrac{\cos \pi t}{1-4t^2}$。对 $x(t)$ 进行等间隔采样,第 k 个采样时刻为 $t_k = k + \dfrac{1}{2}$,采样值为 $x_k = x(t_k) = $ _____。

(A) $\begin{cases} 1, & k=0,1 \\ 0, & \text{其他} \end{cases}$ \qquad (B) $\begin{cases} 1, & k=0 \\ 0, & \text{其他} \end{cases}$

(C) $\begin{cases} \dfrac{1}{2}, & k=0,-1 \\ 0, & \text{其他} \end{cases}$ \qquad (D) $\begin{cases} 1, & k=0,\pm 1 \\ 0, & \text{其他} \end{cases}$

解:C。计算采样值 x_k:

$$x_k = x(t_k) = \text{sinc}\left(k+\dfrac{1}{2}\right) \cdot \dfrac{\cos\left[\pi\left(k+\dfrac{1}{2}\right)\right]}{1-4\left(k+\dfrac{1}{2}\right)^2} = -\dfrac{\sin\left[\pi\left(k+\dfrac{1}{2}\right)\right]}{\pi\left(k+\dfrac{1}{2}\right)} \cdot \dfrac{\cos\left[\pi\left(k+\dfrac{1}{2}\right)\right]}{4k(k+1)}$$

$$= -\dfrac{\sin[\pi(2k+1)]}{\pi(2k+1) \cdot 4k(k+1)}$$

当 $k=0$ 时:

$$x_k = -\dfrac{\sin[\pi(2k+1)]}{\pi(2k+1) \cdot 4k(k+1)} = \dfrac{\sin 2k\pi}{2k\pi} \cdot \dfrac{1}{2(2k+1)(k+1)} = \dfrac{\text{sinc}(2k)}{2(2k+1)(k+1)} = \dfrac{1}{2}$$

当 $k=-1$ 时:

$$x_k = -\dfrac{\sin[\pi(2k+1)]}{\pi(2k+1) \cdot 4k(k+1)} = \dfrac{\sin[2(k+1)\pi]}{2(k+1)\pi} \cdot \dfrac{1}{2k(2k+1)} = \dfrac{\text{sinc}(2k+2)}{2k(2k+1)} = \dfrac{1}{2}$$

当 k 取其他整数时,$x_k = 0$。

58. 若基带系统的总体传递函数如图 5-2 所示,则无 ISI 传输时的最高速率是 _____ kBaud。

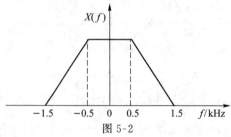

图 5-2

(A) 3   (B) 2   (C) 1   (D) 1.5

解：B。$\frac{R_s}{2} = \frac{0.5+1.5}{2} = 1$ kBaud，$R_s = 2$ kBaud。

59. 拟用二进制方式在基带信道中传送速率为 10 Mbit/s 的数据，最小奈奎斯特带宽是 _____ MHz。

(A) 5   (B) 10   (C) 20   (D) 15

解：A。最小奈奎斯特带宽为 $W = \frac{R_s}{2}$。二进制传输时，$R_s = R_b = 10$ MBaud，故 $W = 5$ MHz。

60. 拟用八进制方式在基带信道中传送速率为 60 Mbit/s 的数据，若采用升余弦滚降，滚降因子是 0.2，则所需的信道带宽是 _____ MHz。

(A) 6   (B) 8   (C) 10   (D) 12

解：D。符号速率为 $R_s = \frac{R_b}{\log_2 8} = \frac{60}{3} = 20$ MBaud，信道带宽为 $W = \frac{R_s}{2}(1+\alpha) = 12$ MHz。

61. 某二进制基带系统以独立等概方式发送 $a_n \in \{\pm 1\}$，比特间隔是 T，发送滤波器是 $G_T(f) = \sqrt{X(f)}$，其中 $X(f)$ 是升余弦频谱。该系统发送信号的功率谱密度是 _____。

(A) $\frac{1}{T}X(f)$ (B) $\frac{1}{T}|X(f)|^2$ (C) $\frac{1}{T}G_T(f)$ (D) $X(f)$

解：A。幅度序列独立且均值为 $m_a = 0$，方差为 $\sigma_a^2 = 1$。功率谱密度为 $P_s(f) = \frac{\sigma_a^2}{T_s}|G_T(f)|^2 = \frac{1}{T}X(f)$。

62. 理想限带信道下的最佳基带传输要求在抽样点上 _____。

(A) 无 ISI 且信噪比最大   (B) 无 ISI、无噪声
(C) 噪声功率小于 ISI 的功率   (D) 噪声功率等于 ISI 的功率

解：A。

63. 设数字基带传输系统的发送、接收滤波器分别是 $G_T(f)$、$G_R(f)$。下列设计中，_____ 能使系统在采样点无符号间干扰且具有最佳的抗噪声能力，其中的 $X(f)$ 是升余弦滚降频谱特性。

(A) $G_T(f) = G_R(f) = X^2(f)$ (B) $G_T(f) = G_R(f) = X(f)$
(C) $G_T(f) = G_R(f) = \sqrt{X(f)}$ (D) $G_T(f) = \sqrt{G_R(f)} = X(f)$

解：C。要满足采样时刻无符号间干扰，总体响应设计应符合奈奎斯特第一准则，可将其设计为升余弦滚降频谱，即 $G_T(f) \cdot G_R(f) = X(f)$；要具有最佳抗噪声能力，接收滤波器和发送滤波器应匹配设计，即 $G_R(f) = G_T^*(f)$，联立二式可得 $G_R(f) = G_T(f) = \sqrt{X(f)}$。

64. 接收端通过观察测量眼图不能获得的信息是 _____。

(A) 发送数据是否经过了差分编码   (B) 信道是否引起了符号间干扰
(C) PAM 信号是否采用了多电平   (D) 接收信号是否有明显的噪声

解：A。

65. 眼图张开的大小反映 _____。

(A) ISI 的强弱   (B) 频带利用率的高低

(C) 数据速率的大小   (D) 信号功率的大小

解：A。

66. 眼图的观测点通常在_____之后。
(A) 采样   (B) 发送滤波器
(C) 判决   (D) 接收滤波器

解：D。眼图用于观察符号间干扰和加性噪声对接收基带信号波形的影响,以估计系统性能,其观测点通常在接收滤波器之后。

67. 部分响应系统通过采用_____引入了受控的符号间干扰。
(A) 差分编码   (B) 相关编码
(C) 升余弦滚降   (D) 时域均衡

解：B。

68. 下列中,_____是第一类部分响应系统的总体冲激响应。
(A) $\mathrm{sinc}^2\left(\dfrac{t}{T_\mathrm{b}}\right)$ (B) $\mathrm{sinc}\left(\dfrac{t}{T_\mathrm{b}}\right)$
(C) $\mathrm{sinc}\left(\dfrac{t}{T_\mathrm{b}}\right)\cdot\mathrm{sinc}\left(\dfrac{t}{T_\mathrm{b}}-1\right)$ (D) $\mathrm{sinc}\left(\dfrac{t}{T_\mathrm{b}}\right)+\mathrm{sinc}\left(\dfrac{t}{T_\mathrm{b}}-1\right)$

解：D。

69. _____技术的基本思想是:在既定的信息传输速率下,采用相关编码的方法,在前、后符号之间注入相关性,用来改变信号的频谱特性,以达到提高系统频带利用率的目的。
(A) 信道均衡   (B) 部分响应
(C) 匹配滤波   (D) 升余弦滚降

解：B。

70. 在数字基带传输系统中采用部分响应技术可实现的频带利用率 η 满足_____。
(A) $\eta=2$ Baud/Hz   (B) $\eta>2$ Baud/Hz
(C) $\eta<2$ Baud/Hz   (D) $2\eta=1$ Baud/Hz

解：A。部分响应技术利用相关编码在前、后符号之间引入相关性以改变信号的频谱特性,达到压缩频谱、提高频带利用率的目的。在引入受控符号间干扰后,其频带利用率可达到 $\eta=2$ Baud/Hz 的理论上限。

71. _____技术的基本思想是:在接收端增加一个装置来补偿信道特性的不完善,从而减少接收端在采样时刻的符号间干扰。
(A) 信道均衡   (B) 部分响应
(C) 匹配滤波   (D) 升余弦滚降

解：A。

72. 设数据速率为 3 000 bit/s,已调信号 $s(t)=\mathrm{Re}\{s_L(t)\mathrm{e}^{\mathrm{j}2\pi f_c t}\}$,其复包络 $s_L(t)=\sum\limits_{n=-\infty}^{\infty}a_n g_T(t-nT_s)$,其中序列 $\{a_n\}$ 中的元素以独立等概方式取值于 $\{1,\mathrm{e}^{\mathrm{j}\frac{\pi}{4}},\mathrm{j},\mathrm{e}^{\mathrm{j}\frac{3\pi}{4}},-1,\mathrm{e}^{\mathrm{j}\frac{5\pi}{4}},-\mathrm{j},\mathrm{e}^{\mathrm{j}\frac{7\pi}{4}}\}$,$g_T(t)$ 是宽度为 T_s 的矩形脉冲。$s(t)$ 按主瓣带宽计算的频带利用率是_____bit/s/Hz。
(A) 0.75   (B) 1   (C) 1.5   (D) 2

解：C。序列 $\{a_n\}$ 的八种可能取值是均匀分布在复平面中单位圆上的八个点,故该系统采用的是 8PSK 调制。符号速率为 $R_s = \dfrac{R_b}{\log_2 8} = \dfrac{3\,000}{3} = 1\,000$ Baud,采用不归零矩形脉冲成形时,主瓣带宽为 $W = 2R_s = 2\,000$ Hz,频带利用率为 $\eta = \dfrac{R_b}{W} = \dfrac{3\,000}{2\,000} = 1.5$ bit/s/Hz。

73. 数据速率为 100 kbit/s 的单极性不归零码,其主瓣带宽是_____kHz。

解：100。不归零码的主瓣带宽为 $W = R_b = 100$ kbit/s。

74. 若双极性 NRZ 码的数据速率为 20 kbit/s,则其主瓣带宽是_____kHz。

解：20。

75. 若半占空双极性 RZ 码的数据速率为 20 kbit/s,则其主瓣带宽是_____kHz。

解：40。归零码的主瓣带宽为 $W = R_b/\rho$,其中 ρ 是占空比。半占空时,$\rho = 0.5$,故 $W = 2R_b = 40$ kHz。

76. 某 4 进制 PAM 信号的带宽是 100 Hz,符号速率是 100 Baud,则频谱效率是_____bit/s/Hz。

解：2。数据速率是 $R_b = \log_2 4 \cdot R_s = 200$ bit/s,频谱效率是 $\eta = R_b/W = 2$ bit/s/Hz。

77. 某 M 进制 PAM 系统的带宽是 2 000 Hz,频带利用率是 1.5 Baud/Hz,数据速率是 15 kbit/s,其进制数 M 是_____。

解：32。符号速率为 $R_s = \eta W = 1.5 \times 2 = 3$ kBaud,每个符号包含 $k = \dfrac{R_b}{R_s} = \dfrac{15}{3} = 5$ 个比特,故系统的进制数为 $M = 2^k = 32$。

78. 某 16 进制数字基带传输系统的数据速率为 2 000 bit/s,其符号速率为_____kBaud。

解：0.5。每个符号包含 $k = \log_2 16 = 4$ 个比特,符号速率为 $R_s = \dfrac{R_b}{k} = \dfrac{2}{4} = 0.5$ kBaud。

79. 某 8 进制数字通信系统的符号速率是 1 500 Baud,其比特速率是_____bit/s。

解：4 500。每个符号包含 $k = \log_2 8 = 3$ 个比特,比特速率为 $R_b = k \cdot R_s = 1500 \times 3 = 4\,500$ bit/s。

80. 设单极性归零码的比特速率是 1 kbit/s,占空比为 50%,发送数据"1"时的幅度是 2 V,发送数据"0"时的幅度为 0 V,"1"出现的概率是 0.5,则平均比特能量是_____mJ。

解：1。比特速率是 1 kbit/s,每比特持续时间为 1 ms。发送数据"1"时,2 V 电平的持续时间为 $1 \times 50\% = 0.5$ ms,每比特能量为 $2^2 \times 0.5 = 2$ mJ;发送数据"0"时,每比特能量为 0 mJ。"0"和"1"等概,故平均比特能量为 1 mJ。

81. 设单极性不归零码发送数据"1"时的幅度是 2 V,发送数据"0"时的幅度为 0 V。若"1"出现的概率是 0.5,则平均功率是_____W。

解：2。发送数据"1"时的功率为 $2^2 = 4$ W,发送数据"0"时的功率为 0 W。"0"和"1"等概,平均功率为 2 W。

82. 设有 PAM 信号 $s(t) = \sum\limits_{n=-\infty}^{\infty} a_n \cdot \text{sinc}(10t - n)$,其中 a_n 以独立等概方式取值于 $\{\pm 1\}$,则 $s(t)$ 的带宽是_____Hz。

解: 5。$s(t) = \sum_{n=-\infty}^{\infty} a_n \cdot \text{sinc}(10t - n) = \sum_{n=-\infty}^{\infty} a_n \delta\left(t - \frac{n}{10}\right) * \text{sinc}(10t)$ 可看作幅度序列为 $\{a_n\}$、脉冲成形波形为 $g(t) = \text{sinc}(10t)$ 的 PAM 信号。a_n 独立时，$s(t)$ 的功率谱形状正比于 $|G(f)|^2 = \text{rect}^2\left(\frac{f}{10}\right)$，其带宽为 5 Hz。

83. 设四进制基带传输系统的信道带宽是 10 kHz，按照奈奎斯特极限，该系统无 ISI 传输时的最高速率是 _____ kbit/s。

解: 40。按照奈奎斯特极限，系统无 ISI 传输时的最高符号速率为 $R_s = 2W = 20$ kBaud，该四进制系统的最高数据速率为 $R_b = \log_2 4 \cdot R_s = 40$ kbit/s。

84. 基带传输系统无 ISI 传输时的最高频带利用率是 _____ Baud/Hz。

解: 2。

85. 某升余弦滚降数字基带传输系统的总体传递函数如图 5-3 所示，该系统无 ISI 传输时的最高速率是 _____ kBaud。

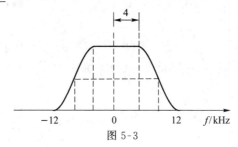

图 5-3

解: 16。该升余弦滚降数字基带传输系统的带宽为 12 kHz，其传递函数的过渡带位于频率范围 $[4,12]$ kHz 内，过渡带的中间频率 8 kHz，从数值上等于其无 ISI 传输时速率的一半，即 $\frac{R_s}{2} = 8$，可得 $R_s = 16$ kBaud。

86. 在高信噪比条件下，采用格雷映射的 M 进制调制的误符号率是误比特率的 _____ 倍。

解: $\log_2 M$。在高信噪比条件下，发生判决错误的传输符号大概率是被错判为发送符号在星座图上的相邻符号，采用格雷映射时，二者只有 1 比特区别，即错 1 个符号可近似认为错 1 比特。计算误比特率时，错误数量不变，总比特数是总符号数的 $\log_2 M$ 倍，故误比特率是误符号率的 $1/\log_2 M$。

87. 设基带传输系统的发送滤波器、信道和接收滤波器的总传输特性 $H(f)$ 如图 5-4 所示，其中 $f_1 = 1$ MHz，$f_2 = 3$ MHz。试确定该系统无符号间干扰传输时的最高码元速率和频带利用率。

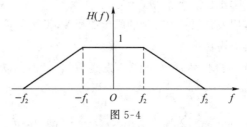

图 5-4

解：该系统无 ISI 传输时的最高速率是 $R_s = f_1 + f_2 = 4$ MBaud，对应的频带利用率是 $\dfrac{R_s}{f_2} = \dfrac{4}{3}$ Baud/Hz。

88. 2PAM 系统在 $[0, T_b]$ 内等概发送 $s_1(t) = g(t) = \begin{cases} \sqrt{\dfrac{2}{T_b}}, & 0 \leqslant t \leqslant T_b \\ 0, & \text{其他} \end{cases}$ 或 $s_2(t) = -g(t)$，发送信号叠加了双边功率谱密度为 $N_0/2$ 的加性白高斯噪声，接收信号通过一个对 $g(t)$ 匹配的匹配滤波器，然后在 t_0 时刻采样后进行判决，如图 5-5 所示。

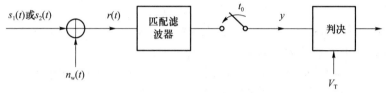

图 5-5

(1) 写出匹配滤波器的冲激响应、最佳采样时刻。
(2) 求出在发送 $s_1(t)$ 的条件下，样值 y 的均值、方差、概率密度函数。
(3) 写出判决门限。
(4) 求出平均判决错误概率。

解：(1) 匹配滤波器的冲激响应为 $h(t) = g(T_b - t)$，最佳采样时刻为 $t_0 = T_b$。

(2) 在发送 $s_1(t)$ 的条件下，匹配滤波器的输出信号为

$$y(t) = r(t) * h(t) = \int_{-\infty}^{\infty} [s_1(\tau) + n_w(\tau)] \cdot h(t - \tau) d\tau = \int_{-\infty}^{\infty} [g(\tau) + n_w(\tau)] \cdot g(T_b - t + \tau) d\tau$$

最佳采样时刻 T_b 采到的样值为

$$y = y(T_b) = \int_{-\infty}^{\infty} g^2(\tau) d\tau + \int_{-\infty}^{\infty} n_w(\tau) \cdot g(\tau) d\tau$$

上式第二个等号右边的第一个积分是有用信号分量，等于 $g(t)$ 的能量 $E_g = \int_0^{T_b} g^2(t) dt = 2$；第二个积分是噪声分量 $z = \int_{-\infty}^{\infty} n_w(\tau) \cdot g(\tau) d\tau$，服从均值为 0、方差为 $\dfrac{N_0}{2} E_g = N_0$ 的高斯分布。故样值 y 的均值为 2，方差为 N_0，概率密度函数为

$$p_1(y) = \dfrac{1}{\sqrt{2\pi N_0}} e^{-\dfrac{(y-2)^2}{2N_0}}$$

(3) 同理可知，在发送 $s_2(t)$ 的条件下，y 服从均值为 -2、方差为 N_0 的高斯分布：

$$p_2(y) = \dfrac{1}{\sqrt{2\pi N_0}} e^{-\dfrac{(y+2)^2}{2N_0}}$$

$s_1(t)$ 和 $s_2(t)$ 等概发送时，最佳判决门限是 $p_1(y)$ 和 $p_2(y)$ 的交点：

$$V_T = 0$$

(4) 在发送 $s_1(t)$ 的条件下，$y = 2 + Z < 0$ 则判决出错，其概率是

$$P(Z < -2) = P(Z > 2) = \dfrac{1}{2} \mathrm{erfc}\left(\sqrt{\dfrac{2}{N_0}}\right)$$

在发送 $s_2(t)$ 的条件下，$y = -2 + Z > 0$ 则判决出错，其概率是

$$P(Z>2)=\frac{1}{2}\operatorname{erfc}\left(\sqrt{\frac{2}{N_0}}\right)$$

故平均误比特率是 $P_b=\frac{1}{2}\operatorname{erfc}\left(\sqrt{\frac{E_b}{N_0}}\right)=\frac{1}{2}\operatorname{erfc}\left(\sqrt{\frac{2}{N_0}}\right)$。

89. 某 $M=32$ 进制的基带 PAM 系统的比特速率是 5 000 bit/s，该系统采用了滚降系数为 0.5 的升余弦滚降，求所需的信道带宽。

解：符号速率是 1 000 Baud，奈奎斯特极限带宽是 500 Hz，考虑滚降后所需的信道带宽是 750 Hz。

90. 考虑图 5-6(a)所示的系统，$s_i(t)(i=1,2)$ 在区间 $[0,T_b]$ 内等概取 $+g(t)$ 或 $-g(t)$，$g(t)$ 的波形如图 5-6(b)所示。$n_w(t)$ 是功率谱密度为 $N_0/2$ 的加性白高斯噪声。

(1) 画出匹配滤波器的冲激响应。
(2) 求发送 $s_1(t)$ 时，匹配滤波器最佳采样时刻输出的样值 y 的均值、方差。
(3) 求发送 $s_1(t)$ 时，判决出现错误的概率。

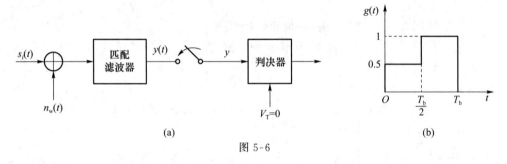

图 5-6

解：(1) 匹配滤波器的冲激响应为 $g(T_b-t)$，如图 5-7 所示。

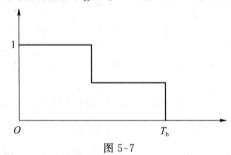

图 5-7

(2) 发送 $s_1(t)$ 时，匹配滤波器最佳采样时刻输出的样值 y 中，其有用信号分量等于 $g(t)$ 的能量 $\int_0^{T_b} g^2(t)\mathrm{d}t=\frac{5T_b}{8}$，噪声分量为 $z=\int_{-\infty}^{\infty} n_w(\tau)\cdot g(\tau)\mathrm{d}\tau$，服从均值为 0、方差为 $\frac{N_0}{2}E_g=\frac{5N_0T_b}{16}$ 的高斯分布，故 y 是高斯分布的随机变量，其均值、方差分别是 $\frac{5T_b}{8}$、$\frac{5N_0T_b}{16}$。

(3) 同理可知，发送 $s_2(t)$ 时，y 服从均值为 $-\frac{5T_b}{8}$、方差为 $\frac{5N_0T_b}{16}$ 的高斯分布，根据对称性可知最佳判决门限是 $V_T=0$。发送 $s_1(t)$ 时，$y=\frac{5}{8}T_b+Z<0$ 则判决出错，判决出现错误的概率是 $P\left(Z<-\frac{5}{8}T_b\right)=P\left(Z>\frac{5}{8}T_b\right)=\frac{1}{2}\operatorname{erfc}\left(\sqrt{\frac{5T_b}{8N_0}}\right)$。

91. 某PAM基带传输系统在不考虑噪声的情况下,接收滤波器的输出信号是 $y(t) = \sum_{n=0}^{\infty} a_n x(t-nT_s)$,其中 $a_0, a_1, a_2, \cdots$ 是PAM的幅度序列。已知码元间隔为 $T_s = 0.5$,系统的总体冲激响应为 $x(t) = \text{sinc}(t)\dfrac{\cos \pi t}{1-4t^2}$。令 $y_m = y(mT_s), x_m = x(mT_s)$。写出 $x_{-2}, x_{-1}, x_0, x_1, x_2$ 的数值以及 y_0, y_1, y_2 的表达式。

解:$x_0 = 1, x_{\pm 1} = \dfrac{1}{2}, x_{\pm 2} = 0$。采样值的表达式为 $y_m = \sum_{n=0}^{\infty} a_n x_{m-n}$,$y_0 = a_0 + \dfrac{1}{2}a_1$,$y_1 = a_1 + \dfrac{a_0 + a_2}{2}, y_2 = a_2 + \dfrac{a_1 + a_3}{2}$。

92. 某八进制数字通信系统的符号速率是 2 400 Baud,求其信息速率 R_b、比特间隔 T_b。

解:符号速率是 2 400 Baud,说明每秒钟传送的符号个数是 2 400。每个八进制符号携带 $\log_2 8 = 3$ 个信息比特,因此每秒钟传送的比特个数是 $3 \times 2\,400 = 7\,200$,即信息速率是 $R_b = 7\,200$ bit/s $= 7.2$ kbit/s。平均每 $\dfrac{1}{7\,200}$ s 传送一个比特,比特间隔是 $T_b = \dfrac{1}{7\,200}$s $= \dfrac{5}{36}$ ms。

93. 已知信息代码为 11100101,写出差分编码后的相对码序列,并画出相应的差分单极性 NRZ 码的波形。

解:差分编码器的输出 d_n 与输入 b_n 的关系是 $d_n = b_n \oplus d_{n-1}$。若输入 b_n 是 0,则 $d_n = d_{n-1}$,即与前一比特相比不发生变化;若输入 b_n 是 1,则 $d_n = 1 \oplus d_{n-1} = \overline{d_{n-1}}$,是前一输出比特取反。不妨假设序列 $\{d_n\}$ 的初始值是 $d_{-1} = 1$,则根据输入序列 11100101 可以写出输出序列 101000110。差分编码后的单极性 NRZ 码的波形如图 5-8 所示。

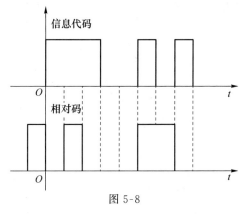

图 5-8

94. 设有双极性 NRZ 信号 $s_1(t) = \sum_{n=-\infty}^{\infty} a_n g(t-nT_s), s_2(t) = \sum_{n=-\infty}^{\infty} b_n g(t-nT_s)$,其中 $g(t)$ 是持续时间为 T_s、能量为 1 的矩形脉冲,序列 $\{a_n\}$ 的元素以独立等概方式取值于 $\{\pm 1\}$,序列 $\{b_n\}$ 的元素以独立等概方式取值于 $\{\pm 2\}$。令 $s(t) = s_1(t) + s_2(t)$。

(1) 求 $s_1(t), s_2(t)$ 的功率谱密度。

(2) 若 $\{a_n\}$ 与 $\{b_n\}$ 相互独立,求 $s(t)$ 的功率谱密度。

(3) 若对于所有 n,恒有 $b_n = -2a_n$,求 $s(t)$ 的功率谱密度。

(4) 若对于所有 n,恒有 $E[a_n b_n] = -1$,求 $s(t)$ 的功率谱密度。

解:矩形脉冲 $g(t)$ 的能量谱密度为 $|G(f)|^2 = T_s \cdot \text{sinc}^2(fT_s)$。

(1) a_n 的均值为零,方差为 1,$s_1(t)$ 的功率谱密度是 $\frac{1}{T_s}|G(f)|^2 = \mathrm{sinc}^2(fT_s)$;$b_n$ 的均值为零,方差为 4,$s_2(t)$ 的功率谱密度是 $\frac{4}{T_s}|G(f)|^2 = 4\mathrm{sinc}^2(fT_s)$。

(2) $\{a_n\}$ 与 $\{b_n\}$ 相互独立时,$s(t)$ 的功率谱密度是 $s_1(t)$、$s_2(t)$ 的功率谱密度之和,为 $5\mathrm{sinc}^2(fT_s)$。

(3) $b_n = -2a_n$ 时,$s(t) = s_1(t) + s_2(t) = -s_1(t)$,其功率谱密度等于 $s_1(t)$ 的功率谱密度,为 $\mathrm{sinc}^2(fT_s)$。

(4) 令 $c_n = a_n + b_n$,则 $s(t) = \sum_{n=-\infty}^{\infty} c_n g(t - nT_s)$,$\{c_n\}$ 是零均值不相关序列,方差是 $E[c_n^2] = E[(a_n + b_n)^2] = E[a_n^2] + E[b_n^2] + 2E[a_n b_n] = 1 + 4 - 2 = 3$,$s(t)$ 的功率谱密度为 $\frac{\sigma_c^2}{T_s}|G(f)|^2 = 3\mathrm{sinc}^2(fT_s)$。

95. 独立等概随机二进制序列的"0""1"分别由波形 $s_1(t)$ 及 $s_2(t)$ 表示,已知比特间隔为 T_b。

(1) 若 $s_1(t)$ 如图 5-9(a)所示,$s_2(t) = -s_1(t)$,求此数字信号 $s(t)$ 的功率谱密度,并画出图形。

(2) 若 $s_1(t)$ 如图 5-9(b)所示,$s_2(t) = 0$,求此数字信号 $s(t)$ 的功率谱密度,并画出图形。

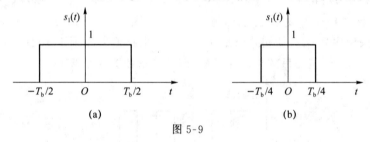

图 5-9

解: 方法一:(1) 此时该数字信号是双极性 NRZ 码,信号表达式为

$$s(t) = \sum_{n=-\infty}^{\infty} a_n g(t - nT_b)$$

其中序列 $\{a_n\}$ 以独立等概方式取值于 $\{\pm 1\}$,$m_a = E[a_n] = 0$,$\sigma_a^2 = E[a^2] = 1$;$g(t) = s_1(t)$,其傅氏变换是

$$G(f) = T_b \mathrm{sinc}(fT_b)$$

所以 $s(t)$ 的功率谱密度为

$$P_s(f) = \frac{\sigma_a^2}{T_b}|G(f)|^2 = T_b \mathrm{sinc}^2(fT_b)$$

功率谱密度图为图 5-10。

(2) 此时是单极性 RZ 码,信号表达式为

$$s(t) = \sum_{n=-\infty}^{\infty} a_n g(t - nT_b)$$

其中序列 $\{a_n\}$ 以独立等概方式取值于 $\{0,1\}$。$g(t) = s_1(t)$,其傅氏变换是

$$G(f) = \frac{T_b}{2}\mathrm{sinc}\left(f\frac{T_b}{2}\right)$$

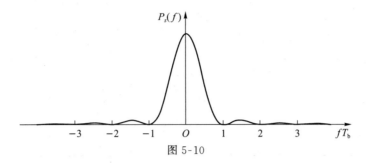

图 5-10

由于 $a_n = \frac{1}{2}b_n + \frac{1}{2}$,其中 b_n 以独立等概方式取值于 $\{\pm 1\}$,所以

$$s(t) = \frac{1}{2}\sum_{n=-\infty}^{\infty} b_n g(t-nT_b) + \frac{1}{2}\sum_{n=-\infty}^{\infty} g(t-nT_b)$$

其中第一项 $u(t) = \frac{1}{2}\sum_{n=-\infty}^{\infty} b_n g(t-nT_b)$ 是双极性 PAM,其功率谱密度是

$$P_u(f) = \frac{|G(f)|^2}{4T_b} = \frac{T_b}{16}\text{sinc}^2\left(f\frac{T_b}{2}\right)$$

第二项 $v(t) = \frac{1}{2}\sum_{n=-\infty}^{\infty} g(t-nT_b)$ 是周期信号,可展开成傅氏级数:

$$v(t) = \frac{1}{2}\sum_{n=-\infty}^{\infty} g(t-nT_b) = \sum_{m=-\infty}^{\infty} c_m e^{j2\pi\frac{m}{T_b}t}$$

其中

$$c_m = \frac{1}{T_b}\int_{-T_b/2}^{T_b/2}\frac{1}{2}\sum_{n=-\infty}^{\infty} g(t-nT_b)e^{-j2\pi\frac{m}{T_b}t}dt = \frac{1}{2T_b}\int_{-T_b/2}^{T_b/2} g(t)e^{-j2\pi\frac{m}{T_b}t}dt = \frac{1}{2T_b}G\left(\frac{m}{T_b}\right)$$

将 $G(f) = \frac{T_b}{2}\text{sinc}\left(f\frac{T_b}{2}\right)$ 代入上式可得

$$c_m = \frac{\sin\left(\pi\frac{m}{T_b}\times\frac{T_b}{2}\right)}{4\left(\pi\frac{m}{T_b}\times\frac{T_b}{2}\right)} = \begin{cases} \pm\frac{1}{2m\pi}, & m = \pm 1, \pm 3, \cdots \\ \frac{1}{4}, & m = 0 \\ 0, & \text{其他} \end{cases}$$

所以 $v(t) = \frac{1}{2}\sum_{n=-\infty}^{\infty} g(t-nT_b)$ 的功率谱密度是

$$P_v(f) = \sum_{n=-\infty}^{\infty} |c_n|^2 \delta\left(f - \frac{n}{T_b}\right)$$

$$= \frac{1}{16}\delta(f) + \frac{1}{4\pi^2}\sum_{k=-\infty}^{\infty}\frac{1}{(2k-1)^2}\delta\left(f - \frac{2k-1}{T_b}\right)$$

于是 $s(t)$ 的功率谱密度为

$$P_s(f) = \frac{T_b}{16}\text{sinc}^2\left(f\frac{T_b}{2}\right) + \frac{1}{16}\delta(f) + \frac{1}{4\pi^2}\sum_{k=-\infty}^{\infty}\frac{1}{(2k-1)^2}\delta\left(f - \frac{2k-1}{T_b}\right)$$

功率谱密度图为图 5-11。

方法二:本题还可套用公式

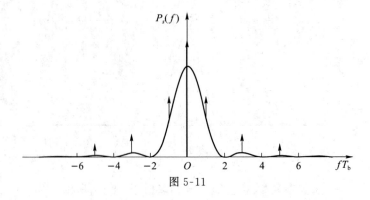

图 5-11

$$P_s(f) = \frac{1}{T_b} P_a(f) |G_T(f)|^2$$

其中 $P_a(f)$ 是序列 $R_a(m)$ 的离散时间傅氏变换(时域离散,但频域连续,注意和 DFT 的差别), $G_T(f) = G(f)$ 是发送脉冲 $g(t)$ 的连续时间傅氏变换。对于独立平稳序列 $\{a_n\}$,我们有下式:

$$R_a(m) = m_a^2 + \sigma_a^2 \delta(m)$$

其中 $m_a = E[a_n], \sigma_a^2 = E[(a_n - m_a)^2] = E[a_n^2] - m_a^2, \delta(m)$ 是离散时间的冲激函数。对上式两边作傅氏变换,$\delta(m)$ 的傅氏变换是 1,常值序列 $\{m_a^2\}$ 的傅氏变换是 $\frac{m_a^2}{T_b} \sum_m \delta\left(f - \frac{m}{T_b}\right)$,所以有

$$P_a(f) = \sigma_a^2 + \frac{m_a^2}{T_b} \sum_m \delta\left(f - \frac{m}{T_b}\right)$$

(1) 此时 $\{a_n\}$ 是取值于 $\{\pm 1\}$ 的独立等概序列,$m_a = 0, \sigma_a^2 = 1, P_a(f) = 1, G_T(f) = T_b \text{sinc}(fT_b)$,所以

$$P_s(f) = \frac{1}{T_b} P_a(f) |G(f)|^2 = T_b \text{sinc}^2(fT_b)$$

(2) 此时 $\{a_n\}$ 是取值于 $\{0,1\}$ 的独立等概序列,$m_a = \frac{1}{2}, \sigma_a^2 = \frac{1}{4}, P_a(f) = \frac{1}{4} + \frac{1}{4T_b} \sum_m \delta\left(f - \frac{m}{T_b}\right), G(f) = \frac{T_b}{2} \text{sinc}\left(f \frac{T_b}{2}\right)$,所以

$$P_s(f) = \frac{1}{T_b} P_a(f) |G_T(f)|^2$$

$$= \frac{1}{4T_b} \left[1 + \frac{1}{T_b} \sum_m \delta\left(f - \frac{m}{T_b}\right)\right] \times \frac{T_b^2}{4} \text{sinc}^2\left(\frac{fT_b}{2}\right)$$

$$= \frac{1}{16} \left\{T_b \text{sinc}^2\left(\frac{fT_b}{2}\right) + \sum_m \text{sinc}^2\left(\frac{m}{2}\right) \delta\left(f - \frac{m}{T_b}\right)\right\}$$

$$= \frac{T_b \text{sinc}^2\left(\frac{fT_b}{2}\right)}{16} + \frac{\delta(f)}{16} + \frac{\delta\left(f \pm \frac{1}{T_b}\right)}{4\pi^2} + \frac{\delta\left(f \pm \frac{3}{T_b}\right)}{36\pi^2} + \frac{\delta\left(f \pm \frac{5}{T_b}\right)}{100\pi^2} + \cdots$$

96. 假设信息比特 1、0 以独立等概方式出现,求数字分相码的功率谱密度。

解:方法一:数字分相码可以等价地看成如下一种二进制 PAM 信号

$$s(t) = \sum_{n=-\infty}^{\infty} a_n g(t - nT_b)$$

其中序列$\{a_n\}$把原始信息序列映射到± 1,$g(t)$如图 5-12 所示。

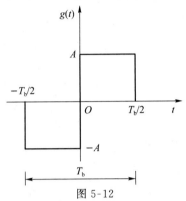

图 5-12

$g(t)$的傅氏变换是

$$G(f) = -\frac{AT_b}{2}\mathrm{sinc}\left(f\frac{T_b}{2}\right)e^{j2\pi f \frac{T_b}{4}} + \frac{AT_b}{2}\mathrm{sinc}\left(f\frac{T_b}{2}\right)e^{-j2\pi f \frac{T_b}{4}}$$

$$= -jAT_b \sin\frac{\pi f T_b}{2}\mathrm{sinc}\left(\frac{fT_b}{2}\right)$$

由于序列$\{a_n\}$的均值为 0,方差是$\sigma_a^2 = E[a^2] = 1$,所以

$$P_s(f) = \frac{\sigma_a^2}{T_b}|G(f)|^2 = A^2 T_b \sin^2\left(\frac{\pi f T_b}{2}\right)\mathrm{sinc}^2\left(\frac{fT_b}{2}\right)$$

方法二:假设二进制 1 映射为 1,0 映射为 -1。记信息码序列为$\{a_n\}$,$a_n \in \{\pm 1\}$,数字分相码的编码结果为$\{b_k\}$,$b_k \in \{\pm 1\}$,$\{a_n\}$中的第 n 个 a_n 对应$\{b_k\}$中的b_{2n}、b_{2n+1}。则数字分相码波形可以写成

$$s(t) = \sum_{-\infty}^{\infty} b_k g(t - kT_s)$$

其中$T_s = \frac{T_b}{2}$,$g(t) = \begin{cases} A, & 0 \leqslant t < T_s \\ 0, & \text{其他} \end{cases}$。按照数字分相码的编码规则,有如下关系:

$$\begin{cases} b_{2n} = a_n \\ b_{2n+1} = -a_n \end{cases}$$

于是

$$s(t) = \sum_{k=-\infty}^{\infty} b_k g(t - kT_s)$$

$$= \sum_{\substack{k=-\infty \\ k \text{ is even}}}^{\infty} b_k g(t - kT_s) + \sum_{\substack{k=-\infty \\ k \text{ is odd}}}^{\infty} b_k g(t - kT_s)$$

$$= \sum_{n=-\infty}^{\infty} a_n g(t - 2nT_s) - \sum_{n=-\infty}^{\infty} a_n g(t - 2nT_s - T_s)$$

令 $u(t) = \sum_{n=-\infty}^{\infty} a_n g(t - 2nT_s)$，则

$$s(t) = u(t) - u(t - T_s)$$

所以

$$\begin{aligned}P_s(f) &= P_u(f) |1 - e^{j2\pi fT_s}|^2 \\ &= P_u(f) |e^{j\pi fT_s}(e^{-j\pi fT_s} - e^{j\pi fT_s})|^2 \\ &= 4 P_u(f) \sin^2\left(\frac{\pi f T_b}{2}\right)\end{aligned}$$

而 $u(t)$ 是速率为 $\frac{1}{2T_s} = \frac{1}{T_b}$ 的双极性 RZ 码，所以

$$P_u(f) = \frac{1}{T_b} |G(f)|^2 = \frac{A^2 T_b}{4} \text{sinc}^2\left(\frac{fT_b}{2}\right)$$

于是

$$P_s(f) = A^2 T_b \text{sinc}^2\left(\frac{fT_b}{2}\right) \sin^2\left(\frac{\pi f T_b}{2}\right)$$

方法三：假设二进制 1 映射为 1,0 映射为 -1。记信息码序列为 $\{a_n\}$，$a_n \in \{\pm 1\}$，编码结果为 $\{b_k\}$，$b_k \in \{\pm 1\}$，$\{a_n\}$ 中的第 n 个 a_n 对应 $\{b_k\}$ 中的 b_{2n}、b_{2n+1}。则数字分相码波形可以写成

$$s(t) = \sum_{-\infty}^{\infty} b_k g(t - kT_s)$$

其中 $T_s = \frac{T_b}{2}$，$g(t) = \begin{cases} A, & 0 \leqslant t < T_s \\ 0, & \text{其他} \end{cases}$。按照数字分相码的编码规则，有如下关系：

$$\begin{cases} b_{2n} = a_n \\ b_{2n+1} = -a_n \end{cases}$$

$\{b_k\}$ 的自相关函数为

$$R_b(i, i+m) = E[b_i b_{i+m}]$$

若 i 为偶数，即若 $i = 2n$，则有

$$R_b(2n, 2n+m) = E[a_n b_{2n+m}] = \begin{cases} 1, & m = 0 \\ -1, & m = 1 \\ 0, & \text{其他} \end{cases}$$

若 i 为奇数，即若 $i = 2n+1$，则有

$$R_b(2n+1, 2n+1+m) = E[-a_n b_{2n+1+m}] = \begin{cases} 1, & m = 0 \\ -1, & m = -1 \\ 0, & \text{其他} \end{cases}$$

由此可见序列 $\{b_k\}$ 是非平稳的，是周期为 2 的循环平稳。求其平均自相关函数得

$$\overline{R_b}(m) = \frac{1}{2}[R_b(2n, 2n+m) + R_b(2n+1, 2n+1+m)] = \begin{cases} 1, & m=0 \\ -\frac{1}{2}, & m=\pm 1 \\ 0, & \text{其他} \end{cases}$$

求其离散时间傅氏变换：

$$P_b(f) = \sum_{m=-\infty}^{\infty} R_b(m) e^{-j2\pi f m T_s}$$

$$= 1 - \frac{1}{2} e^{j\pi f T_b} - \frac{1}{2} e^{-j\pi f T_b}$$

$$= 1 - \cos \pi f T_b$$

$$= 2\sin^2\left(\frac{\pi f T_b}{2}\right)$$

于是

$$P_s(f) = \frac{1}{T_s} P_b(f) |G(f)|^2$$

$$= \frac{1}{T_b/2} \times 2\sin^2\left(\frac{\pi f T_b}{2}\right) \times \left|\frac{AT_b}{2} \text{sinc}\left(\frac{fT_b}{2}\right)\right|^2$$

$$= A^2 T_b \sin^2\left(\frac{\pi f T_b}{2}\right) \text{sinc}^2\left(\frac{fT_b}{2}\right)$$

97. 设有 PAM 信号 $s(t) = \sum_{n=-\infty}^{\infty} a_n \delta(t-nT)$，其中幅度序列 $\{a_n\}$ 的元素是独立同分布的标准正态随机变量。

(1) 求序列 $\{a_n\}$ 的自相关函数 $R_a(m) = E[a_{n+m} a_n]$。

(2) 求 $s(t)$ 的自相关函数 $R_s(t+\tau, t) = E[s(t+\tau)s(t)]$、平均自相关函数 $\overline{R_s}(\tau) = \overline{[R_s(t+\tau,t)]}$、功率谱密度。

解：(1) 当 $m=0$ 时，$R_a(0) = E[a_n^2] = 1$。当 $m \neq 0$ 时，$R_a(m) = E[a_{n+m} a_n] = E[a_{n+m}] \cdot E[a_n] = 0$。序列 $\{a_n\}$ 的自相关函数为

$$R_a(m) = E[a_{n+m} a_n] = \begin{cases} 1, & m=0 \\ 0, & m \neq 0 \end{cases}$$

(2) $s(t)$ 的自相关函数为

$$R_s(t+\tau, t) = E[s(t+\tau)s(t)]$$

$$= E\left[\left(\sum_{n=-\infty}^{\infty} a_n \delta(t+\tau-nT)\right) \cdot \left(\sum_{m=-\infty}^{\infty} a_m \delta(t-mT)\right)\right]$$

$$= E\left[\sum_{m=-\infty}^{\infty}\sum_{n=-\infty}^{\infty} a_n a_m \delta(t+\tau-nT)\delta(t-mT)\right]$$

$$= \sum_{m=-\infty}^{\infty}\sum_{n=-\infty}^{\infty} E[a_n a_m] \delta(t+\tau-nT)\delta(t-mT)$$

将 $R_a(m)$ 代入，对于任意 m，第二个求和项 $\sum_{n=-\infty}^{\infty} E[a_n a_m] \delta(t+\tau-nT)\delta(t-mT)$ 包含的无穷多项里，只有满足 $n=m$ 的那项不为 0，即

$$\sum_{n=-\infty}^{\infty} E[a_n a_m]\delta(t+\tau-nT)\delta(t-mT) = \delta(t+\tau-mT)\delta(t-mT)$$

代入 $R_s(t+\tau,t)$ 得到

$$R_s(t+\tau,t) = \sum_{m=-\infty}^{\infty} \delta(t+\tau-mT)\delta(t-mT)$$

$$= \sum_{m=-\infty}^{\infty} \delta(\tau+mT-mT)\delta(t-mT)$$

$$= \delta(\tau) \sum_{m=-\infty}^{\infty} \delta(t-mT)$$

上式的第二个等号是根据冲激函数的性质得出的。

上式右边是 t 的周期函数,取一个周期 $\left(-\dfrac{T}{2},\dfrac{T}{2}\right)$ 做平均,从而得到平均自相关函数:

$$\overline{R}_s(\tau) = \frac{1}{T}\int_{-\frac{T}{2}}^{\frac{T}{2}} \Big[\delta(\tau)\sum_{m=-\infty}^{\infty}\delta(t-mT)\Big]\mathrm{d}t$$

$$= \frac{\delta(\tau)}{T}\int_{-\frac{T}{2}}^{\frac{T}{2}} \Big[\sum_{m=-\infty}^{\infty}\delta(t-mT)\Big]\mathrm{d}t$$

$$= \frac{\delta(\tau)}{T}\int_{-\frac{T}{2}}^{\frac{T}{2}}\delta(t)\mathrm{d}t = \frac{\delta(\tau)}{T}$$

对上式做傅氏变换得到功率谱密度:

$$P_s(f) = \frac{1}{T}$$

98. 设有 PAM 信号 $s(t) = \sum\limits_{n=-\infty}^{\infty} a_n g(t-nT)$,其基带脉冲的傅氏变换为 $G(f)$,幅度序列 $\{a_n\}$ 的元素独立同分布,$E[a_n]=0$,$E[a_n^2]=\sigma^2$。求 $s(t)$ 的功率谱密度。

解: $s(t) = \sum\limits_{n=-\infty}^{\infty} a_n g(t-nT)$ 可以看作将 $v(t) = \sum\limits_{n=-\infty}^{\infty} a_n \delta(t-nT)$ 通过一个传递函数为 $G(f)$ 的滤波器的输出。$v(t)$ 的功率谱密度是

$$P_v(f) = \frac{\sigma^2}{T}$$

因此 $s(t)$ 的功率谱密度为

$$P_s(f) = P_v(f)|G(f)|^2 = \frac{\sigma^2}{T}|G(f)|^2$$

99. 设有 PAM 信号 $s(t) = \sum\limits_{n=-\infty}^{\infty} a_n g(t-nT)$,其基带脉冲 $g(t)$ 的傅氏变换为 $G(f)$,$\{a_n\}$ 中的元素独立同分布,$E[a_n]=\mu$,$E[a_n^2]=\sigma^2+\mu^2$。求 $s(t)$ 的功率谱密度。

解: 令 $b_n = a_n - \mu$,则 $\{b_n\}$ 是零均值不相关序列,其元素的方差是 σ^2。再令 $v(t) = \sum\limits_{n=-\infty}^{\infty} b_n g(t-nT)$,$u(t) = \mu\sum\limits_{n=-\infty}^{\infty} g(t-nT)$,则有 $s(t) = u(t) + v(t)$。其中,$v(t)$ 的功率谱密度是

$$P_v(f) = \frac{\sigma^2}{T}|G(f)|^2$$

周期信号 $u(t)$ 的傅氏级数是

$$u(t) = \frac{\mu}{T} \sum_{m=-\infty}^{\infty} G\left(\frac{m}{T}\right) e^{j2\pi \frac{m}{T} t}$$

$u(t)$ 的功率谱密度是

$$P_u(f) = \frac{\mu^2}{T^2} \sum_{m=-\infty}^{\infty} \left| G\left(\frac{m}{T}\right) \right|^2 \delta\left(f - \frac{m}{T}\right)$$

$u(t)$ 是确定信号，$v(t)$ 是零均值的随机过程，二者的互相关函数是零：

$$E[u(t_1)v(t_2)] = u(t_1) E[v(t_2)] = 0$$

因此，$s(t) = u(t) + v(t)$ 的功率谱密度为

$$P_s(f) = P_v(f) + P_u(f)$$
$$= \frac{\sigma^2}{T} |G(f)|^2 + \frac{\mu^2}{T^2} \sum_{m=-\infty}^{\infty} \left| G\left(\frac{m}{T}\right) \right|^2 \delta\left(f - \frac{m}{T}\right)$$

100. 设有 PAM 信号 $s(t) = \sum_{n=-\infty}^{\infty} a_n g(t - nT)$，其中序列 $\{a_n\}$ 的元素以独立等概方式取值于 $\{\pm 1\}$。令 $x(t) = s(t - t_0) = \sum_{n=-\infty}^{\infty} a_n g(t - nT - t_0)$，其中 t_0 是与 a_n 独立的随机变量。已知 $g(t)$ 的傅氏变换是 $G(f)$，求 $x(t)$ 的功率谱密度。

解： t_0 是随机变量，为了求解 $x(t)$ 的功率谱密度，我们先按固定的 t_0 来求 $P_x(f|t_0)$，$x(t)$ 的功率谱密度应是 $P_x(f|t_0)$ 对 t_0 的数学期望 $E[P_x(f|t_0)]$。

给定 t_0 时，令 $\widetilde{g}(t) = g(t - t_0)$，则 $x(t)$ 可以表示为

$$x(t) = \sum_{n=-\infty}^{\infty} a_n \widetilde{g}(t - nT)$$

$\widetilde{g}(t)$ 的傅氏变换是 $G(f) e^{-j2\pi f t_0}$。由于 $\{a_n\}$ 是零均值不相关序列，a_n 的方差为 $\sigma_a^2 = 1$，故在给定 t_0 的条件下，$x(t)$ 的功率谱密度是

$$P_x(f|t_0) = \frac{\sigma_a^2}{T} |\widetilde{G}(f)|^2 = \frac{1}{T} |G(f)|^2$$

这个结果与 t_0 无关。所以无须再对 t_0 求数学期望。故 $x(t)$ 的功率谱密度为

$$P_x(f) = \frac{1}{T} |G(f)|^2$$

> 对随机过程进行任意时延不改变功率谱密度和自相关函数。

101. 设有 PAM 信号 $s(t) = \sum_{n=-\infty}^{\infty} a_n g(t - nT)$，其中序列 $\{a_n\}$ 中的元素以独立等概方式取值于 $\{\pm 1\}$，分别按 $g(t) = \text{rect}\left(\frac{t}{T}\right) = \begin{cases} 1, & |t| \leq \frac{T}{2} \\ 0, & \text{其他} \end{cases}$、$g(t) = \text{sinc}\left(\frac{t}{T}\right)$ 两种情况写出 $s(t)$ 的功率谱密度，并画图。

解： $\{a_n\}$ 独立等概取值于 $\{\pm 1\}$ 时，其均值为 0，方差为 1，故 $s(t)$ 的功率谱密度是

$$P_s(f) = \frac{1}{T} |G(f)|^2$$

当 $g(t) = \text{rect}\left(\frac{t}{T}\right)$ 时，$G(f) = T \cdot \text{sinc}(fT)$，$P_s(f) = T \cdot \text{sinc}^2(fT)$，功率谱密度图为图 5-13。

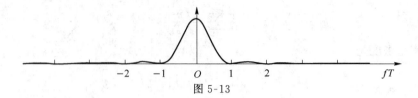

图 5-13

当 $g(t)=\mathrm{sinc}\left(\dfrac{t}{T}\right)$ 时，$G(f)=T\cdot\mathrm{rect}(fT)$，$P_s(f)=T\cdot\mathrm{rect}(fT)$，功率谱密度图为图 5-14。

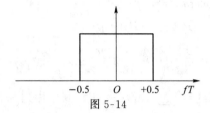

图 5-14

102. 已知信息代码为 1 0 0 0 0 0 0 0 0 1 1 1 0 0 1 0 0 0 0 1 0，请就 AMI 码、HDB3 码（假设前一取代节中的"V"极性为"—"）、Manchester 码三种情形，

(1) 给出编码结果；

(2) 画出编码后的波形。

解：(1) 编码结果如下：

信息代码	1	0	0	0	0	0	0	0	1	1	1	0	0	1	0	0	0	0	1	0
AMI	+1	0	0	0	0	0	0	0	−1	+1	−1	0	0	+1	0	0	0	0	−1	0
HDB3	+1	0	0	0	+V	−B	0	0	−V	+1	−1	+1	0	0	−1	+B	0	0	+V	−1	0
Manchester	10	01	01	01	01	01	01	01	01	10	10	10	01	01	10	01	01	01	01	10	01

(2) 三种编码的波形如图 5-15 所示。

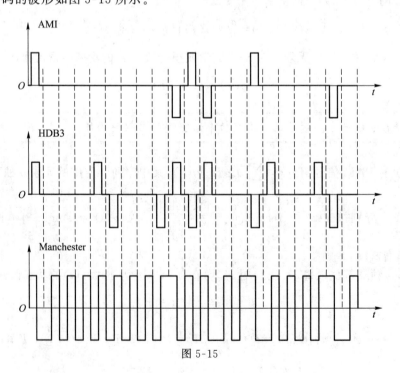

图 5-15

103. 已知二进制序列的"1"和"0"分别由波形 $s_1(t)=\begin{cases}A, & 0\leqslant t\leqslant T_b \\ 0, & 其他\end{cases}$ 及 $s_2(t)=0$ 表示，"1"与"0"等概出现。此信号在信道传输中受到功率谱密度为 $\frac{N_0}{2}$ 的加性白高斯噪声 $n(t)$ 的干扰，接收端用图 5-16 所示的框图进行接收。图中低通滤波器的带宽是 B，B 足够大可使得 $s_i(t)$ 经过滤波器时近似无失真，采样时刻是 $T_b/2$。

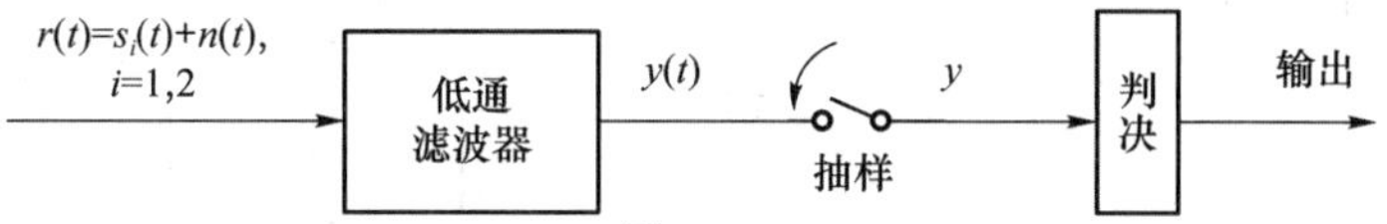

图 5-16

(1) 若发送 $s_1(t)$，请写出 $y(t)$ 的表达式，求抽样值 y 的条件均值 $E[y|s_1]$ 及条件方差 $D[y|s_1]$，写出此时 y 的条件概率密度函数 $p_1(y)=p(y|s_1)$。

(2) 若发送 $s_2(t)$，请写出 $y(t)$ 的表达式，求抽样值 y 的条件均值 $E[y|s_2]$ 及条件方差 $D[y|s_2]$，写出此时 y 的条件概率密度函数 $p_2(y)=p(y|s_2)$。

(3) 求最佳判决门限 V_T。

(4) 推导出平均误比特率。

解：(1) 此时在 $0\leqslant t\leqslant T_b$ 时间范围内，$y(t)=A+\xi(t)$，其中 $\xi(t)$ 是白高斯噪声 $n(t)$ 通过低通滤波器后的输出。显然 $\xi(t)$ 是零均值高斯平稳过程，其方差为 $\sigma^2=N_0B$。于是抽样值 y 的条件均值是 A，条件方差是 N_0B，条件概率密度函数是 $p_1(y)=\frac{1}{\sqrt{2\pi N_0 B}}e^{-\frac{(y-A)^2}{2N_0 B}}$。

(2) 此时在 $0\leqslant t\leqslant T_b$ 时间范围内，$y(t)=\xi(t)$，$\xi(t)$ 是白高斯噪声 $n(t)$ 通过低通滤波器后的输出，且其是零均值高斯平稳过程，其方差为 $\sigma^2=N_0B$。因此，抽样值 y 的条件均值是 0，条件方差是 N_0B，条件概率密度函数是 $p_2(y)=\frac{1}{\sqrt{2\pi N_0 B}}e^{-\frac{y^2}{2N_0 B}}$。

(3) 在先验等概的情况下，最佳判决门限 V_T 是似然函数相等的分界点，也就是两个条件均值的中间点，即 $V_T=\frac{A}{2}$。

(4) $P_b=P(s_1)P(e|s_1)+P(s_2)P(e|s_2)=\frac{1}{2}[P(e|s_1)+P(e|s_2)]$，其中

$P(e|s_1)=P(y<V_T|s_1)=P\left(A+\xi<\frac{A}{2}\right)=P\left(\xi<-\frac{A}{2}\right)=\frac{1}{2}\mathrm{erfc}\left(\frac{A/2}{\sqrt{2N_0B}}\right)=\frac{1}{2}\mathrm{erfc}\left(\sqrt{\frac{A^2}{8N_0B}}\right)$

$P(e|s_2)=P(y>V_T|s_2)=P\left(\xi>\frac{A}{2}\right)=P\left(\xi<-\frac{A}{2}\right)=\frac{1}{2}\mathrm{erfc}\left(\sqrt{\frac{A^2}{8N_0B}}\right)$

故 $P_b=\frac{1}{2}\mathrm{erfc}\left(\sqrt{\frac{A^2}{8N_0B}}\right)$。

104. 考虑图 5-17(a) 所示的系统，$s_1(t)$ 与 $s_2(t)$ 等概出现，二者波形分别示于图 5-17(b) 和图 5-17(c)，白高斯噪声 $n_w(t)$ 的功率谱密度是 $\frac{N_0}{2}$。

(1) 画出匹配滤波器的冲激响应 $h(t)$。

(2) 求在发送 $s_1(t)$ 的条件下抽样瞬时值 y 中信号分量的幅度及功率、噪声分量的平均功率。

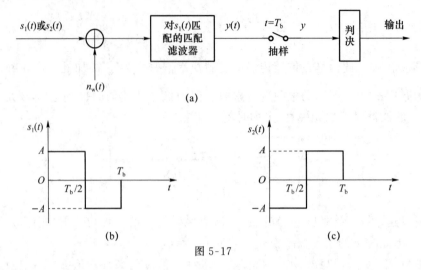

图 5-17

(3) 求在发送 $s_2(t)$ 的条件下抽样值 y 的均值、方差和概率密度函数 $p_2(y)$。

(4) 求平均误比特率。

解: (1) $h(t) = s_1(T_b - t) = s_2(t)$,其波形如图 5-18 所示。

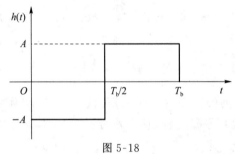

图 5-18

(2) 抽样值 y 中的信号分量是

$$\int_{-\infty}^{\infty} s_1(T-\tau) h(\tau) d\tau = \int_{-\infty}^{\infty} s_2(\tau) s_2(\tau) d\tau = A^2 T_b = E_b$$

此处 $E_b = E_1 = E_2$ 是每个比特的能量。抽样瞬时值中信号分量的功率是 E_b^2。抽样值中的噪声分量的功率是

$$\sigma^2 = \int_{-\infty}^{\infty} \frac{N_0}{2} |H(f)|^2 df = \frac{N_0}{2} \int_{-\infty}^{\infty} |S_2(f)|^2 df = \frac{N_0 E_b}{2}$$

(3) 此时 y 中的信号分量是

$$\int_{-\infty}^{\infty} s_2(T-\tau) h(\tau) d\tau = \int_{-\infty}^{\infty} s_1(\tau) s_2(\tau) d\tau = -A^2 T_b = -E_b$$

y 中的噪声分量是 0 均值高斯随机变量,其方差是 $\frac{N_0 E_b}{2}$。因此,在发送 $s_2(t)$ 的条件下,y 是均值为 $-E_b = -A^2 T_b$、方差为 $\frac{N_0 E_b}{2}$ 的高斯随机变量,所以 $p_2(y) = \frac{1}{\sqrt{\pi N_0 E_b}} e^{-\frac{(y+E_b)^2}{N_0 E_b}}$。

(4) 类似地,也可以得到在发送 $s_1(t)$ 的条件下 y 的概率密度函数为

$$p_1(y) = p_{y|s_1}(y|s_1) = \frac{1}{\sqrt{\pi N_0 E_b}} e^{-\frac{(y-E_b)^2}{N_0 E_b}}$$

最佳门限 V_T 是 $p_1(y)=p_2(y)$ 的解,即 $V_T=0$。平均错误率为

$$P_b = P(s_1)P(e|s_1) + P(s_2)P(e|s_2) = \frac{1}{2}[P(e|s_1) + P(e|s_2)]$$

其中

$$P(e|s_1) = P(y<0|s_1) = P(E_b+\xi<0) = P(\xi<-E_b) = P(\xi>E_b)$$
$$P(e|s_2) = P(y>0|s_2) = P(-E_b+\xi>0) = P(\xi>E_b)$$

根据高斯分布性质有

$$P(\xi>E_b) = \frac{1}{2}\mathrm{erfc}\left(\frac{E_b}{\sqrt{2\sigma^2}}\right) = \frac{1}{2}\mathrm{erfc}\left(\sqrt{\frac{E_b}{N_0}}\right)$$

故 $P_b = \frac{1}{2}\mathrm{erfc}\left(\sqrt{\frac{E_b}{N_0}}\right)$。

105. 图 5-19 中,系统在 $[0,T_b]$ 内发送 $s_1(t)=g(t)$ 或 $s_2(t)=-g(t)$。发送信号叠加了双边功率谱密度为 $N_0/2$ 的白高斯噪声 $n_w(t)$,然后用一个对 $g(t)$ 匹配的滤波器 $h(t)$ 进行接收,已知 $h(t)$ 的能量是 $E_h=1$。滤波器的输出是 $y(t)=\pm a(t)+n(t)$,其中 $a(t)$ 是 $g(t)$ 通过滤波器的输出,$n(t)$ 是 $n_w(t)$ 通过滤波器的输出。

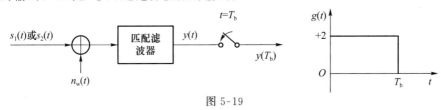

图 5-19

(1) 求匹配滤波器的冲激响应 $h(t)$。
(2) 画出 $a(t)$ 的波形。
(3) 求 $n(t)$ 的功率、功率谱密度。
(4) 求在发送 $s_2(t)$ 的条件下 $y(T_b)$ 的均值、方差、概率密度函数。

解:(1) $h(t) = K \cdot g(T_b-t) = K \cdot g(t)$,由能量 $E_h=1, E_g=2^2 \cdot T_b=4T_b$ 可求出 $K = \frac{1}{2\sqrt{T_b}}$。

(2) $a(t)$ 是 $h(t)$ 与 $g(t)$ 卷积的结果,两个矩形卷积是三角形,其底宽为 $2T_b$,高度是矩形对齐后的积分值,最高点的位置是最佳采样时刻 T_b,$a(t)$ 的波形如图 5-20 所示。

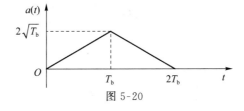

图 5-20

(3) $n(t)$ 是 $n_w(t)$ 通过冲激响应为 $h(t)$ 的滤波器的输出,其功率是 $\frac{N_0}{2}E_h = \frac{N_0}{2}$,功率谱密度是

$$P_n(f) = \frac{N_0}{2}|H(f)|^2 = \frac{N_0}{2}K^2|G(f)|^2$$
$$= \frac{N_0}{2} \cdot \frac{1}{4T_b} \cdot |2T_b \cdot \text{sinc}(fT_b) \cdot e^{-j\pi fT_b}|^2 = \frac{N_0 T_b}{2} \cdot \text{sinc}^2(fT_b)$$

(4) 在发送 $s_2(t)$ 的条件下 $y(T_b) = -2\sqrt{T_b} + n$,其均值是 $-2\sqrt{T_b}$,方差是 $n(t)$ 的功率,即 $\frac{N_0}{2}$。故概率密度函数是

$$p_2(y) = \frac{1}{\sqrt{\pi N_0}} e^{-\frac{(y+2\sqrt{T_b})^2}{N_0}}$$

106. 某二进制数字通信系统在 $[0, T_b]$ 时间内等概发送 $s(t) \in \{\pm g(t)\}$,已知 $T_b = 2$ s,$g(t)$ 如图 5-21 所示。发送信号叠加了单边功率谱密度为 N_0 的高斯白噪声 $n_w(t)$ 后成为 $r(t) = s(t) + n_w(t)$。在接收端采用匹配滤波器进行最佳接收,其最佳采样时刻的输出值为 y。

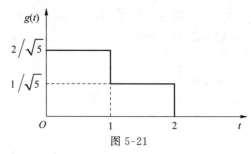

图 5-21

(1) 求 $s(t)$ 的平均能量 E_s。
(2) 确定最佳取样时刻,画出匹配滤波器的冲激响应波形。
(3) 求在发送 $-g(t)$ 的条件下 y 的均值、方差、概率密度函数。
(4) 写出最佳判决门限。
(5) 求该系统的平均误比特率。

解:(1) 发送的是 $+g(t)$ 或 $-g(t)$,故平均能量就是 $g(t)$ 的能量,为 $E_s = \int_0^2 g^2(t) dt = 1$。

(2) 匹配滤波器的最佳采样时刻是 $t_0 = 2$,其冲激响应 $h(t) = g(t_0 - t)$ 的波形如图 5-22 所示。

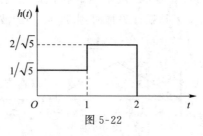

图 5-22

(3) 发送 $-g(t)$ 的条件下的采样值是

$$y = \int_{-\infty}^{\infty} [-g(\tau) + n_w(\tau)] h(t_0 - \tau) d\tau = \int_{-\infty}^{\infty} [-g(\tau) + n_w(\tau)] g(\tau) d\tau$$
$$= -\int_{-\infty}^{\infty} g^2(\tau) d\tau + \int_{-\infty}^{\infty} n_w(\tau) g(\tau) d\tau = -1 + Z$$

其中 Z 是均值为零、方差为 $\frac{N_0}{2}E_g=\frac{N_0}{2}$ 的高斯随机变量。故在发送 $-g(t)$ 的条件下，y 是均值为 -1、方差为 $\frac{N_0}{2}$ 的高斯随机变量，概率密度函数是 $\frac{1}{\sqrt{\pi N_0}}e^{-\frac{(y+1)^2}{N_0}}$。

（4）同理可知，在发送 $g(t)$ 的条件下，y 是均值为 $+1$、方差为 $\frac{N_0}{2}$ 的高斯随机变量，概率密度函数是 $\frac{1}{\sqrt{\pi N_0}}e^{-\frac{(y-1)^2}{N_0}}$。最佳判决门限 V_{th} 是 $\frac{1}{\sqrt{\pi N_0}}e^{-\frac{(y+1)^2}{N_0}}$ 与 $\frac{1}{\sqrt{\pi N_0}}e^{-\frac{(y-1)^2}{N_0}}$ 的交点，为 $V_{th}=0$。

（5）在发送 $-g(t)$ 的条件下，$y=-1+Z>0$ 则判决出错，其概率是

$$P(Z>1)=\frac{1}{2}\text{erfc}\left(\frac{1}{\sqrt{N_0}}\right)$$

在发送 $+g(t)$ 的条件下，$y=1+Z<0$ 则判决出错，其概率是

$$P(Z<-1)=P(Z>1)=\frac{1}{2}\text{erfc}\left(\frac{1}{\sqrt{N_0}}\right)$$

平均误比特率是

$$P_b=\frac{1}{2}\text{erfc}\left(\frac{1}{\sqrt{N_0}}\right)$$

107. 图 5-23 示出了一些基带传输系统的总体传输特性 $H(f)$，若要以 2 000 Baud 的符号速率传输，请问哪个 $H(f)$ 可以满足抽样点无 ISI？

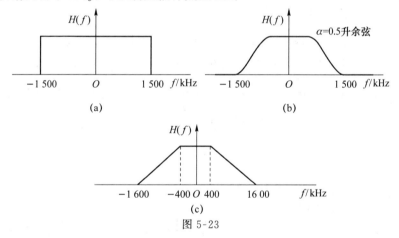

图 5-23

解：对于图 5-23(a)，由图 5-24 可见，$\sum_{n=-\infty}^{\infty}H(f-2\,000n)$ 不是常数，因此该系统以 2 000 Baud 的符号速率传输时不满足抽样点无 ISI 条件。

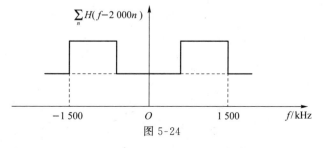

图 5-24

对于图 5-23(b),$\alpha=0.5$,则 $(1+\alpha)\dfrac{R_s}{2}=1\,500$,$R_s=\dfrac{2\times 1\,500}{1+0.5}=2\,000$,由图 5-25 可见,该系统以 2 000 Baud 的符号速率传输时满足抽样点无 ISI 条件。

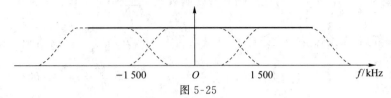

图 5-25

对于图 5-23(c),由图 5-26 可见,该系统以 2 000 Baud 的符号速率传输时满足抽样点无 ISI 条件。

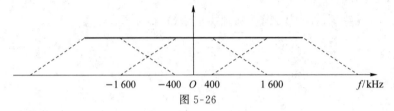

图 5-26

108. 设滚降系数为 $\alpha=1$ 的升余弦滚降基带传输系统的输入是十六进制符号,速率是 $R_s=1\,200$ Baud,求此基带传输系统的截止频率、频带利用率以及比特传输速率。

解:此基带传输系统的截止频率为 $B=(1+\alpha)\dfrac{R_s}{2}=1\,200$ Hz,频带利用率为 $\dfrac{R_s}{B}=1$ Baud/Hz$=4$ bit/s/Hz,比特传输速率为 $R_b=R_s\cdot\log_2 M=4\,800$ bit/s。

109. 某 16PAM 系统的数据速率为 $R_b=4$ Mbit/s,发送信号的表达式为 $s(t)=\sum_{n=-\infty}^{\infty}a_n g_T(t-nT_s)$,其中基带脉冲 $g_T(t)$ 的能量为 1 J,其傅氏变换是 $\alpha=1$ 的升余弦频谱特性的开根号。幅度序列 $\{a_n\}$ 的元素以独立等概方式取值于 $\{\pm 1\times 10^{-3},\pm 3\times 10^{-3},\pm 5\times 10^{-3},\cdots,\pm 15\times 10^{-3}\}$。求 $s(t)$ 的平均功率,并画出 $s(t)$ 的功率谱密度图。

解:符号速率是 $R_s=\dfrac{R_b}{\log_2 16}=1$ MBaud,符号间隔是 1 μs。每个符号波形 $a_n g_T(t-nT_s)$ 的能量是 a_n^2,平均能量是 $E[a_n^2]=\dfrac{1^2+3^2+5^2+7^2+9^2+11^2+13^2+15^2}{8}\times 10^{-6}=85\times 10^{-6}$ J,平均功率是 85 W。

$s(t)$ 的功率谱密度是

$$P_s(f)=\dfrac{E[a_n^2]}{T_s}|G(f)|^2=85H_{\text{rcos}}(f)$$

其中 $H_{\text{rcos}}(f)$ 是滚降因子为 1 的升余弦滚降特性。功率谱密度图为图 5-27。

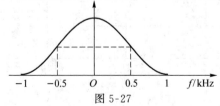

图 5-27

110. 图 5-28 中,速率为 $R_b = 9\,600\,\text{bit/s}$ 的二进制序列经串并变换、D/A 变换后成为八进制幅度序列,然后经过滚降因子 $\alpha = 0.5$ 的根号升余弦频谱成形,再被发送至基带信道。求发送信号的符号速率 R_s、所需的基带信道的带宽以及该系统的频带利用率(单位为 bit/s/Hz)。

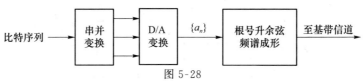

图 5-28

解:发送信号的符号速率为 $R_s = \dfrac{R_b}{3} = 3\,200\,\text{Baud}$,所需的基带信道的带宽为 $W = (1+\alpha)\dfrac{R_s}{2} = 2\,400\,\text{Hz}$,该系统的频带利用率为 $\dfrac{R_b}{W} = \dfrac{9\,600}{2\,400} = 4\,\text{bits/s/Hz}$。

111. 二进制数据序列经 MPAM 调制及升余弦滚降频谱成形后通过基带信道传输,已知基带信道的带宽是 $W = 3\,000\,\text{Hz}$。滚降系数 α 分别为 0、0.5、1。

(1) 分别求出在上述三种情况下系统无 ISI 传输时的符号速率。

(2) 若 MPAM 的进制数 M 是 16,请分别写出在上述三种情况下其相应的二进制数据速率。

解:(1) 根据 $W = (1+\alpha)\dfrac{R_s}{2}$ 可知 $R_s = \dfrac{2W}{\alpha+1}$。因此,$\alpha = 0$ 时,$R_s = 6\,000\,\text{Baud}$;$\alpha = 0.5$ 时,$R_s = 4\,000\,\text{Baud}$;$\alpha = 1$ 时,$R_s = 3\,000\,\text{Baud}$。

(2) $R_b = R_s \cdot \log_2 M$。$\alpha = 0$ 时,$R_b = 6\,000\,\text{Baud} \times 4 = 24\,\text{kbit/s}$;$\alpha = 0.5$ 时,$R_b = 16\,\text{kbit/s}$;$\alpha = 1$ 时,$R_b = 12\,\text{kbit/s}$。

112. 设计 M 进制 PAM 系统,其输入的比特速率为 14.4 kbit/s,基带信道的带宽为 $W = 2\,400\,\text{Hz}$,并画出此最佳基带传输系统的框图。

解:假设系统的滚降系数为 α,则

$$W = (1+\alpha)\dfrac{R_s}{2} = (1+\alpha)\dfrac{R_b}{2\log_2 M}$$

$$\dfrac{1+\alpha}{\log_2 M} = \dfrac{2W}{R_b} = \dfrac{2 \times 2\,400}{14\,400} = \dfrac{1}{3}$$

$$\alpha = \dfrac{1}{3}\log_2 M - 1$$

滚降因子 α 满足 $0 < \alpha \leqslant 1$,因此

$$0 < \dfrac{1}{3}\log_2 M - 1 \leqslant 1$$

$$3 < \log_2 M \leqslant 6$$

最小的 M 是 $2^4 = 16$,相应的滚降系数是 $\dfrac{1}{3}$。系统框图为图 5-29。

113. 考虑图 5-30 中的数字基带传输系统,信道 $C(f)$ 是理想低通,发送滤波 $G_T(f)$ 和接收滤波 $G_R(f)$ 满足 $G_T(f) = G_R(f) = \sqrt{H_{\text{rcos}}(f)}$,$H_{\text{rcos}}(f)$ 是升余弦滚降特性。$n_w(t)$ 是功率谱密度为 $\dfrac{N_0}{2}$ 的白高斯噪声,$\{a_n\}$ 独立等概取值于 $\{\pm 1\}$,A 点的平均比特能量为 E_b。

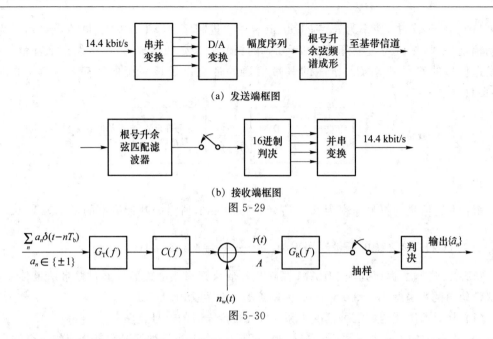

(a) 发送端框图

(b) 接收端框图

图 5-29

图 5-30

(1) 求最佳抽样时刻抽样值中的信号幅度值、瞬时信号的功率及噪声的平均功率、抽样时刻的信噪比。

(2) 求系统的平均误比特率。

解：(1) 记 $g_T(t)$、$g_R(t)$、$g(t)$ 分别为 $G_T(f)$、$G_R(f)$、$G_T(f)G_R(f)=H_{rcos}(f)$ 的傅氏反变换，则 A 点的接收信号可写为

$$r(t) = \sum_n a_n g_T(t-nT_b) + n_w(t) = s(t) + n_w(t)$$

其中有用信号 $s(t)$ 的功率谱密度为

$$P_s(f) = \frac{|G_T(f)C(f)|^2}{T_b} = \frac{H_{rcos}(f)}{T_b}$$

平均每比特的能量是

$$E_b = T_b \int_{-\infty}^{\infty} P_s(f) df = \int_{-\infty}^{\infty} H_{rcos}(f) df$$

将 $r(t)$ 通过匹配滤波器接收，并在最佳时刻抽样，抽样值中的信号幅度值是有用信号 $s(t)$ 在一个比特周期内的能量 E_b，瞬时信号的功率值是 E_b^2；噪声分量 n 是均值为 0 的高斯随机变量，其方差为

$$E[n^2] = \int_{-\infty}^{\infty} \frac{N_0}{2} |G_R(f)|^2 df = \frac{N_0}{2} \int_{-\infty}^{\infty} H_{rcos}(f) df = \frac{N_0 E_b}{2}$$

此即噪声分量的平均功率。故抽样时刻的信噪比为 $\dfrac{E_b^2}{N_0 E_b/2} = \dfrac{2E_b}{N_0}$。

(2) 不妨考虑第 0 个符号 a_0，分析其误比特率。由对称性可知最佳判决门限 $V_T = 0$，因而

$$P(e|a_0=1) = P(n<-E_b) = \frac{1}{2}\mathrm{erfc}\left(\frac{E_b}{\sqrt{2 \times \dfrac{N_0 E_b}{2}}}\right) = \frac{1}{2}\mathrm{erfc}\left(\sqrt{\dfrac{E_b}{N_0}}\right)$$

同理可得

$$P(e|a_0=-1)=P(e|a_0=1)=\frac{1}{2}\mathrm{erfc}\left(\sqrt{\frac{E_b}{N_0}}\right)$$

于是

$$P_b=P(a_0=1)P(e|a_0=1)+P(a_0=-1)P(e|a_0=-1)=\frac{1}{2}\mathrm{erfc}\left(\sqrt{\frac{E_b}{N_0}}\right)$$

114. 一基带传输系统在采样时刻的采样值为 $y=a+n+i_m$,其中 a 等概取值于 $\{\pm1\}$。n 是均值为零、方差为 $\sigma^2=\frac{1}{2}$ 的高斯噪声。i_m 是采样点的符号间干扰值,i_m 等概取值于 $\{0,-1,+1\}$ 且与 a 独立。接收端的判决门限是 $V_{th}=0$,若 $y>V_{th}$ 则判 $a=+1$,否则判 $a=-1$。

(1) 试求在 $i_m=0$ 的条件下,发送 $a=-1$ 而判决为 $+1$ 的概率。
(2) 试求在 $i_m=a$ 的条件下,发送 $a=-1$ 而判决为 $+1$ 的概率。
(3) 试求在 $i_m=-a$ 的条件下,发送 $a=-1$ 而判决为 $+1$ 的概率。
(4) 试求该系统的平均误比特率。

解：(1) $i_m=0$ 时,$y=a+n$。在发送 $a=-1$ 的条件下,$y=-1+n$。判决出错的概率即 $-1+n>0$ 的概率,也即 $n>1$ 的概率,为 $\frac{1}{2}\mathrm{erfc}(1)$。

(2) $i_m=a$ 时,$y=2a+n$。在发送 $a=-1$ 的条件下,$y=-2+n$。判决出错的概率是 $\frac{1}{2}\mathrm{erfc}(2)$。

(3) $i_m=-a$ 时,$y=n$。此时无论发送的是什么,判决出错的概率都是 $\frac{1}{2}$。

(4) 平均误比特率是以上三种情况的平均,出现以上三种情况的机会相同,故平均误比特率是 $\frac{1}{6}[1+\mathrm{erfc}(1)+\mathrm{erfc}(2)]$。

115. 已知双极性 NRZ 信号的比特能量为 E_b,脉冲宽度为 T_b。信号通过 AWGN 信道传输时受到功率谱密度为 $N_0/2$ 的加性白高斯噪声 $n_w(t)$ 的干扰,发送正极性脉冲 $s_1(t)$ 和负极性脉冲 $s_2(t)$ 的概率相等。

(1) 求最佳接收系统的最佳判决门限。
(2) 求平均误比特率。

解：(1) 根据题中条件可以写出

$$s_1(t)=\begin{cases}\sqrt{\dfrac{E_b}{T_b}}, & 0\leq t<T_b \\ 0, & \text{其他}\end{cases}$$

$$s_2(t)=-s_1(t)$$

考虑接收机的匹配滤波器对 $s_1(t)$ 匹配,则其冲激响应为 $h(t)=Ks_1(T_b-t)=Ks_1(t)$,最佳取样时刻是 $t=T_b$。取 $K=1$,则 $h(t)=s_1(t)$。

发送 s_1 时,抽样值为

$$y = \int_{-\infty}^{\infty} s_1(T_b - \tau)[s_1(\tau) + n_w(\tau)] d\tau$$
$$= \int_{-\infty}^{\infty} s_1(\tau)[s_1(\tau) + n_w(\tau)] d\tau$$
$$= \int_{-\infty}^{\infty} s_1^2(\tau) d\tau + \int_{-\infty}^{\infty} n_w(\tau) s_1(\tau) d\tau$$
$$= E_b + Z$$

其中 Z 是高斯白噪声与 $s_1(t)$ 的内积,因此 Z 是零均值高斯随机变量,其方差是 $\dfrac{N_0}{2} E_b$。同理,发送 s_2 时的抽样值为 $-E_b + Z$。最佳判决门限 V_T 是发送 s_1、s_2 时的条件均值的中间点,即 $V_T = 0$。

(2) 发送 s_1 错误的概率为
$$P(e|s_1) = P(y<V_T|s_1) = P(E_b + Z<0) = P(Z<-E_b) = P(Z>E_b)$$
发送 s_2 错误的概率为
$$P(e|s_2) = P(y>V_T|s_2) = P(-E_b + Z>0) = P(Z>E_b)$$
其中
$$P(Z>E_b) = \frac{1}{2} \mathrm{erfc}\left(\frac{E_b}{\sqrt{2\sigma^2}}\right) = \frac{1}{2} \mathrm{erfc}\left(\sqrt{\frac{E_b}{N_0}}\right)$$

因此,平均误码率为
$$P_b = P(s_1)P(e|s_1) + P(s_2)P(e|s_2) = \frac{1}{2} \mathrm{erfc}\left(\sqrt{\frac{E_b}{N_0}}\right)$$

116. 二进制序列 $\{b_n\}$ 通过加有预编码器的第一类部分响应系统,如图 5-31 所示。

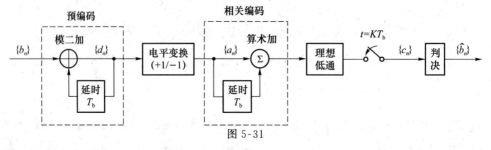

图 5-31

请写出以下的编码及相应的电平、判决结果:

输入数据	$\{b_n\}$	1	0	0	1	0	1	1	0	0	1 ⋯
预编码器的输出	$\{d_n\}$										
二电平序列	$\{a_n\}$										
抽样序列	$\{c_n\}$										
判决输出	$\{\hat{b}_n\}$										

解:

输入数据	$\{b_n\}$	1	0	0	1	0	1	1	0	0	1 ⋯
预编码器的输出	$\{d_n\}$	0	1	1	1	0	0	1	0	0	0	1 ⋯
二电平序列	$\{a_n\}$	−1	+1	+1	+1	−1	−1	+1	−1	−1	−1	+1 ⋯
抽样序列	$\{c_n\}$		0	2	2	0	−2	0	0	−2	−2	0 ⋯
判决输出	$\{\hat{b}_n\}$		1	0	0	1	0	1	1	0	0	1 ⋯

117. 设有二进制 PAM 信号 $s(t)=\sum_{n=-\infty}^{n} a_n g(t-T_b)$, 其中 $\{a_n\}$ 是平稳独立序列, $a_n \in \{\pm 1\}$, $P(a_n=1)=p$, 求 $s(t)$ 的功率谱密度及功率。

解: 方法一: $s(t)$ 可看成 $x(t)=\sum_{n=-\infty}^{\infty} a_n \delta(t-nT_b)$ 通过冲激响应为 $g(t)$ 的线性系统的输出。故先求 $x(t)$ 的功率谱密度。

令 $u(t)=x(t)-E[x(t)]$, $v(t)=E[x(t)]$, 则

$$v(t)=E[x(t)]=\sum_{n=-\infty}^{\infty} E[a_n]\delta(t-nT_s)=(2p-1)\sum_{n=-\infty}^{\infty} \delta(t-nT_s)$$

$$u(t)=x(t)-E[x(t)]=\sum_{n=-\infty}^{\infty} b_n \delta(t-nT_b)$$

其中

$$b_n=\begin{cases} 2(1-p), & a_n=1 \\ -2p, & a_n=-1 \end{cases}$$

先分别求 $u(t)$ 和 $v(t)$ 的功率谱密度。$\{b_n\}$ 是独立平稳序列, 其均值为 0, 方差为

$$\sigma_b^2=E[b_n^2]=4p(1-p)$$

故此, $u(t)$ 的功率谱密度为

$$P_u(f)=\frac{\sigma_b^2}{T_b}=\frac{4p(1-p)}{T_b}$$

由于 $\sum_{n=-\infty}^{\infty} \delta(t-nT_b)=\frac{1}{T_b}\sum_{m=-\infty}^{\infty} e^{j2\pi \frac{m}{T_b}t}$, 所以周期信号 $v(t)$ 的功率谱密度为

$$P_v(f)=\left(\frac{2p-1}{T_b}\right)^2 \sum_{m=-\infty}^{\infty} \delta\left(f-\frac{m}{T_b}\right)$$

$s(t)$ 的功率谱密度为

$$\begin{aligned} P_s(f) &= P_x(f)|G(f)|^2 \\ &= [P_u(f)+P_v(f)]|G(f)|^2 \\ &= \frac{4p(1-p)}{T_b}|G(f)|^2+\left(\frac{2p-1}{T_b}\right)^2 \sum_{m=-\infty}^{\infty} \left|G\left(\frac{m}{T_b}\right)\right|^2 \delta\left(f-\frac{m}{T_b}\right) \end{aligned}$$

其功率为

$$\begin{aligned} S &= \int_{-\infty}^{\infty} P_s(f) df \\ &= \int_{-\infty}^{\infty} \left[\frac{4p(1-p)}{T_b}|G(f)|^2+\left(\frac{2p-1}{T_b}\right)^2 \sum_{m=-\infty}^{\infty} \left|G\left(\frac{m}{T_b}\right)\right|^2 \delta\left(f-\frac{m}{T_b}\right)\right] df \\ &= \frac{4p(1-p)}{T_b} E_g+\left(\frac{2p-1}{T_b}\right)^2 \sum_{m=-\infty}^{\infty} \left|G\left(\frac{m}{T_b}\right)\right|^2 \end{aligned}$$

方法二: 本题中 $\{a_n\}$ 是平稳独立序列, 可通过套用一般 PAM 信号的功率谱密度公式 $P_s(f)=\frac{1}{T_b}P_a(f)|G_T(f)|^2$ 以及 $P_a(f)=\sigma_a^2+\frac{m_a^2}{T_b}\sum_{m=-\infty}^{\infty} \delta\left(f-\frac{m}{T_b}\right)$ 求得 $s(t)$ 的功率谱密度。

在本题条件下, $G_T(f)=G(f)$, $\{a_n\}$ 的均值和方差分别为

$$m_a = E[a_n] = p(+1) + (1-p)(-1) = 2p - 1$$
$$\sigma_a^2 = E[a_n^2] - m_a^2 = 1 - (1-2p)^2 = 4p(1-p)$$

于是
$$P_a(f) = \sigma_a^2 + \frac{m_a^2}{T_b} \sum_{m=-\infty}^{\infty} \delta\left(f - \frac{m}{T_b}\right) = 4p(1-p) + \frac{(1-2p)^2}{T_b} \sum_{m=-\infty}^{\infty} \delta\left(f - \frac{m}{T_b}\right)$$

因此
$$P_s(f) = \frac{1}{T_b} P_a(f) |G(f)|^2 = \left[\frac{4p(1-p)}{T_b} + \frac{(1-2p)^2}{T_b^2} \sum_{m=-\infty}^{\infty} \delta\left(f - \frac{m}{T_b}\right)\right] |G(f)|^2$$
$$= \frac{4p(1-p)}{T_b} |G(f)|^2 + \frac{(1-2p)^2}{T_b^2} \sum_{m=-\infty}^{\infty} \left|G\left(\frac{m}{T_b}\right)\right|^2 \delta\left(f - \frac{m}{T_b}\right)$$

118. 已知在某双极性 PAM 传输系统中，信道特性为 $C(f) = 1$。发送端发送单个符号 $a_0 = +1$ 时，接收端匹配滤波器输出的脉冲波形如图 5-32 所示。求该基带传输系统的总体传递函数以及发送的脉冲波形 $g_T(t)$。

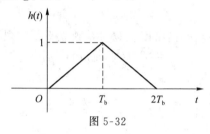

图 5-32

解：图 5-32 所示的就是系统的总体冲激响应，对其做傅氏变换得到总体传递函数：
$$H(f) = T_b \operatorname{sinc}^2(fT_b) e^{-j2\pi fT_b}$$

记基带发送脉冲的傅氏变换为 $G_T(f)$，匹配滤波器的传递函数为 $G_R(f)$，则有
$$H(f) = G_T(f) C(f) G_R(f) = G_T(f) G_R(f)$$

因为是匹配滤波器，故发送滤波器、接收滤波器的冲激响应关系是
$$g_R(t) = K \cdot g_T(t_0 - t)$$

其中 t_0 是最佳取样时刻，从图中可见 $t_0 = T_b$。相应的频域关系是
$$G_R(f) = K G_T^*(f) e^{-j2\pi f t_0} = K G_T^*(f) e^{-j2\pi f T_b}$$

因此有
$$H(f) = K |G_T(f)|^2 e^{-j2\pi f T_b} = T_b \cdot \operatorname{sinc}^2(fT_b) e^{-j2\pi f T_b}$$

所以
$$|G_T(f)|^2 = \frac{T_b}{K} \operatorname{sinc}^2(fT_b)$$

考虑到 K 的任意性，取 $K = \frac{1}{T_b}$。合理的解必须保证 $g_T(t)$、$g_R(t)$ 都满足因果性，由此得
$$G_T(f) = \frac{1}{K} G_R(f) = T_b \operatorname{sinc}(fT_b) e^{-j\pi fT_b}$$

它是一个矩形脉冲：
$$g_T(t) = \begin{cases} 1, & 0 \leq t < T_b \\ 0, & \text{其他} \end{cases}$$

相应的接收滤波器的冲激响应是

$$g_R(t) = K \cdot g_T(t) = \begin{cases} \dfrac{1}{T_b}, & 0 \leqslant t < T_b \\ 0, & 其他 \end{cases}$$

119. 设基带传输系统的总体传递函数是 $X(f)$，总体冲激响应是 $x(t) = \mathrm{sinc}\left(\dfrac{t}{T_s}\right)h(t)$，其中 $h(t)$ 的傅氏变换为

$$H(f) = \begin{cases} \dfrac{\pi T_s}{2\alpha} \cos \dfrac{\pi T_s f}{\alpha}, & |f| \leqslant \dfrac{\alpha}{2T_s} \\ 0, & |f| > \dfrac{\alpha}{2T_s} \end{cases}$$

其中 $0 < \alpha \leqslant 1$。求 $x(t)$ 以及 $X(f)$ 的表达式。

解：可将 $H(f)$ 写成宽度为 $\dfrac{\alpha}{T_s}$、高度为 $\dfrac{\pi T_s}{2\alpha}$ 的矩形 $\dfrac{\pi T_s}{2\alpha} \mathrm{rect}\left(\dfrac{fT_s}{\alpha}\right)$ 与余弦函数 $\cos \dfrac{\pi T_s f}{\alpha}$ 之积：

$$H(f) = \dfrac{\pi T_s}{2\alpha} \mathrm{rect}\left(\dfrac{fT_s}{\alpha}\right) \cos \dfrac{\pi T_s f}{\alpha}$$

用欧拉公式将上式写成

$$H(f) = \dfrac{\pi T_s}{4\alpha} \mathrm{rect}\left(\dfrac{fT_s}{\alpha}\right)\left(e^{j\frac{\pi T_s f}{\alpha}} + e^{-j\frac{\pi T_s f}{\alpha}}\right) = \dfrac{\pi T_s}{4\alpha} \mathrm{rect}\left(\dfrac{fT_s}{\alpha}\right) e^{j2\pi f \frac{T_s}{2\alpha}} + \dfrac{\pi T_s}{4\alpha} \mathrm{rect}\left(\dfrac{fT_s}{\alpha}\right) e^{-j2\pi f \frac{T_s}{2\alpha}}$$

对上式第二个等号右边逐项做傅氏反变换。注意 $\dfrac{\pi T_s}{4\alpha} \mathrm{rect}\left(\dfrac{fT_s}{\alpha}\right)$ 的反变换为 $\dfrac{\pi}{4} \mathrm{sinc}\left(\dfrac{\alpha t}{T_s}\right)$，频域乘以 $e^{\pm j2\pi f \frac{T_s}{2\alpha}}$ 在时域对应时移，故

$$h(t) = \dfrac{\pi}{4} \mathrm{sinc}\left(\dfrac{\alpha}{T_s}\left(t + \dfrac{T_s}{2\alpha}\right)\right) + \dfrac{\pi}{4} \mathrm{sinc}\left(\dfrac{\alpha}{T_s}\left(t - \dfrac{T_s}{2\alpha}\right)\right)$$

$$= \dfrac{\pi}{4} \mathrm{sinc}\left(\dfrac{\alpha t}{T_s} + \dfrac{1}{2}\right) + \dfrac{\pi}{4} \mathrm{sinc}\left(\dfrac{\alpha t}{T_s} - \dfrac{1}{2}\right)$$

$$= \dfrac{\pi}{4}\left[\dfrac{\sin\left(\dfrac{\pi\alpha t}{T_s} + \dfrac{\pi}{2}\right)}{\dfrac{\pi\alpha t}{T_s} + \dfrac{\pi}{2}} + \dfrac{\sin\left(\dfrac{\pi\alpha t}{T_s} - \dfrac{\pi}{2}\right)}{\dfrac{\pi\alpha t}{T_s} - \dfrac{\pi}{2}}\right]$$

$$= \dfrac{1}{2}\left[\dfrac{\cos\dfrac{\pi\alpha t}{T_s}}{\dfrac{2\alpha t}{T_s} + 1} - \dfrac{\cos\dfrac{\pi\alpha t}{T_s}}{\dfrac{2\alpha t}{T_s} - 1}\right] = \dfrac{\cos\dfrac{\pi\alpha t}{T_s}}{1 - \left(\dfrac{2\alpha t}{T_s}\right)^2}$$

从而

$$x(t) = \mathrm{sinc}\left(\dfrac{t}{T_s}\right) \dfrac{\cos\dfrac{\pi\alpha t}{T_s}}{1 - \left(\dfrac{2\alpha t}{T_s}\right)^2}$$

时域乘积对应频域卷积，$x(t) = \mathrm{sinc}\left(\dfrac{t}{T_s}\right) h(t)$ 在频域是 $T_s \cdot \mathrm{rect}(fT_s)$ 与 $H(f)$ 的卷积：

$$X(f) = \int_{-\infty}^{\infty} H(u) \cdot T_s \mathrm{rect}\left(\dfrac{f - u}{1/T_s}\right) du = \int_{-\infty}^{\infty} H(u) \cdot T_s \mathrm{rect}\left(\dfrac{u - f}{1/T_s}\right) du = T_s \int_{f - \frac{1}{2T_s}}^{f + \frac{1}{2T_s}} H(u) du$$

上式中第一步源于 rect 是偶函数，第二步是因为 $\text{rect}\left(\dfrac{u-f}{1/T_s}\right)$ 是中心在 $u=f$、宽度为 $\dfrac{1}{T_s}$ 的矩形。上式说明 $X(f)$ 是 $H(u)$ 落在区间 $f-\dfrac{1}{2T_s}\leqslant u\leqslant f+\dfrac{1}{2T_s}$ 内的面积，如图 5-33 所示。

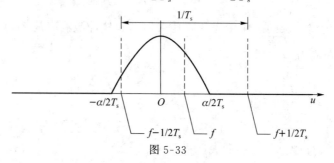

图 5-33

由对称性可知 $X(f)$ 是偶函数，因此只需考虑 $f\geqslant 0$ 的情形。

当 $f-\dfrac{1}{2T_s}>\dfrac{\alpha}{2T_s}$ 时，积分区间落在 $H(u)$ 非零的范围之外，$X(f)=0$。

当 $f\geqslant 0$ 且 $f-\dfrac{1}{2T_s}\leqslant -\dfrac{\alpha}{2T_s}$（即 $0\leqslant f\leqslant \dfrac{1-\alpha}{2T_s}$）时，积分区间完全包住了 $H(u)$ 非零的范围，$X(f)$ 等于 $H(f)$ 的面积乘以 T_s，也即 $X(f)=T_s h(0)=T_s$。

当 $f>\dfrac{1-\alpha}{2T_s}$ 且 $f-\dfrac{1}{2T_s}\leqslant \dfrac{\alpha}{2T_s}$（即 $\dfrac{1-\alpha}{2T_s}<f\leqslant \dfrac{1+\alpha}{2T_s}$）时，积分区间覆盖了 $H(u)$ 部分非零的范围，$X(f)$ 是 $H(u)$ 在 $f-\dfrac{1}{2T_s}<u<\dfrac{\alpha}{2T_s}$ 内的面积乘以 T_s：

$$X(f)=T_s\int_{f-\frac{1}{2T_s}}^{\frac{\alpha}{2T_s}}\frac{\pi T_s}{2\alpha}\cos\frac{\pi T_s f}{\alpha}du=\frac{T_s}{2}\left[\sin\frac{\pi T_s u}{\alpha}\right]_{f-\frac{1}{2T_s}}^{\frac{\alpha}{2T_s}}$$

$$=\frac{T_s}{2}\left[1-\sin\left(\frac{\pi T_s f}{\alpha}-\frac{\pi}{2\alpha}\right)\right]=\frac{T_s}{2}\left[1+\cos\left(\frac{\pi T_s f}{\alpha}-\frac{\pi}{2\alpha}+\frac{\pi}{2}\right)\right]$$

$$=\frac{T_s}{2}\left[1+\cos\left(\frac{\pi T_s}{\alpha}\left(f-\frac{1-\alpha}{2T_s}\right)\right)\right]$$

综上可得

$$X(f)=\begin{cases}T_s, & 0\leqslant |f|\leqslant \dfrac{1-\alpha}{2T_s}\\ \dfrac{T_s}{2}\left\{1+\cos\left[\dfrac{\pi T_s}{\alpha}\left(|f|-\dfrac{1-\alpha}{2T_s}\right)\right]\right\}, & \dfrac{1-\alpha}{2T_s}<|f|\leqslant \dfrac{1+\alpha}{2T_s}\\ 0, & |f|>\dfrac{1+\alpha}{2T_s}\end{cases}$$

120. 若二进制通信系统中接收端抽样判决处的判决量为 $y=a+n$，其中数字信息 a 等概取值于 $\{0,A\}$，噪声 n 服从拉普拉斯分布，其概率密度函数是 $f(n)=\dfrac{1}{2}e^{-|n|}$。试求最佳判决门限 V_T 及平均比特错误概率 P_b。

解： 发送 0 时 y 的条件概率密度为

$$p_1(y)=\frac{1}{2}e^{-|y|}$$

发送 A 时 y 的条件概率密度为
$$p_2(y) = \frac{1}{2}e^{-|y-A|}$$

最佳门限是似然概率相等的分界点,即有
$$p_1(V_T) = p_2(V_T)$$

从而得
$$V_T = \frac{A}{2}$$

发送 0 而判错的概率是
$$P(e \mid 0) = P\left(n > \frac{A}{2}\right) = \int_{A/2}^{\infty} \frac{1}{2}e^{-n}dn = \frac{1}{2}e^{-\frac{A}{2}}$$

发送 A 而判错的概率是
$$P(e \mid A) = P\left(n < -\frac{A}{2}\right) = \int_{-\infty}^{-A/2} \frac{1}{2}e^{n}dn = \frac{1}{2}e^{-\frac{A}{2}}$$

故平均比特错误率为
$$P_b = \frac{P(e \mid 0) + P(e \mid A)}{2} = \frac{1}{2}e^{-\frac{A}{2}}$$

121. 某基带传输系统接收端的抽样值为 $y = a + n + i_m$,其中 a 等概取值于 $\{\pm 1\}$,代表发送信息。n 代表高斯噪声分量,其均值为 0,方差为 σ^2。i_m 代表符号间干扰,i_m 有 3 个可能的取值:$-\frac{1}{2}$、0、$\frac{1}{2}$,其出现的概率分别为 $\frac{1}{4}$、$\frac{1}{2}$、$\frac{1}{4}$。已知 a、n、i_m 相互独立。若接收端的判决门限是 0,求该系统的平均误比特率。

解: 该系统的平均误比特率是发送 $a = 1$ 及发送 $a = -1$ 条件下错误率的平均:
$$P_e = P(e \mid a = +1)P(a = +1) + P(e \mid a = -1)P(a = -1)$$
$$= \frac{P(e \mid a = +1) + P(e \mid a = -1)}{2}$$

发送 $a = 1$ 时的错误率为
$$P(e \mid a = +1) = P(1 + n + i_m < 0) = P(n < -1 - i_m)$$

上式中的概率 $P(n < -1 - i_m)$ 可按 i_m 的各种可能取值来计算:
$$P(n < -1 - i_m) = P\left(n < -\frac{1}{2}\right)P\left(i_m = -\frac{1}{2}\right) + P(n < -1)P(i_m = 0) + P\left(n < -\frac{3}{2}\right)P\left(i_m = \frac{1}{2}\right)$$
$$= \frac{1}{4}P\left(n < -\frac{1}{2}\right) + \frac{1}{2}P(n < -1) + \frac{1}{4}P\left(n < -\frac{3}{2}\right)$$
$$= \frac{1}{4}P\left(n > \frac{1}{2}\right) + \frac{1}{2}P(n > 1) + \frac{1}{4}P\left(n > \frac{3}{2}\right)$$

同理,发送 $a = -1$ 时的错误率为
$$P(e \mid a = -1) = P(-1 + n + i_m > 0) = P(n > 1 - i_m)$$
$$= P\left(n > \frac{1}{2}\right)P\left(i_m = \frac{1}{2}\right) + P(n > 1)P(i_m = 0) + P\left(n > \frac{3}{2}\right)P\left(i_m = -\frac{1}{2}\right)$$
$$= \frac{1}{4}P\left(n > \frac{1}{2}\right) + \frac{1}{2}P(n > 1) + \frac{1}{4}P\left(n > \frac{3}{2}\right)$$
$$= P(e \mid a = +1)$$

其中
$$P\left(n>\frac{1}{2}\right)=\frac{1}{2}\operatorname{erfc}\left(\frac{1/2}{\sqrt{2\sigma^2}}\right)=\frac{1}{2}\operatorname{erfc}\left(\frac{1}{\sqrt{8\sigma^2}}\right)$$

$$P(n>1)=\frac{1}{2}\operatorname{erfc}\left(\frac{1}{\sqrt{2\sigma^2}}\right)=\frac{1}{2}\operatorname{erfc}\left(\frac{1}{\sqrt{2\sigma^2}}\right)$$

$$P\left(n>\frac{3}{2}\right)=\frac{1}{2}\operatorname{erfc}\left(\frac{3/2}{\sqrt{2\sigma^2}}\right)=\frac{1}{2}\operatorname{erfc}\left(\frac{3}{\sqrt{8\sigma^2}}\right)$$

代入得到
$$P_e=\frac{1}{8}\operatorname{erfc}\left(\frac{1}{\sqrt{8\sigma^2}}\right)+\frac{1}{4}\operatorname{erfc}\left(\frac{1}{\sqrt{2\sigma^2}}\right)+\frac{1}{8}\operatorname{erfc}\left(\frac{3}{\sqrt{8\sigma^2}}\right)$$

122. 设信源是独立等概的二进制序列,求其 AMI 信号的功率谱密度。

解:方法一:记 $\{b_n\}$ 为二进制信源,$b_n \in \{0,1\}$。记 $\{a_n\}$ 为 AMI 编码的结果,$a_n \in \{+1,0,-1\}$。则 AMI 码的波形可写为
$$s_{\text{AMI}}(t)=\sum_n a_n g(t-nT_b)$$

其中
$$g(t)=\begin{cases}A, & 0\leqslant t\leqslant\dfrac{T_b}{2}\\ 0, & \text{其他}\end{cases}$$

是半占空的 NZ 脉冲。

① 求 $\{a_n\}$ 的自相关函数 $R_a(m)=E[a_n a_{n+m}]$。

对于 $m=0$,有
$$R_a(0)=E[a_n^2]=1\times P(a_n=\pm 1)+0\times P(a_n=0)$$
$$=P(a_n=\pm 1)=P(b_n=1)=\frac{1}{2}$$

对于 $m=1$,有
$$R_a(1)=E[a_n a_{n+1}]=\sum_{a_n\in\{+1,0,-1\}}\sum_{a_{n+1}\in\{1,0,-1\}}a_n a_{n+1}P(a_n,a_{n+1})$$

$a_n=0$ 或者 $a_{n+1}=0$ 的项对求和不起作用,所以
$$R_a(1)=\sum_{a_n\in\{+1,-1\}}\sum_{a_{n+1}\in\{1,-1\}}a_n a_{n+1}P(a_n,a_{n+1})$$
$$=\sum_{a_n\in\{+1,-1\}}\sum_{a_{n+1}\in\{1,-1\}}a_n a_{n+1}P(a_{n+1}\mid a_n)P(a_n)$$

按照极性交替反转的编码规则,给定 $a_n=\pm 1$ 时,a_{n+1} 为 0(若 $b_{n+1}=0$)或者 $-a_n$(若 $b_{n+1}=1$),因此
$$R_a(1)=\sum_{a_n\in\{+1,-1\}}a_n(-a_n)P(a_{n+1}=-a_n\mid a_n)P(a_n)$$
$$=\sum_{a_n\in\{+1,-1\}}-a_n^2 P(b_{n+1}=1)P(a_n)$$
$$=-\frac{1}{2}\sum_{a_n\in\{+1,-1\}}P(a_n)$$
$$=-\frac{1}{2}[1-P(a_n=0)]$$

$$= -\frac{1}{2}[1 - P(b_n = 0)]$$

$$= -\frac{1}{4}$$

对于 $m>1$,有

$$R_a(m) = \sum_{a_n \in \{+1,-1\}} \sum_{a_{n+m} \in \{1,-1\}} a_n a_{n+m} P(a_n, a_{n+m})$$

$$= \sum_{a_n \in \{+1,-1\}} \sum_{a_{n+m} \in \{1,-1\}} a_n a_{n+m} P(a_{n+m} \mid a_n) P(a_n)$$

记 $I_{m-1}=1$ 表示 a_n 和 a_{n+m} 之间有偶数个非零元素,也即 $\{b_{n+1}, b_{n+2}, \cdots, b_{n+m-1}\}$ 中有偶数个 1。记 $I_{m-1}=0$ 表示 a_n 和 a_{n+m} 之间有奇数个非零元素,也即 $\{b_{n+1}, b_{n+2}, \cdots, b_{n+m-1}\}$ 中有奇数个 1。注意到

$$P(a_{n+m}, I_{m-1}=1 \mid a_n) + P(a_{n+m}, I_{m-1}=0 \mid a_n) = P(a_{n+m} \mid a_n)$$

则有

$$R_a(m) = \sum_{a_n \in \{+1,-1\}} \sum_{a_{n+m} \in \{1,-1\}} \sum_{I_{m-1} \in \{0,1\}} a_n a_{n+m} P(a_{n+m}, I_{m-1} \mid a_n) P(a_n)$$

在给定 $a_n = \pm 1$ 的条件下,若 $I_{m-1}=1$,则不可能 $a_{n+m}=a_n$。若 $I_{m-1}=0$,则不可能 $a_{n+m}=-a_n$,即

$$P(a_{n+m}=a_n, I_{m-1}=1 \mid a_n=\pm 1) = P(a_{n+m}=-a_n, I_{m-1}=0 \mid a_n=\pm 1) = 0$$

于是 $R_a(m) = \sum\limits_{a_n \in \{+1,-1\}} \sum\limits_{a_{n+m} \in \{1,-1\}} \sum\limits_{I_{m-1} \in \{0,1\}} a_n a_{n+m} P(a_{n+m}, I_{m-1} \mid a_n) P(a_n)$ 可写为

$$R_a(m) = \sum_{a_n \in \{+1,-1\}} \sum_{a_{n+m} \in \{-a_n, a_n\}} a_n a_{n+m} [P(a_{n+m}, I_{m-1}=0 \mid a_n) + P(a_{n+m}, I_{m-1}=1 \mid a_n)] P(a_n)$$

$$= \sum_{a_n \in \{+1,-1\}} [-P(a_{n+m}=-a_n, I_{m-1}=1 \mid a_n) + P(a_{n+m}=a_n, I_{m-1}=0 \mid a_n)] P(a_n)$$

$P(a_{n+m}=-a_n, I_{m-1}=1 \mid a_n=\pm 1)$ 实际就是在 $b_n=1$ 的条件下,$b_{n+m}=1$ 且 $\{b_{n+1}, b_{n+2}, \cdots, b_{n+m-1}\}$ 中有偶数个 1 的概率。由于 $\{b_n\}$ 是独立等概序列,所以"$b_n=1$"、"$b_{n+m}=1$"以及"$\{b_{n+1}, b_{n+2}, \cdots, b_{n+m-1}\}$ 中有偶数个 1" 3 个随机事件是两两独立的,因此

$$P(a_{n+m}=-a_n, I_{m-1}=1 \mid a_n=\pm 1) = P(b_{n+m}=1) P(I_{m-1}=1) = \frac{1}{2} P(I_{m-1}=1)$$

同理,

$$P(a_{n+m}=a_n, I_{m-1}=0 \mid a_n=\pm 1) = P(b_{n+m}=1) P(I_{m-1}=0) = \frac{1}{2} P(I_{m-1}=0)$$

因此

$$R_a(m) = \sum_{a_n \in \{+1,-1\}} \left[-\frac{1}{2} P(I_{m-1}=1) + \frac{1}{2} P(I_{m-1}=0)\right] P(a_n)$$

$$= \frac{P(I_{m-1}=0) - P(I_{m-1}=1)}{2} [1 - P(a_n=0)]$$

$$= \frac{P(I_{m-1}=0) - P(I_{m-1}=1)}{4}$$

若 m 是偶数,则连续 $m-1$ 个独立等概二进制序列中出现偶数个 1 的概率为

$$P(I_{m-1}=1) = \frac{C_{m-1}^0 + C_{m-1}^2 + \cdots + C_{m-1}^{m-2}}{2^{m-1}}$$

出现奇数个 1 的概率是

$$P(I_{m-1}=0) = \frac{C_{m-1}^1 + C_{m-1}^3 + \cdots + C_{m-1}^{m-1}}{2^{m-1}}$$

利用关系 $C_{m-1}^j = C_{m-1}^{m-1-j}$ 可得

$$P(I_{m-1}=0) = \frac{C_{m-1}^{m-2} + C_{m-1}^{m-4} + \cdots + C_{m-1}^{(m-1)-(m-1)}}{2^{m-1}} = P(I_{m-1}=1)$$

对于 m 是奇数的情形,同理可得 $P(I_{m-1}=0) = P(I_{m-1}=1)$。于是得到 $R_a(m) = 0 (m>1)$。再利用自相关函数是偶函数这一点可得到序列 $\{a_n\}$ 的自相关函数为

$$R_a(m) = \begin{cases} \dfrac{1}{2}, & m=0 \\ -\dfrac{1}{4}, & m=\pm 1 \\ 0, & \text{其他} \end{cases}$$

② 求 $u(t) = \sum_n a_n \delta(t - nT_b)$ 的功率谱密度。

$u(t)$ 的自相关函数为

$$\begin{aligned} R_u(t, t+\tau) &= E[u(t)u(t+\tau)] \\ &= E\Big[\sum_n a_n \delta(t-nT_b) \cdot \sum_j a_j \delta(t+\tau-jT_b)\Big] \\ &= E\Big[\sum_n \sum_j a_n a_j \delta(t-nT_b)\delta(t+\tau-jT_b)\Big] \\ &= \sum_n \sum_j R_a(n-j)\delta(t-nT_b)\delta(t+\tau-jT_b) \end{aligned}$$

代入前面得到的结果可得

$$R_u(t, t+\tau) = \sum_n \Big[\frac{\delta(t+\tau-nT_b)}{2} - \frac{\delta(t+\tau-nT_b-T_b)}{4} - \frac{\delta(t+\tau-nT_b+T_b)}{4}\Big]\delta(t-nT_b)$$

这个结果表明 $u(t)$ 是循环平稳过程,求得其平均自相关函数为

$$\begin{aligned} \overline{R_u}(\tau) &= \frac{1}{T_b} \int_{-T_b/2}^{T_b/2} R_u(t, t+\tau) \mathrm{d}t \\ &= \frac{1}{T_b} \int_{-T_b/2}^{T_b/2} \Big[\frac{\delta(t+\tau)}{2} - \frac{\delta(t+\tau-T_b)}{4} - \frac{\delta(t+\tau+T_b)}{4}\Big]\delta(t)\mathrm{d}t \\ &= \frac{1}{4T_b}[2\delta(\tau) - \delta(\tau-T_b) - \delta(\tau+T_b)] \end{aligned}$$

做傅氏变换得到 $u(t)$ 的平均功率谱密度为

$$P_u(f) = \frac{1}{4T_b}[2 - \mathrm{e}^{-\mathrm{j}2\pi fT_b} - \mathrm{e}^{\mathrm{j}2\pi fT_b}] = \frac{1-\cos 2\pi fT_b}{2T_b} = \frac{\sin^2(\pi fT_b)}{T_b}$$

③ 求 AMI 信号的功率谱密度。

$s_{\mathrm{AMI}}(t)$ 可以看成 $u(t)$ 通过一个冲激响应为 $g(t)$ 的线性系统的输出。由于 $g(t)$ 的傅氏变换是

$$G(f) = \frac{AT_b}{2}\mathrm{sinc}\Big(\frac{fT_b}{2}\Big)\mathrm{e}^{-\frac{\mathrm{j}\pi fT_b}{2}}$$

所以 AMI 信号的功率谱为

$$P_{\text{AMI}}(f) = \frac{A^2 T_b}{4} \text{sinc}^2\left(\frac{fT_b}{2}\right)\sin^2(\pi f T_b)$$

方法二：本题在得到 AMI 码序列 $\{a_m\}$ 的自相关函数 $R_a(m)$ 后，可求出 $\{a_m\}$ 的功率谱 $P_a(f)$，它是对 $R_a(m)$ 的离散时间傅氏变换：

$$\begin{aligned}
P_a(f) &= \sum_{m=-\infty}^{\infty} R_a(m) e^{-j2\pi f_m T_b} \\
&= \frac{1}{2} - \frac{1}{4} e^{-j2\pi f T_b} - \frac{1}{4} e^{-j2\pi f T_b} \\
&= \frac{1}{2}(1 - \cos 2\pi f T_b) = \sin^2(\pi f T_b)
\end{aligned}$$

于是，半占空归零脉冲的 AMI(RZ)码的平均功率谱为

$$\begin{aligned}
P_s(f) &= \frac{1}{T_b} P_a(f) |G_T(f)|^2 \\
&= \frac{1}{T_b} \sin^2(\pi f T_b) \left(\frac{AT_b}{2}\right)^2 \text{sinc}^2\left(\frac{fT_b}{2}\right) \\
&= \frac{A^2 T_b}{4} \sin^2(\pi f T_b) \text{sinc}^2\left(\frac{fT_b}{2}\right)
\end{aligned}$$

123. 双极性 NRZ 基带信号 $s(t) = \sum_{n=-\infty}^{\infty} a_n g(t - nT_s)$ 经过一个限带滤波器后成为 $u(t)$，而后按图 5-34 中的平方环电路提取符号同步信号。试分析平方器输出的离散谱分量，并指出这种提取时钟的方法对限带滤波器有什么要求。假设 $g(t)$ 的幅度是 1，$\{a_n\}$ 的元素以独立等概方式取值于 $\{\pm A\}$。

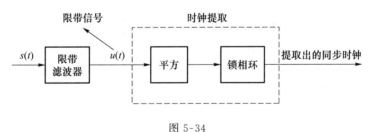

图 5-34

解：限带信号可写成

$$u(t) = \sum_{n=-\infty}^{\infty} a_n x(t - nT_s - t_0)$$

其中 $x(t)$ 是矩形脉冲 $g(t)$ 限带后的脉冲波形。若限带滤波器的特性是 $H(f)$，则 $x(t)$ 的频谱为

$$X(f) = AT_b H(f) \text{sinc}(fT_s)$$

平方后的信号是

$$u^2(t) = \sum_n \sum_m a_n a_m x(t - nT_s - t_0) x(t - mT_s - t_0)$$

其数学期望是

$$v(t) = E[u^2(t)]$$
$$= \sum_n \sum_m E[a_n a_m] x(t - nT_s - t_0) x(t - mT_s - t_0)$$
$$= \sum_m x^2(t - mT_s - t_0)$$

令 $p(t) = x^2(t)$，则 $v(t)$ 等价于 $\sum_m \delta(t - mT_s)$ 经过一个冲激响应为 $p(t-t_0)$ 的线性系统的输出。设 $p(t)$ 的傅氏变换为 $P(f)$。由于

$$\sum_m \delta(t - mT_s) = \frac{1}{T_s} \sum_n e^{j2\pi \frac{n}{T_s} t}$$

因此

$$v(t) = \frac{1}{T_s} \sum_n P\left(\frac{n}{T_s}\right) e^{j2\pi \frac{n}{T_s}(t-t_0)}$$

上式就是平方器输出的离散谱分量。从式中可以看出，只要 $P\left(\frac{1}{T_s}\right) \neq 0$，$u^2(t)$ 中就包含 $f = \frac{1}{T_s}$ 的离散线谱分量，用窄带滤波器或锁相环提取出这个分量就获得了同步时钟。

由 $p(t) = x^2(t)$ 及频域卷积关系得到

$$P\left(\frac{1}{T_s}\right) = \int_{-\infty}^{\infty} X(f) X\left(\frac{1}{T_s} - f\right) df$$

因此，为了提出时钟分量，需要的条件是积分 $\int_{-\infty}^{\infty} X(f) X\left(\frac{1}{T_s} - f\right) df$ 不为 0。使此积分不为零的必要条件是 $X(f)$ 和 $X\left(\frac{1}{T_s} - f\right)$ 必须有重叠，也就是要求 $H(f)$ 和 $H\left(\frac{1}{T_s} - f\right)$ 必须有重叠，即要求 $H(f)$ 的频带宽度必须超过最小 Nyquist 带宽 $\frac{1}{2T_s}$。

第 6 章　数字信号的频带传输

1. 判断:设 $s(t)$ 是 16QAM 调制的发送波形,其复包络是 $s_L(t)$,则 $s_L(t)$ 是一个复 16PAM 信号。

解:正确。$s(t)$ 的同相分量 $I(t)$ 和正交分量 $Q(t)$ 均是实 4PAM 信号,其复包络 $s_L(t) = I(t) + jQ(t)$ 可以看作有 16 种复幅值的信号,即复 16PAM 信号。

2. 判断:考虑无编码的 BPSK 和 OOK。如果数据独立等概,则在相同的信道条件及 BER 目标下,OOK 因为有一半时间不发送,所以它花费的能量比 BPSK 更少。

解:错误。独立等概时,OOK 的误比特率为 $P_b = \frac{1}{2}\mathrm{erfc}\left(\sqrt{\frac{E_b}{2N_0}}\right)$,BPSK 的误比特率为 $P_b = \frac{1}{2}\mathrm{erfc}\left(\sqrt{\frac{E_b}{N_0}}\right)$。在相同的信道条件和 BER 目标下,OOK 每传 1 个比特平均花费的能量是 BPSK 的 2 倍。

3. 判断:在二维星座图中,相比于其他星座布局,矩形 MQAM 星座具有最优的误符号率性能。

解:错误。矩形 MQAM 星座不是最优的星座结构,在相同的符号能量条件下,矩形 MQAM 星座的 $d_{\min}$ 不是最大的。矩形 MQAM 星座的优势在于,其信号可以通过两路载波正交的 $\sqrt{M}$ 进制 ASK 信号的叠加来实现,产生和调制比较容易。

4. 判断:对于 M 进制调制的检测问题,应用 ML 准则的前提是噪声为高斯噪声。

解:错误。对于 M 进制调制的检测问题,使平均错误概率最小的检测准则是 MAP 准则,当 M 个发送符号先验等概时,MAP 准则等价于 ML 准则。

5. 判断:在给定单位比特能量的条件下,随着进制数 M 的增加,MFSK 系统的带宽增加,误符号率下降。

解:正确。MFSK 任意两个星座点之间的欧氏距离相等,均等于其最小欧氏距离 $d_{\min} = \sqrt{2E_s} = \sqrt{2\log_2 M \cdot E_b}$。给定 E_b 时,随着 M 的增加,E_s 增大,从而 $d_{\min}$ 增大,误符号率下降。

6. 判断:2DPSK 系统中常用的差分相干解调是相干解调的一种。

解:错误。差分相干解调不需要接收端恢复同步载波,属于非相干解调。

7. 判断:可以将 2FSK 看成两个数据反相的 OOK 之和。

解：正确。2FSK 可以表示为

$$s_{2\text{FSK}}(t) = \begin{cases} A\cos 2\pi f_1 t, & \text{"传号"} \\ A\cos 2\pi f_2 t, & \text{"空号"} \end{cases} = s_{\text{OOK1}}(t) + s_{\text{OOK2}}(t)$$

其中 $s_{\text{OOK1}}(t) = \begin{cases} A\cos 2\pi f_1 t, & \text{"传号"} \\ 0, & \text{"空号"} \end{cases}$ 和 $s_{\text{OOK2}}(t) = \begin{cases} A\cos 2\pi f_1 t, & \text{"传号"} \\ 0, & \text{"空号"} \end{cases}$ 是两个数据反相的 OOK。

8. 判断：2FSK 系统的误比特率与发送信号的频差的设计有关。当频差能使两个波形正交时，误比特率可以达到最小。

解：错误。2FSK 系统的误比特率等于 $\frac{1}{2}\text{erfc}\left(\sqrt{\frac{E_b(1-\rho_{12})}{2N_0}}\right)$，其中 $\rho_{12} = \frac{1}{\sqrt{E_1 E_2}} \cdot \int_0^{T_b} s_1(t) s_2(t) dt$ 是两个波形的相关系数。两个波形负相关（$\rho_{12} < 0$）时的误比特率小于两个波形正交（$\rho_{12} = 0$）时的误比特率。

9. 判断：对于相同的 $\dfrac{E_b}{N_0}$ 和频带利用率，MPSK 的误符号率比 MASK 的误符号率低。

解：正确。相同的频带利用率说明两种调制方式的进制数 M 相同。MPSK 星座的结构优于 MPSK 星座，在相同的 M 和 E_b 下，MPSK 的 $d_{\min}$ 更大，误符号率更低。

10. 判断：采用差分相干解调的 2DPSK 系统的误符号率比采用理想相干解调的 BPSK 系统的误符号率低 3 dB。

解：错误。采用理想相干解调的 2DPSK 系统的误符号率比采用理想相干解调的 BPSK 系统的误符号率低 3 dB。差分相干解调是一种非相干解调，其性能差于理想相干解调。

11. 判断：DPSK 把发送信息包含在前、后符号之间的相位差中。

解：正确。

12. 判断：与理想载波同步的 2PSK 相比，2DPSK 由于采用了差分编码，所以有更低的误比特率。

解：错误。2DPSK 解决了在实际系统中 2PSK 可能面临的恢复载波相位模糊问题，但差分编码使得 2DPSK 在前、后符号之间引入了相关性，增大了译码错误的概率。与理想载波同步的 2PSK 相比，2DPSK 发生错误的概率更大。

13. 判断：若 QPSK 系统的基带成形脉冲是 NRZ 矩形脉冲，则其发送信号是恒包络信号。

解：正确。QPSK 的发送信号可以表示为

$$s_{\text{QPSK}}(t) = a_I(t)\cos 2\pi f_c t - a_Q(t)\sin 2\pi f_c t$$

其包络为

$$A(t) = \sqrt{a_I^2(t) + a_Q^2(t)}$$

当用幅度为 A 的 NRZ 矩形脉冲成形时，$a_I(t)$ 和 $a_Q(t)$ 只有 $\pm A$ 两种取值，包络 $A(t)$ 恒等于 A。

14. 判断：OQPSK 与 QPSK 有相同的抗噪声性能及频带利用率。

解：正确。QPSK 信号可以看作两路载波正交的 2PSK 信号之和，OQPSK 在 QPSK 的基础上，将其中一路信号延迟了 T_b，这既不改变功率谱密度，也不改变误比特率。

15. 判断：将长度为 k 的比特组映射到 $M=2^k$ 进制的调制星座时，如果采用格雷映射，则星座图上欧氏距离最近的两个点所对应的比特组的汉明距离最大。

解：错误。采用格雷映射时，星座图上欧氏距离最近的两个点所对应的比特组只差 1 个比特，因此其汉明距离也最小，为 1。

16. 判断：任意的二维 M 进制调制都可以设计为格雷映射。

解：错误。格雷码映射的要求是，星座图中相邻的信号点对应的比特组只差 1 个比特。如果相邻信号点的数量大于比特组的长度，则无法设计为格雷映射。例如，对于正交 16FSK，其任一信号点都有 15 个与之相邻的信号点，但一个符号包含 4 个比特，最多只有 4 种相差 1 个比特的设计，因此无法设计为格雷映射。

17. 判断：在高信噪比条件下，MQAM 的判决错误率主要取决于星座点之间的平均距离。

解：错误。在高信噪比条件下，判决错误率主要取决于星座点之间的最小欧氏距离。

18. 判断：矩形星座的 MQAM 都可以设计为格雷映射。

解：正确。

19. 判断：OOK 信号的功率谱密度在载频 f_c 处有冲激分量。

解：正确。OOK 信号可以看作单极性不归零信号做 DSB-SC 调制，其功率谱密度是单极性不归零信号功率谱密度的频谱搬移。单极性不归零信号的功率谱有直流分量，故 OOK 信号的功率谱在载频 f_c 处有冲激分量。

20. 判断：某 4 进制调制的星座图为图 6-1。发送信号通过 AWGN 信道传输，各星座点等概出现。图 6-1 中的阴影区是星座点 s_1 的 ML 判决域。

解：错误。AWGN 信道下，ML 准则等价于最小距离检测准则，星座点的判决域通过垂直平分线划分。s_1 的判决域是图 6-2 中的阴影区。

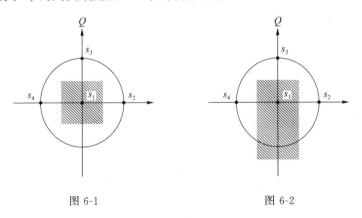

图 6-1   图 6-2

21. 判断：单极性 NRZ 信号对正弦载波做 DSB 调制后得到的是 OOK 信号。

解：正确。

22. 判断：在高信噪比条件下，AM 非相干解调的性能非常接近相干解调的性能。OOK 是一种 AM，因此当 $\dfrac{E_b}{N_0}$ 较大时，OOK 非相干解调的性能也近似等于相干解调的性能，即

$$\text{BER} \approx \frac{1}{2}\text{erfc}\left(\sqrt{\frac{E_b}{2N_0}}\right).$$

解：错误。对 OOK 来说，ON 状态下有信号，OFF 状态下无信号。所以即便平均的 E_b/N_0 很大，其在 OFF 状态下也远不是高信噪比。

23. **判断**：M 进制调制的符号错误率一般小于比特错误率。

解：错误。1 个 M 进制符号包含 $k=\log_2 M$ 个比特。错 1 个符号时，最坏的情况是 k 个比特都发生错误，此时比特错误率 P_b 等于符号错误率 P_s；最好的情况是 k 个比特中只有 1 个比特发生错误，此时比特错误率 P_b 是符号错误率 P_s 的 $\frac{1}{k}$。因此有 $\frac{1}{k}P_s \leqslant P_b \leqslant P_s$，符号错误率不小于比特错误率。

24. **判断**：三维四进制调制信号通过 AWGN 信道传输，接收端采用 ML 检测。对于给定的 $\frac{E_b}{N_0}$，能使误符号率最小的最佳星座设计是将星座点取为正四面体的四个顶点。

解：正确。此设计下，四个星座点之间的欧氏距离相等，均等于 $d_{\min}$，此时实现同样 $d_{\min}$ 的平均符号能量最小。

25. 设有 OOK 信号 $s(t) = A\left[\sum_{n=-\infty}^{\infty} a_n g_T(t-nT_b)\right]\cos 2\pi f_c t$，已知 $T_b = 1$ ms，基带脉冲成形 $g_T(t)$ 采用了滚降因子为 0.25 的根号升余弦滚降特性。此 OOK 系统的频带利用率是_____ bit/s/Hz。

(A) 0.5　　　　(B) 0.8　　　　(C) 1　　　　(D) 1.25

解：B。频带利用率为 $\frac{R_b}{W} = \frac{R_b}{R_b(1+\alpha)} = \frac{1}{1+\alpha} = 0.8$。

26. 通过用幅度为 A 的_____信号 $b(t)$ 对高频载波 $\cos 2\pi f_c t$ 做 AM 调制得到的已调信号 $s(t) = [A+b(t)]\cos 2\pi f_c t$ 是 OOK 信号。

(A) 双二进制　　(B) 双极性不归零　　(C) 单极性不归零　　(D) 单极性归零

解：B。$b(t)$ 是幅度为 A 的双极性不归零信号时，$A+b(t)$ 是幅度为 $2A$ 的单极性不归零信号，对单极性不归零信号做 DSB-SC 调制可得到 OOK 信号。

27. 将双极性 NRZ 信号通过一个 FM 调制器后的输出是_____信号。

(A) OOK　　　(B) 4FSK　　　(C) 2PSK　　　(D) 2FSK

解：D。

28. 用双极性不归零码对载波做_____调制，其结果是 BPSK。

(A) DSB-SC　　(B) AM　　　(C) FM　　　(D) SSB

解：A。

29. 用单/双极性不归零码对载波做_____调制，其结果是 BPSK。

(A) AM　　　(B) FM　　　(C) PM　　　(D) SSB

解：C。对基带信号 $b(t)$ 做 PM 调制的输出是 $y(t) = \cos[\omega_c t + K_p b(t)]$，其中 K_p 为相位偏移常数。当 $b(t)$ 是单/双极性不归零码时，其在一个符号周期内有两种取值，对应 $y(t)$ 有两个不同的载波相位，属于 BPSK 信号。

30. 先将数据进行差分编码，然后进行 BPSK 调制，调制输出是_____信号。

(A) 2DPSK　　(B) QPSK　　　(C) 2ASK　　　(D) 2FSK

解：A。

31. 假设数据独立等概,数据速率是 800 bit/s,基带滚降系数是 0.25。2DPSK 发送信号的带宽是_____ Hz。

(A) 400　　　　(B) 500　　　　(C) 800　　　　(D) 1 000

解：D。$R_s = R_b = 800$ Baud。基带信号的带宽是 $W = \frac{R_s}{2}(1+a) = \frac{800}{2} \times (1+0.25) = 500$ Hz,对应的频带信号的带宽是 $B = 2W = 1\,000$ Hz。

32. 下列中可以采用差分相干解调的是_____。

(A) BPSK　　　(B) DPSK　　　(C) OOK　　　(D) 2FSK

解：B。

33. 若 BPSK 的误比特率是 0.001,则 2DPSK 相干解调的误比特率近似是_____。

(A) 0.000 5　　(B) 0.001　　　(C) 0.002　　　(D) 0.003

解：C。相干解调时,2DPSK 的误比特率 P_{ed} 与 BPSK 的误比特率 P_b 的关系是 $P_{ed} = 2P_b(1-P_b)$。当 $P_b \ll 1$ 时,$P_{ed} \approx 2P_b$。

34. 2DPSK 的解调方式可以是_____。

(A) 差分相干解调　　　　　　　(B) 相干解调＋差分译码

(C) 包络检波＋差分译码　　　　(D) 差分相干解调＋差分译码

解：AB。

35. 给定 $\frac{E_b}{N_0}$,QPSK 的误比特率为_____。

(A) $\frac{1}{2}\text{erfc}\left(\sqrt{\frac{E_b}{N_0}}\right)$　　　　　　　(B) $\frac{1}{2}\text{erfc}\left(\sqrt{\frac{E_b}{2N_0}}\right)$

(C) $\frac{1}{2}\text{erfc}\left(\sqrt{\frac{N_0}{E_b}}\right)$　　　　　　　(D) $\frac{1}{2}\text{erfc}\left(\sqrt{\frac{2N_0}{E_b}}\right)$

解：A。QPSK 的误比特率与其 I 支路或 Q 支路的误比特率相同,均等于 2PSK 的误比特率 $\frac{1}{2}\text{erfc}\left(\sqrt{\frac{E_b}{N_0}}\right)$。

36. 图 6-3 示出的是_____系统的接收端在 I 路观察到的眼图。

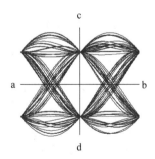

图 6-3

(A) 8PSK　　　(B) 16FSK　　　(C) 16QAM　　　(D) QPSK

解：D。眼图中有 1 个张开的眼睛,这意味着该系统的 I 路信号有 2 个电平值,四个选项中只有 QPSK 符合。

37. 某 QPSK 系统的数据速率是 6 Mbit/s,滚降系数是 1/3,该系统的频带利用率是_____ bit/s/Hz。

(A) 0.5　　　　(B) 1　　　　(C) 1.5　　　　(D) 2

解:C。符号速率是 $R_s = \frac{6}{2} = 3$ MBaud,系统带宽是 $W = R_s(1+\alpha) = 4$ MHz,故频带利用率为 $\frac{R_b}{W} = \frac{6}{4} = 1.5$ bit/s/Hz。

38. QPSK 是两个载波正交的_____之和。

(A) BPSK　　　(B) OOK　　　(C) 2FSK　　　(D) SSB

解:A。

39. 若 QPSK 的误比特率是 0.1,则其误符号率是_____。

(A) 0.05　　　(B) 0.2　　　(C) 0.1　　　(D) 0.19

解:D。QPSK 的 I、Q 两路的误比特率相同,且 I、Q 两路传输是否出错是相互独立的事件。若 I、Q 两路中任意一路出错,则该符号出错,其发生的概率为 $1-(1-0.1)^2=0.19$。

40. QPSK 将一对比特映射到四个相位,若相邻相位对应的两个比特_____,则称其为格雷映射。

(A) 只有 1 个比特不同　　　　　(B) 最多有 2 个比特不同
(C) 完全相同　　　　　　　　　(D) 完全相反

解:A。参考格雷映射的定义。

41. 与 QPSK 相比,OQPSK 的_____更小。

(A) 占用带宽　　(B) 接收机复杂度　　(C) 包络起伏　　(D) 误比特率

解:C。

42. OQPSK 是在 QPSK 的基础上,将 Q 路延迟了_____时间。

(A) $\frac{T_b}{2}$　　　(B) T_b　　　(C) T_s　　　(D) $2T_b$

解:B。OQPSK 是在 QPSK 的基础上将 I、Q 两路中的一路延迟半个符号周期,即 $\frac{T_s}{2} = T_b$。

43. 设 $f_1(t)$、$f_2(t)$、$f_3(t)$ 是归一化正交基函数,波形 $s(t) = 4f_1(t) - 2f_2(t) + f_3(t)$ 的星座点的坐标是_____。

(A) (4,2,1)　　(B) (4,-2,1)　　(C) (1,-2,4)　　(D) (-2,1,4)

解:B。归一化正交基下,波形 $s(t)$ 可以表示成基函数的线性组合,线性组合的系数就是相应维度的坐标值。

44. 设 $f_1(t)$、$f_2(t)$、$f_3(t)$ 是归一化正交基函数。若 $s_1(t) = 4f_1(t) - 2f_2(t) + f_3(t)$,$s_2(t) = f_1(t) + 2f_2(t)$,则 $s(t) = s_1(t) + s_2(t)$ 的星座点的坐标是_____。

(A) (1,2,0)　　(B) (4,-2,1)　　(C) (5,0,1)　　(D) (3,-4,1)

解:C。$s(t) = 5 \times f_1(t) + 0 \times f_2(t) + 1 \times f_3(t)$,其对应的坐标为 (5,0,1)。

45. 设 $f_1(t)$、$f_2(t)$、$f_3(t)$ 是归一化正交基函数,波形 $s(t) = 3f_1(t) - 2f_2(t) + f_3(t)$ 的能量是_____。

(A) 6　　　　　(B) 8　　　　　(C) 14　　　　　(D) 12

解：C。$s(t)$的矢量表示是 $\boldsymbol{s}=(3,-2,1)$，其能量等于矢量长度平方 $|\boldsymbol{s}|^2=3^2+2^2+1^1=14$。

46. 16QAM 属于_____维调制。

(A) 1　　　　　(B) 2　　　　　(C) 4　　　　　(D) 16

解：B。16QAM 信号可以表示为两个归一化正交基函数 $\sqrt{\dfrac{2}{E_g}}g_T(t)\cos 2\pi f_c t$ 和 $\sqrt{\dfrac{2}{E_g}}g_T(t)\sin 2\pi f_c t$ 的线性组合，其中 E_g 为脉冲波形 $g_T(t)$ 的能量。

47. 8PSK 属于_____维调制。

(A) 1　　　　　(B) 2　　　　　(C) 3　　　　　(D) 8

解：B。同上题。

48. 在 M 进制信号的最佳检测中，若发送信号的_____相同，则 MAP 准则与 ML 准则等价。

(A) 能量　　　(B) 后验概率　　　(C) 似然概率　　　(D) 先验概率

解：D。

49. 在_____的条件下，按 MAP 准则进行检测等价于按最小欧氏距离进行检测。

(A) 发送信号通过 AWGN 信道传输，接收信号后验等概
(B) 发送信号先验等概，并通过 AWGN 信道传输
(C) 发送信号先验等概且等能量
(D) 发送信号先验等概

解：B。在先验等概条件下，MAP 准则等价于 ML 准则；在高斯白噪声条件下，ML 准则等价于最小距离检测准则。

50. 通过信道发送 $s\in\{s_1,s_2,\cdots,s_M\}$，信道输出端收到 $\boldsymbol{r}$。下列中的_____是似然函数。

(A) $P(s_i|\boldsymbol{r})$　　　(B) $p(\boldsymbol{r})$　　　(C) $p(\boldsymbol{r}|s_i)$　　　(D) $p(s_i)$

解：C。在给定发送符号 s_i 的条件下，观察矢量 $\boldsymbol{r}$ 的概率密度函数是似然函数。

51. 通过信道发送 $s\in\{s_1,s_2,\cdots,s_M\}$，信道输出端收到 $\boldsymbol{r}$。下列中的_____是后验概率。

(A) $P(s_i|\boldsymbol{r})$　　　　　　　　(B) $P(\boldsymbol{r})$
(C) $P(\boldsymbol{r}|s_i)$　　　　　　　　(D) $P(s_i)$

解：A。在接收到观察矢量 $\boldsymbol{r}$ 的条件下，发送符号 s_i 的概率是后验概率。

52. 某信道的输入为 $s\in\{\pm 1,\pm 3\}$，输出为 $r=s+n$，其中 n 是均值为零、方差为 $\dfrac{N_0}{2}$ 的高斯随机变量，s 与 n 独立。在发送 $s=+1$ 的条件下似然函数是_____。

(A) $\dfrac{1}{\sqrt{\pi N_0}}e^{-\frac{y^2}{N_0}}$　　　　　　　(B) $\dfrac{1}{\sqrt{2\pi N_0}}e^{-\frac{(y-1)^2}{2N_0}}$

(C) $\dfrac{1}{\sqrt{\pi N_0}}e^{-\frac{(y-1)^2}{N_0}}$　　　　　(D) $\dfrac{1}{\sqrt{\pi N_0}}e^{-\frac{(y+1)^2}{N_0}}$

解：C。在发送 $s=1$ 的条件下，$r=s+n$ 是均值为 1、方差为 $\dfrac{N_0}{2}$ 的高斯随机变量，r 的概

率密度就是所求的似然函数：

$$p(r|s=+1)=\frac{1}{\sqrt{\pi N_0}}e^{-\frac{(y-1)^2}{N_0}}$$

53. 某信道的输入为 $s\in\{\pm 1,\pm 3\}$，输出为 $r=s+n$，其中 n 等概取值于 $\{\pm 1\}$，s 与 n 独立。在发送 $s=+1$ 的条件下似然函数是_____。

(A) $\frac{1}{2}\delta(r-2)+\frac{1}{2}\delta(r+2)$ (B) $\frac{1}{2}\delta(r)+\frac{1}{2}\delta(r+2)$

(C) $\frac{1}{2}\delta(r-1)+\frac{1}{2}\delta(r+1)$ (D) $\frac{1}{2}\delta(r)+\frac{1}{2}\delta(r-2)$

解：D。在发送 $s=+1$ 的条件下，$r=1+n$。由于 n 等概取值 $\{\pm 1\}$，故 r 等概取值于 $\{0,2\}$，似然函数为

$$p(r|s=+1)=\frac{1}{2}\delta(r)+\frac{1}{2}\delta(r-2)$$

54. 若 4ASK 在归一化基函数下的四个星座点是 $-1,-3,+1,+3$，四个星座点等概出现，则平均符号能量是_____。

(A) 2.5   (B) 4   (C) 5   (D) 10

解：C。平均符号能量是 $\frac{1}{4}\times[(-3)^2+(-1)^2+1^2+3^2]=5$。

55. 若采用了格雷映射的 4ASK 的误符号率是 0.002，则其平均误比特率近似是_____。

(A) 0.001   (B) 0.002   (C) 0.003   (D) 0.004

解：A。采用格雷映射时，错 1 个符号大概率对应错 1 个比特，误比特率 P_b 和误符号率 P_s 之间的关系近似为 $P_b=\frac{P_s}{\log_2 M}$，故本题中平均误比特率近似为 $\frac{0.002}{\log_2 4}=0.001$。

56. MPSK 系统采用格雷码映射可以降低_____。

(A) 主瓣带宽   (B) 误符号率   (C) 包络起伏   (D) 误比特率

解：D。采用格雷映射时，MPSK 相邻载波相位所对应的 $\log_2 M$ 个比特之间仅相差 1 个比特符号。在噪声不太大时，由噪声引起的判决错误大概率只是错判为相邻载波相位，仅对应 1 个比特错误。因此，在同样的误符号率下，格雷映射相比于其他映射降低了误比特率。

57. 4ASK 系统在归一化基函数下的四个星座点是 $\{-3,-1,1,3\}$，四个星座点等概出现。信号通过 AWGN 信道传输，噪声的单边功率谱密度为 N_0。接收端 ML 检测的平均误符号率为_____。

(A) $\frac{3}{4}\text{erfc}\left(\frac{1}{\sqrt{N_0}}\right)$ (B) $\frac{1}{2}\text{erfc}\left(\frac{1}{\sqrt{N_0}}\right)$

(C) $\frac{1}{2}\text{erfc}\left(\frac{2}{\sqrt{N_0}}\right)$ (D) $\frac{3}{4}\text{erfc}\left(\frac{2}{\sqrt{N_0}}\right)$

解：A。发送 -3 时的接收信号是 $y=-3+z$，判决域是 $(-\infty,-2)$，判决出错的情形是 $y>-2$，即噪声 $z>1$，其概率为

$$P(e|-3)=P(z>1)=\frac{1}{2}\text{erfc}\left(\frac{1}{\sqrt{N_0}}\right)$$

同理,发送 -1 时的接收信号是 $y=-1+z$,判决域是 $(-2,0)$,判决出错的情形是 $y<-2$ 或 $y>0$,即噪声 $|z|>1$,其概率为

$$P(e|-1)=\text{erfc}\left(\frac{1}{\sqrt{N_0}}\right)$$

根据对称性,$P(e|+1)=P(e|-1)$,$P(e|+3)=P(e|-3)$。故平均误符号率为

$$P_s=\frac{1}{4}\{P(e|-3)+P(e|-1)+P(e|+1)+P(e|+3)\}=\frac{3}{4}\text{erfc}\left(\frac{1}{\sqrt{N_0}}\right)$$

58. 若平均符号能量是 1,则 8PSK 系统的星座点之间的最小欧氏距离是_____。

(A) $2\sin\frac{\pi}{4}$ (B) $2\cos\frac{\pi}{8}$

(C) $2\sin\frac{\pi}{16}$ (D) $2\sin\frac{\pi}{8}$

解:D。平均符号能量是 1 时,8PSK 系统的星座点均匀分布在单位圆上,根据图 6-4 可计算出最小欧氏距离为 $d_{\min}=2\sin\theta$,其中 $\theta=\frac{\pi}{8}$。

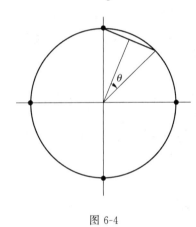

图 6-4

59. 矩形星座的 16QAM 可以分解为两个正交的 4ASK。若每个 4ASK 的误符号率均为 P_4,则 16QAM 的误符号率 P_{16} 满足_____。

(A) $P_{16}=(1-P_4)^2$ (B) $1-P_{16}=(1-P_4)^2$
(C) $P_{16}=P_4^2$ (D) $1-P_4=(1-P_{16})^2$

解:B。当 I、Q 两路 4ASK 信号均判决正确时,16QAM 信号正确。两个 4ASK 都正确的概率是 $(1-P_4)^2$,故 16QAM 的误符号率为 $P_{16}=1-(1-P_4)^2$。

60. 图 6-5 给出了某 64QAM 系统在 AWGN 信道下的最佳接收框图,其中 $f_1(t)=\sqrt{\frac{2}{E_g}}g(t)\cos 2\pi f_c t$,$f_2(t)=\sqrt{\frac{2}{E_g}}g(t)\sin 2\pi f_c t$,$g_T(t)$ 是基带成形脉冲,E_g 是 $g_T(t)$ 的能量。根据此图可以判断出_____。

(A) 该系统的星座图是矩形的,基带成形脉冲也是矩形的
(B) 该系统的星座图是矩形的,基带成形脉冲的频谱是根号升余弦
(C) 该系统的星座图是任意二维星座的,基带成形脉冲是矩形的
(D) 该系统的星座图是任意二维星座,基带成形脉冲的频谱是根号升余弦

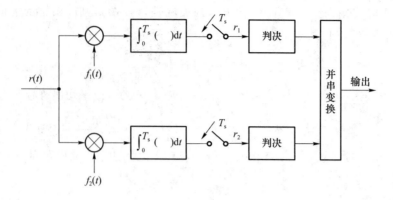

图 6-5

解：A。考虑典型设计，$g_T(t)$ 或者是时间受限的 NRZ 矩形脉冲，或者是频带受限的 RRC 根升余弦频谱脉冲。最佳接收的判决量为 $r_i = \int_{-\infty}^{\infty} r(t)f_i(t)dt$。今 $r_i = \int_0^{T_b} r(t)f_i(t)dt$，说明 $g_T(t)$ 时间受限于 $[0, T_b]$。因此 $g_T(t)$ 为 RRC 脉冲。

设 64QAM 的星座图为 $\Omega = \{s_1, s_2, \cdots, s_{64}\}$。其中，$s_k = (s_{1,k}, s_{2,k})$。ML 判决寻找星座图中离 $r = (r_1, r_2)$ 最近的星座点，即

$$\hat{s} = (\hat{s}_1, \hat{s}_2) = \arg\min_{s \in \Omega} \{\|r - s\|^2\} = \arg\min_{(s_1, s_2) \in \Omega} \{(r_1 - s_2)^2 + (r_2 - s_2)^2\}$$

对于矩形星座图，星座点的水平坐标 s_1（I 路）与垂直坐标 s_2（Q 路）是取值于 $\{\pm 1, \pm 3, \pm 5, \pm 7\}$ 的 8ASK，I/Q 之间没有约束关系，此时能使 $(r_1 - s_1)^2 + (r_2 - s_2)^2$ 最小的星座点 $s = (s_1, s_2) \in \Omega$ 必定满足以下条件：$s_1 \in \{\pm 1, \pm 3, \pm 5, \pm 7\}$ 能使 $(r_1 - s_1)^2$ 最小，$s_2 \in \{\pm 1, \pm 3, \pm 5, \pm 7\}$ 能使 $(r_2 - s_2)^2$ 最小。

$$\hat{s}_1 = \arg\min_{s_1 \in \{\pm 1, \pm 3, \pm 5, \pm 7\}} \{(r_1 - s_1)^2\}$$

$$\hat{s}_2 = \arg\min_{s_2 \in \{\pm 1, \pm 3, \pm 5, \pm 7\}} \{(r_2 - s_2)^2\}$$

即 ML 判决可以分解为 I 路和 Q 路两个独立判决。而对于任意二维星座图，星座点的水平坐标 s_1（I 路）与垂直坐标 s_2（Q 路）可能有约束关系，寻找 Ω 中离 r 最近的星座点这一工作不一定能分解为寻找水平最近和垂直最近。

61. MPSK 信号的复包络是一个 PAM 信号 $s_L(t) = \sum_{-\infty}^{\infty} a_n g(t - nT_s)$，其中的 a_n _____。

(A) 是常数 (B) 是实数
(C) 的模值是常数 (D) 的实部和虚部独立同分布

解：C。不妨考虑 $s_L(t)$ 的表达式中 $n = 0$ 的项，即复包络在 $[0, T_s]$ 符号周期内的波形，也就是 $a_0 g(t)$。MPSK 信号在 $[0, T_s]$ 符号周期内的表达式为

$$s_i(t) = a_{i_c} g(t)\cos(2\pi f_c t) - a_{i_s} g(t)\sin(2\pi f_c t), \quad i = 1, \cdots, M$$

其复包络为

$$s_L(t) = a_{i_c} g(t) + j a_{i_s} g(t), \quad i = 1, \cdots, M$$

其中 a_{i_c} 和 a_{i_s} 位于二维平面单位圆的圆周上,满足 $a_{i_c}^2+a_{i_s}^2=1$。

对比可得出
$$a_0=a_{i_c}+\mathrm{j}a_{i_s}$$

显然,a_0 的模值 $|a_0|=\sqrt{a_{i_c}^2+a_{i_s}^2}=1$ 是常数。

62. 若正交 16FSK 的比特速率是 16 kbit/s,则相邻频率之间的频差最小是 _____ kHz。

(A) 2   (B) 4   (C) 8   (D) 16

解:A。16FSK 的比特速率是 16 kbit/s,则符号速率为 $R_s=\dfrac{16}{\log_2 16}=4$ kBaud。最小频差为 $\Delta f=\dfrac{1}{2T_s}=\dfrac{R_s}{2}$,即 2 kHz。

63. 若正交 16FSK 的符号能量 E_s 是 1 J,则任意两个星座点之间的欧氏距离的平方是 _____ J。

(A) 1   (B) 2   (C) 4   (D) 8

解:B。正交 MFSK 任意两个星座点间的欧氏距离都是 $\sqrt{2E_s}$,平方欧氏距离是 $2E_s=2$ J。

64. 考虑 16FSK,假设各星座点等概出现,信号经过 AWGN 信道,在接收端进行 ML 判决。若已知其符号错误率是 p,则平均误比特率为 _____。

(A) $\dfrac{p}{2}$ (B) $\dfrac{4p}{7}$ (C) $\dfrac{8p}{15}$ (D) p

解:C。

方法一:每个符号有 4 个比特,每个比特的错误概率是一样的,故只需看第 1 个比特,不妨假设该比特是 0。符号出错时,可能的错误码字有 $16-1=15$ 个,其中 8 个错误码字的第 1 比特是 1,其余 7 个错误码字的第 1 比特是 0,第 1 比特出错的情形占 $\dfrac{8}{15}$。符号出错的概率是 p,在符号出错条件下某个比特出错的概率是 $\dfrac{8}{15}$,因此平均误比特率是 $\dfrac{8p}{15}$。

方法二:每个符号都与 15 个符号相邻且其错判为其中任意一个的概率相等,这 15 个符号中,4 个和它相差 1 bit,6 个和它相差 2 bit,4 个和它相差 3 bit,1 个和它相差 4 bit,因此错一个符号平均错 $\dfrac{(4\times1+6\times2+4\times3+1\times4)}{15}=\dfrac{32}{15}$ bit。每个符号包含 4 个比特,平均误比特率是 $p\times\dfrac{32}{15}\times\dfrac{1}{4}=\dfrac{8p}{15}$。

65. 在下列调制方式的星座图中,任意两个星座点之间的距离都相等的是 _____。

(A) 16ASK   (B) 16PSK   (C) 16QAM   (D) 16FSK

解:D。正交 MFSK 任意两个星座点间的欧氏距离都是 $\sqrt{2E_s}$。

66. 给定星座点之间的最小欧氏距离,下列调制中平均符号能量最小的是 _____。

(A) 16ASK   (B) 16PSK   (C) 16QAM   (D) 16FSK

解:D。16FSK 是高维调制,其功率效率优于一维调制 16ASK 和二维调制 16PSK、16QAM。在实现同样的最小欧氏距离 $d_{\min}$ 条件下,16FSK 需要的平均符号能量最小。

67. 给定星座点之间的最小欧氏距离,下列调制中平均符号能量最大的是_____。
(A) 16ASK (B) 16PSK (C) 16QAM (D) 16FSK

解：A。16ASK、16PSK 和 16QAM 中,16ASK 的信号空间是一维空间,信号点分布在一条直线轴上,相比于分布在二维信号空间里的 16PSK 和 16QAM,其对信号空间的利用效率低,故在实现同样的最小欧氏距离 d_{min} 条件下,其需要的平均符号能量最大。

可以计算出四种调制的平均符号能量 E_s 和 d_{min} 的关系。对于 16ASK,$E_s = \dfrac{(M^2-1)}{12} \cdot d_{min}^2 = 21.25 d_{min}^2$；对于 16PSK,$E_s = \dfrac{d_{min}^2}{4\sin^2\dfrac{\pi}{16}} \approx 6.6 d_{min}^2$；对于 16QAM,$E_s = 2.5 d_{min}^2$；对于 16FSK,$E_s = 0.5 d_{min}^2$。因此,给定 d_{min} 时,平均符号能量满足 $E_s^{16ASK} > E_s^{16PSK} > E_s^{16QAM} > E_s^{16FSK}$。

68. 设 AWGN 信道的单边噪声谱密度是 $N_0 = 1$, M 进制调制中两个信号 $s_1(t)$ 和 $s_2(t)$ 在归一化正交基下的欧氏距离是 1,则这两个信号之间的成对错误率是_____。

解：$\dfrac{1}{2}\mathrm{erfc}\left(\dfrac{1}{2}\right)$。两信号的欧氏距离为 $d=1$。噪声分量 n 的均值为 0,方差为 $\dfrac{N_0}{2} = \dfrac{1}{2}$。成对错误率为 $P\left(n > \dfrac{d}{2}\right) = P\left(n > \dfrac{1}{2}\right) = \dfrac{1}{2}\mathrm{erfc}\left(\dfrac{1}{2}\right)$。

69. 某调制系统有 3 个星座点：s_1、s_2 和 s_3,若已知 s_1 与 s_2、s_3 之间的成对错误率分别是 0.01 和 0.02,则发送 s_1 而判决出错的概率 $P(e|s_1)$ 的下界是_____,上界是_____。

解：0.01,0.03。$P(e|s_1)$ 的取值与 3 个星座点的具体摆点方式有关。当 s_1、s_2、s_3 如图 6-6(a)所示摆放时,s_1 的判错概率最小,等于 s_1 与 s_2 之间的成对错误率。当 s_1、s_2、s_3 如图 6-6(b)所示摆放时,s_1 的判错概率最大,等于 s_1 与 s_2、s_3 之间的成对错误率之和。

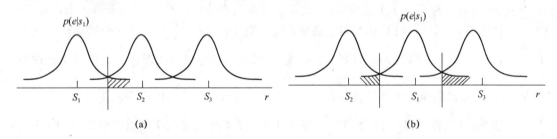

图 6-6

70. 某 64QAM 系统的信道带宽是 10 kHz。按奈奎斯特极限,该系统的最高传输速率是_____ kbit/s。

解：60。在奈奎斯特极限下,$W = R_s = \dfrac{R_b}{K}$,最高传输速率为 $R_b = 10 \times \log_2 64 = 60$ kbit/s。

71. 将长度为 k 的比特组映射到 $M = 2^k$ 进制的调制星座时,如果采用格雷映射,则星座图上欧氏距离最小的两个点所对应的比特组的汉明距离为_____。

解：1。格雷映射下,任意两个相邻的星座点对应的比特组只有 1 个比特不同,汉明距离为 1。

72. 设 2FSK 的比特能量是 $E_b = 2$ mJ,数据速率是 1 000 bit/s,则发送信号的幅度是 $A =$ _____ V。

解：2。2FSK 的比特能量为 $E_b = \dfrac{A^2 T_b}{2}$，其中 $T_b = \dfrac{1}{R_b} = 1\text{ms}$，代入可得 $A = 2\text{ V}$。

73. BPSK 发送的两个波形的相关系数是_____。

解：-1。BPSK 发送的两个波形为 $s_1(t)$ 和 $s_2(t) = -s_1(t)$，它们的相关系数为 -1。

74. 图 6-7 所示为 5 进制星座图，各星座点等概出现。该星座图中星座点之间的最小平方欧氏距离 $d_{\min}^2$ 与平均符号能量 E_s 的比是_____。

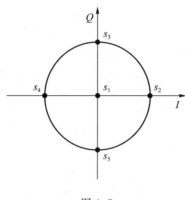

图 6-7

解：$\dfrac{5}{4}$。5 个星座点中，s_1 在原点，其能量为 0；其余 4 个星座点到原点的距离均等于 $d_{\min}$，其能量均为 $d_{\min}^2$。平均符号能量为 $E_s = \dfrac{1}{5}(1\times 0 + 4\times d_{\min}^2) = \dfrac{4}{5}d_{\min}^2$，二者比值为 $\dfrac{d_{\min}^2}{E_s} = \dfrac{5}{4}$。

75. 图 6-8 所示是某 MQAM 系统发送信号的功率谱密度图。从图中可以看出该系统的滚降系数是_____。

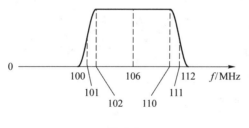

图 6-8

解：$\dfrac{1}{5}$。如图 6-9 所示，$W_1 = 5\text{ MHz}$，$W_2 = 1\text{ MHz}$，该系统的滚降系数为 $\alpha = \dfrac{W_2}{W_1} = \dfrac{1}{5}$。

76. 某 8ASK 在归一化基函数下的星座点是 $\pm 2, \pm 4, \pm 6, \pm 8$，各星座点等概出现，则平均比特能量是_____。

解：10 J。平均符号能量为 $\dfrac{(2^2 + 4^2 + 6^2 + 8^2)\times 2}{8} = 30\text{ J}$。8ASK 的进制数为 $M = 8$，每符号对应 3 比特，平均比特能量为 $\dfrac{30}{3} = 10\text{ J}$。

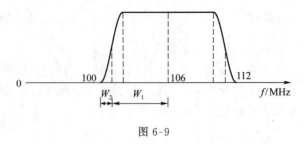

图 6-9

77. 设 16QAM 的数据速率是 4 000 bit/s,升余弦频谱滚降的滚降系数是 0.5,则发送信号的带宽是 _____ Hz。

解:1 500。每个 16QAM 符号对应 4 个比特,符号速率为 $R_s = \dfrac{4\,000}{4} = 1\,000$ Baud,发送信号的带宽为 $W = R_s(1+\alpha) = 1\,500$ Hz。

78. 设 16QAM 的数据速率是 4 000 bit/s,若基带采用矩形脉冲成形,则发送信号的主瓣带宽是 _____ Hz。

解:2 000。采用矩形脉冲成形时,则主瓣带宽 $W = 2R_s = 2\,000$ Hz。

79. 若正交 16FSK 的比特能量 E_b 是 1 J,则相邻星座点之间的距离的平方 $d_{\min}^2$ 是 _____ J。

解:8。比特能量为 $E_b = 1$ J,符号能量为 $E_s = \log_2 16 \cdot E_b = 4$ J,$d_{\min}^2 = 2E_s = 8$ J。

80. 设 $T_b = 1$ ms,$f_c = 10$ MHz,$\Delta > 0$。2FSK 在 $[0, T_b]$ 内发送的两个信号为 $s_1(t) = \cos[2\pi(f_c-\Delta)t]$,$s_2(t) = \cos[2\pi(f_c+\Delta)t]$。能使 $s_1(t)$、$s_2(t)$ 保持正交的最小 Δ 是 _____ Hz。

解:250。使两载频信号保持正交的最小频率间隔为 $2\Delta = \dfrac{1}{2T_b} = 500$ Hz,因此 $\Delta = 250$ Hz。

81. 假设 2FSK 在 $[0, T_b]$ 内的两个发送信号分别是 $s_1(t) = \cos 2\pi f_1 t$ 和 $s_2(t) = \cos 2\pi f_2 t$。给定 $\dfrac{E_b}{N_0}$,若频差 $|f_1-f_2| = \dfrac{1}{2T_b}$ 时的误比特率是 P_1,频差 $|f_1-f_2| = \dfrac{1}{4T_b}$ 时的误比特率是 P_2,判断这两个错误率的大小。

解:两个信号之间的平方欧氏距离是

$$d_{12}^2 = \int_0^{T_b} (\cos 2\pi f_1 t - \cos 2\pi f_2 t)^2 \,\mathrm{d}t$$

$$= \int_0^{T_b} \cos^2(2\pi f_1 t)\,\mathrm{d}t + \int_0^{T_b} \cos^2(2\pi f_2 t)\,\mathrm{d}t - 2\int_0^{T_b} \cos 2\pi f_1 t \cos 2\pi f_2 t \,\mathrm{d}t$$

$$\approx \dfrac{T_b}{2} + \dfrac{T_b}{2} - \int_0^{T_b} \cos 2\pi (f_1-f_2)t \,\mathrm{d}t$$

$$= T_b - \dfrac{\sin 2\pi(f_1-f_2)T_b}{2\pi(f_1-f_2)}$$

由此可知,$|f_1-f_2| = \dfrac{1}{2T_b}$ 时的距离比 $|f_1-f_2| = \dfrac{1}{4T_b}$ 时的大,即 $P_2 > P_1$。

82. 某 4ASK 系统的传输速率为 4 Mbit/s,已知发送的比特彼此独立,其中"1"的出现概率是 1/4。该系统发送信号的星座图为图 6-10。其中 a、b、c、d 四个点的坐标分别是 -3、-1、$+1$、$+3$,基函数为 $f_1(t) = g(t)\cos(2\pi f_1 t)$,基带成形脉冲 $g(t)$ 的能量为 2,其傅氏变换是滚降系数为 0.5 的根升余弦频谱。

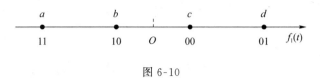

图 6-10

(1) 求各星座点的出现概率。
(2) 求各星座点对应波形的能量。
(3) 求该系统发送信号的平均符号能量、平均比特能量。
(4) 画出发送信号的功率谱密度图。

解：(1) 因为两个比特独立，故可算出 $P_a=\frac{1}{16}, P_b=\frac{3}{16}, P_c=\frac{9}{16}, P_d=\frac{3}{16}$。

(2) $g(t)$ 的能量为 2，基函数的能量为 1，此时每个星座点到原点的距离平方是该星座点的能量：$E_a=E_d=9, E_b=E_c=1$。

(3) $E_s=9\times\left(\frac{1}{16}+\frac{3}{16}\right)+1\times\left(\frac{3}{16}+\frac{9}{16}\right)=3, E_b=\frac{E_s}{2}=1.5$。

(4) 发送信号的功率谱密度图为图 6-11。

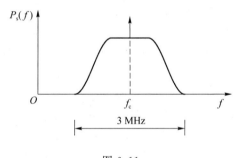

图 6-11

83. 某二进制调制系统在 $[0, T_b]$ 内等概发送 $s_1(t)=+f_1(t)$ 或 $s_2(t)=-f_1(t)$，其中归一化基函数 $f_1(t)=\sqrt{\frac{2}{T_b}}\cos 2\pi f_c t$。发送信号叠加了白高斯噪声 $n_w(t)$ 后成为 $r(t)=s_i(t)+n_w(t), i=1,2$。接收框图为图 6-12，其中 $y=\int_0^{T_b} r(t)f_1(t)dt$，$V_T$ 是判决门限，判决规则为 $y \underset{s_2}{\overset{s_1}{\gtreqless}} V_T$。令 q_1、q_2 分别表示发送 $s_1(t)$、$s_2(t)$ 条件下的错判概率。

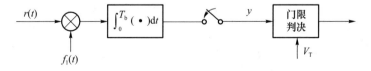

图 6-12

(1) 求发送 $s_1(t)$ 条件下 y 的均值、方差，写出条件概率密度函数 $p(y|s_1)$。
(2) 若 $V_T=0$，求 q_1、q_2。

(3) 若 $V_T=1$,求 q_1, q_2。

解：(1) 在发送 $s_1(t)$ 的条件下，y 为

$$y=\int_0^{T_b}r(t)f_1(t)\mathrm{d}t=\int_0^{T_b}[f_1(t)+n_w(t)]f_1(t)\mathrm{d}t=1+z$$

其中 $z\sim N\left(0,\dfrac{N_0}{2}\right)$。因此，发送 $s_1(t)$ 的条件下 y 的均值是 1，方差是 $\dfrac{N_0}{2}$，条件概率密度函数是

$$p(y|s_1)=\dfrac{1}{\sqrt{\pi N_0}}\exp\left[-\dfrac{(y-1)^2}{N_0}\right]$$

(2) 发送 $s_1(t)$ 而判错的概率是

$$q_1=\Pr\{1+z<0\}=\Pr\{z<-1\}=\Pr\{z>1\}=\dfrac{1}{2}\mathrm{erfc}\left(\dfrac{1}{\sqrt{N_0}}\right)$$

根据对称性可知 $q_1=q_2$，平均误比特率是 q_1、q_2 的平均，故

$$P_b=q_1=q_2=\dfrac{1}{2}\mathrm{erfc}\left(\dfrac{1}{\sqrt{N_0}}\right)$$

(3) 发送 $s_1(t)$ 而判错的概率是 $q_1=\Pr\{1+z<1\}=\Pr\{z<0\}=\dfrac{1}{2}$。发送 $s_2(t)$ 时 $y=-1+z$，$q_2=\Pr\{-1+z>1\}=\Pr\{z>2\}=\dfrac{1}{2}\mathrm{erfc}\left(\dfrac{2}{\sqrt{N_0}}\right)$。

84. 给定正交 16FSK 的比特速率是 16 kbit/s，求相邻频率之间的最小频差。

解：最小频差是符号速率的一半。本题中符号速率是 4 kBaud，所以最小频差是 2 kHz。

85. 对于正交 16FSK，分别按符号能量为 1 J、比特能量为 1 J，求相邻星座点之间的平方欧氏距离。

解：MFSK 任意两个星座点之间的欧氏距离都是 $\sqrt{2E_s}$，平方欧氏距离是 $2E_s$。若符号能量是 1，则平方欧氏距离是 2。若比特能量是 1，则符号能量是 4，平方欧氏距离是 8。

86. 某三维四进制调制的归一化正交基函数为 $f_1(t)$、$f_2(t)$、$f_3(t)$，四个等概出现的波形分别是 $s_1(t)=4f_1(t)-2f_2(t)+f_3(t)$，$s_2(t)=f_1(t)+2f_2(t)$，$s_3(t)=s_1(t)+s_2(t)$，$s_4(t)=s_1(t)-s_2(t)$。

(1) 求各个波形的能量、平均符号能量。

(2) 求四个波形两两之间的平方欧氏距离。

解：(1) $s_1(t)$ 的能量为 $4^2+2^2+1^2=21$。$s_2(t)$ 的能量为 $1^2+2^2=5$。注意到 $(4,-2,1)$ 与 $(1,2,0)$ 正交，即 $s_1(t)$ 和 $s_2(t)$ 正交，因此 $s_3(t)=s_1(t)+s_2(t)$ 和 $s_4(t)=s_1(t)-s_2(t)$ 的能量均为 $21+5=26$。平均符号能量 $\dfrac{21+5+26+26}{4}=\dfrac{39}{2}$。

(2) d_{12}^2 是 $s_1(t)-s_2(t)=s_4(t)$ 的能量，为 26。d_{13}^2 是 $s_1(t)-s_3(t)=-s_2(t)$ 的能量，为 5。d_{14}^2 是 $s_1(t)-s_4(t)=s_2(t)$ 的能量，为 5。d_{23}^2 是 $s_2(t)-s_3(t)=-s_1(t)$ 的能量，为 21。d_{24}^2 是 $s_2(t)-s_4(t)=-s_1(t)+2s_2(t)$ 的能量，按信号空间坐标计算是 $(-4,2,-1)+(2,4,0)=(-2,6,-1)$ 的平方范数，其为 41。d_{34}^2 是 $s_3(t)-s_4(t)=2s_2(t)$ 的能量，为 20。

87. 若 QPSK 的误比特率是 0.1，求误符号率。反之，若 QPSK 的误符号率是 0.1，求误比特率。

解：对于常规的 QPSK，I、Q 两路有相同的误比特率且 I、Q 两路的比特是否出错是独立事件。I、Q 两个比特中错一个就是符号出错，其概率为 $1-(1-0.1)^2=0.19$。反之，若已知 QPSK 的误符号率为 0.1，则误比特率 p 满足 $1-(1-p)^2=0.1$，解得 $p=1-\sqrt{0.9}=$

0.0513。近似来说，误符号率是误比特率的 2 倍。

88. 分别就固定 $\dfrac{E_s}{N_0}$、固定 $\dfrac{E_b}{N_0}$ 的情形，说明 MFSK 的误符号率随着 M 的增加如何变化。

解：在信道噪声背景不变时，固定 $\dfrac{E_s}{N_0}$ 和固定 $\dfrac{E_b}{N_0}$ 可简化为以下两种情况。①固定 N_0、固定 E_s 时，MFSK 星座点之间的距离是 $\sqrt{2E_s}$，与 M 无关。但 M 增加时，接收端的判决选项增多，所以错误符号率升高。②固定 N_0、固定 E_b 时，MFSK 星座点之间的距离是 $\sqrt{2E_b \cdot \log_2 M}$，该距离随 M 的增加而增加，虽然判决选项也会增多，但星座点之间距离增加对性能影响起主导作用，所以错误符号率降低。

89. 设 $s_1(t)$、$s_2(t)$ 是两个能量均为 2 的确定信号，写出对这两个信号完备的归一化正交基函数。

解：方法一：根据 $s_1(t)$、$s_2(t)$ 等的能量可以注意到 $s_1(t)+s_2(t)$ 与 $s_1(t)-s_2(t)$ 的内积为零：
$$\int_{-\infty}^{\infty}[s_1(t)-s_2(t)][s_1(t)+s_2(t)]\mathrm{d}t = \int_{-\infty}^{\infty}s_1^2(t)-s_2^2(t)\mathrm{d}t = E_1 - E_2 = 0$$
故将 $s_1(t)+s_2(t)$ 与 $s_1(t)-s_2(t)$ 归一化便可得到所需的正交基函数：
$$\begin{cases} f_1(t) = K_1[s_1(t)-s_2(t)] \\ f_2(t) = K_2[s_1(t)+s_2(t)] \end{cases}$$
其中的系数 K_1、K_2 用来使能量为 1。

方法二：该题也可采用施密特正交化的方法求解。由于 $s_1(t)$、$s_2(t)$ 的能量均为 2，故设第一个正交基函数为 $f_1(t)=\dfrac{s_1(t)}{\sqrt{2}}$，与 $f_1(t)$ 正交的函数为 $\beta(t)=s_2(t)-kf_1(t)$。其中，数值 k 的选取满足 $f_1(t)$ 与 $\beta(t)$ 正交，即 $\langle \beta(t),f_1(t)\rangle = \langle s_2(t),f_1(t)\rangle - k\langle f_1(t),f_1(t)\rangle = 0$。可得 $k=\dfrac{\langle s_2(t),f_1(t)\rangle}{\langle f_1(t),f_1(t)\rangle}$，从而得 $\beta(t)=s_2(t)-\dfrac{\langle s_2(t),f_1(t)\rangle}{\langle f_1(t),f_1(t)\rangle}f_1(t)=s_2(t)-\dfrac{\langle s_1(t),s_2(t)\rangle}{\sqrt{2}}s_1(t)$。将 $\beta(t)$ 归一化便可得到第二个基函数 $f_2(t)=K\beta_2(t)$，其中的系数 K 用来使能量为 1。

90. 图 6-13 中，a 点信号是幅度为 1 的单极性不归零码，其中的二进制数据独立等概，数据速率为 $R_b=1$ Mbit/s。b 点信号是 OOK，载波频率是 $f_c=100$ MHz。给出 a、b 两点的功率谱密度的表达式，并画出功率谱密度图。

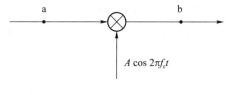

图 6-13

解：a 点信号是幅度为 1 的单极性不归零信号，等价于幅度为 $\pm\dfrac{1}{2}$ 的双极性不归零信号叠加了一个幅度为 $\dfrac{1}{2}$ 的直流，其功率谱密度为
$$P_a(f) = \dfrac{1}{4T_b}|T_b\mathrm{sinc}(fT_b)|^2 + \dfrac{1}{4}\delta(f) = \dfrac{1}{4R_b}\mathrm{sinc}^2\left(\dfrac{f}{R_b}\right) + \dfrac{\delta(f)}{4}$$

功率谱密度图为图 6-14。

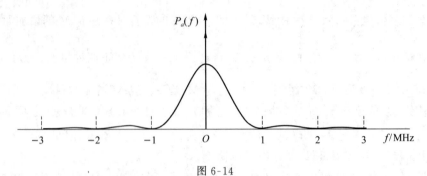

图 6-14

b 点 OOK 信号是 a 点信号的 DSB 调制,其功率谱密度为

$$P_b(f) = A^2 \times \frac{P_a(f-f_c)+P_a(f+f_c)}{4}$$
$$= \frac{A^2 R_b}{16}\left[\operatorname{sinc}^2\left(\frac{f-f_c}{R_b}\right)+\operatorname{sinc}^2\left(\frac{f+f_c}{R_b}\right)\right]+\frac{A^2}{16}[\delta(f-f_c)+\delta(f-f_c)]$$

功率谱密度图为图 6-15。

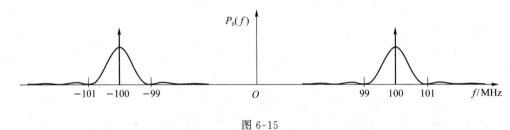

图 6-15

91. 某 OOK 系统在 $[0,T_b]$ 时间内等概发送 $s_1(t)=\sin\dfrac{4\pi t}{T_b}$ 或 $s_2(t)=0$。OOK 信号通过 AWGN 信道传输,信道噪声的双边功率密度为 $\dfrac{N_0}{2}$。接收端利用带通型匹配滤波器进行解调。

(1) 画出匹配滤波器的冲激响应。
(2) 画出匹配滤波器输出的有用信号的波形。
(3) 确定最佳判决门限,并求该系统的平均误比特率。

解:(1) 匹配滤波器的冲激响应是 $h(t)=s_1(T_b-t)=\sin\dfrac{4\pi(T_b-t)}{T_b}=-\sin\dfrac{4\pi t}{T_b}$,如图 6-16 所示。

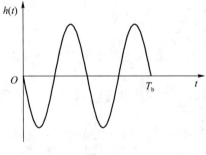

图 6-16

(2) 输出的有用信号为

$$y(t) = \int_{-\infty}^{\infty} s_1(t-\tau)h(\tau)\mathrm{d}\tau = -\int_{-\infty}^{\infty} s_1(t-\tau)s_1(\tau)\mathrm{d}\tau$$

将 $s_1(\tau) = \mathrm{rect}\left(\dfrac{\tau}{T_b} - \dfrac{1}{2}\right)\sin\dfrac{4\pi\tau}{T_b}$，$s_1(t-\tau) = \mathrm{rect}\left(\dfrac{t-\tau}{T_b} - \dfrac{1}{2}\right)\sin\dfrac{4\pi(t-\tau)}{T_b}$ 代入：

$$y(t) = -\int_0^{T_b} \mathrm{rect}\left(\dfrac{t-\tau}{T_b} - \dfrac{1}{2}\right)\sin\dfrac{4\pi(t-\tau)}{T_b} \cdot \sin\dfrac{4\pi\tau}{T_b}\mathrm{d}\tau$$

在 τ 轴上，$\mathrm{rect}\left(\dfrac{t-\tau}{T_b} - \dfrac{1}{2}\right)$ 是持续范围为 $t-T_b < \tau < t$ 的矩形。上式的积分范围是 $[t-T_b, t]$，落在区间 $[0, T_b]$ 内。当 $t<0$ 或 $t>2T_b$ 时积分为零。当 $0 \leqslant t \leqslant T_b$ 时：

$$y(t) = -\int_0^t \sin\dfrac{4\pi(t-\tau)}{T_b} \cdot \sin\dfrac{4\pi\tau}{T_b}\mathrm{d}\tau$$

$$= \dfrac{1}{2}\int_0^t \left[\cos\dfrac{4\pi t}{T_b} - \cos\dfrac{8\pi\tau - 4\pi t}{T_b}\right]\mathrm{d}\tau$$

$$= \dfrac{t}{2}\cos\dfrac{4\pi t}{T_b} - \dfrac{1}{2}\int_{-\frac{t}{2}}^{\frac{t}{2}} \cos\dfrac{8\pi x}{T_b}\mathrm{d}x$$

$$= \dfrac{t}{2}\cos\dfrac{4\pi t}{T_b} - \dfrac{t}{2}\mathrm{sinc}\left(\dfrac{4t}{T_b}\right)$$

当 $T_b \leqslant t \leqslant 2T_b$ 时：

$$y(t) = -\int_{t-T_b}^{T_b} \sin\dfrac{4\pi(t-\tau)}{T_b} \cdot \sin\dfrac{4\pi\tau}{T_b}\mathrm{d}\tau$$

$$= \dfrac{1}{2}\int_{t-T_b}^{T_b} \left[\cos\dfrac{4\pi t}{T_b} - \cos\dfrac{8\pi\tau - 4\pi t}{T_b}\right]\mathrm{d}\tau$$

$$= \dfrac{2T_b - t}{2}\cos\dfrac{4\pi t}{T_b} - \dfrac{1}{2}\int_{\frac{t}{2}-T_b}^{T_b-\frac{t}{2}} \cos\dfrac{8\pi x}{T_b}\mathrm{d}x$$

$$= \left(T_b - \dfrac{t}{2}\right)\cos\dfrac{4\pi t}{T_b} + \dfrac{t}{2}\mathrm{sinc}\left(\dfrac{4t}{T_b}\right)$$

输出的有用信号的波形如图 6-17 所示。

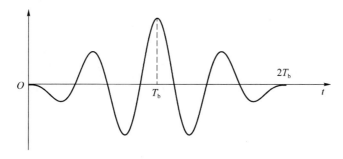

图 6-17

注意：本题中的 $s_1(t)$ 不是带通信号。如果将它近似看成带通信号，则可按等效基带分析的方法求解。$s_1(t)$ 的复包络是 $-\mathrm{jrect}\left(\dfrac{t}{T_b} - \dfrac{1}{2}\right)$，$h(t)$ 的等效基带传输函数是

$-\dfrac{j}{2}\mathrm{rect}\left(\dfrac{t}{T_b}-\dfrac{1}{2}\right)$，二者卷积后的结果是

$$y_L(t) = -\mathrm{jrect}\left(\dfrac{t}{T_b}-\dfrac{1}{2}\right)\otimes -\dfrac{j}{2}\mathrm{rect}\left(\dfrac{t}{T_b}-\dfrac{1}{2}\right)$$

$$= \dfrac{1}{2}\left[\mathrm{rect}\left(\dfrac{t}{T_b}-\dfrac{1}{2}\right)\otimes \mathrm{rect}\left(\dfrac{t}{T_b}-\dfrac{1}{2}\right)\right]$$

$$= \begin{cases} \dfrac{t}{2}, & 0\leqslant t\leqslant T_b \\ T_b-\dfrac{t}{2}, & T_b<t\leqslant 2T_b \\ 0, & \text{其他} \end{cases}$$

输出的有用信号是

$$y(t)=\mathrm{Re}\{y_L(t)e^{j\frac{\pi t}{T_b}}\}= \begin{cases} \dfrac{t}{2}\cos\left(\dfrac{\pi t}{T_b}\right), & 0\leqslant t\leqslant T_b \\ \left(T_b-\dfrac{t}{2}\right)\cos\left(\dfrac{\pi t}{T_b}\right), & T_b<t\leqslant 2T_b \\ 0, & \text{其他} \end{cases}$$

其波形如图 6-18 所示。

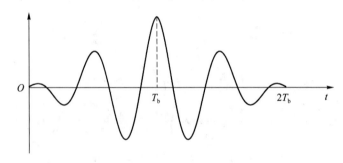

图 6-18

(3) 最佳采样时刻为 T_b，在无噪声的情况下，发送 $s_1(t)$、$s_2(t)$ 时的采样值分别是 $E_1=\dfrac{T_b}{2}$、0。最佳判决门限是 $\dfrac{T_b}{4}$。判决量中噪声的方差是 $\dfrac{N_0}{2}E_1=\dfrac{N_0 T_b}{4}$。平均误比特率是噪声超过门限的概率，为 $\dfrac{1}{2}\mathrm{erfc}\left(\dfrac{\frac{T_b}{4}}{\sqrt{2\times \dfrac{N_0 T_b}{4}}}\right)=\dfrac{1}{2}\mathrm{erfc}\left(\sqrt{\dfrac{T_b}{8N_0}}\right)$。

92. 某 OOK 数字通信系统在 $0\leqslant t<T_b$ 时间内等概发送 $s_1(t)=A\cos 2\pi f_c t$ 或 $s_2(t)=0$，其中 $f_c\gg \dfrac{1}{T_b}$。OOK 信号在传输中受到功率密度为 $\dfrac{N_0}{2}$ 的加性高斯白噪声 $n_w(t)$ 的干扰，接收信号为 $r(t)=s_i(t)+n_w(t), i=1,2$。

(1) 画出最佳接收框图；
(2) 求该系统的平均误比特率。

解： (1) 最佳接收机框图为图 6-19。

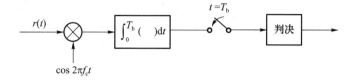

图 6-19

（2）发送 $s_1(t)$ 时抽样值为
$$y = \int_0^{T_b} r(t)\cos 2\pi f_c t \, dt = \frac{AT_b}{2} + \int_0^{T_b} n_w(t)\cos 2\pi f_c t \, dt = \frac{AT_b}{2} + Z$$

其中
$$Z = \int_0^{T_b} n_w(t)\cos 2\pi f_c t \, dt = \int_{-\infty}^{\infty} n_w(t) \cdot \text{rect}\left(\frac{t}{T_b} - \frac{1}{2}\right)\cos 2\pi f_c t \, dt$$

是高斯白噪声 $n_w(t)$ 与确定信号 $g(t) = \text{rect}\left(\frac{t}{T_b} - \frac{1}{2}\right)\cos 2\pi f_c t$ 的内积。$g(t)$ 的能量是 $E_g = \frac{T_b}{2}$。根据高斯白噪声的性质可知，Z 是零均值高斯随机变量，其方差为 $\sigma^2 = \frac{N_0}{2} E_g = \frac{N_0 T_b}{4}$。

发送 $s_2(t)$ 时抽样值为
$$y = \int_0^{T_b} r(t)\cos 2\pi f_c t \, dt = \int_0^{T_b} n_w(t)\cos 2\pi f_c t \, dt = Z$$

$s_1(t)$ 与 $s_2(t)$ 等概出现，最佳门限 V_T 是两种情况下有用信号的中间值，为 $V_T = \frac{AT_b}{4}$。

$$P(e \mid s_1) = P\left(\frac{AT_b}{2} + Z < \frac{AT_b}{4}\right) = P\left(Z < -\frac{AT_b}{4}\right)$$
$$= \frac{1}{2}\text{erfc}\left(\frac{\frac{AT_b}{4}}{\sqrt{2 \times \frac{N_0 T_b}{4}}}\right) = \frac{1}{2}\text{erfc}\left(\sqrt{\frac{A^2 T_b}{8N_0}}\right)$$

$$P(e \mid s_2) = P\left(Z > \frac{AT_b}{4}\right) = P\left(Z < -\frac{AT_b}{4}\right) = \frac{1}{2}\text{erfc}\left(\sqrt{\frac{A^2 T_b}{8N_0}}\right) = P(e \mid s_1)$$

平均误比特率为
$$P_e = \frac{1}{2}\text{erfc}\left(\sqrt{\frac{A^2 T_b}{8N_0}}\right) = \frac{1}{2}\text{erfc}\left(\sqrt{\frac{E_b}{2N_0}}\right)$$

93. 某 OOK 数字通信系统在 $0 \leqslant t < T_b$ 时间内等概发送 $s_1(t) = A\cos(2\pi f_c t + \theta)$ 或 $s_2(t) = 0$，其中 $f_c \gg \frac{1}{T_b}$。OOK 信号在传输中受到功率密度为 $\frac{N_0}{2}$ 的加性高斯白噪声 $n_w(t)$ 的干扰，接收信号为 $r(t) = s_i(t) + n_w(t), i = 1, 2$。

（1）画出最佳非相干接收框图。
（2）推导平均误比特率。

解：（1）最佳非相干接收机框图为图 6-20。

（2）$s_1(t)$ 的复包络是

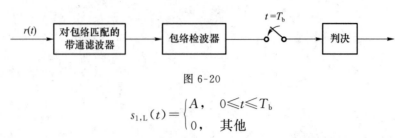

图 6-20

$$s_{1,L}(t) = \begin{cases} A, & 0 \leqslant t \leqslant T_b \\ 0, & 其他 \end{cases}$$

设带通滤波器的冲激响应是 $h(t)$,其复包络是 $h_L(t)$,则带通滤波器的等效基带冲激响应是

$$h_{eq}(t) = \frac{1}{2}h_L(t) = \frac{1}{2}s_{1,L}(T_b-t)e^{j\theta} = \begin{cases} \frac{1}{2}Ae^{j\theta}, & 0 \leqslant t \leqslant T_b \\ 0, & 其他 \end{cases}$$

因此

$$h(t) = \text{Re}\{h_L(t)e^{j2\pi f_c t}\} = \begin{cases} A\cos(2\pi f_c t + \theta), & 0 \leqslant t \leqslant T_b \\ 0, & 其他 \end{cases}$$

其中 θ 是体现非相干的一个任意相位移。$s_1(t)$ 通过带通滤波器后的复包络是

$$\int_{-\infty}^{\infty} h_{eq}(\tau) s_{1,L}(t-\tau) d\tau = \int_{0}^{T_b} \frac{Ae^{j\theta}}{2} s_{1,L}(t-\tau) d\tau$$

在最佳取样时刻的输出是

$$\int_{0}^{T_b} \frac{Ae^{j\theta}}{2} s_{1,L}(T_b-\tau) d\tau = \frac{Ae^{j\theta}}{2} \int_{0}^{T_b} A d\tau = \frac{A^2 T_b}{2} e^{j\theta} = E_1 e^{j\theta} = 2E_b e^{j\theta}$$

白高斯噪声通过带通滤波器的输出是窄带高斯噪声,其复包络为

$$n_L(t) = n_c(t) + jn_s(t)$$

其方差为

$$\sigma^2 = \int_{-\infty}^{\infty} \frac{N_0}{2} |H(f)| df = \frac{N_0}{2} \int_{-\infty}^{\infty} h^2(t) dt = \frac{A^2 T_b N_0}{4} = \frac{N_0 E_1}{2} = N_0 E_b$$

包络检波器在采样点的输出是

$$y = |2E_b e^{j\theta} + n_c(T_b) + jn_s(T_b)| = |2E_b + [n_c(T_b) + jn_s(T_b)]e^{-j\theta}|$$
$$= |2E_b + n_c'(T_b) + jn_s'(T_b)|$$

其中 $n_c'(t)$ 和 $n_s'(t)$ 的方差是 $\sigma^2 = \frac{A^2 T_b N_0}{4} = N_0 E_b$。在大信噪比条件下:

$$y = |2E_b + n_c'(T_b) + jn_s'(T_b)| \approx 2E_b + n_c'(T_b)$$

$$p_1(y) = p(y|s_1) = \frac{1}{\sqrt{2\pi N_0 E_b}} e^{-\frac{(y-2E_b)^2}{2N_0 E_b}}$$

发送 $s_2(t)$ 时采样点的输出是

$$y = |n_c(T_b) + jn_s(T_b)|$$

$$p_2(y) = p(y|s_2) = \frac{y}{\sigma^2} e^{-\frac{y^2}{2\sigma^2}} = \frac{y}{N_0 E_b} e^{-\frac{y^2}{2N_0 E_b}}$$

$s_1(t)$ 与 $s_2(t)$ 等概出现,故最佳门限 V_T 近似为 $V_T = \frac{2E_b}{2} = E_b$。

$$P(e|s_1) = P(n_c'(T_b) < -E_b) = \frac{1}{2}\text{erfc}\left(\frac{E_b}{\sqrt{2N_0 E_b}}\right) = \frac{1}{2}\text{erfc}\left(\sqrt{\frac{E_b}{2N_0}}\right)$$

$$P(e\mid s_2)=\int_{E_b}^{\infty}p_2(y)\mathrm{d}y=\int_{E_b}^{\infty}\frac{y}{N_0 E_b}\mathrm{e}^{-\frac{y^2}{2N_0 E_b}}\mathrm{d}y=\int_{\frac{E_b}{2N_0}}^{\infty}\mathrm{e}^{-t}\mathrm{d}t=\mathrm{e}^{-\frac{E_b}{2N_0}}$$

故平均误比特率为

$$P_e=\frac{1}{4}\mathrm{erfc}\left(\sqrt{\frac{E_b}{2N_0}}\right)+\frac{1}{2}\exp\left(-\frac{E_b}{2N_0}\right)\approx\frac{1}{2}\exp\left(-\frac{E_b}{2N_0}\right)$$

94. 已知 2FSK 系统的两个信号波形为

$$s_1(t)=\begin{cases}\sin\dfrac{2\pi t}{T_b}, & 0\leqslant t\leqslant T_b\\ 0, & \text{其他}\end{cases},\quad s_2(t)=\begin{cases}\sin\dfrac{4\pi t}{T_b}, & 0\leqslant t\leqslant T_b\\ 0, & \text{其他}\end{cases}$$

设 $T_b=1$ s，$s_1(t)$ 与 $s_2(t)$ 等概出现，2FSK 信号通过双边功率谱密度为 $\dfrac{N_0}{2}$ 的 AWGN 信道传输。

(1) 画出两信号的波形图，求出两信号的平均比特能量 E_b 及两信号波形的相关系数 ρ。

(2) 画图带通匹配滤波器形式的最佳接收框图，画出匹配滤波器的冲激响应，求最佳判决门限及误比特率。

解：(1) $s_1(t)$、$s_2(t)$ 的波形如图 6-21 所示，其能量均为 $\dfrac{1}{2}$。

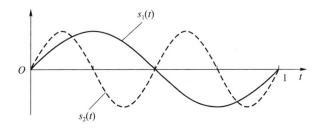

图 6-21

两信号的平均比特能量为 $E_b=\dfrac{E_1+E_2}{2}=\dfrac{1}{2}$。两信号波形的相关系数为

$$\rho=\frac{1}{E_b}\int_0^{T_b}s_1(t)s_2(t)\mathrm{d}t=2\int_0^1(\sin 2\pi t)(\sin 4\pi t)\mathrm{d}t=0$$

(2) 带通匹配滤波器形式的最佳接收机框图为图 6-22。

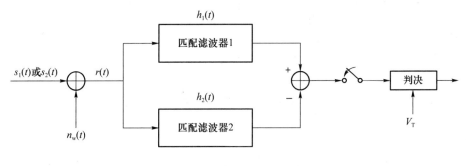

图 6-22

图中两个匹配滤波器的冲激响应分别是

$$h_1(t)=s_1(T_b-t)=\begin{cases}\sin\dfrac{2\pi(T_b-t)}{T_b}, & 0\leqslant t\leqslant T_b \\ 0, & \text{其他}\end{cases}=\begin{cases}-\sin\dfrac{2\pi t}{T_b}, & 0\leqslant t\leqslant T_b \\ 0, & \text{其他}\end{cases}$$

$$h_2(t)=s_2(T_b-t)=\begin{cases}\sin\dfrac{4\pi(T_b-t)}{T_b}, & 0\leqslant t\leqslant T_b \\ 0, & \text{其他}\end{cases}=\begin{cases}-\sin\dfrac{4\pi t}{T_b}, & 0\leqslant t\leqslant T_b \\ 0, & \text{其他}\end{cases}$$

冲激响应的波形如图 6-23 所示。

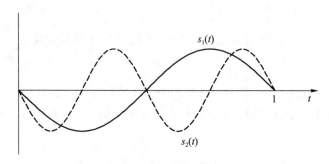

图 6-23

由于 2FSK 正交，所以在无噪声情况下，发送 $s_1(t)$ 时，上支路的采样值是 $E_1=\dfrac{1}{2}$，下支路的采样值是零，判决量为 $\dfrac{1}{2}$。发送 $s_2(t)$ 时，下支路的采样值是 $E_2=\dfrac{1}{2}$，上支路的采样值是零，判决量为 $-\dfrac{1}{2}$。上、下支路的噪声在采样时刻的均值都是零，方差都是 $\dfrac{N_0}{2}E_1=\dfrac{N_0}{4}$。两路噪声在采样时刻独立，判决量中噪声的方差是 $\sigma^2=\dfrac{N_0}{2}$。

根据对称性可知最佳判决门限是 $V_T=0$。误比特率是

$$P_b=\dfrac{1}{2}\operatorname{erfc}\left(\dfrac{1}{\sqrt{4N_0}}\right)$$

95. 某二进制系统在 $[0,T_b]$ 内等概发送 $s_1(t)=2\cos 2\pi f_1 t$ 和 $s_2(t)=2\cos 2\pi f_2 t$ 之一，其中 f_1、f_2 是 $\dfrac{1}{T_b}$ 的整倍数，已知 $s_1(t)$ 和 $s_2(t)$ 正交。接收框图为图 6-24，其中 $t_0=T_b$，$V_T=0$，两个匹配滤波器的冲激响应分别是 $s_1(t_0-t)$ 及 $s_2(t_0-t)$，高斯白噪声 $n_w(t)$ 的双边功率谱密度是 $\dfrac{N_0}{2}$。

(1) 求能保持 $s_1(t)$ 和 $s_2(t)$ 正交的最小频差 $|f_1-f_2|$。

(2) 求 $s_1(t)$、$s_2(t)$ 的能量。

(3) 求在不考虑噪声的情况下，发送 $s_1(t)$ 条件下 y 的值。

(4) 求 y 中噪声的功率。

(5) 求发送 $s_2(t)$ 条件下 $y>0$ 的概率。

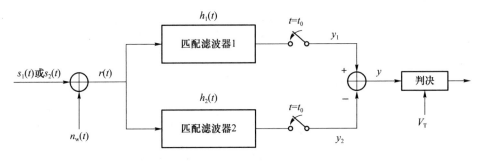

图 6-24

解:(1) $s_1(t)$ 和 $s_2(t)$ 的内积为

$$\int_0^{T_b} s_1(t)s_2(t)dt = \int_0^{T_b} 2\cos 2\pi f_1 t \cdot 2\cos 2\pi f_2 t dt$$

$$= 2\int_0^{T_b} \cos[2\pi(f_1-f_2)t] + \cos[2\pi(f_1+f_2)t] dt$$

$$= 2\int_0^{T_b} \cos[2\pi(f_1-f_2)t]dt + 2\int_0^{T_b} \cos[2\pi(f_1+f_2)t]dt$$

f_1、f_2 是 $\frac{1}{T_b}$ 的整倍数,不妨设 $f_1 = \frac{n_1}{T_b}, f_2 = \frac{n_2}{T_b}$,其中 n_1、n_2 是不相等的两个整数,则有

$$\int_0^{T_b} s_1(t)s_2(t)dt = 2\int_0^{T_b} \cos\frac{2\pi(n_1-n_2)t}{T_b}dt + 2\int_0^{T_b} \cos\frac{2\pi(n_1+n_2)t}{T_b}dt$$

由于 n_1、n_2 是不相等的两个整数,上式等于零。这说明,当 f_1、f_2 是 $\frac{1}{T_b}$ 的整倍数时,只要这两个频率不相等,它们就能保持正交。保持正交的最小频差是

$$\min\{|f_1-f_2|\} = \min_{n_1 \neq n_2}\left\{\left|\frac{n_1-n_2}{T_b}\right|\right\} = \frac{1}{T_b}$$

(2) $s_1(t)$、$s_2(t)$ 的频率不同,幅度相同,它们的能量也相同,为 $E_1 = E_2 = 2T_b$。

(3) $y = E_1 = 2T_b$。

(4) $\sigma^2 = 2 \times \frac{N_0}{2} E_1 = 2N_0 T_b$。

(5) $\frac{1}{2}\text{erfc}\left(\frac{2T_b}{\sqrt{2 \cdot 2N_0 T_b}}\right) = \frac{1}{2}\text{erfc}\left(\sqrt{\frac{T_b}{N_0}}\right)$。

96. 图 6-25 中,a 点信号是幅度为 1 的双极性不归零信号,二进制序列独立等概,数据速率为 $R_b = 1$ Mbit/s,b 点信号是 BPSK,载波频率是 $f_c = 100$ MHz。请给出 a、b 两点的功率谱密度,并画出功率谱密度图。

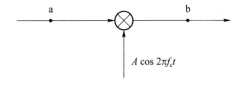

图 6-25

解:a 点信号的功率谱密度为

$$P_a(f) = \frac{1}{T_b} |T_b \text{sinc}(fT_b)|^2 = \frac{1}{R_b} \text{sinc}^2\left(\frac{f}{R_b}\right)$$

功率谱密度图为图 6-26。

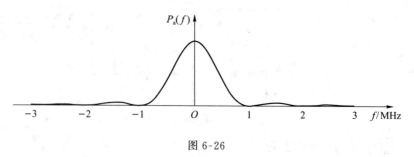

图 6-26

b 点 BPSK 信号的功率谱为

$$P_b(f) = A^2 \times \frac{P_a(f-f_c) + P_a(f+f_c)}{4} = \frac{A^2}{4R_b}\left[\text{sinc}^2\left(\frac{f-f_c}{R_b}\right) + \text{sinc}^2\left(\frac{f+f_c}{R_b}\right)\right]$$

功率谱密度图为图 6-27。

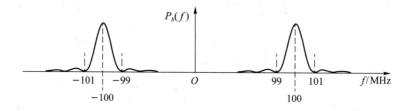

图 6-27

97. 已知 BPSK 系统的两个信号波形为 $s_1(t) = A\cos 2\pi f_c t$ 和 $s_2(t) = -s_1(t)$，持续时间是 $0 \leq t < T_b$，$s_1(t)$ 与 $s_2(t)$ 等概出现。

(1) 求平均比特能量 E_b 及两信号波形的相关系数 ρ。

(2) 若 BPSK 信号在信道传输中受到功率谱密度为 $\frac{N_0}{2}$ 的加性白高斯噪声的干扰，请画出最佳接收框图，并推导其误比特率。

解：(1) 平均比特能量为 $E_b = \dfrac{A^2 T_b}{2}$，两信号波形的相关系数为

$$\rho = \frac{1}{E_b} \int_0^{T_b} s_1(t) s_2(t) \mathrm{d}t = \frac{1}{E_b} \int_0^{T_b} -s_1^2(t) \mathrm{d}t = -1$$

(2) 在白高斯噪声干扰下最佳接收框图为图 6-28。

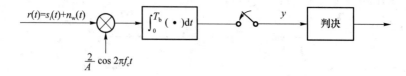

图 6-28

$s_i(t) = a_i A \cos 2\pi f_c t$，其中 $a_i = \begin{cases} 1, & i=1 \\ -1, & i=2 \end{cases}$。图中的判决量为

$$y = \int_0^{T_b} \frac{2}{A} r(t) \cos 2\pi f_c t \, dt$$

$$= 2\int_0^{T_b} a_i (\cos 2\pi f_c t)^2 dt + \underbrace{\frac{2}{A}\int_0^{T_b} n_w(t)(\cos 2\pi f_c t) dt}_{Z}$$

$$= a_i T_b + Z$$

其中 Z 是均值为 0 的高斯随机变量，它的方差为

$$\sigma^2 = \frac{4}{A^2} E\left[\left(\int_0^{T_b} n_w(t) \cos 2\pi f_c t \, dt\right)^2\right]$$

$$= \frac{4}{A^2} E\left[\int_0^{T_b}\int_0^{T_b} n_w(t)(\cos 2\pi f_c t) n_w(t')(\cos 2\pi f_c t') dt' dt\right]$$

$$= \frac{4}{A^2} \int_0^{T_b}\int_0^{T_b} E[n_w(t) n_w(t')] \cos 2\pi f_c t \cos 2\pi f_c t' dt' dt$$

$$= \frac{4}{A^2} \int_0^{T_b}\int_0^{T_b} \frac{N_0}{2} \delta(t-t') \cos 2\pi f_c t \cos 2\pi f_c t' dt' dt$$

$$= \frac{2N_0}{A^2} \int_0^{T_b} (\cos 2\pi f_c t)^2 dt$$

$$= \frac{N_0 T_b}{A^2}$$

因此发送 $s_1(t)$、$s_2(t)$ 时判决量 y 的概率密度函数分别为

$$\begin{cases} p_1(y) = \dfrac{A}{\sqrt{2\pi N_0 T_b}} e^{-\frac{A^2 (y-T_b)^2}{2N_0 T_b}} \\ p_2(y) = \dfrac{A}{\sqrt{2\pi N_0 T_b}} e^{-\frac{A^2 (y+T_b)^2}{2N_0 T_b}} \end{cases}$$

最佳判决门限 V_T 满足 $p_1(V_T) = p_2(V_T)$，故有 $V_T = 0$。此时：

$$P(e|s_1) = P(Z<-T_b) = \frac{1}{2}\text{erfc}\left(\frac{T_b}{\sqrt{2\sigma^2}}\right) = \frac{1}{2}\text{erfc}\left(\sqrt{\frac{A^2 T_b}{2N_0}}\right) = \frac{1}{2}\text{erfc}\left(\sqrt{\frac{E_b}{N_0}}\right)$$

$$P(e|s_2) = P(Z>T_b) = P(e|s_1)$$

因此平均误比特率是

$$P_b = \frac{1}{2}\text{erfc}\left(\sqrt{\frac{A^2 T_b}{2N_0}}\right) = \frac{1}{2}\text{erfc}\left(\sqrt{\frac{E_b}{N_0}}\right)$$

98. 图 6-29 中，BPSK 信号是由双极性不归零信号调制正弦载波而成的，理想带通滤波器 BPF 的带宽恰好能使 BPSK 信号的主瓣通过。恢复载波和发送载波之间有固定的相位偏差 θ，理想低通滤波器 LPF 用于滤除二倍载频分量，取样时刻是码元的中点。假设 BPF 对 BPSK 信号造成的失真可以忽略，求误比特率。

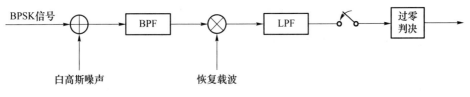

图 6-29

解：不妨以本地载波为参考，设发送载波为 $\cos(2\pi f_c t + \theta)$，本地恢复载波为 $\cos 2\pi f_c t$。BPF 输出的 BPSK 信号可写成 $\text{Re}\{\pm A e^{j\theta} e^{j2\pi f_c t}\}$，其中 A 是 BPSK 信号的幅度，"±"对应发送"1""0"。BPF 输出的噪声 $n(t)$ 可以表示成 $n(t) = \text{Re}\{\tilde{n}(t) e^{j2\pi f_c t}\}$，其中 $\tilde{n}(t) = n_c(t) + j n_s(t)$，$n(t)$、$n_c(t)$、$n_s(t)$ 都是零均值的平稳高斯过程，它们的方差都是 $\sigma^2 = N_0 B$，其中 N_0 是白噪声的单边功率谱密度，B 是 BPF 的等效噪声带宽。

BPF 的总输出是

$$r(t) = \text{Re}\{[\pm A e^{j\theta} + n_c(t) + j n_s(t)] e^{j2\pi f_c t}\}$$

用载波 $\cos 2\pi f_c t$ 解调得到的是

$$\text{Re}\{\tilde{r}(t)\} = \text{Re}\{\pm A e^{j\theta} + n_c(t) + j n_s(t)\} = \pm A \cos\theta + n_c(t)$$

采样结果是 $y = \pm A\cos\theta + \xi$，$\xi$ 是对 $n_c(t)$ 的采样结果，$\xi \sim N(0, N_0 B)$。

发送 $+A$ 而错误的概率是

$$P(\xi < -A\cos\theta) = \frac{1}{2}\text{erfc}\left(\frac{A\cos\theta}{\sqrt{2\sigma^2}}\right) = \frac{1}{2}\text{erfc}\left(\sqrt{\frac{A^2\cos^2\theta}{2N_0 B}}\right)$$

发送 $-A$ 而错误的概率是

$$P(\xi > A\cos\theta) = \frac{1}{2}\text{erfc}\left(\sqrt{\frac{A^2\cos^2\theta}{2N_0 B}}\right)$$

故平均错误率是

$$P_b = \frac{1}{2}\text{erfc}\left(\sqrt{\frac{A^2\cos^2\theta}{2N_0 B}}\right)$$

99. 信息速率为 R_b 的 BPSK 信号为 $s(t) = \sum\limits_{n=-\infty}^{\infty} a_n g(t - nT_b)\cos(2\pi f_c t + \theta)$，其中 $T_b = \dfrac{1}{R_b}$ 是比特间隔，$a_n \in \{+1, -1\}$ 代表信息比特，载频 $f_c \gg \dfrac{1}{T_b}$，$g(t) = \begin{cases} A, & 0 \leq t < T_b \\ 0, & \text{其他} \end{cases}$，$\{a_n\}$ 是独立等概序列，θ 是任意的一个载波相位。

(1) 求 $s(t)$ 的功率谱密度，并画图表示。

(2) 请画出 BPSK 接收机提取载波的两种方框图，并说明原理。

解：(1) $s(t)$ 是数字基带信号 $b(t) = \sum\limits_{n=-\infty}^{\infty} a_n g(t - nT_b)$ 对载波 $\cos(2\pi f_c t + \theta)$ 的 DSB 调制。$b(t)$ 的功率谱密度是

$$P_b(f) = \frac{1}{T_b}|AT_b \text{sinc}(fT_b)|^2 = A^2 T_b \text{sinc}^2(fT_b) = \frac{A^2}{R_b}\text{sinc}^2\left(\frac{f}{R_b}\right)$$

因此 $s(t)$ 的功率谱密度是

$$P_s(f) = \frac{P_b(f - f_c) + P_b(f + f_c)}{4} = \frac{A^2}{4R_b}\left[\text{sinc}^2\left(\frac{f - f_c}{R_b}\right) + \text{sinc}^2\left(\frac{f + f_c}{R_b}\right)\right]$$

功率谱密度图为图 6-30。

(2) 方法一：平方环法。方框图为图 6-31。

其原理是：$s(t) = \sum\limits_{n=-\infty}^{\infty} a_n g(t - nT_b)\cos(2\pi f_c t + \theta)$ 经过平方器后成为

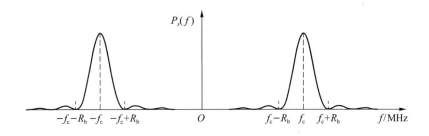

图 6-30

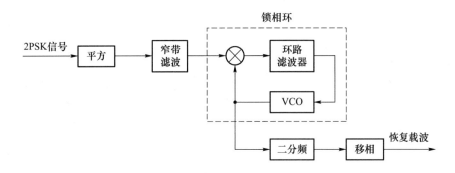

图 6-31

$$v(t) = \Big(\sum_{n=-\infty}^{\infty} a_n g(t-nT_b)\cos(2\pi f_c t + \theta)\Big)^2$$

$$= \cos^2(2\pi f_c t + \theta)\Big(\sum_{n=-\infty}^{\infty} a_n g(t-nT_b)\Big)^2$$

$$= \frac{1+\cos(4\pi f_c t + 2\theta)}{2}\sum_{m=-\infty}^{\infty}\sum_{n=-\infty}^{\infty} a_n a_m g(t-mT_b)g(t-nT_b)$$

$$= \frac{1+\cos(4\pi f_c t + 2\theta)}{2}\sum_{n=-\infty}^{\infty} a_n^2 g^2(t-nT_b)$$

$$= \frac{A^2}{2} + \frac{A^2}{2}\cos(4\pi f_c t + 2\theta)$$

将 $v(t)$ 通过一个中心频率为 $2f_c$ 的滤波器以限制噪声,并将其送入锁相环。锁相环锁定时 VCO 的输出近似是 $-\sin(4\pi f_c t+2\theta)$,其经过 2 分频后为 $-\sin(2\pi f_c t+\theta)$ 或者 $\sin(2\pi f_c t+\theta)$,移相后得到 $\cos(2\pi f_c t+\theta)$ 或者 $-\cos(2\pi f_c t+\theta)$ (相位模糊)。

方法二:Costas 环法。方框图为图 6-32。

其原理是:假设 VCO 输出的是 $-\sin(2\pi f_c t+\theta+\varphi)$,则上支路(Q 支路)低通滤波器的输出将是 $-a_n\sin\varphi$,下支路(I 支路)低通滤波器的输出是 $a_n\cos\varphi$,环路滤波器的输入是 $-\sin 2\varphi$。设 φ 在 0 附近,则当 $\varphi>0$ 时,VCO 将降低频率,使得 φ 减小,当 $\varphi<0$ 时 VCO 将增加频率,使得 φ 增加,因此在稳态情况下 φ 近似为 0,使得恢复载波近似为 $\cos(2\pi f_c t+\theta)$。另外,还有一个稳定点是 $\varphi=\pi$,表示相位模糊。

100. 某八进制调制在归一化正交基下的星座图如图 6-33 所示。假设各星座点等概出

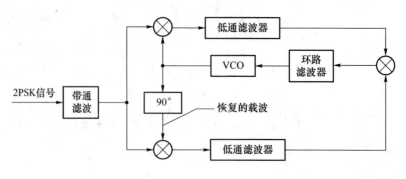

图 6-32

现，$a=2$，信道中加性白高斯噪声的双边功率谱密度是 $\frac{N_0}{2}=\frac{1}{2}$。

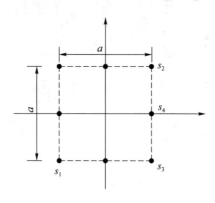

图 6-33

(1) 求平均符号能量 E_s、星座点之间的最小距离 $d_{\min}$。
(2) 在图中标出 s_1、s_2、s_3、s_4 的最佳判决域。
(3) 在图中按格雷码映射规则标注出八个星座点所携带的比特。
(4) 求在发送 s_1 的条件下，判决结果仍然是 s_1 的概率。

解：(1) s_2 的坐标是 $(1,1)$，其能量为 2；s_4 的坐标是 $(1,0)$，其能量是 1。八个星座点中，角上的四个能量都是 2，边上的四个能量都是 1，平均符号能量是 $E_s=1.5$。从图中容易看出星座点之间的最小距离是 $d_{\min}=1$。

(2)和(3)的答案如图 6-34 所示。

(4) 若用复数表示，则发送 $s_1=1+1\mathrm{j}$ 时的接收信号点是 $y=1+1\mathrm{j}+z_1+\mathrm{j}z_2$，其中 z_1、z_2 是 I、Q 支路上的噪声分量。根据高斯白噪声的性质，z_1、z_2 是独立同分布的高斯随机变量，它们的方差均为 $\frac{N_0}{2}=\frac{1}{2}$。由图 6-34 可以看出，由于 s_1 离判决域边界的距离是 $\frac{1}{2}$，故判决结果仍然是 s_1 的条件是 $z_1<\frac{1}{2}$ 且 $z_2<\frac{1}{2}$，其概率是

$$P(s_1|s_1)=\left[1-P\left(z_1>\frac{1}{2}\right)\right]\left[1-P\left(z_2>\frac{1}{2}\right)\right]=\left[1-\frac{1}{2}\mathrm{erfc}\left(\frac{1}{2}\right)\right]^2$$

101. 假设 BPSK 信号在信道传输中受到双边功率谱密度为 $\frac{N_0}{2}=10^{-10}$ W/Hz 的加性

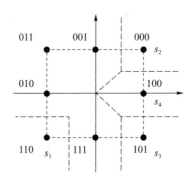

图 6-34

白高斯噪声的干扰,发送信号的比特能量是 $E_b = \dfrac{A^2 T_b}{2}$,其中 T_b 是比特间隔,A 是信号幅度。最佳接收时的误比特率为 $P_b = 10^{-3}$,请求出在输入信息速率 R_b 分别为 10 kbit/s、100 kbit/s、1 Mbit/s 条件下的 BPSK 信号的幅度 A。(注:对于 $\dfrac{1}{2}\mathrm{erfc}\left(\sqrt{\dfrac{E_b}{N_0}}\right) = 10^{-3}$,有 $10\lg\dfrac{E_b}{N_0} = 6.8$ dB。)

解:最佳接收时的误比特率为 $P_b = \dfrac{1}{2}\mathrm{erfc}\left(\sqrt{\dfrac{E_b}{N_0}}\right)$,现 $P_b = 10^{-3}$,由此得 $\dfrac{E_b}{N_0} = 10^{0.68}$,即 $\dfrac{A^2 T_b}{2} = 10^{0.68} \times 2 \times 10^{-10}$,$A = \sqrt{4 \times 10^{-9.32} R_b} = 2 \times 10^{-4.66}\sqrt{R_b}$。代入不同的速率得知 R_b 分别为 10 kbit/s、100 kbit/s、1 Mbit/s 时对应的 A 分别为 0.004 4、0.013 8 及 0.043 8。

102. 一 DPSK 数字通信系统,信息速率为 R_b,输入数据为 110100010110…。

(1) 写出相对码(假设相对码的第一个比特为 1)。

(2) 画出 DPSK 发送框图。

(3) 写出 DPSK 发送信号的载波相位(设第一个比特的 DPSK 信号的载波相位为 0)。

(4) 画出 DPSK 信号的功率谱图(设输入数据是独立等概序列)。

(5) 画出 DPSK 的非相干接收框图。

解:(1) 绝对码为 110100010110,对应相对码为 1011000011011。

(2) DPSK 发送框图为图 6-35。

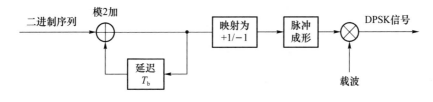

图 6-35

(3) DPSK 发送信号的载波相位为 0π00ππππ00π00。

(4) 输入数据独立等概时,差分编码的结果也是独立等概的。此时 DPSK 信号的功率谱和 BPSK 信号的是一样的,如图 6-36 所示。

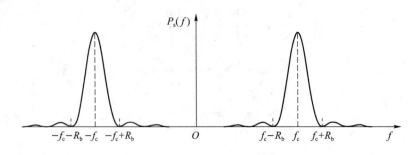

图 6-36

(5) DPSK 的非相干接收框图为图 6-37。

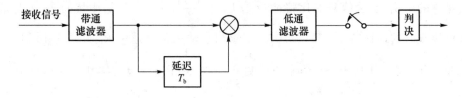

图 6-37

103. 一数字通信系统的数据速率为 2 Mbit/s,载波频率为 800 MHz,要求发射频谱限于(800±1)MHz 范围内,请设计最佳频带传输系统,画出发送框图和该数字调制器各点的功率谱密度图。

解:需要在 $B=2$ MHz 带宽内发送速率为 $R_b=2$ Mbit/s 的信号,频带利用率必须达到 $\dfrac{R_b}{B}=1$ bit/s/Hz。频带传输时奈奎斯特极限的频带利用率是 $\log_2 M$ bit/s/Hz,考虑实现性,进制数 M 应大于 2,取四进制。设计滚降因子为 1 的 QPSK,其符号速率是 1 MBaud。发送框图为图 6-38。

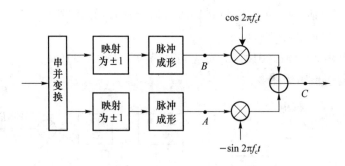

图 6-38

A 点和 B 点的功率谱密度相同,均如图 6-39 所示。

C 点的功率谱密度如图 6-40 所示。

104. 某数字通信系统的信息速率为 3 Mbit/s,发送载波为 2 GHz,要求发射频谱限于(2 000±1)MHz 范围内,该系统采用 70 MHz 的中频。请给出合理的系统设计,画出发送

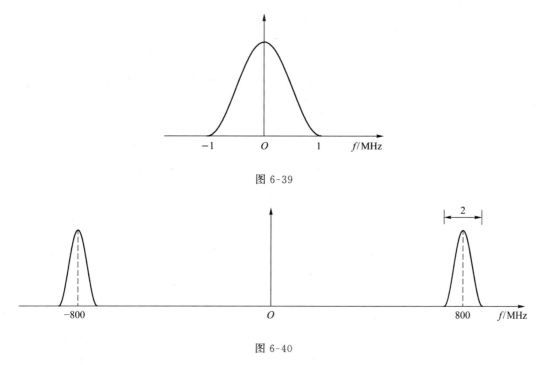

图 6-39

图 6-40

框图和接收框图。

解：需要在 $B=2$ MHz 带宽内发送速率为 $R_b=3$ Mbit/s 的信号,因此频带利用率必须达到 $\frac{R_b}{B}=1.5$ bit/s/Hz。采用 M 进制二维调制时的最大频带利用率是 1 Baud/Hz$=\log_2 M$ bit/s/Hz。故必须 $\log_2 M \geqslant 1.5$，$M \geqslant 2^{1.5}$，取 $M=4$，则符号速率是 $R_s=\frac{R_b}{2}=1.5$ MBaud。为了满足限带的要求,必须采用滚降技术。设滚降系数为 α，则有 $B=R_s(1+\alpha)$，由此得 $\alpha=\frac{B}{R_s}-1=\frac{2}{1.5}-1=\frac{1}{3}$。设计采用升余弦滚降。再考虑收发匹配的问题,则可画出发送框图及接收框图,它们分别示于图 6-41(a)和图 6-41(b)。

105. 某三次群(34.368 Mbit/s)数字微波系统的载波频率为 6 GHz,信道带宽为 25.776 MHz,信道噪声是加性白高斯噪声。请设计无码间干扰传输的最佳 QPSK 系统,画出框图。

解：符号速率是 $R_s=\frac{R_b}{2}=17.184$ MBaud。频带传输时的奈奎斯特带宽为 17.184 MHz,滚降后带宽是 $17.184(1+\alpha)=25.776$ MHz,$\alpha=\frac{25.776}{17.184}-1=0.5$。

发送框图为图 6-42(图中 $f_c=6$ GHz)。

接收框图为图 6-43。

106. 已知一 OQPSK 调制器的输入数据是速率为 $R_b=2$ Mbit/s 的独立等概二进制序列。

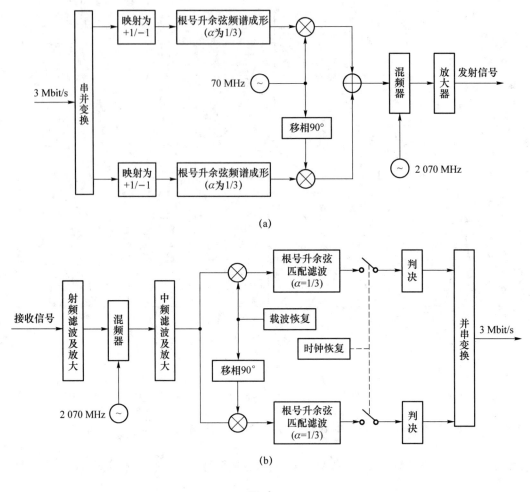

图 6-41

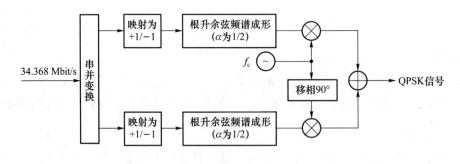

图 6-42

（1）画出 OQPSK 调制器的框图（假设成形滤波器的冲激响应为矩形不归零脉冲）。

（2）若输入数据为 11100100…，请画出 OQPSK 调制器中同相和正交支路的基带信号 $I(t)$ 及 $Q(t)$ 的波形。

（3）画出 OQPSK 调制信号的双边功率谱密度并标注频率。

解：（1）OQPSK 调制器的框图为图 6-44。

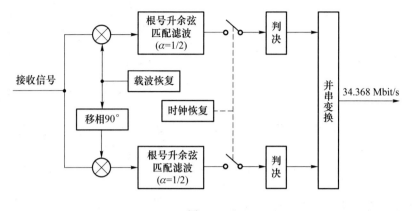

图 6-43

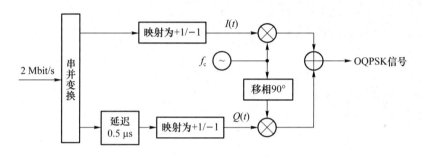

图 6-44

（2）串并变换后 I 路的数据是 1100…，Q 路的数据是 1010…，$I(t)$ 及 $Q(t)$ 的波形如图 6-45 所示。

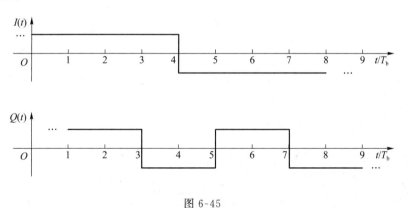

图 6-45

（3）OQPSK 的功率谱密度和 QPSK 的一致，均如图 6-46 所示。

107. 某 4ASK 信号的产生框图为图 6-47，假设比特速率是 1 Mbit/s，4ASK 的四个电平等概出现，符号间不相关，$g(t)$ 为半占空比的归零矩形脉冲。画出 a 点和 b 点的功率谱密度图。

解： a 点的功率谱密度如图 6-48 所示。

b 点功率谱密度是 a 点功率谱密度的搬移，如图 6-49 所示。

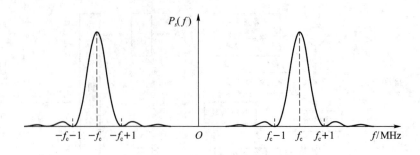

图 6-46

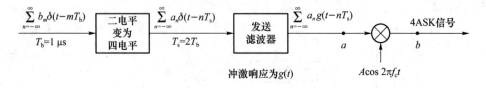

图 6-47

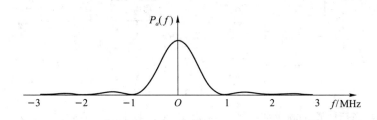

图 6-48

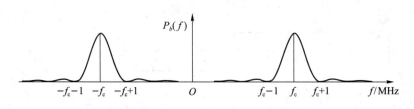

图 6-49

108. 某 4ASK 系统发送的信号 $s(t)$ 以等概方式取值于 $\{\pm f_1(t), \pm 3f_1(t)\}$，其中 $f_1(t)=\sqrt{\dfrac{2}{T_s}}\cos 2\pi f_c t$，$0\leqslant t\leqslant T_s$。$s(t)$ 经过 AWGN 信道传输，接收信号是 $r(t)=s(t)+n_w(t)$，其中 $n_w(t)$ 是功率谱密度为 $N_0/2$ 的白高斯噪声。接收框图为图 6-50。

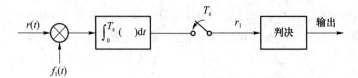

图 6-50

(1) 求判决器输入 r_1 中噪声的方差。

(2) 分别按发送信号 $s(t)$ 为 $-3f_1(t)$、$-f_1(t)$、$f_1(t)$、$3f_1(t)$ 的条件,写出 r_1 的均值。

(3) 按最大似然准则将 r_1 的取值范围 $(-\infty,\infty)$ 分成四个判决域,并用图形表示。

(4) 求该系统的平均误符号率。

解:(1) r_1 中的噪声是白高斯噪声在归一化基函数 $f_1(t)$ 上的投影,其方差为 $\dfrac{N_0}{2}$。

(2) 不同发送信号下 r_1 的均值是 $s(t)$ 在 $f_1(t)$ 上的投影,分别是 -3,-1,$+1$,$+3$。

(3) 最佳判决域如图 6-51 所示。

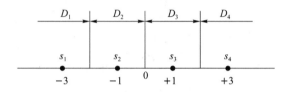

图 6-51

(4) 发送 $s_1(t)$ 时,判决出错的概率是噪声大于 1 的概率,为

$$P(e|s_1) = \frac{1}{2}\mathrm{erfc}\left(\frac{1}{\sqrt{N_0}}\right)$$

根据对称性,$P(e|s_4) = P(e|s_1) = \dfrac{1}{2}\mathrm{erfc}\left(\dfrac{1}{\sqrt{N_0}}\right)$。

发送 $s_2(t)$、$s_3(t)$ 出错的概率是 $P(e|s_1)$ 的 2 倍:$P(e|s_2) = P(e|s_3) = \mathrm{erfc}\left(\dfrac{1}{\sqrt{N_0}}\right)$。平均符号错误率为

$$P_s = \frac{\frac{1}{2}+1+1+\frac{1}{2}}{4}\mathrm{erfc}\left(\frac{1}{\sqrt{N_0}}\right) = \frac{3}{4}\mathrm{erfc}\left(\frac{1}{\sqrt{N_0}}\right)$$

109. 一数字通信系统在接收端抽样时刻的抽样值为

$$y = s_i + n, \quad i = 1,2,3$$

其中 $s_1 = -2$,$s_2 = 0$,$s_3 = 2$。s_1、s_2、s_3 等概出现。n 是符合标准正态分布的随机变量。如果按照 ML 准则进行判决,请写出:发送 s_1 时的错判概率 $P(e|s_1)$、发送 s_2 时的错判概率 $P(e|s_2)$、发送 s_3 时的错判概率 $P(e|s_3)$、系统的平均错判概率 P_e。

解:ML 准则下的最佳判决域如图 6-52 所示。

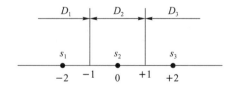

图 6-52

根据判决域可得

$$P(e|s_1) = P(y \notin D_1 | s_1) = P(n > 1) = \frac{1}{2}\operatorname{erfc}\left(\frac{1}{\sqrt{2}}\right)$$

$$P(e|s_2) = P(y \notin D_2 | s_2) = P(|n| > 1) = \operatorname{erfc}\left(\frac{1}{\sqrt{2}}\right)$$

$$P(e|s_3) = P(y \notin D_3 | s_3) = P(n < -1) = \frac{1}{2}\operatorname{erfc}\left(\frac{1}{\sqrt{2}}\right)$$

因此平均错判概率为

$$P_e = \frac{\frac{1}{2} + 1 + \frac{1}{2}}{3}\operatorname{erfc}\left(\frac{1}{\sqrt{2}}\right) = \frac{2}{3}\operatorname{erfc}\left(\frac{1}{\sqrt{2}}\right)$$

110. 一 QPSK 信号的表达式为

$$s_i(t) = \sqrt{\frac{2}{T_s}}\cos\left[2\pi f_c t + \frac{2\pi(i-1)}{4}\right], \quad i = 1,2,3,4, \quad 0 \le t \le T_s$$

两个正交归一化基函数为

$$f_1(t) = \sqrt{\frac{2}{T_s}}\cos 2\pi f_c t, \quad 0 \le t \le T_s$$

$$f_2(t) = -\sqrt{\frac{2}{T_s}}\sin 2\pi f_c t, \quad 0 \le t \le T_s$$

(1) 画出星座图，写出各星座点的坐标。

(2) 求平均符号能量、平均比特能量。

(3) 假设各星座点等概出现，发送信号通过 AWGN 信道传输，信道噪声的单边功率谱密度是 $N_0 = 0.1$ W/Hz，求该系统的误比特率及误符号率。

解：(1) $s_i(t) = \sqrt{\frac{2}{T_s}}\cos\frac{2\pi(i-1)}{4}\cos 2\pi f_c t - \sqrt{\frac{2}{T_s}}\sin\frac{2\pi(i-1)}{4}\sin 2\pi f_c t$

$= \cos\frac{2\pi(i-1)}{4}f_1(t) + \sin\frac{2\pi(i-1)}{4}f_2(t)$

星座点的坐标是 $\left(\cos\frac{2\pi(i-1)}{4}, \sin\frac{2\pi(i-1)}{4}\right)$，即 $(1,0)$、$(0,1)$、$(-1,0)$、$(0,-1)$。星座图为图 6-53。

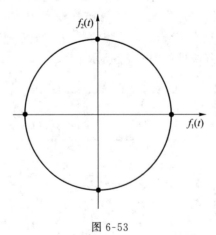

图 6-53

(2) 平均符号能量是 1,平均比特能量是 1/2。

(3) $P_b = \frac{1}{2}\text{erfc}\left(\sqrt{\frac{E_b}{N_0}}\right) = \frac{1}{2}\text{erfc}(\sqrt{5})$, $P_s = 1-(1-P_b)^2 = 2P_b - P_b^2 = \text{erfc}(\sqrt{5}) - \frac{1}{4}\text{erfc}^2(\sqrt{5})$。

111. 设 $\left\{s_1=0, s_2=1, s_3=-1, s_4=\text{j}, s_5=-\text{j}, s_6=\frac{1+\text{j}}{2}, s_7=\frac{1-\text{j}}{2}, s_8=-\frac{1}{2}\right\}$ 是某八进制调制的星座图,各星座点等概出现。

(1) 画出星座图。
(2) 标出各星座点的 ML 判决域。
(3) 求平均符号能量 E_s、星座点之间的最小距离 $d_{\min}$。

解:(1) 信号星座图为图 6-54。

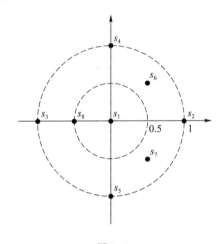

图 6-54

(2) 各星座点的判决域为各条虚线所划分的区域,如图 6-55 所示。

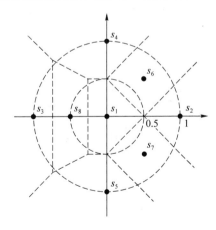

图 6-55

(3) 平均符号能量为 $E_s = \frac{1}{8}\left[4 + 2\times\left(\frac{\sqrt{2}}{2}\right)^2 + \left(\frac{1}{2}\right)^2\right] = \frac{21}{32}$。星座点之间的最小距离

$d_{\min}$ 为 s_1 和 s_8 之间的距离,为 $\frac{1}{2}$。

112. 某 8QAM 调制在归一化正交基函数下的星座图为图 6-56。图中内圆的半径是 1,外圆的半径是 2,外圆的四个点处在 ±45°线上。各星座点等概出现。试求平均符号能量、星座点之间的最小距离 $d_{\min}$,并画出 A 点的判决域。

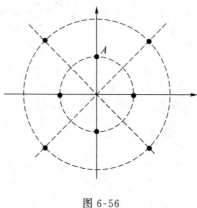

图 6-56

解:平均符号能量为 $E_s = \frac{1}{8}(4 + 4 \times 2^2) = 2.5$。星座点之间的最小距离 $d_{\min}$ 为星座点 AB 间的距离,为 $\sqrt{2}$。A 点的判决域为图 6-57 中实线围成的区域。

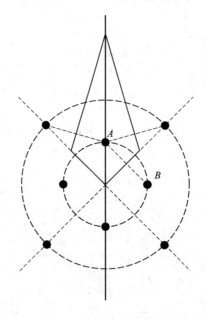

图 6-57

113. 一 8PSK 及 8QAM 的星座图如图 6-58 所示,各星座点等概出现。

(1) 若 8QAM 星座图中星座点之间的最小距离为 A,求能使平均符号能量最小的内圆及外圆半径以及此时的平均符号能量。

(2) 若 8PSK 星座图中相邻星座点之间的距离是 A,求圆的半径、平均符号能量。

解:(1) 内圆半径等于外圆半径的情形就是 8PSK,此时若固定外圆半径,缩小内圆半

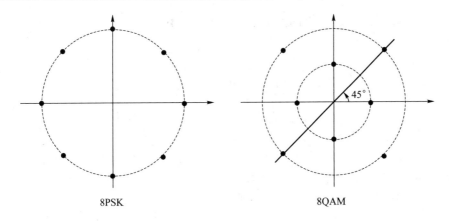

图 6-58

径,则平均符号能量相应减小。内圆半径小到一定程度时,星座点之间的最小距离就是内圆上相邻两个点的距离。固定此距离为 A,则内圆半径是 $\dfrac{A}{\sqrt{2}}$。此时,外圆半径 x 取最小值对应图 6-59 中的三角形是等边三角形。根据图中的几何关系可列出方程:

$$A^2 = x^2 + \left(\dfrac{A}{\sqrt{2}}\right)^2 - 2x\dfrac{A}{\sqrt{2}}\cos\dfrac{\pi}{4}$$

$$A^2 = x^2 + \dfrac{A^2}{2} - Ax$$

解得 $x = \dfrac{A}{2}(1+\sqrt{3}) = 1.366A$。此时平均符号能量为

$$\dfrac{1}{2}\left[\left(\dfrac{A}{\sqrt{2}}\right)^2 + \left(\dfrac{A}{2}(1+\sqrt{3})\right)^2\right] = \dfrac{3+\sqrt{3}}{4}A^2 = 1.183A^2$$

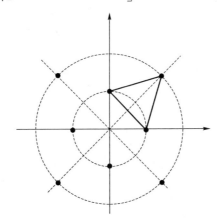

图 6-59

(2) 对于 8PSK,$A = 2r\sin\dfrac{\pi}{8}$,因此 $r = \dfrac{A}{2\sin\dfrac{\pi}{8}} = 1.3066A$。平均符号能量为 $\dfrac{A^2}{\left(2\sin\dfrac{\pi}{8}\right)^2} = 1.7071A^2$。

114. 某二维 8 进制数字调制系统的归一化正交基函数为

$$f_1(t)=\begin{cases}1, & 0\leqslant t\leqslant 1\\ 0, & 其他\end{cases}, f_2(t)=\begin{cases}1, & 0\leqslant t\leqslant \dfrac{1}{2}\\ -1, & \dfrac{1}{2}<t\leqslant 1\\ 0, & 其他\end{cases}$$

星座图上 8 个星座点的坐标分别是 $s_1=(0,0), s_2=(-1,1), s_3=(1,-1), s_4=(1,0), s_5=(1,1), s_6=(-1,-1), s_7=(0,1), s_8=(-1,0)$。假设信道噪声是加性高斯白噪声。

(1) 画出星座图,写出星座点之间的最小距离。
(2) 画出星座点 s_5 对应的发送信号的波形 $s_5(t)$。
(3) 若各星座点等概出现,求平均符号能量 E_s,画出 s_1 的最佳判决域。
(4) 若星座点 s_7 的出现概率为零,其他星座点等概出现,画出此时 s_1 的最佳判决域。

解:(1) 根据各星座点的坐标可以画出星座图,如图 6-60(a)所示,可以看出星座点之间的最小距离是 1。

(2) $s_5(t)$ 的表达式为 $s_5(t)=f_1(t)+f_2(t)=\begin{cases}2, & 0\leqslant t\leqslant \dfrac{1}{2}\\ 0, & 其他\end{cases}$,其图形如图 6-60(b)所示。

(3) 8 个星座点的能量依次是 0、2、2、1、2、2、1、1。当星座点等概出现时,平均符号能量为 11/8。等概情况下的最佳判决域是按距离的远近划分,s_1 的最佳判决域如图 6-60(c)所示。

(4) 星座点 s_7 的出现概率为零时,相当于变成七进制星座图,此时 s_1 的最佳判决域如图 6-60(d)所示。

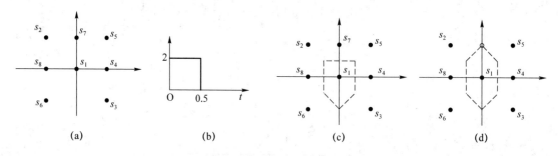

图 6-60

115. 对于图 6-61 所示的两个信号 $s_1(t)$、$s_2(t)$,求这两个信号的能量、相关系数 ρ、平方欧氏距离 $d^2=\int_{-\infty}^{\infty}[s_1(t)-s_2(t)]^2\mathrm{d}t$。

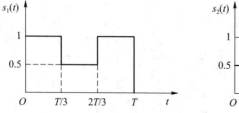
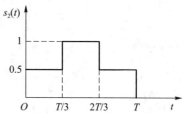

图 6-61

解：这两个信号的能量为

$$E_1 = \int_0^T s_1^2(t) \mathrm{d}t = \frac{3T}{4}$$

$$E_2 = \int_0^T s_2^2(t) \mathrm{d}t = \frac{T}{2}$$

由于 $s_1(t)s_2(t) = \begin{cases} \frac{1}{2}, & 0 \leqslant t \leqslant T \\ 0, & 其他 \end{cases}$，所以它们的内积是 $\int_{-\infty}^{\infty} s_1(t)s_2(t)\mathrm{d}t = T$，相关系数是

$$\rho = \frac{\int_0^T s_1(t)s_2(t)\mathrm{d}t}{\sqrt{E_1 E_2}} = \sqrt{\frac{2}{3}}$$

平方欧氏距离是

$$d^2 = \int_{-\infty}^{\infty} [s_1(t) - s_2(t)]^2 \mathrm{d}t = E_1 + E_2 - 2\rho\sqrt{E_1 E_2} = \frac{3T}{4}$$

116. 对于任意实信号 $g_1(t)$、$g_2(t)$，令 $u(t) = g_1(t) + g_2(t)$，$v(t) = g_1(t) - g_2(t)$。求 $u(t)$ 与 $v(t)$ 正交的条件。

解：$u(t)$ 与 $v(t)$ 的内积是

$$\int_{-\infty}^{\infty} u(t)v(t)\mathrm{d}t = \int_{-\infty}^{\infty} [g_1(t) + g_2(t)][g_1(t) - g_2(t)]\mathrm{d}t$$

$$= \int_{-\infty}^{\infty} [g_1^2(t) - g_2^2(t)]\mathrm{d}t = E_1 - E_2$$

因此，$u(t)$ 与 $v(t)$ 正交的条件就是 $g_1(t)$ 和 $g_2(t)$ 等能量。

117. 考虑在 $[0, T_b]$ 内的两个信号 $s_1(t) = \cos 2\pi f_0 t$ 及 $s_2(t) = \cos[2\pi(f_0 + \Delta)t]$，其中 $\Delta > 0$，$f_0 \gg 1/T_b$。求能使这两个波形保持正交的最小频差。

解：这两个波形的内积是

$$\int_{-\infty}^{\infty} s_1(t)s_2(t)\mathrm{d}t = \int_0^{T_b} \cos 2\pi f_0 t \cos[2\pi(f_0 + \Delta)t]\mathrm{d}t$$

$$= \frac{1}{2}\int_0^{T_b} [\cos 2\pi \Delta t + \cos\{(4\pi f_0 + 2\pi\Delta)t\}]\mathrm{d}t$$

$$= \frac{1}{2}\left[\frac{\sin 2\pi \Delta t}{2\pi\Delta} + \frac{\sin\{(4\pi f_0 + 2\pi\Delta)t\}}{4\pi f_0 + 2\pi\Delta}\right]_0^{T_b}$$

$$= \frac{1}{2}\left\{\frac{\sin 2\pi\Delta T_b}{2\pi\Delta} + \frac{\sin\{(4\pi f_0 + 2\pi\Delta)T_b\}}{4\pi f_0 + 2\pi\Delta}\right\}$$

$$= \frac{T_b}{2}\{\text{sinc}(2\Delta T_b) + \text{sinc}(4f_0 T_b + 2\Delta T_b)\}$$

当 $f_0 T_b \gg 1$ 时，$\text{sinc}(4f_0 T_b + 2\Delta T_b) \approx 0$，因此

$$\int_{-\infty}^{\infty} s_1(t)s_2(t)\mathrm{d}t \approx \frac{T_b}{2}\text{sinc}(2\Delta T_b)$$

当 $2\Delta T_b$ 为正整数时，上式等号右边为零。因此，能使 $s_1(t)$ 和 $s_2(t)$ 正交的最小 Δ 是 $\frac{1}{2T_b}$。

118. 已知某二进制数字通信系统发送的两个信号 $s_1(t)$、$s_2(t)$ 的能量分别是 E_1、E_2，它们的相关系数是 ρ。现通过构造信号 $s_3(t) = s_1(t) + s_2(t)$ 将该系统扩展为三进制通信系统，求 $s_3(t)$ 的能量以及 $s_1(t)$、$s_2(t)$、$s_3(t)$ 两两之间的平方欧氏距离。

解：$s_3(t)$的能量是

$$E_3 = \int_{-\infty}^{\infty} s_3^2(t)dt = \int_{-\infty}^{\infty} [s_1(t) + s_2(t)]^2 dt$$

$$= \int_{-\infty}^{\infty} s_1^2(t)dt + \int_{-\infty}^{\infty} s_2^2(t)dt + 2\int_{-\infty}^{\infty} s_1(t)s_2(t)dt$$

$$= E_1 + E_2 + 2\rho\sqrt{E_1 E_2}$$

注意，$\int_{-\infty}^{\infty} s_1(t)s_2(t)dt$ 是 $s_1(t)$、$s_2(t)$ 的互能量 E_{12}，两者的相关系数为 $\rho = \dfrac{E_{12}}{\sqrt{E_1 E_2}}$。

$s_1(t)$、$s_2(t)$之间的平方欧氏距离是其差的能量：

$$d_{12}^2 = \int_{-\infty}^{\infty} [s_1(t) - s_2(t)]^2 dt = E_1 + E_2 - 2\rho\sqrt{E_1 E_2}$$

$s_1(t)$、$s_3(t)$之间的平方欧氏距离是

$$d_{12}^2 = \int_{-\infty}^{\infty} [s_3(t) - s_1(t)]^2 dt = \int_{-\infty}^{\infty} s_2^2(t)dt = E_2$$

同理，$s_2(t)$、$s_3(t)$之间的平方欧氏距离是 E_1。

119. 设计一个数字通信系统：二进制序列经 MQAM 调制以 2 400 Baud 的符号速率在 300～3 300 Hz 的话音频带信道中传输。按 $R_b = 9\ 600$ bit/s、14 400 bit/s 两种比特速率，画出调制框图，并画出各点的功率谱密度图。

解：取载频为 $\dfrac{300 + 3\ 300}{2} = 1\ 800$ Hz。按奈奎斯特极限，MQAM 信号的带宽是 2 400 Hz。实际信道的带宽是 3 000 Hz，因此滚降系数可设计为 $\dfrac{1}{4}$。$R_b = 9\ 600$ bit/s、14 400 bit/s 两种比特速率对应的调制方式分别是 16QAM、64QAM，调制框图为图 6-62。

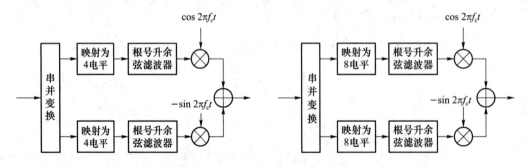

图 6-62

两种调制方式下，I、Q 两路基带的功率谱密度图为图 6-63。

图 6-63

16QAM 及 64QAM 信号的功率谱密度图为图 6-64。

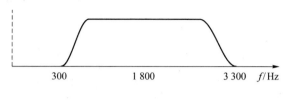

图 6-64

120. MPSK 信号的表达式为

$$s_i(t) = A\cos\left[2\pi f_c t + \frac{2\pi(i-1)}{M}\right], \quad i=1,2,\cdots,M, \quad 0\leqslant t\leqslant T_s$$

写出解析信号及复包络的表达式。

解：复包络的表达式是

$$s_L(t) = A e^{j\frac{2\pi(i-1)}{M}}, \quad i=1,2,\cdots,M, \quad 0\leqslant t\leqslant T_s$$

解析信号的表达式是

$$z(t) = s_L(t) e^{j2\pi f_c t} = A e^{j\frac{2\pi(i-1)}{M}} \cdot e^{j2\pi f_c t}, \quad i=1,2,\cdots,M, \quad 0\leqslant t\leqslant T_s$$

121. MQAM 信号的表达式为

$$s_i(t) = a_i^c g_T(t)\cos 2\pi f_c t - a_i^s g_T(t)\sin 2\pi f_c t, \quad i=1,2,\cdots,M$$

其中 $g_T(t)$ 是基带成形脉冲，a_i^c、a_i^s 是第 i 个星座点对应的 I 路、Q 路信号的幅度。写出 $s_i(t)$ 的解析信号及复包络的表达式。

解：复包络的表达式是

$$s_L(t) = g_T(t)(a_i^c + j a_i^s)$$

解析信号的表达式是

$$z(t) = s_L(t) e^{j2\pi f_c t} = g_T(t)(a_i^c + j a_i^s) \cdot e^{j2\pi f_c t}, \quad i=1,2,\cdots,M$$

第 7 章　信源和信源编码

1. 判断：随机符号 X 的概率分布是 $\{p_1,p_2,p_3,p_4\}$，随机符号 Y 的概率分布是 $\{q_1,q_2,q_3\}$，若 $p_1=q_1, p_2=q_2, p_3+p_4=q_3$，且 p_3、p_4 均不为零，则 X 的熵一定大于 Y 的熵。

解：正确。随机符号的熵是其取值概率负对数的统计平均。本题中，随机符号 Y 的熵满足

$$H(Y) = -\left[p_1\log\frac{1}{p_1} + p_2\log\frac{1}{p_2} + (p_3+p_4)\log\frac{1}{p_3+p_4}\right]$$

$$= -\left(p_1\log\frac{1}{p_1} + p_2\log\frac{1}{p_2} + p_3\log\frac{1}{p_3+p_4} + p_4\log\frac{1}{p_3+p_4}\right)$$

$$< -\left(p_1\log\frac{1}{p_1} + p_2\log\frac{1}{p_2} + p_3\log\frac{1}{p_3} + p_4\log\frac{1}{p_4}\right)$$

$$= H(X)$$

因此 X 的熵一定大于 Y 的熵。

2. 判断：设 X、Y 是两个 M 进制的信源符号。联合熵 $H(X,Y)$ 达到最大的条件是：X 与 Y 独立，且 X 与 Y 均为等概分布。

解：正确。X、Y 均为等概分布时，X 与 Y 各自的熵分别达到最大；X 与 Y 独立时，二者互信息 $I(X;Y)$ 为 0，联合熵 $H(X,Y)=H(X)+H(Y)-I(X;Y)$ 达到最大。

3. 判断：条件熵总比无条件熵大。

解：错误。证明如下：

$$H(Y\mid X) - H(Y) = -E[\ln P(Y\mid X)] + E[\ln P(Y)]$$

$$= -E\left[\ln\frac{P(Y,X)}{P(X)}\right] + E[\ln P(Y)]$$

$$= E\left[\ln\frac{P(X)P(Y)}{P(X,Y)}\right]$$

$$= E\left[\ln\left(1 + \frac{P(X)P(Y)}{P(X,Y)} - 1\right)\right]$$

$$\leq E\left[\frac{P(X)P(Y)}{P(X,Y)} - 1\right]$$

$$= \sum_{X,Y}\left[\frac{P(X)P(Y)}{P(X,Y)} \cdot P(X,Y)\right] - 1 = 0$$

即 $H(Y\mid X) \leq H(Y)$。等号成立的条件是 $P(X,Y)=P(X)P(Y)$，即 X、Y 独立。

4. 判断:若离散随机变量 X 的熵是 3 bit,则 X^2 的熵至少是 3 bit。

解:错误。X^2 的样本空间中样本点数量不会大于 X 的样本点数量,这意味着平方后取值的不确定性不会增大,即 X^2 的熵至多是 3 bit。

5. 判断:某信道的输入是 16QAM 符号 X,输出为 $Y=X+Z$,其中 Z 是与 X 独立的高斯噪声。当信噪比 $\dfrac{E[|X|^2]}{E[|Z|^2]}$ 趋于无穷大时,该信道的输入输出互信息 $I(X;Y)$ 也趋于无穷大。

解:错误。$I(X;Y)=H(X)-H(X|Y)\leq H(X)\leq 4$ bit,即信道互信息的上界是 4 bit,信噪比即便趋于无穷,也不会突破这个上界。

6. 判断:哈夫曼编码可以达到信源压缩的下界,其输出的平均码长等于信源的平均符号熵。

解:错误。例如,对于二进制信源 $X\in\{0,1\}$,其经过哈夫曼编码后输出的码字依然是 0、1,平均码长是 1。但 X 的熵可以小于 1 bit。

7. 判断:量化器产生的量化噪声一般可以建模为加性白高斯噪声。

解:错误。量化噪声也称为量化误差,是指量化器输出与输入的误差,其概率分布取决于量化器的设计和输入的概率分布。

8. 判断:A 律十三折线编码中的量化与 Lloyd-Max 量化等价。

解:错误。Lloyd-Max 量化的量化电平是量化区间的概率质心,量化边界是相邻两个量化电平的中点。A 律十三折线编码中的量化电平、量化边界都是固定的。对于任意的量化输入概率分布,A 律十三折线编码中的量化电平不可能都恰好是概率质心,量化边界也不见得正好处在两个相邻量化电平的中点处。因此,两者的等价性不存在。

9. 判断:Lloyd-Max 量化能使量化输出的熵最小。

解:错误。Lloyd-Max 量化能使量化噪声的平均功率最小。使量化输出的熵最小的情况是所有输入都量化为同一个输出,Lloyd-Max 量化显然不是这种情况。

10. 判断:设 $x(t)$ 是带宽为 W 的基带信号,对 $x(t)$ 按采样率 f_s 进行等间隔采样得到样值序列 $x_k=x\left(\dfrac{k}{f_s}\right),k=0,\pm 1,\pm 2,\cdots$。如果 $f_s<2W$,则不可能用 $\{x_k\}$ 复原出 $x(t)$。

解:奈奎斯特采样率是复原信号的充分条件,但不是必要条件。例如,对于 PAM 信号 $x(t)=\sum\limits_{n=-\infty}^{\infty}a_n g(t-nT_s)$,假设 $g(t)$ 满足 $g(kT_s)=\begin{cases}1, & k=0\\ 0, & \text{其他}\end{cases}$。这样的 $g(t)$ 很多,例如,考虑升余弦系统,其滚降系数为 0.5,则 $x(t)$ 的带宽为 $W=\dfrac{1.5}{2T_s}$,若按采样率 $f_s=\dfrac{1}{T_s}=\dfrac{4W}{3}<2W$ 对 $x(t)$ 进行采样,则采样值为 $\{x(kT_s)\}=\{a_n\}$,显然可以用采样值重新构造出 $x(t)$。

11. 设有两个四进制符号 $X,Y\in\{1,2,3,4\}$,记 $p_i=P(X=i)$,$q_j=P(Y=j)$,$P_{ij}=P(X=i,Y=j)$,其中 $i,j\in\{1,2,3,4\}$。联合熵 $H(X,Y)$ 达到最大的条件是_____。

(A) X、Y 独立 (B) 对于所有的 $i,j\in\{1,2,3,4\}$,P_{ij} 相等

(C) X、Y 同分布 (D) 对于所有的 $i,j\in\{1,2,3,4\}$,$p_i=q_j=\dfrac{1}{4}$

解:B。联合熵 $H(X,Y)=-\sum\limits_{i,j}P_{ij}\log P_{ij}$ 是联合概率 P_{ij} 的负对数的数学期望。当所有的 P_{ij} 相等时,$H(X,Y)$ 取到最大值。

12. 若符号 X、Y 的联合熵等于各自熵之和,即 $H(X,Y)=H(X)+H(Y)$,则说明 X、Y _____。

(A) 独立   (B) 同分布   (C) 相等   (D) 相关

解:A。由条件 $H(X,Y)=H(X)+H(Y)$ 可得出 $H(X)=H(X,Y)-H(Y)=H(X|Y)$,X 的条件熵 $H(X|Y)$ 与条件 Y 无关,说明 X、Y 独立。

13. 若 X、Y 负相关,则它们的互信息 _____。

(A) 非负   (B) 等于零   (C) 小于零   (D) 大于零

解:D。互信息非负,且互信息为零表明 X、Y 独立。今 X、Y 不独立,故 $I(X;Y)$ 一定大于零。

14. 某带通信号的频带范围是 $[19,21]$ kHz,对其进行理想采样,采样后频谱不发生混叠的最低采样率是 _____ kHz。

(A) 4.4   (B) 4   (C) 4.2   (D) 4.6

解:C。根据带通采样定理,$k=\left\lfloor\dfrac{f_H}{f_H-f_L}\right\rfloor=10$,最低无失真抽样频率为 $f_s=\dfrac{2f_H}{k}=4.2$ kHz。

15. 若 $x(t)$ 的频谱 $X(f)$ 在区间 $\left(-\dfrac{1}{2T},\dfrac{1}{2T}\right)$ 之外为零,则可将 $x(t)$ 展开成 PAM 信号 $x(t)=\displaystyle\sum_{n=-\infty}^{\infty}a_n g(t-nT)$,其中 $g(t)=$ _____。

(A) $\text{rect}\left(\dfrac{t}{T}\right)$ (B) $\delta\left(\dfrac{t}{T}\right)$

(C) $e^{j2\pi\frac{t}{T}}$ (D) $\text{sinc}\left(\dfrac{t}{T}\right)$

解:D。PAM 信号 $x(t)=\displaystyle\sum_{n=-\infty}^{\infty}a_n g(t-nT)$ 的频谱形状取决于其脉冲成形波形 $g(t)$ 的频谱形状。(A)的频谱为 sinc 函数,(B)的频谱是常数,两者均是无穷带宽;(C)的频谱为 $\delta\left(f-\dfrac{1}{T}\right)$,位于区间 $\left(-\dfrac{1}{2T},\dfrac{1}{2T}\right)$ 之外。

16. 某量化器的输入 X 与输出 Y 的关系为 $Y=\begin{cases}1.5, & 1\leqslant X\leqslant 2\\ 0, & |X|<1\\ -1.5, & -2\leqslant X\leqslant -1\end{cases}$,若已知 X 的概率密度函数为 $p_X(x)=\begin{cases}\dfrac{2-|x|}{4}, & -2\leqslant x\leqslant 2\\ 0, & \text{其他}\end{cases}$,则 Y 的熵为 _____ bit。

(A) $\dfrac{3}{2}-\dfrac{3}{8}\log_2 3$ (B) $\dfrac{9}{4}-\dfrac{3}{4}\log_2 3$

(C) $\log_2 3$ (D) 1.5

解:B。Y 的概率分布为 $P(Y=1.5)=\displaystyle\int_1^2 p_X(x)dx=\dfrac{1}{8}$,$P(Y=0)=\displaystyle\int_{-1}^1 p_X(x)dx=\dfrac{3}{4}$,$P(Y=-1.5)=\displaystyle\int_{-2}^{-1} p_X(x)dx=\dfrac{1}{8}$。$Y$ 的熵为 $H(Y)=2\times\left(-\dfrac{1}{8}\log_2\dfrac{1}{8}\right)+\left(-\dfrac{3}{4}\log_2\dfrac{3}{4}\right)=\dfrac{9}{4}-\dfrac{3}{4}\log_2 3$。

17. 某四电平均匀量化器的输入 X 在 $[-4,+4]$ 内均匀分布,量化输出为 Y,量化误差 $Y-X$ 的均方值是_____。

(A) 1/3 (B) 4/3 (C) 2 (D) 4

解：A。量化误差 $Y-X$ 的均方值 $E[(Y-X)^2]$ 即量化噪声功率。均匀量化器的量化噪声功率为 $N_q = \dfrac{\Delta^2}{12}$,其中 Δ 是量化间隔,本题中 $\Delta=2$,代入可得 $N_q = \dfrac{1}{3}$。

18. 如欲使量化信噪比最大,量化电平应设置为每个量化区间的_____。

(A) 中点 (B) 概率质心 (C) 黄金分割点 (D) 概率密度最高点

解：B。使量化信噪比最大的量化器是最佳量化器,满足 Lloyd-Max 条件,最佳量化电平是量化区间的概率质心。

19. 如欲使量化信噪比最大,量化边界应_____。

(A) 设置为相邻量化电平的正中点

(B) 均匀设置

(C) 设置为相邻量化电平之间的黄金分割点

(D) 设置为相邻量化电平的几何平均值

解：A。根据 Lloyd-Max 条件,使量化信噪比最大的量化边界是相邻量化电平的正中点。

20. 当量化器的输入服从_____分布时,能使量化噪声功率最小的量化器是均匀量化器。

(A) 瑞利 (B) 拉普拉斯 (C) 高斯 (D) 均匀

解：D。均匀量化器对于均匀分布的输入信号而言是最佳量化器。

21. A 律十三折线 PCM 编码器中的量化属于_____量化。

(A) 均匀 (B) Lloyd-Max (C) 对数 (D) 指数

解：C。

22. 某 FDM 系统用 DSB-SC 将 N 个基带信号 $m_1(t),m_2(t),\cdots,m_N(t)$ 复用为 $s(t) = \sum_{i=1}^{N} m_i(t)\cos 2\pi f_i t$。若 $m_1(t),m_2(t),\cdots,m_N(t)$ 是独立同分布的零均值平稳随机信号,且每个 $m_i(t)$ 的取值都在区间 $[-1,+1]$ 内均匀分布,则 $s(t)$ 的平均功率为_____。

(A) N (B) $N/2$ (C) $N/6$ (D) $N/3$

解：C。

方法一：每个 $m_i(t)$ 的功率都是 $P_m = E[m_i^2(t)] = \int_{-1}^{1} \dfrac{1}{2} m^2 \, dm = \dfrac{1}{3}$,乘以载波后 DSB-SC 信号 $m_i(t)\cos 2\pi f_i t$ 的功率是 $\dfrac{1}{2} P_m = \dfrac{1}{6}$。采用 FDM 时,$N$ 个 DSB-SC 信号在频域上不交叠,两两正交,互功率为 0。因此,$s(t)$ 的功率等于 N 个 DSB-SC 信号的功率之和,即 $\dfrac{N}{6}$。

方法二：$s(t)$ 的自相关函数为

$$R_s(t+\tau,t) = E\Big[\sum_{i=1}^{N} m_i(t+\tau)\cos 2\pi f_i(t+\tau) \cdot \sum_{j=1}^{N} m_j(t)\cos 2\pi f_j t\Big]$$

$$= \sum_{i=1}^{N}\sum_{j=1}^{N} E[m_i(t+\tau)m_j(t)]\cos 2\pi f_i(t+\tau)\cos 2\pi f_j t$$

$\forall i \neq j, m_i(t+\tau)$ 和 $m_j(t)$ 独立同分布，故 $E[m_i(t+\tau)m_j(t)] = E[m_i(t+\tau)]E[m_j(t)] = 0$。上式可进一步写为

$$R_s(t+\tau,t) = \sum_{i=1}^{N} E[m_i(t+\tau)m_i(t)]\cos[2\pi f_i(t+\tau)]\cos 2\pi f_i t$$

$$= \frac{1}{2}\sum_{i=1}^{N} R_{m_i}(\tau)\{\cos[2\pi f_i(2t+\tau)] + \cos 2\pi f_i \tau\}$$

$R_s(t+\tau,t)$ 是关于时间 t 的周期函数，故 $s(t)$ 是循环平稳过程，其时间平均自相关函数为

$$\overline{R}_s(\tau) = \overline{R_s(t+\tau,t)} = \frac{1}{2}\sum_{i=1}^{N} R_{m_i}(\tau)\cos 2\pi f_i \tau$$

$s(t)$ 的平均功率为 $P_s = \overline{R}_s(0) = \frac{1}{2}\sum_{i=1}^{N} R_{m_i}(0) = \frac{1}{2}\sum_{i=1}^{N} P_m = \frac{N}{6}$。

23. 设有 6 路话音信号，对每路话音按 6 kHz 速率采样并按 A 律十三折线 PCM 编码进行数字化，再将它们通过 TDM 合为一路速率为 R 的数据，则 $R=$ _____ kbit/s。

(A) 288   (B) 48   (C) 144   (D) 64

解：A。每个采样值被编码为 8 bit 数据，一路话音信号的数据速率为 $6\times 8=48$ kbit/s，6 路话音信号的总数据速率为 $48\times 6=288$ kbit/s。

24. 设有 15 路频带为 6.2～8 kHz 的模拟信号，对每一路按频谱不发生混叠的最小速率采样，将每个样值按 A 律十三折线 PCM 编码为 8 比特，并将它们通过 TDM 合为一路，然后用滚降系数为 0.5 的 64QAM 传输，则所需的信道带宽是_____ kHz。

(A) 80   (B) 120   (C) 160   (D) 200

解：B。根据带通采样定理，$k=\left\lfloor\dfrac{8}{8-6.2}\right\rfloor=4$，频谱不发生混叠的最小采样速率为 $f_s=2\times\dfrac{8}{4}=4$ kHz。TDM 合为一路后的总数据速率为 $R_b=15\times 4\times 8=480$ kbit/s。采用 64QAM 传输时，符号速率为 $R_s=\dfrac{R_b}{\log_2 64}=80$ kBaud，信道带宽为 $W=R_s(1+\alpha)=80\times 1.5=120$ kHz。

25. 设有 3 路数据流，其速率分别是 11 kbit/s、22 kbit/s、33 kbit/s。将这 3 路数据通过 TDM 合为一路，然后用带宽为 20 kHz 的带通信道传输，则调制阶数 M 至少应为_____。

(A) 16   (B) 8   (C) 4   (D) 64

解：A。复用后的总数据速率为 $R_b=11+22+33=66$ kbit/s。根据公式 $W=R_s(1+\alpha)$，其中 W 不大于信道带宽 20 kHz，$R_s=\dfrac{R_b}{\log_2 M}$，$\alpha$ 应大于 0，M 尽可能小，可得 $M=16$，$\alpha=\dfrac{7}{33}$。

26. 16QAM 符号的熵最大是_____ bit。

解：4。各符号等概时熵最大，为 $-\log_2 \dfrac{1}{16}=4$ bit。

27. 某三进制信源符号的概率分布是 $\dfrac{1}{2}$、$\dfrac{1}{4}$、$\dfrac{1}{4}$，对其进行哈夫曼编码后每个码字的平均码长是_____ bit。

解：1.5。哈夫曼编码的结果是 $\begin{matrix} 1/2 & 1/4 & 1/4 \\ 0 & 10 & 11 \end{matrix}$，平均码长为 $\bar{l}=\frac{1}{2}\times1+\frac{1}{4}\times2+\frac{1}{4}\times2=$ 1.5 bit。

28. 某 FDM 系统用 DSB-SC 将 N 个幅度同为 1、峰均功率比同为 3 的基带信号 $m_1(t)$, $m_2(t),\cdots,m_N(t)$ 用不同的载波频率复用为 $s(t)=\sum_{i=1}^{N}m_i(t)\cos(2\pi f_i t+\theta_i)$。$s(t)$ 的峰均比最大可以达到_____。

(A) N (B) $3N$ (C) $6N$ (D) $8N$

解：C。基带信号的幅度为 1，则峰值功率为 1，峰均比为 3，平均功率为 $\frac{1}{3}$。采用 FDM 复用时，N 个 DSB-SC 信号在频域上不交叠，两两正交，互功率为 0，$s(t)$ 的平均功率等于 N 个 DSB-SC 信号的功率之和，即 $P_s=N\times\frac{1}{2}\times\frac{1}{3}=\frac{N}{6}$。当 N 个 DSB-SC 信号同时取到最大幅度值 1 时，$s(t)$ 取到其可能的最大幅度值 N，此时峰值功率为 N^2，峰均比取到最大值 $\frac{N^2}{N/6}=6N$。

29. 某 FDM 系统将 12 路带宽为 4 kHz 的模拟基带信号 $m_1(t),m_2(t),\cdots,m_N(t)$ 分别进行 DSB-SC 调制，然后将其频分复用为一路信号 $s(t)=\sum_{i=1}^{12}m_i(t)\cos2\pi f_i t$，其中的载频 $f_1,f_2,\cdots,f_N$ 之间的频差至少应为_____ kHz。

(A) 2   (B) 4   (C) 8   (D) 12

解：C。带宽为 4 kHz 的模拟基带信号进行 DSB-SC 调制后带宽变为 8 kHz。为使已调信号之间的频谱不重叠，相邻两载频之间的频差应不小于已调信号的带宽，即不小于 8 kHz。

30. 将 15 路带宽为 4 kHz 的话音信号进行频分复用，复用后的信号带宽最小是_____ kHz。

(A) 60   (B) 120   (C) 96   (D) 48

解：A。

31. 某 FDM 系统用 DSB-SC 将 N 个基带信号 $m_1(t),m_2(t),\cdots,m_N(t)$ 复用为 $s(t)=\sqrt{\frac{3}{N}}\cdot\sum_{i=1}^{N}m_i(t)\cos(2\pi f_i t+\theta_i)$，其中 $\theta_1,\theta_2,\cdots,\theta_N$ 是独立同分布的随机变量，均在区间 $[0,2\pi]$ 内均匀分布，$m_1(t),m_2(t),\cdots,m_N(t)$ 是独立同分布的零均值平稳过程，取值均在区间 $[-1,+1]$ 内均匀分布，则当 $N\to\infty$ 时，随机信号 $s(t)$ 的一维概率密度函数为_____。

(A) $\frac{1}{2}e^{-|s|}$ (B) $\frac{|s|}{\sqrt{2\pi}}e^{-\frac{s^2}{2}}$ (C) $\frac{1}{\sqrt{\pi}}e^{-s^2}$ (D) $\frac{1}{\sqrt{2\pi}}e^{-\frac{s^2}{2}}$

解：C。根据中心极限定理，$s(t)$ 在任意时刻的取值是高斯分布的随机变量，其均值为

$$E[s(t)]=\sqrt{\frac{3}{N}}\cdot\sum_{i=1}^{N}E[m_i(t)]E[\cos(2\pi f_i t+\theta_i)]=0$$

方差为

$$E[s^2(t)]=\frac{3}{N}E\Big(\sum_{i=1}^{N}m_i(t)\cos(2\pi f_i t+\theta_i)\Big)^2$$

上式等号右边的求和平方展开后包含 N 个平方项和 $\frac{N(N-1)}{2}$ 个交叉项。其中，$\forall i$，$m_i(t)\cos(2\pi f_i t+\theta_i)$ 的平方项为

$$E[m_i^2(t)\cos^2(2\pi f_i t+\theta_i)] = E[m_i^2(t)]E[\cos^2(2\pi f_i t+\theta_i)]$$
$$= \left(\int_{-1}^{1}\frac{1}{2}m^2\,dm\right)\cdot\left\{\frac{1}{2}+\frac{1}{2}E[\cos(4\pi f_i t+2\theta_i)]\right\}$$
$$= \frac{1}{3}\times\frac{1}{2}=\frac{1}{6}$$

$\forall i\neq j$，$m_i(t)\cos(2\pi f_i t+\theta_i)$ 和 $m_j(t)\cos(2\pi f_j t+\theta_j)$ 的交叉项为

$$2E[m_i(t)\cos(2\pi f_i t+\theta_i)m_j(t)\cos(2\pi f_j t+\theta_j)]$$
$$=2E[m_i(t)]E[m_j(t)]E[\cos(2\pi f_i t+\theta_i)]E[\cos(2\pi f_j t+\theta_j)]=0$$

因此，$E[s^2(t)]=\frac{3}{N}\cdot\left(N\cdot\frac{1}{6}+0\right)=\frac{1}{2}$。

$s(t)$ 在任意时刻服从均值为 0、方差为 $\frac{1}{2}$ 的高斯分布，其概率密度函数为 $\frac{1}{\sqrt{\pi}}e^{-s^2}$。

32. 某信源 X 的输出取值于 8PSK 星座点。当各个星座点的出现概率都等于 ＿＿＿＿ 时，X 的熵最大，为 ＿＿＿＿ bit。如果其中一半的星座点永远不出现，则 X 的最大熵是 ＿＿＿＿ bit。

解：1/8，3，2。当 8 个星座点等概出现时，信源的熵最大，此时各星座点的出现概率均为 1/8，X 的最大熵为 $\log_2 8=3$ bit。如果一半星座点永远不出现，那么剩余 4 个星座点等概出现时 X 的熵最大，为 $\log_2 4=2$ bit。

33. 若二进制信源符号 X 取"1"的概率是 p，则当 $p=$ ＿＿＿＿ 时熵最大，其值为 ＿＿＿＿ bit。

解：0.5，1。二进制信源两种可能取值等概出现时，其熵最大，为 $\log_2 2=1$ bit。

34. 某带通信号的频带范围是 [24,33] kHz，对其进行理想采样，采样后频谱不发生混叠的最低采样率是 ＿＿＿＿ kHz。

解：22。根据带通采样定理，$f_s=\frac{2f_H}{k}$，其中 $k=\left\lfloor\frac{f_H}{f_H-f_L}\right\rfloor=\left\lfloor\frac{33}{33-24}\right\rfloor=3$，故 $f_s=22$ kHz。

35. 四电平均匀量化器输出的熵最大是 ＿＿＿＿ bit。

解：2。当量化器输出的 4 个电平等概出现时，熵最大，为 $\log_2 4=2$ bit。

36. 某量化器的输出 Y 与输入 X 的关系为 $Y=\begin{cases}2, & 1\leqslant X\leqslant 3\\0, & |X|<1\\-2, & -3\leqslant X\leqslant -1\end{cases}$，已知 X 的概率密度函数 $p(x)$ 如图 7-1 所示。该量化器的量化噪声功率为 $N_q=E[(Y-X)^2]=$ ＿＿＿＿。

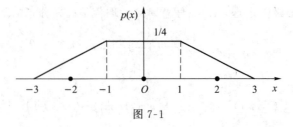

图 7-1

解：$\frac{1}{3}$。量化噪声功率为 $N_q = E[(Y-X)^2] = E[X^2] - 2E[XY] + E[Y^2]$，其中输入功率为

$$E[X^2] = \int_{-\infty}^{\infty} x^2 p(x) dx = 2 \times \left[\int_{-3}^{-1} \left(\frac{1}{8}x + \frac{3}{8}\right) x^2 dx + \int_{-1}^{0} \frac{1}{4} x^2 dx\right] = \frac{5}{3}$$

输出功率为

$$E[Y^2] = \frac{1}{4} \times 2^2 + \frac{1}{4} \times (-2)^2 = 2$$

$E[XY]$ 的值为

$$E[XY] = \int_{-3}^{-1} (-2) \cdot xp(x) dx + \int_{-1}^{1} 0 \cdot xp(x) dx + \int_{1}^{3} 2 \cdot xp(x) dx = \frac{5}{3}$$

代入可得 $N_q = \frac{5}{3} - 2 \times \frac{5}{3} + 2 = \frac{1}{3}$。

37. 设量化器输入 X 的概率密度是 $p(x) = \begin{cases} 1 - |x|, & |x| \leqslant 1 \\ 0, & |x| > 1 \end{cases}$，量化器输出 Y 与输入 X 的关系是 $Y = A\mathrm{sgn}(X)$，能使量化噪声功率最小的 A 是_____。

解：$\frac{1}{3}$。

方法一：量化噪声功率为 $N_q = E[(Y-X)^2] = E[X^2] + E[Y^2] - 2E[XY]$，其中 $E[X^2] = \int_{-1}^{0} x^2(1+x) dx + \int_{0}^{1} x^2(1-x) dx = \frac{1}{6}$，$E[Y^2] = A^2$，$E[XY] = \int_{-1}^{0} -Ax(x+1) dx + \int_{0}^{1} Ax(1-x) dx = \frac{A}{3}$，代入可得 $N_q = A^2 - \frac{2}{3}A + \frac{1}{6}$，当 $A = \frac{1}{3}$ 时 N_q 取到最小值。

方法二：计算 N_q 如下：

$$\begin{aligned} N_q &= E[(Y-X)^2] = E[(A\mathrm{sgn}(X) - X)^2] \\ &= A^2 + E[X^2] - 2AE[\mathrm{sgn}(X)X] \\ &= A^2 + E[X^2] - 2AE[|X|] \end{aligned}$$

求关于 A 的偏导并令其为零，可得 $A = E[|X|] = \int_{-1}^{1} |x|(1-|x|) dx = 2\int_{0}^{1} x(1-x) dx = \frac{1}{3}$。

38. 设 A 律十三折线 PCM 编码器的设计输入范围是 $-256 \sim +256$ mV，当输入为 $+135$ mV 时，输出的码字是_____。

解：11110000。正电平对应极性码 1；135 mV 位于段落 [128, 256] mV 内，对应段落码 111；此段落被均匀分为 16 个量化区间，量化区间的长度为 $\frac{128}{16} = 8$ mV，135 mV 位于第 1 个量化区间 [128, 136] mV 内，对应段内码 0000。

39. 某四电平均匀量化器的输入范围是 $[-A, +A]$。若量化器的输入 X 在 $[-A, +A]$ 内均匀分布，量化信噪比是_____ dB。

解：12。对于均匀量化器，当输入信号在量化器工作范围内均匀分布时，其量化信噪比等于 M^2。将 $M = 4$ 代入，量化信噪比等于 $4^2 = 2^4$，2 倍是 3 dB，2^4 是 $4 \times 3 = 12$ dB。

40. 某八电平均匀量化器的输入范围是 $[-A,+A]$。若量化器的输入在 $\left[-\dfrac{A}{2},+\dfrac{A}{2}\right]$ 内均匀分布,量化信噪比是_____ dB。

解:12。该情形等价于输入范围是 $\left[-\dfrac{A}{2},+\dfrac{A}{2}\right]$ 的四电平均匀量化,量化信噪比为 12 dB。

41. 设 A 律十三折线 PCM 编码器的设计输入范围是 $-256\sim+256$ mV,当译码器输入的码组是 11101110 时,解码器输出的量化电平是_____ mV。

解:122。极性码为 1 代表量化电平为正值,段落码为 110 代表落在段落 $[64,128]$ 中,段内码为 1110 代表段落 $[64,128]$ 中 16 个量化区间的第 15 个,每个量化区间的长度为 $\dfrac{64}{16}=4$,第 15 个量化区间的量化电平是 $64+14\times4+2=122$。

42. 设 TDM 复用器有充分大的缓冲器,有 3 路输入。已知每 10 s 时间内,每路输入的比特数分别是 N_1,N_2,N_3。若 N_1,N_2,N_3 是独立同分布的随机变量,它们的均值都是 100 bit,则 TDM 输出的平均比特速率是_____ bit/s。

解:30。每 10 s 时间内,输入的总比特数的均值为 300 bit,复用后的平均比特速率为 $\dfrac{300}{10}=30$ bit/s。

43. 将 12 路带宽为 4 kHz 的话音信号用 DSB-SC 进行频分复用,复用后的信号带宽最小是_____ kHz。

解:96。DSB-SC 调制后每路话音的带宽为 8 kHz,12 路话音的总带宽是 $12\times8=96$ kHz。

44. 设信号 $s(t)$ 是 t 的连续函数且绝对可积,已知其带宽为 W。将 $s(t)$ 按间隔 $T_s=\dfrac{1}{2W}$ 采样,得到样值序列 $s_k=s\left(\dfrac{k}{2W}\right),k=\cdots,-2,-1,0,1,2,\cdots$。试用 $\{s_k\}$ 将 $s(t)$ 写成一个 PAM 信号。

解:根据采样定理可知 $s(t)=\displaystyle\sum_{k=-\infty}^{\infty}s_k\operatorname{sinc}(2Wt-k),\ -\infty<t<\infty$。

45. 设某四电平量化器的输入信号 X 在区间 $(0,8)$ 内均匀分布,量化输出为

$$Y=Q(X)=\begin{cases}\dfrac{x_1}{2}, & 0<X\leqslant x_1 \\ \dfrac{x_1+x_2}{2}, & x_1<X\leqslant x_2 \\ \dfrac{x_2+x_3}{2}, & x_2<X\leqslant x_3 \\ \dfrac{x_3}{2}+4, & x_3<X<8\end{cases}$$

(1) 求 X 的平均功率 $S=E[X^2]$。

(2) 若 $Q(X)$ 是均匀量化,求量化后信号的功率 $S_q=E[Y^2]$ 以及量化噪声功率 $N_q=E[(X-Y)^2]$。

(3) 若量化器的设计中 $x_1=1,x_2=2,x_3=4$,求 $S_q=E[Y^2]$ 以及 $N_q=E[(X-Y)^2]$。

解:(1) $p(x)=\dfrac{1}{8},x\in(0,8),S=\displaystyle\int_0^8\dfrac{1}{8}x^2\mathrm{d}x=\dfrac{64}{3}$。

(2) 均匀量化时，分层电平满足 $x_1=2, x_2=4, x_3=6$。量化输出 Y 一共有 4 个取值：1、3、5、7，它们出现的概率均为 $\frac{1}{4}$，平均功率是 $S_q=E[Y^2]=\frac{1}{4}(1^2+3^2+5^2+7^2)=21$。量化噪声功率为 $N_q=E[(X-Y)^2]$，等于量化误差 $Y-X$ 的方差，而在每个量化区间内，量化误差 $Y-X$ 都是在 $[-1,1]$ 内均匀分布，其方差为 $\frac{2^2}{12}=\frac{1}{3}$。

(3) 4 个量化区间分别是 $[0,1)$、$[1,2)$、$[2,4)$ 和 $[4,8)$，量化输出 Y 的 4 个取值分别是 0.5、1.5、3、6，它们出现的概率分别是 $\frac{1}{8}$、$\frac{1}{8}$、$\frac{1}{4}$、$\frac{1}{2}$，$S_q=E[Y^2]=\frac{1}{8}(0.5^2+1.5^2)+\frac{1}{4}\cdot 3^2+\frac{1}{2}\cdot 6^2=\frac{329}{16}$。4 个量化区间中的量化噪声功率分别是 $\frac{1}{12}$、$\frac{1}{12}$、$\frac{2^2}{12}$ 和 $\frac{4^2}{12}$，平均值为 $N_q=\frac{1}{8}\left(\frac{1}{12}+\frac{1}{12}\right)+\frac{1}{4}\cdot\frac{4}{12}+\frac{1}{2}\cdot\frac{16}{12}=\frac{37}{48}$。

46. 设 A 律十三折线 PCM 编码器的设计输入范围是 $-256\sim+256\ \text{mV}$。

(1) 若编码器输入为 $+66\ \text{mV}$，求输出码字。

(2) 若译码器输入的码字是 11111111，求译码器输出的量化电平。

解：(1) +66 的极性为正，极性码是 1；66 落在段落 [64,128] 中，故段落码是 110；在此段落内，量化区间的长度是 $\frac{64}{16}=4$，66 落在第一个区间 [64,68] 内，因此段内码是 0000。输出码字是 11100000。

(2) 极性码 1 对应的极性为正；段落码 111 对应段落 [128,256]；段内码 1111 对应段落 [128,256] 中的最后一个量化区间，该段落内量化区间的长度为 $\frac{128}{16}=8$，因此所在的量化区间是 [248,256]；输出量化电平是该区间的中点，为 252 mV。

47. 某四电平量化器输入信号 X 的概率密度函数 $p(x)$ 如图 7-2 所示。量化器输入和输出的关系是 $Y=\text{sgn}(X)Q(|X|)$，其中 $Q(x)=\begin{cases}1+\dfrac{a}{2}, & a\leqslant x\leqslant 2\\ \dfrac{a}{2}, & 0\leqslant x<a\end{cases}$，$0<a<2$。

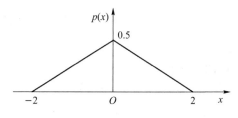

图 7-2

(1) 求量化器输入信号 X 的平均功率 $S=E[X^2]$。

(2) 求量化噪声功率 $N_q=E[(X-Y)^2]$。

(3) 若 $Q(X)$ 是均匀量化器，求 a 的值以及相应的量化信噪比。

(4) 若 $Q(X)$ 能使量化器输出 Y 的熵最大，求对应的 a 值。

解：题中概率密度函数的表达式为 $p(x) = \frac{1}{2} - \frac{1}{4}|x|$。

(1) $S = E[X^2] = 2\int_0^2 x^2 \left(\frac{1}{2} - \frac{1}{4}x\right) dx = 2\int_0^2 x^2 - \frac{1}{2}x^3 \, dx = \frac{2}{3}$

(2) 量化噪声功率 N_q 如下：

$$E[(Y-X)^2] = 2\left\{\int_0^a \left(x - \frac{a}{2}\right)^2 \left(\frac{1}{2} - \frac{1}{4}x\right) dx + \int_a^2 \left(x - \frac{a}{2} - 1\right)^2 \left(\frac{1}{2} - \frac{1}{4}x\right) dx\right\}$$

$$= \int_0^a \left(x - \frac{a}{2}\right)^2 \left(1 - \frac{1}{2}x\right) dx + \int_a^2 \left(x - \frac{a}{2} - 1\right)^2 \left(1 - \frac{1}{2}x\right) dx$$

$$= \int_{-\frac{a}{2}}^{\frac{a}{2}} t^2 \left(1 - \frac{a}{4} - \frac{t}{2}\right) dt + \int_{\frac{a}{2}-1}^{1-\frac{a}{2}} t^2 \left(1 - \frac{a}{4} - \frac{t}{2}\right) dt$$

$$= \int_{-\frac{a}{2}}^{\frac{a}{2}} t^2 \left(1 - \frac{a}{4}\right) dt + \int_{\frac{a}{2}-1}^{1-\frac{a}{2}} t^2 \left(\frac{1}{2} - \frac{a}{4}\right) dt$$

$$= \frac{\left(1 - \frac{a}{4}\right) a^3}{12} + \frac{1}{3}\left(1 - \frac{a}{2}\right)^4$$

(3) 若 $Q(X)$ 是均匀量化器，则 $a = 1$, $N_q = \frac{1}{12}$，量化信噪比是 $\frac{S}{N_q} = 8$。

(4) 当 Y 取 4 个不同值的概率均为 $\frac{1}{4}$ 时，其熵最大，故 a 应满足 $\int_0^a \left(\frac{1}{2} - \frac{1}{4}x\right) dx = \frac{1}{4}$，求得 $a = 2 - \sqrt{2}$。

48. 10 路模拟信号分别进行 A 律 13 折线 PCM 编码，然后进行时分复用，并经过滚降因子为 0.5、进制数为 2 的基带调制系统调制，最后通过截止频率为 480 kHz 的基带信道传输。

(1) 求该系统的最大数据传输速率。

(2) 求每路模拟信号允许的最高频率分量 f_H。

解：(1) 由公式 $W = \frac{R_s}{2}(1+\alpha)$ 得 $\frac{R_s}{2}(1+0.5) = 480$，故最大数据速率为 $R_b = R_s = 640$ kbit/s。

(2) 10 路模拟信号数字化以后的总速率不能超过 640 kbit/s，因此每路模拟信号数字化后的速率不能超过 64 kbit/s。A 律 13 折线 PCM 编码是对采样值进行 8 比特编码，因此每路模拟信号的采样率不得高于 $\frac{64}{8} = 8$ kbit/s。按奈奎斯特速率抽样，则每路模拟信号的最高频率分量不得超过 4 kHz。

49. 图 7-3 所示的 FDM 将两个带宽为 W 的模拟基带信号复用为一路信号。分别求调制器为 DSB 和 SSB 时 $|f_1 - f_2|$ 的最小值。

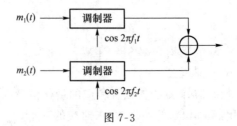

图 7-3

解：在调制器为 DSB 的情形下，$|f_1-f_2|\geqslant 2W$；在调制器为 SSB 的情形下，$|f_1-f_2|\geqslant W$。

50. 图 7-4 中，$m_1(t)$ 和 $m_2(t)$ 是带宽为 4 kHz 的基带信号，$m_3(t)$ 和 $m_4(t)$ 是带宽为 1.5 kHz、最高频率为 4 kHz 的带通信号。每路 PCM 按不发生频谱混叠的最小采样率进行采样，对每个样值按 A 律 13 折线 PCM 编码。四路 PCM 的数据复用后，通过升余弦滚降系数为 1 的矩形 16QAM 调制传输。

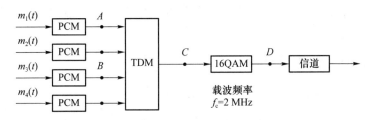

图 7-4

(1) 写出图中 A 点、B 点、C 点的比特速率 R_A、R_B 和 R_C。
(2) 画出 D 点的单边功率谱密度图（标出频率值）。
(3) 画出调制框图、解调框图。

解：(1) 对 $m_1(t)$ 和 $m_2(t)$ 进行低通采样，A 点的采样率为 2×4 kHz $=8$ kHz，数据速率为 $8\times 8=64$ kbit/s；对 $m_3(t)$ 和 $m_4(t)$ 进行带通采样，B 点的采样率是 $2\times\lfloor\frac{4}{1.5}\rfloor=4$ kHz，数据速率为 $4\times 8=32$ kbit/s；C 点是两路 64 kbit/s 和两路 32k bit/s 的时分复用，输出速率为 $R_C=192$ kbit/s。

(2) 16QAM 的符号速率是 $R_s=192/\log_2 16=48$ kBaud，滚降系数是 1 时，带宽为 $W=R_s(1+\alpha)=96$ kHz，中心频率为 $f_c=2\,000$ kHz，可画出 D 点的功率谱密度，如图 7-5 所示。

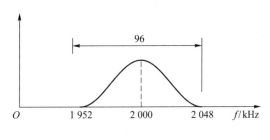

图 7-5

(3) 调制框图和解调框图分别如图 7-6(a) 和图 7-6(b) 所示。

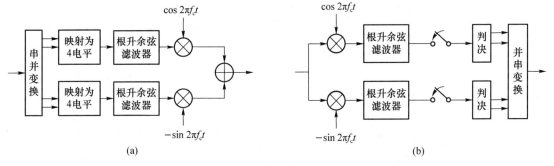

图 7-6

51. 已知两个二进制随机变量 X、Y 的联合分布为

$$P(X=Y=0)=P(X=0,Y=1)=P(X=Y=1)=\frac{1}{3}, \quad P(X=1,Y=0)=0$$

求熵 $H(X)$、$H(Y)$,条件熵 $H(X|Y)$、$H(Y|X)$,联合熵 $H(X,Y)$。

解:可将 (X,Y) 整体看成一个大符号,由于 $P(X=1,Y=0)=0$,故 (X,Y) 整体的可能取值包括 $(0,0)$、$(0,1)$、$(1,1)$,它们出现的概率均为 $\frac{1}{3}$,由此可知联合熵为 $H(X,Y)=\log_2 3$ bit/symbol。

由联合分布可得到边缘分布为

$$P(X=0)=\sum_{Y\in\{0,1\}} P(X=0,Y)=\frac{2}{3}$$

$$P(X=1)=1-P(X=0)=\frac{1}{3}$$

$$P(Y=1)=\sum_{X\in\{0,1\}} P(X,Y=1)=\frac{2}{3}$$

$$P(Y=0)=1-P(Y=0)=\frac{1}{3}$$

两个概率分布 $\left(\frac{2}{3},\frac{1}{3}\right)$、$\left(\frac{1}{3},\frac{2}{3}\right)$ 有相同的熵,即

$$H(X)=H(Y)=-\frac{2}{3}\log_2\frac{2}{3}-\frac{1}{3}\log_2\frac{1}{3}=\left(\log_2 3-\frac{2}{3}\right)\text{bit/symbol}$$

条件熵等于联合熵减去条件的熵:

$$H(X|Y)=H(X,Y)-H(Y)=\log_2 3-\left(\log_2 3-\frac{2}{3}\right)=\frac{2}{3}\text{ bit/symbol}$$

同理可得 $H(Y|X)=\frac{2}{3}$ bit/symbol。

52. 已知随机符号 $X\in\{A_1,A_2,A_3,A_4\}$ 和 $Y=\{B_1,B_2,B_3\}$ 的联合概率如表 7-1 所示。

表 7-1

A_i	B_j		
	B_1	B_2	B_3
A_1	0.10	0.08	0.13
A_2	0.05	0.03	0.09
A_3	0.05	0.12	0.14
A_4	0.11	0.04	0.06

求联合熵 $H(X,Y)$,边缘熵 $H(X)$、$H(Y)$,互信息 $I(X;Y)$。

解:$P(X=A_1)=0.10+0.08+0.13=0.31$,同理可得:$P(X=A_2)=0.17$,$P(X=A_3)=0.31$,$P(X=A_4)=0.21$;$P(Y=B_1)=0.31$,$P(Y=B_2)=0.27$,$P(Y=B_3)=0.42$。

$$H(X)=-\sum_{i=1}^{4} P(X=A_i)\log_2 P(X=A_i)=0.524\times 2+0.435+0.473$$
$$=1.95 \text{ bit/symbol}$$

$$H(Y) = -\sum_{j=1}^{3} P(Y=B_j)\log_2 P(Y=B_j)$$
$$= 0.524 + 0.51 + 0.526 = 1.56 \text{ bit/symbol}$$
$$H(X,Y) = -\sum_{i=1}^{4}\sum_{j=1}^{3} P(X=A_i, Y=B_j)\log_2 P(X=A_i, Y=B_j)$$
$$= 1.0061 + 0.6804 + 0.98 + 0.7796$$
$$= 3.446 \text{ bit/symbol}$$
$$I(X;Y) = H(X) + H(Y) - H(X,Y) = 1.95 + 1.56 - 3.446 = 0.064 \text{ bit/symbol}$$

53. 证明：$I(X;Y) = H(X) + H(Y) - H(X,Y)$。

证明：
$$I(X;Y) = H(X) - H(X|Y)$$
$$= H(X) - E[-\log P(X|Y)]$$
$$= H(X) + E\left[\log \frac{P(X,Y)}{P(Y)}\right]$$
$$= H(X) + E[-\log P(Y)] - E[-\log P(X,Y)]$$
$$= H(X) + H(Y) - H(X,Y)$$

证毕。

54. 已知一信源如下：

X	x_1	x_2	x_3
P_i	0.45	0.35	0.20

(1) 求信源熵 $H(X)$。

(2) 若进行 Huffman 编码，试问如何编码？并求编码效率 η。

解： (1) $H(X) = -\sum_{i=1}^{3} P(x_i)\log_2 P(x_i) = 0.5184 + 0.5301 + 0.46438 = 1.51 \text{ bit/symbol}$。

(2) Huffman 编码方式如图 7-7 所示。

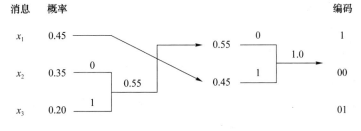

图 7-7

平均码长为 $\overline{K} = \sum_{i=1}^{3} P(x_i)k_i = 0.45 \times 1 + 0.35 \times 2 + 0.2 \times 2 = 1.55 \text{ bit}$，

编码效率为 $\eta = \dfrac{H(X)}{\overline{K}} = \dfrac{1.51}{1.55} = 97.4\%$。

55. 已知一信源如下：

X	x_1	x_2	x_3	x_4	x_5	x_6	x_7
P_i	0.2	0.19	0.18	0.17	0.15	0.10	0.01

(1) 求信源熵 $H(X)$。

(2) 若进行 Huffman 编码,试问如何编码?并求编码效率 η。

解:(1) $H(X) = -\sum_{i=1}^{7} P(x_i) \log_2 P(x_i) = 2.63 \text{ bit/symbol}$。

(2) Huffman 编码方式如图 7-8 所示。

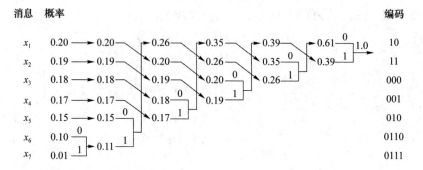

图 7-8

平均码长为 $\overline{K} = \sum_{i=1}^{7} P(x_i) k_i = 2.72 \text{ bit}$,

编码效率为 $\eta = \dfrac{H(X)}{\overline{K}} = \dfrac{2.63}{2.72} = 96.7\%$。

56. 某六进制信源符号的可能取值是 a、b、c、d、e、f,它们出现的概率依次是 $\dfrac{1}{2}$、$\dfrac{1}{4}$、$\dfrac{1}{8}$、$\dfrac{1}{16}$、$\dfrac{1}{32}$、$\dfrac{1}{32}$。

(1) 对这个六进制符号进行哈夫曼编码。

(2) 求哈夫曼编码后的平均码长。

解:(1) 哈夫曼编码方式如图 7-9 所示。

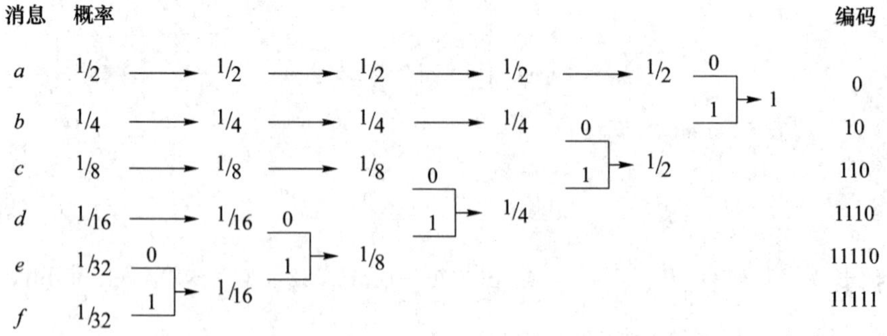

消息	概率						编码
a	1/2 →	1/2 →	1/2 →	1/2 →	1/2	0	0
b	1/4 →	1/4 →	1/4 →	1/4	0	1 →1	10
c	1/8 →	1/8 →	1/8	0	1/2		110
d	1/16 →	1/16	0	1 → 1/4			1110
e	1/32	0	1 → 1/8				11110
f	1/32	1 → 1/16					11111

图 7-9

(2) 平均码长为 $\overline{K} = \sum_{i=1}^{6} P_i k_i = 1.94 \text{ bit}$。

57. 设一信源由 6 个不同的独立符号组成：

X	x_1	x_2	x_3	x_4	x_5	x_6
P_i	$\frac{1}{2}$	$\frac{1}{4}$	$\frac{1}{32}$	$\frac{1}{8}$	$\frac{1}{32}$	$\frac{1}{16}$

(1) 求信源符号熵 $H(X)$。
(2) 若信源每秒发送 1 000 个符号，求信源每秒传送的信息量。
(3) 若信源各符号等概出现，求信源最大熵 $H_{\max}(X)$。

解：(1) $H(X) = -\frac{1}{2}\log_2\frac{1}{2} - \frac{1}{4}\log_2\frac{1}{4} - \frac{2}{32}\log_2\frac{1}{32} - \frac{1}{8}\log_2\frac{1}{8} - \frac{1}{16}\log_2\frac{1}{16}$

$= \frac{1}{2}\times 1 + \frac{1}{4}\times 2 + \frac{1}{8}\times 3 + \frac{1}{16}\times 4 + \frac{2}{32}\times 5$

$= \frac{31}{16} = 1.937\ 5 \text{ bit/symbol}$

(2) $R_b = 1.937\ 5 \times 1\ 000 = 1\ 937.5 \text{ bit/s}$。

(3) $H_{\max}(X) = 6 \times \left(-\frac{1}{6}\log_2\frac{1}{6}\right) = \log_2 6 \approx 2.585 \text{ bit/symbol}$。

58. 试确定能重构信号 $x(t) = \text{sinc}(2\ 000t)$ 所需的最低取样频率 f_s。

解：$x(t)$ 的傅氏变换是

$$X(f) = \begin{cases} \dfrac{1}{2\ 000}, & |f| \leqslant 1\ 000 \\ 0, & \text{其他} \end{cases}$$

其带宽是 1 000 Hz，因此所需的最低取样频率是 $f_s = 2\ 000$ Hz。

59. 将 12 路话音信号通过 SSB 方式进行频分复用，复用器输出信号 $s(t)$ 的频率范围是 60～108 kHz。对 $s(t)$ 进行理想采样，求不发生频谱混叠的最低采样率。

解：$s(t)$ 是带通信号，其带宽是 $B = 108 - 60 = 48$ kHz，最高频率是 $f_H = 108$ kHz。f_H 按整倍数分割的结果是 $\frac{f_H}{1} = 108$，$\frac{f_H}{2} = 54 > B$，$\frac{f_H}{3} = 36 < B$。故最低采样率是 $2 \times \frac{f_H}{2} = 108$ kHz。

60. 某四电平均匀量化器的输入 X 的取值范围是 $(-4, +4)$，其概率密度函数如图 7-10 所示，图中的黑色圆点表示量化输出 Y 的四个量化电平 y_1、y_2、y_3、y_4。令 U、V 分别表示 Y 的极性和绝对值：$U = \text{sgn}(Y)$，$V = |Y|$。

(1) 求 Y、U、V 各自的熵；
(2) 求互信息 $I(Y;U)$、$I(Y;V)$、$I(U;V)$。

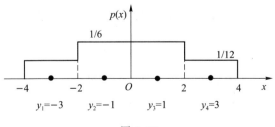

图 7-10

解：(1) 根据 X 的概率分布可得 Y 的概率分布为

$$P(Y=1)=P(Y=-1)=\frac{1}{6}\times 2=\frac{1}{3}$$

$$P(Y=3)=P(Y=-3)=\frac{1}{12}\times 2=\frac{1}{6}$$

故 Y 的熵为

$$H(Y)=-\sum_{i=1}^{4}P(Y_i)\log_2 P(Y_i)$$

$$=2\times\frac{1}{3}\times 1.585+2\times\frac{1}{6}\times 2.585=1.92\ \text{bit/symbol}$$

$U=\text{sgn}(Y)$ 有 ± 1 两种取值，当 $Y=1$ 或 3 时 U 取 1，$Y=-1$ 或 -3 时 U 取 -1，可得 U 的概率分布为

$$P(U=1)=P(U=-1)=\frac{1}{3}+\frac{1}{6}=\frac{1}{2}$$

故 U 的熵为

$$H(U)=-\sum_{i=1}^{2}P(U_i)\log_2 P(U_i)=1\ \text{bit/symbol}$$

$V=|Y|$ 有 1 和 3 两种取值，当 $Y=1$ 或 -1 时 V 取 1，$Y=3$ 或 -3 时 V 取 3，可得 V 的概率分布为

$$P(V=1)=\frac{1}{3}\times 2=\frac{2}{3}$$

$$P(V=3)=\frac{1}{6}\times 2=\frac{1}{3}$$

故 V 的熵为

$$H(V)=-\sum_{i=1}^{2}P(V_i)\log_2 P(V_i)=0.92\ \text{bit/symbol}$$

(2) Y、U 的联合分布为

$$P(Y=-3,U=-1)=P(Y=+3,U=+1)=\frac{1}{6}$$

$$P(Y=-1,U=-1)=P(Y=+1,U=+1)=\frac{1}{3}$$

Y、V 的联合分布为

$$P(Y=1,V=1)=P(Y=-1,V=1)=\frac{1}{3}$$

$$P(Y=3,V=3)=P(Y=-3,V=3)=\frac{1}{6}$$

U、V 的联合分布为

$$P(U=1,V=1)=P(Y=1)=\frac{1}{3}$$

$$P(U=-1,V=1)=P(Y=-1)=\frac{1}{3}$$

$$P(U=1,V=3)=P(Y=3)=\frac{1}{6}$$

$$P(U=-1,V=3)=P(Y=-3)=\frac{1}{6}$$

联合熵 $H(Y,U)=H(Y,V)=H(V,U)=2\times\frac{1}{3}\times\log_2 3+2\times\frac{1}{6}\times\log_2 6=1.92$ 比特/每对符号。可得互信息分别为

$$I(Y;U)=H(Y)+H(U)-H(Y,U)=1 \text{ 比特/每对符号}$$
$$I(Y;V)=H(Y)+H(V)-H(Y,V)=0.92 \text{ 比特/每对符号}$$
$$I(U;V)=H(U)+H(V)-H(U,V)=0 \text{ 比特/每对符号}$$

61. 某非均匀量化器的输入范围是 $[-8,+8]$，输入 x 在此范围内均匀分布，量化输出 y 与输入 x 的关系是

$$y=Q(x)=\begin{cases} -5.5, & -8\leq x<-3 \\ -1.5, & -3\leq x<0 \\ 1.5, & 0\leq x<3 \\ 5.5, & 3\leq x\leq 8 \end{cases}$$

求输入信号的功率 S、量化输出 y 的各个取值的出现概率、量化输出功率 S_q、量化器输入和输出的相关系数 ρ、量化噪声功率 N_q。

解：输入信号的功率为

$$S=E[x^2]=\int_{-8}^{+8}\frac{1}{16}x^2\mathrm{d}x=\frac{64}{3}$$

在输入均匀分布的条件下，量化输出 y 各个取值的出现概率等于相应量化区间的长度占输入范围长度 16 的比例，即

$$P(Y=1.5)=P(Y=-1.5)=\frac{3}{16}$$
$$P(Y=5.5)=P(Y=-5.5)=\frac{5}{16}$$

量化输出功率为

$$S_q=E[y^2]=2\times\frac{3}{16}\times 1.5^2+2\times\frac{5}{16}\times 5.5^2=\frac{79}{4}$$

为计算相关系数 ρ，先计算 $E[xy]$：

$$E[xy]=\int_{-8}^{-3}-5.5x\cdot p(x)\mathrm{d}x+\int_{-3}^{-0}-1.5x\cdot p(x)\mathrm{d}x+$$
$$\int_{0}^{3}1.5x\cdot p(x)\mathrm{d}x+\int_{3}^{8}5.5x\cdot p(x)\mathrm{d}x=\frac{79}{4}$$

可得相关系数为 $\rho=\frac{E[xy]}{\sqrt{E[x^2]E[y^2]}}=0.96$。

量化噪声功率为 $N_q=E[(y-x)^2]=E[x^2]-2E[xy]+E[y^2]=\frac{19}{12}$。

62. 某均匀量化器的动态范围是 $[-A,+A]$，量化级数是 M，量化间隔是 $\Delta=\frac{2A}{M}$。假设 M 很大，使得每个量化区间内的量化误差都近似在 $\left[-\frac{\Delta}{2},+\frac{\Delta}{2}\right]$ 内均匀分布。设量化输入是 $x(t)=A\cos 20\pi t$，假设采样率充分大，求量化信噪比。

解：量化信噪比 $\dfrac{S}{N_q}$ 是量化输入功率除以量化噪声功率。量化噪声近似可看成在 $\left[-\dfrac{\Delta}{2},+\dfrac{\Delta}{2}\right]$ 内分布的均匀随机变量，其功率为

$$N_q=\dfrac{\left(\dfrac{\Delta}{2}\right)^2}{3}=\dfrac{\Delta^2}{12}=\dfrac{\left(\dfrac{2A}{M}\right)^2}{12}=\dfrac{A^2}{3M^2}$$

现量化器的输入是正弦波的采样，当采样率充分大时，样值的平均功率等于采样前波形的平均功率，即

$$\overline{x_n^2}=\overline{x^2(t)}=\dfrac{A^2}{2}$$

于是，量化信噪比为

$$\dfrac{S}{N_q}=\dfrac{\dfrac{A^2}{2}}{\dfrac{A^2}{3M^2}}=\dfrac{3M^2}{2}$$

63. 某量化器的输入 x 在 $(-4,4)$ 内均匀分布，量化器的输出是 $y=\begin{cases}-3, & -5\leqslant x\leqslant -1\\ 0, & |x|<1\\ 3, & 1\leqslant x\leqslant 5\end{cases}$，试求量化输入功率 $S=E[x^2]$，输出功率 $S_q=E[y^2]$，量化噪声功率 $N_q=E[(y-x)^2]$。

解：量化输入功率为 $S=E[x^2]=\dfrac{16}{3}$；量化器的输出为 -3、0、3，它们的概率分别是 $\dfrac{3}{8}$、$\dfrac{1}{4}$、$\dfrac{3}{8}$，故输出功率是 $\dfrac{3}{8}\times 3^2\times 2=\dfrac{27}{4}$；量化噪声功率为 $N_q=E[(y-x)^2]=E[x^2]+E[y^2]-2E[xy]$，其中 $E[xy]=\int_{-5}^{-1}x\cdot(-3)p(x)\mathrm{d}x+\int_{1}^{5}x\cdot 3\cdot p(x)\mathrm{d}x=\dfrac{45}{8}$，代入可得 $N_q=\dfrac{5}{6}$。

64. 设有四电平量化器，其输入 X 的概率密度函数为

$$f_X(x)=\begin{cases}\dfrac{1}{6}, & |x|\leqslant 2\\ \dfrac{4-|x|}{12}, & 2<|x|<4\\ 0, & \text{其他}\end{cases}$$

量化输出为

$$Y=\begin{cases}3, & 2<X<4\\ 1, & 0<X\leqslant 2\\ -1, & -2<X\leqslant 0\\ -3, & -4\leqslant X\leqslant -2\end{cases}$$

试求量化输入信号 X 的功率 $S=E[X^2]$、量化输出 Y 各种可能取值的出现概率、量化输出的功率 $S_q=E[Y^2]$、量化噪声功率 $N_q=E[(Y-X)^2]$。

解： 量化输入信号 X 的功率为

$$S = E[X^2] = \int_{-4}^{4} x^2 f_X(x)\mathrm{d}x = 2\int_{0}^{4} x^2 f_X(x)\mathrm{d}x$$

$$= 2\int_{0}^{2} x^2 \cdot \frac{1}{6}\mathrm{d}x + 2\int_{2}^{4} x^2 \cdot \frac{4-x}{12}\mathrm{d}x = \frac{8}{9} + \frac{22}{9} = \frac{10}{3}$$

量化输出信号 Y 有 ± 1、± 3 这四种可能取值，其中 ± 1 的出现概率均为 $\int_{0}^{2}\frac{1}{6}\mathrm{d}x = \frac{1}{3}$，$\pm 3$ 的出现概率均为 $\int_{2}^{4}\frac{4-|x|}{12}\mathrm{d}x = \frac{1}{6}$。

量化输出功率为

$$S_q = E[Y^2] = 2\times 1^2 \times \frac{1}{3} + 2\times 3^2 \times \frac{1}{6} = \frac{11}{3}$$

量化噪声功率为

$$N_q = E[(Y-X)^2] = \int_{-4}^{4}(y-x)^2 f_X(x)\mathrm{d}x = 2\int_{0}^{4}(y-x)^2 f_X(x)\mathrm{d}x$$

$$= 2\int_{0}^{2}(1-x)^2 \cdot \frac{1}{6}\mathrm{d}x + 2\int_{2}^{4}(3-x)^2 \cdot \frac{4-x}{12}\mathrm{d}x$$

$$= 2\int_{-1}^{1}\frac{t^2}{6}\mathrm{d}t + 2\int_{-1}^{1} t^2 \cdot \frac{1-t}{12}\mathrm{d}t = \frac{1}{3}\int_{-1}^{1} t^2\left(1+\frac{1-t}{2}\right)\mathrm{d}t$$

$$= \frac{1}{3}\times\frac{3}{2}\int_{-1}^{1} t^2\mathrm{d}t - \frac{1}{6}\int_{-1}^{1} t^3\mathrm{d}t = \int_{0}^{1} t^2\mathrm{d}t = \frac{1}{3}$$

或者 $N_q = E[(Y-X)^2] = E[Y^2] + E[X^2] - 2E[XY] = \frac{11}{3} + \frac{10}{3} - 2E[XY]$，其中 $E[XY] = \int_{-4}^{4} xyf_X(x)\mathrm{d}x = 2\int_{0}^{4} xyf_X(x)\mathrm{d}x = \frac{2}{3} + \left(3-\frac{1}{3}\right) = \frac{10}{3}$，代入可得 $N_q = \frac{1}{3}$。

65. 某四电平均匀量化器的输入 x 的取值范围是 $(-4,+4)$，其概率密度函数如图 7-11 所示，图中的黑色圆点表示量化输出 y 的四个量化电平 y_1、y_2、y_3、y_4。

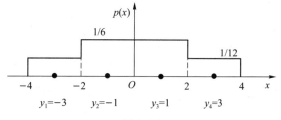

图 7-11

(1) 求量化输入 x 的功率 $S = E[x^2]$。
(2) 求量化输出 y 各可能取值的出现功率以及 y 的功率 $S_q = E[y^2]$。
(3) 求量化噪声功率 $N_q = E[(y-x)^2]$。

解： (1) $S = E[x^2] = 2\int_{0}^{4} x^2 p(x)\mathrm{d}x = 2\int_{0}^{2}\frac{x^2}{6}\mathrm{d}x + 2\int_{2}^{4}\frac{x^2}{12}\mathrm{d}x = 4$。

(2) 四个量化电平 y_1、y_2、y_3、y_4 出现的概率依次是 $\frac{1}{6}$、$\frac{1}{3}$、$\frac{1}{3}$、$\frac{1}{6}$，故 $S_q = E[y^2] = 2\left[\frac{1}{6}\times 9 + \frac{1}{3}\times 1\right] = \frac{11}{3}$。

(3) 方法一：本题条件(量化电平位于区间的概率质心)下，$N_q = S - S_q = \dfrac{1}{3}$。

方法二：量化噪声 $z = y - x$ 的取值范围是 $(-1, +1)$，且均匀分布，所以 $N_q = E(z^2) = \int_{-1}^{1} z^2 \cdot \dfrac{1}{2} dz = \dfrac{1}{3}$。

方法三：

$$N_q = E[(y-x)^2] = \int_{-4}^{4}(y-x)^2 p(x)dx$$

$$= \int_{-4}^{-2} \dfrac{(x+3)^2}{12} dx + \int_{-2}^{0} \dfrac{(x+1)^2}{6} dx + \int_{0}^{2} \dfrac{(x-1)^2}{6} dx + \int_{2}^{4} \dfrac{(x-3)^2}{12} dx$$

$$= \dfrac{1}{12} \int_{-1}^{1} t^2 dt + \dfrac{1}{6} \int_{-1}^{1} t^2 dt + \dfrac{1}{6} \int_{-1}^{1} t^2 dt + \dfrac{1}{12} \int_{-1}^{1} t^2 dt$$

$$= \dfrac{1}{2} \int_{-1}^{1} t^2 dt = \dfrac{1}{3}$$

方法四：$N_q = E[(y-x)^2] = E[x^2 - 2xy + y^2] = S + S_q - 2E[xy]$，其中

$$E[xy] = \int_{-4}^{4} xy p(x) dx = \int_{-4}^{-2} \dfrac{-3x}{12} dx + \int_{-2}^{0} \dfrac{-x}{6} dx + \int_{0}^{2} \dfrac{x}{6} dx + \int_{2}^{4} \dfrac{3x}{12} dx$$

$$= \dfrac{1}{3} \int_{0}^{2} x dx + \dfrac{1}{2} \int_{2}^{4} x dx = \dfrac{11}{3}$$

代入后得到 $N_q = \dfrac{1}{3}$。

66. 已知信号 $s(t) = 10m(t)\cos 2000\pi t$，其中 $m(t)$ 是带宽为 100 Hz 的基带信号，对 $s(t)$ 进行理想采样，求能使采样后频谱不交叠的最低采样率。

解：$s(t)$ 是中心频率为 1 000 Hz、带宽为 200 Hz 的带通信号，其频带范围是 900～1 100 Hz。满足 $\dfrac{1100}{k} \geqslant 200$ 的 k 最大是 5，故所求的最小抽样频率是 $f_s = 2 \times \dfrac{1100}{5} = 440$ Hz。

67. 已知信号 $s(t) = 10m(t)\cos 2000\pi t$，其中 $m(t)$ 是带宽为 100 Hz 的基带信号。对 $s(t)$ 以 f_s 的速率进行理想采样，得到抽样信号 $s_s(t) = \sum_{n=-\infty}^{\infty} s(nT_s)\delta(t - nT_s)$。

(1) $s_s(t)$ 通过一个截止频率为 f_H 的理想低通滤波器后输出还是 $s(t)$，求相应的最小抽样频率和对应的滤波器参数。

(2) $s_s(t)$ 通过一个中心频率为 f_c、带宽为 B 的理想带通滤波器后输出还是 $s(t)$，求相应的最小抽样频率和对应的滤波器参数。

解：(1) $s(t)$ 的最高频率分量是 $f_H = 1100$ Hz，因此用低通恢复时，最小抽样频率是 $f_s = 2f_H = 2200$ Hz。对应理想低通滤波器的截止频率是 1 100 Hz。

(2) $s(t)$ 的带宽是 $W = 200$ Hz，最高频率是 $f_H = 1100$ Hz，因此最小需要的抽样频率是 $f_s = \dfrac{2f_H}{k}$，其中 $n = \left\lfloor \dfrac{f_H}{W} \right\rfloor = 5$，于是 $f_s = \dfrac{2200}{5} = 440$ Hz。对应理想带通滤波器的中心频率为 1 000 Hz，带宽 $B = W = 200$ Hz。

68. 一个幅度为 3.25 V、频率为 800 Hz 的正弦信号按 8 kHz 速率取样后通过一个量化

特性图 7-12 所示的八电平均匀量化器。试画出量化输出的波形。

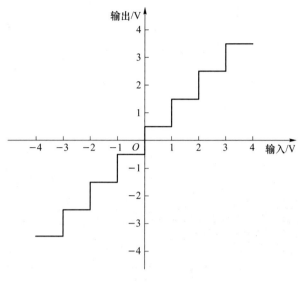

图 7-12

解：抽样频率 8 kHz 是正弦信号频率 800 Hz 的 10 倍，每个正弦周期内有 10 个样点。采样间隔是 $T_s = \dfrac{1}{8\,000}$，抽样值为 $x_i = 3.25\sin(1\,600\pi \times iT_s) = 3.25\sin\dfrac{i\pi}{5}$。采样值及量化电平如表 7-2 所示。

表 7-2

序号 i	0	1	2	3	4	5	6	7	8	9
$x_i = 3.25\sin\dfrac{i\pi}{5}$	0.00	1.91	3.09	3.09	1.91	0.00	−1.91	−3.09	−3.09	−1.91
y_i	0.5	1.5	3.5	3.5	1.5	−0.5	−1.5	−3.5	−3.5	−1.5

量化器输出如图 7-13 所示。

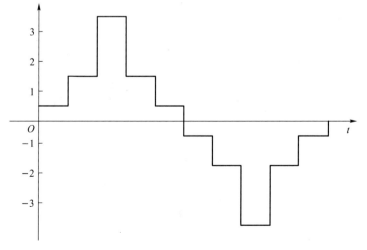

图 7-13

69. 已知模拟信号取样值 x 的概率密度函数 $p(x)$ 如图 7-14 所示。将 x 经过一个四电平均匀量化器,得到的输出是 $y \in \{y_1, y_2, y_3, y_4\}$。

(1) 求量化器的输入功率 $S = E[x^2]$、输出功率 $S_q = E[y^2]$。

(2) 求量化噪声 $e = y - x$ 的平均功率 $N_q = E[e^2]$。

(3) 求量化信噪比 $\dfrac{S}{N_q}$ 的分贝值。

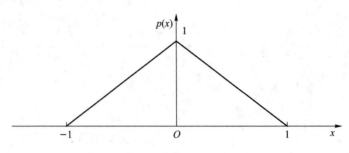

图 7-14

解:(1) 输入信号 x 的概率密度函数为

$$p(x) = \begin{cases} 1 - |x|, & |x| \leqslant 1 \\ 0, & \text{其他} \end{cases}$$

量化器的输入功率为

$$S = E[x^2] = \int_{-1}^{+1} x^2(1-|x|)\mathrm{d}x = 2\int_0^1 x^2(1-x)\mathrm{d}x = 2\left(\frac{1}{3} - \frac{1}{4}\right) = \frac{1}{6}$$

依题意,4 个量化区间分别是

$$D_1 = \left[-1, -\frac{1}{2}\right], \quad D_2 = \left[-\frac{1}{2}, 0\right], \quad D_3 = \left[0, \frac{1}{2}\right], \quad D_4 = \left[\frac{1}{2}, 1\right]$$

4 个量化电平分别是

$$y_1 = -\frac{3}{4}, \quad y_2 = -\frac{1}{4}, \quad y_3 = \frac{1}{4}, \quad y_4 = \frac{3}{4}$$

如图 7-15 所示。

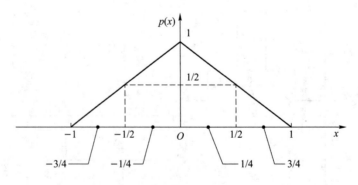

图 7-15

取样值 x 落入 4 个区间的概率分别是

$$P_1 = P_4 = \int_{0.5}^1 p(x)\mathrm{d}x = \frac{1}{8}$$

$$P_2 = P_3 = \int_0^{0.5} p(x)\,\mathrm{d}x = \frac{3}{8}$$

因此量化器的输出功率是

$$S_q = E[y^2] = \sum_{i=1}^{4} y_i^2 P_i = 2\times\left[\left(\frac{1}{4}\right)^2 \times \frac{3}{8} + \left(\frac{3}{4}\right)^2 \times \frac{1}{8}\right]$$

$$= 2\times\left(\frac{1}{4}\right)^2 \times \frac{3}{8} \times (1+3) = \frac{3}{16}$$

(2) 量化噪声的平均功率是

$$N_q = E[(y-x)^2] = 2\times\left[\int_0^{\frac{1}{2}}\left(x-\frac{1}{4}\right)^2(1-x)\mathrm{d}x + \int_{\frac{1}{2}}^{1}\left(x-\frac{3}{4}\right)^2(1-x)\mathrm{d}x\right]$$

为计算上式,在第一个积分中令 $t=x-\frac{1}{4}$,在第二个积分中令 $t=x-\frac{3}{4}$,得

$$N_q = 2\times\left[\int_{-1/4}^{1/4} t^2\left(\frac{3}{4}-t\right)\mathrm{d}t + \int_{-1/4}^{1/4} t^2\left(\frac{1}{4}-t\right)\mathrm{d}t\right]$$

$$= 2\int_{-1/4}^{1/4} t^2(1-2t)\mathrm{d}t$$

$$= 2\int_{-1/4}^{1/4} t^2 \mathrm{d}t = \frac{1}{48}$$

或者在第二个积分中令 $t=1-x$,得

$$N_q = 2\times\left[\int_0^{1/2}\left(x-\frac{1}{4}\right)^2(1-x)\mathrm{d}x + \int_0^{1/2}\left(\frac{1}{4}-t\right)^2 t\mathrm{d}t\right]$$

$$= 2\int_0^{1/2}\left(x-\frac{1}{4}\right)^2 \mathrm{d}x$$

$$= 2\int_{-1/4}^{1/4} t^2 \mathrm{d}t = \frac{1}{48}$$

(3) $\frac{S}{N_q} = 8, 8 = 2^3$,故分贝值为 9 dB。

70. 将正弦信号 $x(t) = \sin(1\,600\pi t)$ 以 8 kHz 速率取样后输入 A 律 13 折线 PCM 编码器,此 PCM 编码器的设计输入电压范围是 $[-1, +1]$。求在一个正弦信号周期内所有取样 $x_n = \sin\frac{n\pi}{5}(n=0,1,\cdots,9)$ 的 PCM 编码的输出码组。

解:在一个正弦信号周期内所有取样 $x_n = \sin\frac{n\pi}{5}(n=0,1,\cdots,9)$ 的 PCM 编码的输出码组如表 7-3 所示。

表 7-3

n	x_i	极性码	段落码	段内码	码字
0	0.000 0	1	000	0000	10000000
1	0.587 8	1	110	1111	11101111
2	0.951 1	1	111	1110	11111110
3	0.951 1	1	111	1110	11111110
4	0.587 8	1	110	1111	11101111
5	−0.000 0	0	000	0000	00000000

续表

n	x_i	极性码	段落码	段内码	码字
6	$-0.587\,8$	0	110	1111	01101111
7	$-0.951\,1$	0	111	1110	01111110
8	$-0.951\,1$	0	111	1110	01111110
9	$-0.587\,8$	0	110	1111	01101111

71. 某 A 律 13 折线 PCM 编码器的设计输入范围是 $(-5,+5)$ V。若抽样脉冲幅度为 $x=+1.2$ V，求编码器的输出码组，解码器输出的量化电平值。

解： $x>0$，所以极性码为 1。1.2 不在 $\left[\frac{5}{2},5\right]$ 范围内，也不在 $\left[\frac{5}{4},\frac{5}{2}\right]$ 范围内，而在 $\left[\frac{5}{8},\frac{5}{4}\right]$ 范围内，故段落码是 101。此段落的量化间隔是 $\Delta=\frac{5}{16\times 8}=0.039$，又 $\frac{1.2-\frac{5}{8}}{\Delta}=14.7$，因此 1.2 位于第 15 段，段内码为 $14=(1110)_2$。故输出码组是 11011110。

1.2 所在的量化区间是 $\left[\frac{5}{8}+14\Delta,\frac{5}{8}+15\Delta\right]$，解码输出是该区间的中点，为 $\frac{5}{8}+14.5\Delta=1.191\,4$ V。

72. 在 CD 播放机中，假设音乐均匀分布，抽样速率为 44.1 kHz，采用每抽样 16 比特的均匀量化线性编码进行量化、编码。

(1) 试确定存储 50 分钟的音乐所需要的比特数和字节数。

(2) 求量化信噪比的分贝值。

解：（1）$44.1\times 10^3\times 16\times 50\times 60$ bit $=2.116\,8$ Gbit $=264.6$ MByte。

（2）量化级数是 $M=2^{16}$，对于均匀量化器，当输入为均匀分布时量化信噪比为

$$\frac{S}{N_q}=M^2=2^{32}$$

其换算成分贝值近似为 $16\times 6=96$ dB。

73. 若量化误差 ε 的概率密度函数分别如图 7-16(a) 和 7-16(b) 所示，求量化噪声功率。

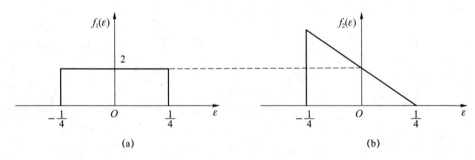

图 7-16

解： 对于图 7-16(a) 所示的情形，量化噪声功率是

$$N_q=E[\varepsilon^2]=\int_{-0.25}^{0.25}\varepsilon^2 f_1(\varepsilon)\mathrm{d}\varepsilon=4\int_0^{0.25}\varepsilon^2\mathrm{d}\varepsilon=\frac{1}{48}$$

对于图 7-16(b) 所示的情形，ε 的概率密度函数可以写成 $f_2(\varepsilon)=f_1(\varepsilon)+g(\varepsilon)$，其中 g

是一个奇对称的函数,如图 7-17 所示。

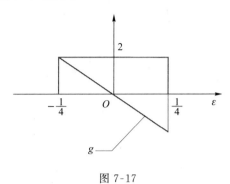

图 7-17

因此
$$N_q = E[\varepsilon^2] = \int_{-0.25}^{0.25} \varepsilon^2 f_2(\varepsilon) d\varepsilon = \int_{-0.25}^{0.25} \varepsilon^2 f_1(\varepsilon) d\varepsilon + \int_{-0.25}^{0.25} \varepsilon^2 g(\varepsilon) d\varepsilon$$
$$= \int_{-0.25}^{0.25} \varepsilon^2 f_1(\varepsilon) d\varepsilon = \frac{1}{48}$$

74. 设 X 的概率密度函数 $p(x)$ 如图 7-18 所示。

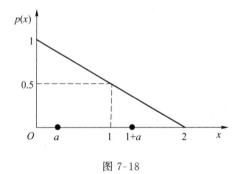

图 7-18

X 通过一个量化器后成为
$$Y = \begin{cases} a, & 0 \leqslant X \leqslant 1 \\ 1+a, & 1 \leqslant X \leqslant 2 \end{cases}$$

其中 $0<a<1$。量化误差是 $Z=X-Y$。

(1) 求 $Y=a$ 及 $Y=1+a$ 的出现概率 P_a、P_{1+a}。

(2) 证明 Z 的概率密度函数是 $f(z) = \frac{3}{2} - a - z, z \in [-a, 1-a]$。

(3) 求能使最大量化误差 $\max|Z|$ 最小的 a 值。

(4) 求量化误差 Z 的均值 $E[Z]$ 以及能使均值为 0 的 a 值。

(5) 求能使量化噪声功率 $E[Z^2]$ 最小的 a 值。

解: (1) $P_{1+a} = \int_1^2 p(x) dx = \frac{1}{4}$, $P_a = 1 - P_{1+a} = \frac{3}{4}$。

(2) 当 $X \in [0,1)$(即 $Y=a$)时, $Z=X-Y=X-a$。不考虑条件时, Z 作为 X 的平移, 其概率密度函数等于 $p(z+a)$, 考虑条件后的条件概率密度函数是
$$f_a(z) = \frac{p(z+a)}{P_a}, \quad z \in [-a, 1-a]$$

同理，当 $X \in [1,2]$（即 $Y=1+a$）时，$Z=X-Y=X-1-a$ 的条件概率密度函数是

$$f_{1+a}(z) = \frac{p(z+1+a)}{P_{1+a}}, \quad z \in [-a, 1-a]$$

合并后得到

$$f(z) = P_a f_a(z) + P_{1+a} f_{1+a}(z) = p(z+a) + p(z+1+a), \quad z \in [-a, 1-a]$$

这是将 $p(x)$ 的前、后两段叠加，如图 7-19 所示。

因此可得

$$f(z) = \frac{3}{2} - a - z, \quad z \in [-a, 1-a]$$

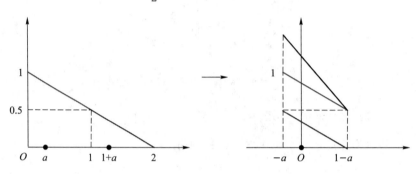

图 7-19

（3）Z 的取值范围是 $[-a, 1-a]$，其最大绝对值或者是 a，或者是 $1-a$。能使最大量化误差 $\max|Z|$ 最小的情形是 $a = \frac{1}{2}$。

（4）$E[Z] = \int_{-a}^{1-a} z\left(\frac{3}{2} - a - z\right) \mathrm{d}z = \frac{5}{12} - a$。能使均值为 0 的 a 值是 $\frac{5}{12}$。

（5）a 值的变化效果是对 Z 进行平移，平移不改变方差，Z 的二阶矩最小发生在均值为 0 时，故所求的 a 为 $\frac{5}{12}$。或者 $E[Z^2] = \int_{-a}^{1-a} z^2\left(\frac{3}{2} - a - z\right) \mathrm{d}z = \frac{1}{4} - \frac{5}{6}a + a^2$，然后求极值，得到 $a = \frac{5}{12}$。

75. 图 7-20 中，$m_1(t)$ 是基带信号，其最高频率为 f_1；$m_2(t)$ 是带通信号，其频谱范围是 $[5, f_2]$ kHz。采样速率都是 8 kHz。$m_1(t)$ 的样值采用 A 律 13 折线量化编码，输出速率是 R_1；$m_2(t)$ 的样值采用 128 电平的均匀量化编码，输出速率是 R_2。R_1、R_2 与另外一路速率为 R_3 的数据复用为一路速率为 $R_b = 160$ kbit/s 的数据，然后其经 MQAM 调制后通过一个带宽为 50 kHz 的频带信道传输。

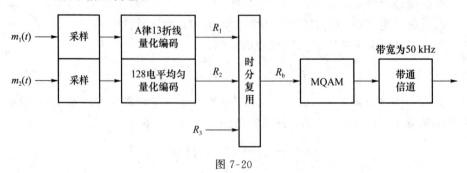

图 7-20

(1) 求 R_1、R_2、R_3 的数值。
(2) 求能使采样不发生频谱混叠的最大的 f_1、f_2。
(3) 确定 MQAM 的进制数 M 及滚降因子 α（要求 M 尽量小，α 尽量大）。
(4) 画出 MQAM 调制及解调框图。

解：(1) A 律 13 折线量化编码采用 8 比特量化编码，故 $R_1 = 8 \times 8\,000 = 64$ kbit/s；$m_2(t)$ 采用 128 电平的均匀量化编码，即每个采样值被量化编码为 $\log_2 128 = 7$ bit，故 $R_2 = 7 \times 8\,000 = 56$ kbit/s；$R_3 = 160 - 64 - 56 = 40$ kbit/s。

(2) 根据奈奎斯特采样定理，若不发生频谱混叠，则 f_1 最大为 4 kHz，f_2 最大为 8 kHz。

(3) $W = R_s(1+\alpha) = \dfrac{R_b}{\log_2 M}(1+\alpha) \leqslant 50$ kHz，将 $R_b = 160$ kbit/s 代入可得 $\log_2 M$ 应取大于 3.2 的最小整数 4，因此有 $M = 16$，$R_s = 40$ kbit/s，$\alpha = 0.25$。

(4) 调制及解调框图为图 7-21。

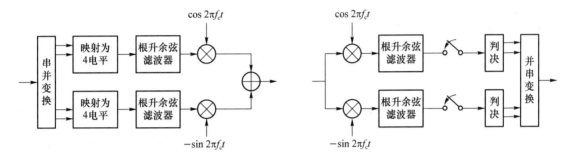

图 7-21

76. 将 2 路模拟信号 $m_1(t)$、$m_2(t)$ 分别进行抽样量化编码，按时分复用将其合为一路数据流，然后通过一个频带范围为 10.000～10.060 MHz 的带通信道传输。已知 $m_1(t)$ 是带宽为 4 kHz 的话音信号，$m_2(t)$ 是零均值平稳过程，其一维概率密度函数大致服从均匀分布，其频带范围是 3～5 kHz。今对系统的要求如下：

(a) 采样率必须是频谱不交叠的最小采样率；
(b) 话音 $m_1(t)$ 采用 A 律 13 折线量化编码；
(c) $m_2(t)$ 的量化信噪比至少要达到 20 dB；
(d) 调制阶数尽可能低。
(e) 滚降系数尽可能大，至少是 $\dfrac{1}{3}$；

试设计该系统，并完成以下要求：
(1) 确定每路模拟信号的抽样速率、量化编码后的输出数据速率、时分复用后的总速率。
(2) 确定数字调制的载波频率 f_c、调制阶数 M、滚降系数 α。
(3) 画出星座图、发送功率谱密度图、调制和解调框图。

解：(1) $m_1(t)$ 为低通信号，其最小抽样速率为 8 kHz，每个抽样值经 A 律 13 折线量化编码后被编码为 8 比特数据，故第 1 路信号的输出数据速率为 $R_1 = 8 \times 8\,000 = 64$ kbit/s。$m_2(t)$ 是带宽为 2 kHz、最高频率为 5 kHz 的带通信号，其最小抽样速率为 $2 \times 5 / \left\lfloor \dfrac{5}{2} \right\rfloor = 5$

kHz。考虑到 $m_2(t)$ 取值均匀分布,其最佳量化器应采用均匀量化,量化信噪比为量化级数 L 的平方。要求量化信噪比至少达到 20 dB,因此 $20\log L \geqslant 20$,L 取不小于 10 的 2 的整数次幂,即 16。$m_2(t)$ 的每个抽样值被量化编码为 4 比特数据,故第 2 路信号的输出数据速率为 $R_2 = 4 \times 5\,000 = 20$ kbit/s。时分复用后的总速率为 $R_3 = R_1 + R_2 = 84$ kbit/s。

(2) 根据公式 $\dfrac{R_s}{W} = \dfrac{1}{1+\alpha}$,其中 W 不大于信道带宽 60 MHz,$R_s = \dfrac{R_b}{\log_2 M}$,$\alpha$ 要求至少为 $\dfrac{1}{3}$,M 尽可能小,可得 $M=4$,$\alpha = \dfrac{3}{7}$,$f_c = 10.030$ MHz。

(3) 采用 OQPSK 调制,星座图为图 7-22。

功率谱密度图为图 7-23。

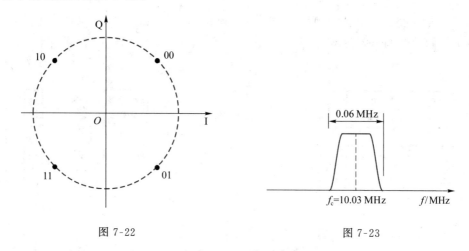

图 7-22   图 7-23

调制和解调框图为图 7-24。

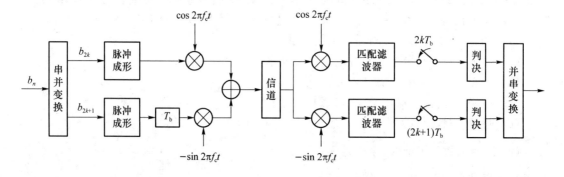

图 7-24

77. 分别对 10 路话音信号(每路话音信号的最高频率分量为 4 kHz)以奈奎斯特速率取样,取样后均匀量化、线性编码,然后将此 10 路 PCM 信号与两路速率为 180 kbit/s 的数据以时分多路方式复用,时分复用的输出送至 BPSK 解调器。若要求 BPSK 信号的功率谱密度的主瓣范围是 99～101 MHz,求出每路 PCM 信号的量化电平数。

解:BPSK 的主瓣带宽是 2 MHz,因此其比特速率是 1 Mbit/s。扣除两路 180 kbit/s 后的数据速率是 640 kbit/s,即每路话音信号的数据速率是 64 kbit/s。每路话音信号的采样率为 8 kHz,因此每个样值的量化比特数是 8 比特,对应的量化电平数是 256。

78. 对 10 路模拟信号分别进行 A 律 13 折线 PCM 编码,然后对其进行时分复用,最后其通过二进制基带升余弦滚降系统传输。已知该系统的滚降因子是 $\alpha=0.5$,截止频率为 480 kHz。

(1) 求该系统的最大数据速率。

(2) 求每路模拟信号的最高频率分量 f_H。

解：(1) 对于基带升余弦滚降系统有 $\dfrac{R_s}{2W}=\dfrac{1}{1+\alpha}$,将 $W=480$ kHz,$\alpha=0.5$ 代入,可得 $R_s=640$ Baud,又因是二进制系统,故数据速率是 $R_b=R_s=640$ kbit/s。

(2) 每路模拟信号数字化后的速率为 64 kbit/s。A 律 13 折线编码是对采样值进行 8 比特编码,因此每路模拟信号的采样率不得高于 $\dfrac{64}{8}=8$ kbit/s。按奈奎斯特速率抽样,则每路模拟信号的最高频率分量不得超过 4 kHz。

79. 设有 10 路话音信号,对每路话音按 8 kHz 速率采样并按 A 律 13 折线 PCM 编码进行数字化,再将 10 路数字话音通过时分复用合为一路速率为 R 的二进制数据,然后通过通频带为 20～20.2 MHz 的带通信道传输。试设计相应的调制器和解调器,要求给出符号速率、调制阶数、滚降系数,画出调制及解调框图,并画出发送功率谱密度图。

解：每路数据速率为 $8\times 8\,000=64$ kbit/s,总数据速率为 $10\times 64=640$ kbit/s。带宽为 200 kHz,符号速率为 $\dfrac{200}{1+\alpha}$,范围是 $100\sim 200$ kBaud。比特速率范围是 $100\log_2 M\sim 200\log_2 M$ kbit/s,$\log_2 M\geqslant 4$ 时可满足 640 kbit/s 的总速率要求。按 M 尽量小考虑,取 $M=2^4=16$。此时符号速率为 $\dfrac{640}{4}=160$ kBaud,滚降系数为 $\dfrac{200-160}{160}=\dfrac{1}{4}$。调制和解调框图如图 7-25 所示。

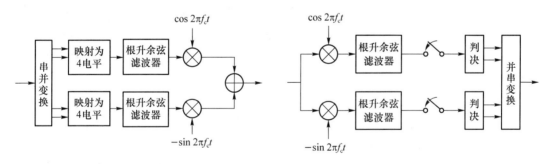

图 7-25

发送功率谱密度如图 7-26 所示。

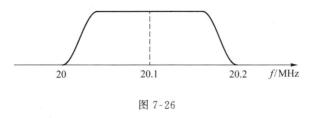

图 7-26

80. 四进制符号 $X\in\{A,B,C,D\}$ 与 $Y\in\{a,b,c,d\}$ 的联合概率 $P(X,Y)$ 如表 7-4 所示。

表 7-4

X	Y			
	a	b	c	d
A	1/8	0	1/4	0
B	0	1/8	0	1/8
C	1/16	0	1/8	0
D	0	1/16	0	1/8

(1) 试求熵 $H(X,Y)$、$H(X)$、$H(Y|X)$ 以及互信息 $I(X;Y)$。

(2) 试对 (X,Y) 整体进行哈夫曼编码,求出平均码长。

解:(1) 联合熵 $H(X,Y)$ 的计算如下:

$$H(X,Y) = -\frac{1}{8}\log_2\frac{1}{8} - \frac{1}{4}\log_2\frac{1}{4} - \frac{1}{8}\log_2\frac{1}{8} - \frac{1}{8}\log_2\frac{1}{8} - \frac{1}{16}\log_2\frac{1}{16} - \frac{1}{8}\log_2\frac{1}{8} - \frac{1}{16}\log_2\frac{1}{16} - \frac{1}{8}\log_2\frac{1}{8}$$

$$= \frac{5}{8}\times 3 + \frac{1}{4}\times 2 + \frac{2}{16}\times 4 = \frac{23}{8} \text{ bit}$$

X 的边缘分布是 $\frac{3}{8}$、$\frac{1}{4}$、$\frac{3}{16}$、$\frac{3}{16}$,熵为 $H(X) = \frac{6}{16}\log_2\frac{16}{3} + \frac{3}{8}\log_2\frac{8}{3} + \frac{1}{4}\times 2 = \left(\frac{25}{8} - \frac{3}{4}\log_2 3\right)$ bit,条件熵为 $H(Y|X) = H(X,Y) - H(X) = \frac{23}{8} - \left(\frac{25}{8} - \frac{3}{4}\log_2 3\right) = \left(\frac{3}{4}\log_2 3 - \frac{1}{4}\right)$ bit,互信息为 $I(X;Y) = H(X) + H(Y) - H(X,Y)$,其中 Y 的边缘分布是 $\frac{3}{16}$、$\frac{3}{16}$、$\frac{3}{8}$、$\frac{1}{4}$,分布的概率值与 X 相同,故熵也相同。因此 $I(X;Y) = 2H(X) - H(X,Y) = 2\left(\frac{25}{8} - \frac{3}{4}\log_2 3\right) - \frac{23}{8} = \left(\frac{27}{8} - \frac{3}{2}\log_2 3\right)$ bit。

(2) 对 (X,Y) 整体进行哈夫曼编码,编码过程及结果如图 7-27 所示。平均码长为 $\frac{23}{8}$。

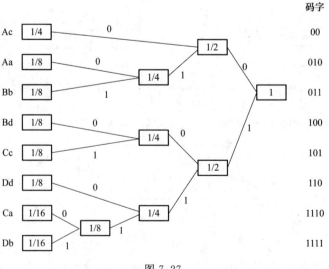

图 7-27

第8章 信　　道

1. 判断：信道的相干时间越长，则信道的变化也越快。

解：错误。信道的相干时间反映信道的冲激响应 $h(t)$ 随时间 t 变化的快慢。相干时间越长，信道的变化越慢，时不变信道的相干时间是无穷大。

2. 判断：当信噪比非常大时，AWGN 信道的信道容量与信噪比的分贝值成正比。

解：正确。根据香农公式，AWGN 信道的信道容量为 $C=B\log(1+\mathrm{SNR})$，当信噪比 SNR 非常大时，$C\approx B\log\mathrm{SNR}$，与信噪比的分贝值成正比。

3. 判断：当信噪比充分小时，AWGN 信道的信道容量与信噪比成正比。

解：正确。信噪比 SNR 充分小时，信道容量与信噪比的比值的极限为 $\lim\limits_{\mathrm{SNR}\to 0}\dfrac{B\log(1+\mathrm{SNR})}{\mathrm{SNR}}$，将 $\lim\limits_{x\to 0}\dfrac{\log_a(1+x)}{x}=\dfrac{1}{\ln a}$ 代入，可得该极限等于 $\dfrac{B}{\ln a}$，是常数，故信道容量与信噪比成正比。

4. 判断：当信噪比趋于无穷大时，AWGN 信道的信道容量也趋于无穷大。

解：正确。当信噪比 SNR 趋于无穷大时，AWGN 信道的信道容量为 $C=B\cdot\log(1+\mathrm{SNR})$，故也趋于无穷大。

5. 判断：独立等概的二进制比特经过 16QAM 调制后成为星座点 X。X 经过 AWGN 信道传输，接收端收到 $Y=X+Z$，其中 Z 是加性复高斯噪声。在接收端观察到 $Y=0$ 的条件下，X 的条件熵为 $H(X|Y=0)=4$ bit。

解：错误。X 的无条件熵为 $H(X)=\log_2 16=4$ bit，Y 与 X 不独立，已知 Y 时 X 的条件熵一定小于其无条件熵，因此 $H(X|Y=0)<4$ bit。

6. 判断：设 $\boldsymbol{X}$ 是 n 长的复随机向量，其样本空间为 $\Omega=\{\boldsymbol{x}_1,\boldsymbol{x}_2,\cdots,\boldsymbol{x}_M\}$。设 $\boldsymbol{A}$ 是任意一个满秩的 n 维方阵。令 $\boldsymbol{Y}=\boldsymbol{A}\boldsymbol{X}$，则 $\boldsymbol{X}$ 和 $\boldsymbol{Y}$ 的熵相同。

解：正确。当 $\boldsymbol{A}$ 是满秩的 n 维方阵时，用 $\boldsymbol{A}$ 对 n 长的复随机向量 $\boldsymbol{X}$ 做变换，得到的 $\boldsymbol{Y}$ 也是 n 长的复随机向量，且 $\boldsymbol{Y}$ 的样本空间中的元素与 $\boldsymbol{X}$ 的样本空间中的元素一一对应。$\boldsymbol{X}$ 和 $\boldsymbol{Y}$ 取值的概率分布相同，故熵也相同。

7. 某 AWGN 信道中噪声的单边功率谱密度是 $N_0=10^{-5}$ W/Hz，信道带宽是 $B=1\,000$ Hz，信道中有用信号功率是 $S=10$ W。该信道的容量近似是_____ kbit/s。

(A) $\log_2 10$ (B) $2\log_2 10$ (C) $3\log_2 10$ (D) $4\log_2 10$

解：C。根据香农公式，$C = B\log\left(1 + \dfrac{S}{N_0 B}\right) = 1\,000\,\log_2\left(1 + \dfrac{10}{10^{-5} \times 1\,000}\right)$ bit/s $= \log_2(1+10^3)$ kbit/s $\approx 3\log_2 10$ kbit/s。

8. 对于 AWGN 信道，当传输速率小于香农信道容量时，可靠传输是可以实现的。实现可靠传输的必要条件是采用_____。

(A) 无限长编码   (B) 高斯编码   (C) ARQ   (D) ML 译码

解：ABD。根据信道编码定理，趋向信道容量需要无限长随机编码，接收端采用 ML 译码，编码器输出的概率分布匹配达到容量所需要的分布。ARQ 不是趋向容量的必要条件，但通过 HARQ 也可以逼近香农容量。

9. 设无记忆二元对称信道的差错概率是 p。若发送长为 7 的码字，则该码字遇到单比特错误图样的概率是_____。

(A) $p(1-p)^6$ (B) $7p(1-p)^6$ (C) $14p^2(1-p)^5$ (D) $21p^2(1-p)^5$

解：B。在本题条件下，该码字的 7 比特中，错 1 比特，对 6 比特，其概率为 $C_7^1 p \cdot (1-p)^6 = 7p(1-p)^6$。

10. 某 AWGN 信道的带宽是 10 kHz，信噪比是 0 dB，则通过该信道最大可传输的速率是_____ kbit/s。

解：10。0 dB 对应 SNR=1，代入香农公式 $C = B\log(1+\text{SNR})$，可得 $C = 10$ kbit/s。

11. 当频谱效率充分大时，AWGN 信道的频谱效率每增加 1 bit/s/Hz，信号发送功率需要增加_____ dB。

解：3。根据香农公式，频谱效率满足 $\eta = \log\left(1 + \dfrac{E_b}{N_0} \cdot \eta\right)$，即 $\dfrac{E_b}{N_0} = \dfrac{2^\eta - 1}{\eta}$。当 η 充分大时，每增加 1 bit/s/Hz，$\dfrac{E_b}{N_0}$ 近似翻倍，即增加 3 dB。

12. 某信道的输入为 $X \in \{\pm 1\}$，输出为 $Y \in \{-1, 0, +1\}$。信道的转移概率 $P(Y|X)$ 为 $P(Y=0|X=+1) = P(Y=0|X=-1) = \dfrac{1}{4}$，$P(Y=+1|X=+1) = P(Y=-1|X=-1) = \dfrac{3}{4}$。该信道的信道容量是_____ bit/symbol。

解：3/4。该信道的转移概率如图 8-1 所示。令 $p = P(X=1)$，则 Y 的概率分布为 $P(Y=0) = \dfrac{1}{4}$，$P(Y=1) = \dfrac{3p}{4}$，$P(Y=-1) = \dfrac{3(1-p)}{4}$。

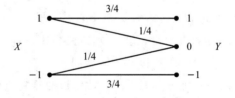

图 8-1

给定 $Y=-1$ 或 $Y=+1$ 时，X 确定为 -1 或 $+1$，$H(X|Y=-1) = H(X|Y=+1) = 0$；给定 $Y=0$ 时，X 为 -1 或 $+1$ 的机会相同，$H(X|Y=0) = 1$ bit。$H(X|Y) = H(X|Y=0)$

$P(Y=0)=\frac{1}{4}$ bit。信道输入输出的互信息为 $H(X)-H(X|Y)=H(X)=\frac{1}{4}$。当 X 等概取值于 $\{\pm 1\}$ 时，互信息达到最大值 3/4 bit。

13. 设有三个带宽为 1 Hz 的 AWGN 信道。第 $i(i\in\{1,2,3\})$ 个信道中有用信号的功率是 P_i，噪声功率是 $\sigma_i^2=\frac{1}{i}$。

(1) 写出每个信道各自的信道容量 $C_i(P_i)$ 的表达式。

(2) 若 $P_1=\frac{2}{3}, P_2=\frac{1}{2}, P_3=0$，写出三个信道的容量总和 $C_{\text{sum}}=C_1+C_2+C_3$。

(3) 若 $P_1=0, P_2=\frac{1}{2}, P_3=\frac{2}{3}$，写出三个信道的容量总和 $C_{\text{sum}}=C_1+C_2+C_3$。

(4) 在保持 $P_1+P_2+P_3=\frac{7}{6}$ 不变的条件下，求能使总容量 C_{sum} 最大的 P_1、P_2、P_3。

解： (1) $C_1(P_1)=\log(1+P_1), C_2(P_2)=\log(1+2P_2), C_3(P_3)=\log(1+3P_3)$。

(2) $C_{\text{sum}}=\log\left(1+\frac{4}{6}\right)+\log\left(1+2\cdot\frac{3}{6}\right)=\log\frac{10}{3}$。

(3) $C_{\text{sum}}=\log\left(1+3\cdot\frac{4}{6}\right)+\log\left(1+2\cdot\frac{3}{6}\right)=\log 6$。

(4) $C_{\text{sum}}=\log(1+P_1)+\log(1+2P_2)+\log(1+3P_3)$，容量达到最大时 $\frac{1}{3}+P_3=\frac{1}{2}+P_2=1+P_1$，解得 $P_3=\frac{2}{3}, P_2=\frac{1}{2}, P_1=0$。

第 9 章 信道编码

1. 判断:将 010001 写成多项式 $c(x)$,则 $c(x)$ 能被 $x+1$ 除尽。

解:正确。

方法一:010001 可写成多项式 $c(x)=x^4+1=(x+1)^4$,能被 $x+1$ 除尽。

方法二:$x+1$ 是偶校验码的生成多项式。本题中的码字有偶数个 1,故 $c(x)$ 能被 $x+1$ 除尽。

2. 判断:(n,k) 循环码的最小码距等于生成多项式的码重。

解:错误。循环码属于线性分组码,其最小码距等于非全零码字之外的最小码重。生成多项式是循环码的码字之一,其他码字是生成多项式的倍式,码重是这些多项式的项数。不能证明多项式的倍式的项数一定会增加。例如,(17,9) 循环码的生成多项式为 $g(x)=x^8+x^7+x^6+x^4+x^2+x+1$,码重是 7,但该码的最小码距是 5(例如,$(x^2+x+1)g(x)=x^{10}+x^8+x^5+x^2+1$ 的码重是 5)。

3. 判断:通信系统中经常采用系统码,是因为系统码比非系统码有更大的最小码距。

解:错误。系统码和非系统码的生成矩阵可通过初等行变换及列交换相互转化,二者的最小码距相同。相比于非系统码,系统码的编码结构更简单。

4. 判断:(n,k) 线性分组码的最小码距不可能大于 $n-k+1$。

解:正确。(n,k) 线性分组码的最小码距等于 d 的充要条件是:监督矩阵中有任意 $d-1$ 列线性无关,且一定有 d 列线性相关。而 (n,k) 线性分组码的监督矩阵最多有 $n-k$ 列线性无关,故最小码距不可能大于 $n-k+1$。

5. 判断:(n,k) 线性分组码的最小码距不可能大于 k。

解:错误。例如,(5,1) 重复码的 $k=1$,最小码距是 5,5>k。

6. 判断:(n,k) 线性分组码一定包含全 1 码字。

解:错误。例如,(5,2) 线性分组码 $C=(00000,10100,01111,11011)$,不包含全 1 码字。

7. 判断:(n,k) 线性分组码一定包含全 0 码字。

解:正确。对于任意两个非全零码字 c_i、c_j 及两者之和 c,此三者之和必为全零序列。

8. 判断:卷积码的维特比译码是一种 ML 译码。

解:正确。卷积码的维特比译码选择可能获得最大对数似然函数的路径作为输出,属于 ML 译码。

9. 判断:若(n,k)线性分组码的合法码字包含全 1 码字,则其监督矩阵 $\boldsymbol{H}$ 的每一行的汉明重量一定是偶数。

解:正确。$\boldsymbol{H}\boldsymbol{c}^{\mathrm{T}}=0$,$\boldsymbol{H}\boldsymbol{c}^{\mathrm{T}}$ 的第 i 个元素是 $\boldsymbol{H}$ 的第 i 行与 $\boldsymbol{c}$ 的内积:$\sum_{j=1}^{n}h_{ij}c_{j}=0$,对于全 1 码字有 $\sum_{j=1}^{n}h_{ij}=0$,求和项中必须是偶数个 1,即 $\boldsymbol{H}$ 的第 i 行的汉明重量必是偶数。

10. 判断:LDPC 码是一种线性分组码。

解:正确。LDPC 码是一种码长非常大的线性分组码。

11. 判断:卷积码一种线性码。

解:正确。卷积是一种线性运算。

12. 判断:汉明码的最小汉明距离是 3。

解:正确。

13. 判断:卷积码的维特比译码算法的计算复杂度随约束长度的增加而指数增加。

解:正确。若约束长度为 K,则卷积码的寄存器个数为 $m=K-1$。默认考虑二进制卷积码,则状态数为 $2^m=2^{K-1}$。格图宽度是 2^m,维特比译码算法的复杂度与格图宽度成正比(每走一步,幸存路径的个数是 2^m,这涉及 $2\times 2^m=2^K$ 条路径度量的计算),因此译码过程的计算量随 K 的增加而指数增加。

14. 判断:设 c 是某 (n,k) 分组码的某个码字,其通过 BSC 信道后的输出是 $\boldsymbol{y}=\boldsymbol{c}+\boldsymbol{e}$,其中 e 是错误图样。将同一 $\boldsymbol{y}$ 分别送给两个译码器。译码器 A 是 ML 译码器,译码器 B 是一种性能比 ML 译码器差很多的简单译码器。如果译码器 A 译错,则译码器 B 也一定译错。

解:错误。ML 译码将 $\boldsymbol{y}$ 译为所有可能的码字中离 $\boldsymbol{y}$ 汉明距离最近者。如果信道中的差错比特数较多,全部可能码字中离 $\boldsymbol{y}$ 汉明距离最近的码字有可能不是原来发的码字,此时译码出错。除非 BSC 信道的比特错误率是零,否则无论发送哪个码字,ML 总有非零的译错概率。现假设译码器 B 为:无论收到的 $\boldsymbol{y}$ 是什么,永远都将其译为全零码字。那么实际发送全零码字时,译码器 B 不会出错,但 ML 译码器译错的概率不是零。

15. 判断:将循环码的码字表示为系数在 GF(2) 上的多项式,则该多项式一定能被生成多项式整除。

解:正确。循环码任一码字的多项式 $c(x)$ 都是其生成多项式 $g(x)$ 的倍式,因此一定能被生成多项式整除。

16. 判断:在 GF(2) 上,多项式 x^2+1 的根是 $x=1$。

解:正确。将 $x=1$ 代入多项式 x^2+1,在 GF(2) 上计算结果为 0。

17. 判断:对于 AWGN 信道,重复码没有编码增益。

解:正确。在 BSC 信道中,如果信道的误比特率是 μ,则合理设计的编码可以使得译码后的误比特率 $\mu'<\mu$,采用信道编码提升了系统的性能。在 AWGN 信道中,需要有调制和解调过程。以 BPSK 为例,解调输出的误比特率是 E_b/N_0 的函数。不妨设 $N_0=1$,并假设每个信息比特的能量是 $E_b=5$ J,则按公式可算出误比特率为 $\mu=\dfrac{1}{2}\mathrm{erfc}\left(\sqrt{\dfrac{E_b}{N_0}}\right)\approx 7.83\times 10^{-4}$。现采用 $(3,1)$ 重复码,将每个比特变成 3 个比特后传输。$(3,1)$ 重复码能纠正 1 个比特错,译码后的错误率为 $1-(1-\mu)^3+3\mu(1-\mu)^2\approx 1.84\times 10^{-6}$。但注意 $(3,1)$ 重复码把 1

个比特发了 3 遍,这个比特总共花费的能量是 15 J。如果 BPSK 不采用重复码,将比特能量直接提高到 15 J,相应的误比特率为 $\frac{1}{2}\mathrm{erfc}(\sqrt{15})\approx 2.15\times 10^{-8}$,这说明在每信息比特的能量相同的情况下,用重复码还不如不用。重复码采用软译码可以改善性能,但能证明,其不会比无编码的 BPSK 更好。所以说重复码没有编码增益。

18. 判断:在信道编码器和信道之间加入一个交织器,可以起到打散突发差错的作用。

解:正确。交织器通过信号设计,将一个原来属于突发差错的有记忆信道改造为基本上是独立差错的随机无记忆信道。

19. 判断:用编码加信道交织器的方法来对抗衰落时,交织深度应小于信道的相干时间。

解:错误。经交织后,原编码输出比特的间隔应大于信道相干时间才能使相邻差错相对独立,从而对抗信号衰落。因此交织深度应大于信道的相干时间。

20. (15,11) 循环码的生成多项式 $g(x)$ 是_____的因式。

(A) x^4+1 (B) $x^{11}+1$ (C) x^{15} (D) $x^{15}+1$

解:D。对于 (n,k) 循环码,其生成多项式 $g(x)$ 是 (x^n+1) 的因式。

21. 某线性分组码的监督矩阵的任意 3 列线性无关,该码的最小码距 $d_{\min}$ 满足_____。

(A) $d_{\min}=3$ (B) $d_{\min}=4$ (C) $d_{\min}>3$ (D) $d_{\min}<3$

解:C。线性分组码的最小码距是监督矩阵中线性相关的最小列数,由于该线性分组码的监督矩阵的任意 3 列线性无关,即线性相关的最小列数大于 3,所以最小码距一定大于 3。

22. 已知 (7,3) 循环码的生成多项式是 $g(x)=x^4+x^3+x^2+1$,若输入信息是 111,则对应的系统码编码输出是_____。

(A) 1110100   (B) 1111111   (C) 1010101   (D) 1101001

解:A。系统码编码输出的前 3 位是信息位 $\boldsymbol{u}=111$,对应多项式 $u(x)=x^2+x+1$,后 4 位是校验位 $\boldsymbol{p}$,对应多项式 $p(x)=[u(x)x^{n-k}]_{\mathrm{mod}\,g(x)}$。按下式做竖式除法可得 $\boldsymbol{p}=0100$,故编码输出是 $\boldsymbol{c}=(\boldsymbol{u},\boldsymbol{p})=1110100$。

```
  1 1 1 0 0 0 0
  1 1 1 0 1
  ─────────
      0 1 0 0
```

23. 已知 (7,4) 循环码的生成多项式是 $g(x)=x^3+x^2+1$。若译码器输入是 $\boldsymbol{y}=1011111$,则按 $s(x)=y(x)_{\mathrm{mod}\,g(x)}$ 所得到的伴随式 $s(x)$ 是_____。

(A) x (B) $x+1$ (C) x^2+1 (D) x^2+x+1

解:B。生成多项式为 1101,按下式做竖式除法得到的余式为 011,其对应的多项式为 $x+1$。

```
  1 0 1 1 1 1 1
  1 1 0 1
  ─────────
    1 1 0 1 1
    1 1 0 1
    ─────────
        0 1 1
```

24. 某循环码的生成多项式为 $g(x)=x^3+x+1$。若译码器输入是 1011111,则 ML 译码的结果是_____。

(A) 1111111　　(B) 1011011　　(C) 0011111　　(D) 1001111

解：A。

方法一：生成多项式为1011，候选答案中只有A能被1011除尽，且它与译码器输入的汉明距离为1，故答案为A。

方法二：1011111除以1011的余式为111。首先找单比特错误图样中能被生成多项式整除的，按下式做竖式除法。

$$1011\overline{\smash{)}\begin{array}{c}11\\1011111\end{array}}$$

可见100000的伴随式为111，最可能的错误图样为0100000，即左起第2个比特出错，译码结果为1111111。

25. 某线性分组码的生成矩阵是 $\begin{pmatrix}1&1&1&0&1&0&0\\0&1&1&1&0&1&0\\1&1&0&1&0&0&1\end{pmatrix}$，该码的系统码生成矩阵是_____。

(A) $\begin{pmatrix}1&0&0&1&1&1&0\\0&1&0&0&1&0&1\\0&0&1&1&1&0&1\end{pmatrix}$　　(B) $\begin{pmatrix}1&0&1&1&0&0&0\\1&1&1&0&1&0&0\\1&1&0&0&0&1&0\\0&1&1&0&0&0&1\end{pmatrix}$

(C) $\begin{pmatrix}1&0&0&1&1&1&0\\0&1&0&1&0&1&1\\0&0&1&1&1&0&1\end{pmatrix}$　　(D) $\begin{pmatrix}1&0&0&1&1&1&0\\0&1&1&1&1&1&0\\0&0&1&0&1&1&1\end{pmatrix}$

解：C。通过初等行变换可得到系统码生成矩阵。

26. 某线性分组码的生成矩阵是 $G=\begin{pmatrix}1&0&0&0&1&0&1\\0&1&0&0&1&1&1\\0&0&1&0&1&1&0\\0&0&0&1&0&1&1\end{pmatrix}$，该码的监督矩阵是_____。

(A) $\begin{pmatrix}1&0&0&1&1&1&1\\0&1&1&0&1&1&1\\0&0&1&1&1&0&1\\0&0&0&1&0&0&1\end{pmatrix}$　　(B) $\begin{pmatrix}1&1&1&0&1&0&0\\0&1&1&1&0&1&0\\1&1&0&1&0&0&1\end{pmatrix}$

(C) $\begin{pmatrix}1&1&1&0&1&0&0\\1&1&0&1&0&1&0\\1&0&1&1&0&0&1\end{pmatrix}$　　(D) $\begin{pmatrix}1&0&1&1&0&1&0\\1&1&1&0&0&0&1\\0&1&1&1&1&0&0\end{pmatrix}$

解：B。若 $G=(I,Q)$，则 $H=(Q^T,I)$，即 B。

27. 已知 (7,3) 循环码的生成多项式是 $g(x)=x^4+x^2+x+1$，该码系统码形式的生成矩阵是_____。

(A) $\begin{pmatrix} 1 & 0 & 1 & 1 & 1 & 0 & 0 \\ 0 & 1 & 0 & 1 & 1 & 1 & 0 \\ 1 & 0 & 1 & 0 & 1 & 0 & 1 \end{pmatrix}$
(B) $\begin{pmatrix} 1 & 0 & 1 & 1 & 1 & 0 & 0 \\ 0 & 1 & 0 & 1 & 1 & 1 & 0 \\ 0 & 0 & 1 & 0 & 1 & 1 & 1 \end{pmatrix}$

(C) $\begin{pmatrix} 1 & 0 & 0 & 1 & 1 & 1 & 0 \\ 0 & 1 & 0 & 1 & 1 & 0 & 1 \\ 0 & 0 & 1 & 0 & 1 & 1 & 1 \end{pmatrix}$
(D) $\begin{pmatrix} 1 & 0 & 0 & 1 & 0 & 1 & 1 \\ 0 & 1 & 0 & 1 & 1 & 1 & 0 \\ 0 & 0 & 1 & 0 & 1 & 1 & 1 \end{pmatrix}$

解：D。生成矩阵的每行是一个码字，系统码形式的生成矩阵的各行码字的前 3 位分别是单比特输入信息 100、010 和 001。本题中生成多项式对应的码字为 0010111，通过循环移位可以得到码字 1001011、0101110，故答案为 D。

28. (7,4) 汉明码的监督矩阵 H 有 7 列，其中_____。

(A) 任何两列都不相同
(B) 有两列相同
(C) 任何两列的汉明距离是 2
(D) 有一列是全 0

解：A。汉明码的最小距离为 $d_{min}=3$。根据监督矩阵的性质，H 中的任意 $d_{min}-1=2$ 列线性无关，可知任何两列都不相同。

29. 将 (7,4) 汉明码的编码结果增加一个偶校验位，从而形成一个 (8,4) 码，此 (8,4) 码的监督矩阵比 (7,4) 汉明码_____。

(A) 多一行少一列
(B) 多一行多一列
(C) 少一行少一列
(D) 少一行多一列

解：B。(8,4) 码的监督矩阵是 4 行 8 列，(7,4) 码的监督矩阵是 3 行 7 列。给编码结果增加一个偶校验位，对应的生成矩阵将增加一列，监督矩阵将增加一行。

30. 某线性分组码的生成矩阵为 $G=\begin{pmatrix} 1 & 1 & 1 & 1 & 1 & 1 & 1 & 1 \\ 1 & 1 & 0 & 0 & 0 & 0 & 1 & 1 \\ 1 & 0 & 1 & 1 & 0 & 0 & 1 & 0 \\ 1 & 0 & 0 & 1 & 1 & 0 & 0 & 1 \end{pmatrix}$，若编码器输入是 1011，则编码结果是_____。

(A) 11010100
(B) 11111111
(C) 00101011
(D) 00010111

解：A。编码结果为

$$c=uG=(1\ 0\ 1\ 1)\begin{pmatrix} 1 & 1 & 1 & 1 & 1 & 1 & 1 & 1 \\ 1 & 1 & 0 & 0 & 0 & 0 & 1 & 1 \\ 1 & 0 & 1 & 1 & 0 & 0 & 1 & 0 \\ 1 & 0 & 0 & 1 & 1 & 0 & 0 & 1 \end{pmatrix}$$

$$=(1\ 1\ 0\ 1\ 0\ 1\ 0\ 0)$$

31. (5,4) 偶校验码的监督矩阵是_____。

(A) $\begin{pmatrix} 1 & 0 & 0 & 0 & 1 \\ 0 & 1 & 0 & 0 & 1 \\ 0 & 0 & 1 & 0 & 1 \\ 0 & 0 & 0 & 1 & 1 \end{pmatrix}$
(B) $\begin{pmatrix} 1 & 1 & 0 & 0 & 0 \\ 1 & 0 & 1 & 0 & 0 \\ 1 & 0 & 0 & 1 & 0 \\ 1 & 0 & 0 & 0 & 1 \end{pmatrix}$

(C)(1 1 1 1 1) (D)(1 1 1 1)

解：C。偶校验码在输入码组的末尾添加1位校验位,保证编码码组中"1"的数目为偶数。1个校验位说明监督矩阵为1行。偶数个1说明码字所有比特的和是0,故监督矩阵为 $\boldsymbol{H}=(1\ 1\ 1\ 1\ \vdots\ 1)$。

32. LDPC码是一种线性分组码,其中LD表示_____中"1"的个数远少于"0"的个数。

(A) 生成矩阵 (B) 编码后的码字 (C) 监督矩阵 (D) 校验位

解：C。LDPC中的LD是"low density"(低密度)的缩写。LDPC码的监督矩阵 H 中的非零元素很少,"1"的个数远少于"0"的个数。

33. 某线性分组码的监督矩阵为 $\boldsymbol{H}=\begin{bmatrix}1&1&1&1&1&1&1\\1&1&0&0&0&1&1\\1&0&1&1&0&1&0\\1&0&0&1&1&0&1\end{bmatrix}$,若ML译码器的输入是00000111,则译码结果是_____。

(A) 00001111 (B) 00010111 (C) 00000011 (D) 01000111

解：B。输入码组为 $\boldsymbol{y}=(0\ 0\ 0\ 0\ 0\ 1\ 1\ 1)$ 时,伴随式为 $\boldsymbol{s}=\boldsymbol{y}\boldsymbol{H}^\mathrm{T}=(1\ 0\ 1\ 1)$。伴随式是 $\boldsymbol{H}$ 的第4列,对应的错误图样为 $\hat{\boldsymbol{e}}=(0\ 0\ 0\ 1\ 0\ 0\ 0\ 0)$,即第4比特出错,其纠正后为00010111。

34. 下列中,_____是(7,4)循环码的生成多项式。

(A) x^3+x+1 (B) $x^4+x^3+x^2+1$
(C) x^3+1 (D) x^3+x^2+x+1

解：A。(n,k) 循环码的生成多项式是 (x^n+1) 的因子,且最高次为 $n-k$。选项中只有A满足条件。

35. 设 (n,k) 循环码的生成多项式是 $g(x)$,$c=(c_{n-1}c_{n-2}\cdots c_0)$ 是该码的一个码字,已知 c 的码重为3。令 $c(x)$ 表示码字 c 对应的多项式,则多项式 $[x^2c(x)]_{\mathrm{mod}\,g(x)}$ 对应二进制码组的码重是_____。

(A) 0 (B) 1 (C) 2 (D) 3

解：A。$c(x)$ 是生成多项式 $g(x)$ 的倍式,所以 $x^2c(x)$ 也是 $g(x)$ 的倍式,即 $[x^2c(x)]_{\mathrm{mod}\,g(x)}=0$。

36. 设 $g(x)$ 是 (n,k) 循环码的生成多项式,则 $g(x)$ 的零次项_____。

(A) 一定是1 (B) 一定是0
(C) 可能是1,也可能是0 (D) 既不是1,也不是0

解：A。生成多项式是次数最少的码多项式。若 $g(x)$ 的零次项为0,则 $g(x)=x^r+g_{r-1}x^{r-1}+\cdots+g_1x=x(x^{r-1}+g_{r-1}x^{r-2}+\cdots+g_1)$ 可看成另一个次数更少的码多项式 $g'(x)=x^{r-1}+g_{r-1}x^{r-2}+\cdots+g_1$ 的循环移位,这与 $g(x)$ 是次数最少的码多项式这一性质矛盾。

37. 设 $c(x)$ 是某 (n,k) 循环码的任意码字所对应的多项式,$g(x)$ 是该循环码的生成多项式,则下列中的_____是该循环码的码字多项式。

(A) $c(x)g(x)$ (B) $c(x)+g(x)$

(C) $\dfrac{c(x)}{g(x)}$ (D) $\dfrac{g(x)}{c(x)}$

解：B。$c(x)$ 和 $g(x)$ 均是该循环码的码字多项式，循环码是线性码，满足线性封闭性，故 $c(x)+g(x)$ 也是该循环码的码字多项式。

38. 设 $c(x)$ 是某 (n,k) 循环码的任意码字所对应的多项式，$g(x)$ 是该码的生成多项式，则下列中的 _____ 是该循环码的码字多项式。（其中 i 是任意正整数。）

(A) $c(x)x^i$ (B) $[c(x)x^i]_{\mathrm{mod}\,x^n}$

(C) $[c(x)x^i]_{\mathrm{mod}\,(x^n+1)}$ (D) $[c(x)x^i]_{\mathrm{mod}\,g(x)}$

解：C。对于 (n,k) 循环码，$[c(x)x^i]_{\mathrm{mod}\,(x^n+1)}$ 是 $c(x)$ 对应码字的 i 次循环移位，也是该循环码的码字多项式。

39. 一个信息比特重复 n 次后以 BPSK 方式通过 AWGN 信道传输，接收端用 BPSK 输出的 n 个判决比特进行 ML 译码。设每信息比特的能量是 E_b，则 BPSK 传输的每个编码比特的能量是 $\dfrac{E_b}{n}$，其错误率是 $p(n) = \dfrac{1}{2}\mathrm{erfc}\left(\sqrt{\dfrac{E_b}{nN_0}}\right)$。令 $P(n)$ 表示该 $(n,1)$ 重复码在接收端译码后出错的概率，则当 n 增加时，$P(n)$ _____。

(A) 单调下降   (B) 单调上升   (C) 先上升后下降   (D) 先下降后上升

解：B。$n=1$ 对应无编码。重复码没有编码增益，重复越多，每个编码比特分到的能量 $\dfrac{E_b}{nN_0}$ 越小，$p(n)$ 越大，所增加的纠错能力不足以纠正能量下降造成的更多差错。

40. 某线性分组码的监督矩阵 H 有 15 列、4 行，该码的生成矩阵有 _____ 行，编码率是 _____，可纠正错误图样(含全零错误图样)的个数最多有 _____ 个。

解：11，11/15，16。对于此 (n,k) 线性分组码，监督矩阵的列数为 $n=15$，行数为 $n-k=4$，生成矩阵的行数为 $k=11$，编码率为 $\dfrac{k}{n}=\dfrac{11}{15}$。可纠正错误图样的码重为 1 或 0，其个数为 $n+1=16$。

41. 图 9-1 所示是某卷积码的格图，若译码器的输入是 10101100000000，则最大似然路径对应的卷积码输入比特序列是 _____。

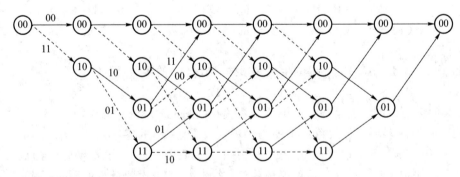

图 9-1

解：1000000。按照维特比译码方法对 10101100000000 进行译码，每一步到达每个状态的幸存路径(伴随路径)的累积度量 $d(d')$ 以及对应的译码输出 $\hat{u}$ 如表 9-1 所示。

表 9-1

步数	累积度量 $d(d')$	译码输出 $\hat{u}$
1	1	0
	1	1
2	2	00
	2	01
	1	10
	3	11
3	1(4)	100
	2(3)	001
	3(4)	010
	3(4)	011
4	1(5)	1000
	3(3)	1001
	3(4)	0010
	3(4)	0011
5	1(5)	10000
	3(3)	10001
	3(4)	10010
	4(4)	10011
6	1(5)	100000
	4(5)	100010
7	1(6)	1000000

所以,最终的译码结果为 $\hat{u}=1\,000\,000$。

42. 某系统将速率为 $1\,000$ bit/s 的信息先经过 1/2 码率的 LDPC 编码,然后该信息经过 16QAM 调制后被发送。若接收到的信号功率是 1 W,噪声的单边功率谱密度是 $N_0=1$ mW/Hz,则按信息比特计算的 E_b/N_0 是_____ dB。

解:0。每 1 s 收到的能量是 1 J,每 1 s 有 1 000 个信息比特,故 $E_b=1$ mJ,$\dfrac{E_b}{N_0}=1=0$ dB。

43. (15,11)循环码的生成多项式的次数为_____。

解:4。(n,k) 循环码的生成多项式的次数是 $n-k$。

44. 某线性分组码的最小码距是 3,该码的监督矩阵的秩至少是_____。

解:2。对于线性分组码的监督矩阵,其线性相关的最小列数等于其最小码距,该题中等于 3,即监督矩阵的任意两列线性无关,其秩至少是 2。

45. 某线性分组码的最小码距是 15,该码用于纠错时可保证纠_____位错。

解:7。最小码距 $d_{\min}$ 与纠错位数 t 之间的关系是 $d_{\min} \geqslant 2t+1$。

46. 码字 1110101 的码重是_____。

解:5。

47. 码字 1110000 与码字 0010011 的汉明距离是_____。

解:4。

48. (15,11)汉明码的监督矩阵有_____行。

解:4。(n,k) 汉明码的监督矩阵有 $n-k$ 行。

49. 设 (n,k) 循环码的生成多项式是 $g(x)$,$c=(c_{n-1}c_{n-2}\cdots c_0)$ 是该码的一个码字,已知 c 的码重为 3。令 $c(x)$ 表示码字 c 对应的多项式,则多项式 $[x^2c(x)]_{\mathrm{mod}(x^n+1)}$ 对应码组的码重是_____。

解:3。$[x^2c(x)]_{\mathrm{mod}(x^n+1)}$ 是码字 c 移 2 位后所得码字对应的多项式,其码重与 c 相同。

50. 速率为 2 000 bit/s 的数据通过一个编码率为 1/3 的卷积编码器,编码结果再经过 8PSK 调制后传输,那么此 8PSK 的符号速率是_____Baud。

解:2 000。速率为 2 000 bit/s 的数据通过编码率为 1/3 的卷积编码器后,比特速率为 $R_b=6\,000\,\mathrm{bit/s}$。8PSK 调制每个符号承载 $k=3$ 个比特,符号速率为 $R_s=\dfrac{R_b}{k}=2\,000\,\mathrm{Baud}$。

51. 某(7,4)线性分组码的监督矩阵为 $\boldsymbol{H}=\begin{pmatrix}1&0&1&1&1&0&0\\1&1&1&0&0&1&0\\1&1&0&1&0&0&1\end{pmatrix}$。错误图样 $\boldsymbol{e}=(1\ 1\ 0\ 0\ 0\ 0\ 0)$ 对应的伴随式为 $\boldsymbol{eH}^{\mathrm{T}}=$_____。

解:100。$\boldsymbol{eH}^{\mathrm{T}}=(1\ 1\ 0\ 0\ 0\ 0\ 0)\begin{pmatrix}1&0&1&1&1&0&0\\1&1&1&0&0&1&0\\1&1&0&1&0&0&1\end{pmatrix}^{\mathrm{T}}=(1\ 0\ 0)$。

52. (5,4)偶校验码的最小码距是_____。

解:2。

53. (4,3)偶校验码中,码重为 2 的码字个数是_____。

解:6。(4,3)偶校验码的 8 个码字为 0000、0011、0101、0110、1001、1010、1100、1111,除了 0000 和 1111 的码重为 0 和 4,其余 6 个码字的码重均为 2。

54. 通信系统中用信源编码去除冗余,又用信道编码增加冗余。先去除后又增加,这种做法是否合理?

解:合理。信源中天然的冗余不是针对信道损伤设计的,且现有译码算法不太容易利用信源中的天然冗余。

55. 图 9-2 所示是某卷积码的格图,图中圆圈中的数字表示编码器状态,虚线、实线分别表示编码器输入"1"和"0"对应的支路,支路旁的数字表示该支路的编码输出。编码器的初始状态为全 0,输入 5 个比特 $u_0u_1u_2u_3u_4$,其中 $u_3=u_4=0$ 的目的是让编码器的状态回零。串行编码输出是 $c_{01}c_{02}c_{11}c_{12}c_{21}c_{22}c_{31}c_{32}c_{41}c_{42}$。

(1) 写出该卷积码的生成多项式。

(2) 画出该卷积码的编码器框图。

(3) 若编码器输入是 $u_0u_1u_2u_3u_4=11100$,写出编码器输出。

(4) 若译码器输入是 1111000111,给出最大似然路径所对应的编码器输入 $u_0u_1u_2$,并写出该路径的累积度量。

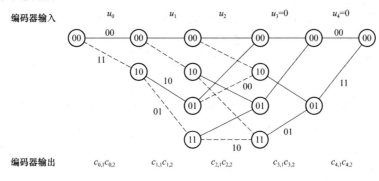

图 9-2

解：(1) 输入 1000… 的输出是 1110110000…，生成多项式为 111、101，即 $g_1(x)=1+x+x^2, g_2(x)=1+x^2$。

(2) 编码器框图为图 9-3。

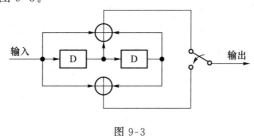

图 9-3

(3) 编码器输出为 1101100111。

(4) 按照维特比译码方法对 1111000111 进行译码，每一步到达每个状态的幸存路径（伴随路径）的累积度量 $d(d')$ 以及对应的译码输出 $\hat{u}$ 如表 9-2 所示。

表 9-2

步数	累积度量 $d(d')$	译码输出 $\hat{u}$
1	2	0
	0	1
2	4	00
	2	01
	1	10
	1	11
3	3(4)	100
	3(6)	101
	2(3)	110
	2(3)	111
4	3(4)	1100
	2(5)	1110
5	2(5)	11100

译码结果为 $\hat{u}=11100$,编码器输入 $u_0 u_1 u_2=111$,累积度量是 2。

56. 设 C 是由某 $(7,4)$ 汉明码的全部码字构成的集合。对 C 中的每个码字加上 1000100,得到一个有 16 个元素的新集合 C',求 C' 中的最小码距。

解：汉明码的最小码距是 3,对全体汉明码都加上 1000100 不改变码字之间的距离,所以 C' 中的最小码距是 3。

57. 若 C 是某 (n,k) 线性分组码的全部码字集合,已知 c_1、c_2 是 C 中的两个码字,且已知它们的汉明距离是 6,证明 C 中一定存在一个码重为 6 的码字。

证明：线性分组码满足线性封闭性,故 $\hat{c}=c_1+c_2$ 是一个有效码字,其码重是 6。

58. 若汉明码的码长为 $n=15$,求其编码率。

解：对于码长为 15 的汉明码,其监督矩阵有 4 行,信息位有 11 位,编码率是 $\dfrac{11}{15}$。

59. 写出码字 11011001 对应的多项式。

解：码字 11011001 对应的多项式为 $x^7+x^6+x^4+x^3+1$。

60. 已知某 $(7,4)$ 循环码的生成矩阵 G 有一行是 1101000,求其生成多项式。

解：$(7,4)$ 循环码的生成多项式的次数为 $7-4=3$,且其满足唯一性。1101000 右移可得到 0001101,对应的多项式为 x^3+x^2+1,此即该循环码的生成多项式。

61. 已知 $(7,4)$ 循环码的生成多项式是 x^3+x+1,求输入信息 1011 对应的系统码编码结果。

解：系统码编码输出的前 4 位是信息位 $u=1011$,按下式做竖式除法可得后 3 位校验位 $p=000$,故系统码编码结果是 $c=(u,p)=1011000$。

```
    1 0 1 1 0 0 0
    1 0 1 1
    ─────────────
            0 0 0
```

62. 某 $(3,1,3)$ 卷积码的生成多项式为 $g_1(x)=1+x+x^2$,$g_2(x)=x+x^2$,$g_3(x)=1+x^2$。

(1) 画出该编码器框图。

(2) 画出状态转移图。

(3) 若编码器输入是 1100…,写出编码输出。

解：(1) 编码器框图为图 9-4。

(2) 状态转移图为图 9-5。

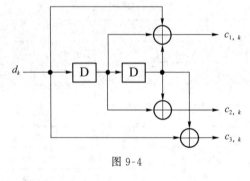

图 9-4

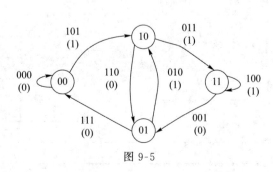

图 9-5

(3) 编码输出为 1010110011111000…。

63. 假设 BSC 信道的差错率为 $P=10^{-2}$。

(1) (5,1) 重复码通过此信道传输，不可纠正错误的出现概率是多少？

(2) (4,3) 偶校验码通过此信道传输，不可检出错误的出现概率是多少？

解：(1) (5,1) 重复码的最小汉明距离是 5，5 个编码比特中发生 3 个或者更多错误时不可纠正，因此不可纠正错误的出现概率为

$$P_1 = C_5^3 P^3 (1-P)^2 + C_5^4 P^4 (1-P)^1 + C_5^5 P^5 (1-P)^0 \approx 9.85 \times 10^{-6}$$

(2) (4,3) 偶校验码中发生偶数个比特错误时不可检出，这样的概率是

$$P_2 = C_4^2 P^2 (1-P)^2 + C_4^4 P^4 (1-P)^0 \approx 5.88 \times 10^{-4}$$

64. 等重码的所有码字都具有相同的汉明重量，请问这样的等重码是否是线性码？请说明理由。

解：因为该码的所有码字都有相同数目的"1"，因此它不包含全 0 码字，但线性码必然包含全 0 码字，所以该码不是线性码。

65. 某信源的信息速率为 9.6 kbit/s，信源输出通过一个 1/2 码率的卷积编码器后用 QPSK 调制信号传输（设载波频率为 1 MHz），QPSK 采用了滚降系数为 1 的频谱成形。

(1) 写出 QPSK 的符号速率。

(2) 画出 QPSK 信号的功率谱密度。

解：(1) 9.6 kbit/s 的信息速率经过 1/2 码率的编码器之后变为 19.2 kbit/s，由于采用 QPSK，所以符号速率是 19.2/2=9.6 kBaud。

(2) 滚降系数为 1，所以调制后的信号带宽为 19.2 kHz。其功率谱密度图为图 9-6。

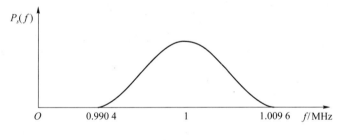

图 9-6

66. 用 $x^{15}+1$ 的两个因式 x^4+x^3+1 和 x^4+x+1 构造一个 1/2 码率的卷积码，画出编码器框图，写出该编码器的状态数，写出输入为 10000… 时的卷积码编码输出。

解：编码器框图为图 9-7。该编码器的状态数是 $2^4=16$。输入为 10000… 时，卷积码编码输出是 1110000111…。

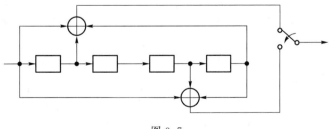

图 9-7

67. 试求：

(1) $x^{15}+1$ 的因式分解；

(2) (15,3)循环码的生成多项式；

(3) (15,3)循环码的系统码生成矩阵。

解：(1) $x^{15}+1=(x^4+x^3+1)(x^4+x^3+x^2+x+1)(x^4+x+1)(x^2+x+1)(x+1)$。

(2) (15,3)循环码的生成多项式是 $x^{15}+1$ 的次数为 $15-3=12$ 的因式，只有一种情况：

$$g(x)=(x^4+x^3+1)(x^4+x^3+x^2+x+1)(x^4+x+1)$$
$$=x^{12}+x^9+x^6+x^3+1$$

(3) 将生成多项式左移可得到 G 矩阵的三行：

$$G=\begin{pmatrix} 1 & 0 & 0 & 1 & 0 & 0 & 1 & 0 & 0 & 1 & 0 & 0 & 1 & 0 & 0 \\ 0 & 1 & 0 & 0 & 1 & 0 & 0 & 1 & 0 & 0 & 1 & 0 & 0 & 1 & 0 \\ 0 & 0 & 1 & 0 & 0 & 1 & 0 & 0 & 1 & 0 & 0 & 1 & 0 & 0 & 1 \end{pmatrix}$$

第 10 章 扩 频 通 信

1. 判断:在 AWGN 信道中,对于给定的 E_b/N_0,采用直接序列扩频技术不能改善 BER 的性能。

解:正确。直接序列扩频技术适合用于对抗窄带干扰,对频谱无限宽的高斯白噪声干扰不起作用。

2. 判断:当扩频因子足够大时,随机产生的两个等长扩频码基本上就是正交的。

解:正确。设 $\{a_i\}$、$\{b_i\}$ 是两个取值于 $\{\pm1\}$ 的扩频码码长均为 N。所谓"随机产生"一般是指以独立等概方式取值于 $\{\pm1\}$。这两个码的相关系数为 $\rho = \frac{1}{N}\sum_{i=1}^{N} a_i b_i$。当 $N\to\infty$ 时,根据大数定律有 $\lim_{N\to\infty}\left\{\frac{1}{N}\sum_{i=1}^{N} a_i b_i\right\} = E[a_i b_i] = 0$,所以说,随机产生的两个等长扩频码基本上就是正交的。

3. 判断:Rake 接收是一种分集技术。

解:正确。

4. 判断:将两个不同周期的 m 序列模 2 加,所得到的序列还是 m 序列。

解:错误。将某一 m 序列与其移位序列相加,结果仍为 m 序列。

5. 判断:在 DSSS 系统中,每个数据符号的周期一定等于 PN 码的周期。

解:错误。DSSS 系统将速率为 R_s 的符号序列扩展为速率为 $R_c = NR_s$ 的扩频序列,其中 N 是扩频因子。每个数据符号对应扩频码的 N 个码片。扩频码一般是周期为 P 的周期序列。无论 P 与 N 是否相等,都是 DSSS 系统。例如,DSSS 系统的设计可以是:扩频 16 倍,采用周期为 $2^{23}-1$ 的 m 序列。在此设计下,每个数据符号对应 16 个码片,这 16 个码片是整个 m 序列的一个片段。

6. 判断:将某个 m 序列和它的延迟(延迟小于周期)模 2 加,所得的序列仍然是 m 序列,但二者的特征多项式不同。

解:错误。根据 m 序列的性质,所得到的序列是原 m 序列移位得到的 m 序列,二者的特征多项式相同。

7. 判断:$2N$ 阶哈达玛矩阵与 N 阶哈达玛矩阵的关系是 $\boldsymbol{H}_{2N} = \begin{pmatrix} \boldsymbol{H}_N & \boldsymbol{H}_N \\ \boldsymbol{H}_N & -\boldsymbol{H}_N \end{pmatrix}$。

解：正确。

8. 判断：4 阶哈达玛矩阵是 $\boldsymbol{H} = \begin{pmatrix} +1 & +1 & +1 & +1 \\ +1 & -1 & +1 & -1 \\ +1 & +1 & -1 & -1 \\ +1 & -1 & -1 & +1 \end{pmatrix}$。

解：错误。2 阶哈达玛矩阵为 $\boldsymbol{H}_2 = \begin{pmatrix} 1 & 1 \\ 1 & -1 \end{pmatrix}$，4 阶哈达玛矩阵为 $\boldsymbol{H}_4 = \begin{pmatrix} \boldsymbol{H}_2 & \boldsymbol{H}_2 \\ \boldsymbol{H}_2 & -\boldsymbol{H}_2 \end{pmatrix} = \begin{pmatrix} 1 & 1 & 1 & 1 \\ 1 & -1 & 1 & -1 \\ 1 & 1 & -1 & -1 \\ 1 & -1 & -1 & 1 \end{pmatrix}$。

9. 为使数据随机化，可以采用下列中的_____技术。
(A) 扰码　　　　(B) 交织　　　　(C) 直序扩频　　　　(D) ARQ

解：A。设 $\{a_i\}$ 是取值于 $\{0,1\}$ 的数据序列，其统计特性任意。设 $\{b_i\}$ 是纯随机序列，即 $\{b_i\}$ 的元素以独立等概方式取值于 $\{0,1\}$。扰码后的序列是 $\{c_i = a_i + b_i\} \in \{0,1\}$。可以证明：无论序列 $\{a_i\}$ 的概率分布是什么，序列 $\{c_i\}$ 的元素以独立等概方式取值于 $\{0,1\}$。因此，采用性能良好的伪随机码进行扰码可以达到数据随机化的效果。

10. 为了抵抗窄带干扰，可以采用_____技术。
(A) 扰码　　　　(B) 交织　　　　(C) 直序扩频　　　　(D) ARQ

解：C。抵抗窄带干扰最有效的方式是 DSSS。扰码和信道交织未必能改善抗窄带干扰的能力。

11. 令 $\boldsymbol{H}_2 = \begin{pmatrix} +1 & +1 \\ +1 & -1 \end{pmatrix}$ 表示 2 阶哈达玛矩阵，则 8 阶哈达玛矩阵是_____。

(A) $\begin{pmatrix} \boldsymbol{H}_2 & \boldsymbol{H}_2 & \boldsymbol{H}_2 & -\boldsymbol{H}_2 \\ \boldsymbol{H}_2 & \boldsymbol{H}_2 & -\boldsymbol{H}_2 & -\boldsymbol{H}_2 \\ \boldsymbol{H}_2 & -\boldsymbol{H}_2 & \boldsymbol{H}_2 & -\boldsymbol{H}_2 \\ \boldsymbol{H}_2 & -\boldsymbol{H}_2 & -\boldsymbol{H}_2 & \boldsymbol{H}_2 \end{pmatrix}$
(B) $\begin{pmatrix} \boldsymbol{H}_2 & \boldsymbol{H}_2 & \boldsymbol{H}_2 & \boldsymbol{H}_2 \\ \boldsymbol{H}_2 & -\boldsymbol{H}_2 & \boldsymbol{H}_2 & -\boldsymbol{H}_2 \\ \boldsymbol{H}_2 & \boldsymbol{H}_2 & -\boldsymbol{H}_2 & -\boldsymbol{H}_2 \\ \boldsymbol{H}_2 & -\boldsymbol{H}_2 & -\boldsymbol{H}_2 & \boldsymbol{H}_2 \end{pmatrix}$

(C) $\begin{pmatrix} \boldsymbol{H}_2 & \boldsymbol{H}_2 & \boldsymbol{H}_2 & \boldsymbol{H}_2 \\ \boldsymbol{H}_2 & -\boldsymbol{H}_2 & \boldsymbol{H}_2 & -\boldsymbol{H}_2 \\ \boldsymbol{H}_2 & \boldsymbol{H}_2 & \boldsymbol{H}_2 & \boldsymbol{H}_2 \\ \boldsymbol{H}_2 & -\boldsymbol{H}_2 & \boldsymbol{H}_2 & -\boldsymbol{H}_2 \end{pmatrix}$
(D) $\begin{pmatrix} \boldsymbol{H}_2 & \boldsymbol{H}_2 & \boldsymbol{H}_2 & \boldsymbol{H}_2 \\ \boldsymbol{H}_2 & \boldsymbol{H}_2 & \boldsymbol{H}_2 & -\boldsymbol{H}_2 \\ \boldsymbol{H}_2 & \boldsymbol{H}_2 & \boldsymbol{H}_2 & -\boldsymbol{H}_2 \\ \boldsymbol{H}_2 & \boldsymbol{H}_2 & \boldsymbol{H}_2 & \boldsymbol{H}_2 \end{pmatrix}$

解：B。可由递推公式 $\boldsymbol{H}_{2N} = \begin{pmatrix} \boldsymbol{H}_N & \boldsymbol{H}_N \\ \boldsymbol{H}_N & -\boldsymbol{H}_N \end{pmatrix}$ 得出答案。

12. 直接序列扩频主要用于_____移动通信系统。
(A) 1G　　　　(B) 2G　　　　(C) 3G　　　　(D) 4G

解：C。3G 的主要技术是 CDMA，而 CDMA 是基于直接扩频技术来实现的。

13. DSSS 系统中对抗多径衰落的常用方法是_____。
(A) 部分响应　　　(B) 频域均衡　　　(C) Rayleigh 接收　　　(D) Rake 接收

解：D。

14. 用周期为 P 的 m 序列形成一个幅度为 ± 1、码片宽度为 T_c 的双极性 NRZ 信号 $s(t)$。该信号的自相关函数是_____。

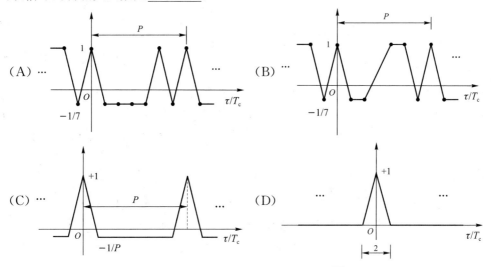

解：C。设 $\{a_n\}$ 是取值于 $\{\pm 1\}$ 的 m 序列，则 $s(t) = \sum_{n=-\infty}^{\infty} a_n g(t - nT_c)$，其中 $g(t) = \begin{cases} 1, & 0 \leqslant t \leqslant T_c \\ 0, & \text{其他} \end{cases}$。$s(t)$ 的自相关函数为

$$R_s(\tau) = \overline{s(t+\tau)s(t)} = \frac{1}{PT_c} \int_0^{PT_c} s(t+\tau)s(t) dt$$

$$= \frac{1}{PT_c} \int_0^{PT_c} \left\{ \sum_{k=-\infty}^{\infty} a_k g(t+\tau - kT_c) \right\} \left\{ \sum_{n=0}^{P-1} a_n g(t - nT_c) \right\} dt$$

$$= \frac{1}{PT_c} \int_0^{PT_c} \left\{ \sum_{m=-\infty}^{\infty} a_{n+m} g(t+\tau - nT_c - mT_c) \right\} \left\{ \sum_{n=0}^{P-1} a_n g(t - nT_c) \right\} dt$$

$$= \frac{1}{PT_c} \sum_{n=0}^{P-1} \int_{nT_c}^{(n+1)T_c} a_n \sum_{m=-\infty}^{\infty} a_{n+m} g(t+\tau - nT_c - mT_c) dt$$

$$= \frac{1}{PT_c} \sum_{n=0}^{P-1} \int_0^{T_c} a_n \sum_{m=-\infty}^{\infty} a_{n+m} g(t+\tau - mT_c) dt$$

$$= \frac{1}{PT_c} \sum_{n=0}^{P-1} \sum_{m=-\infty}^{\infty} a_{n+m} a_n \left\{ \int_0^{T_c} g(t+\tau - mT_c) dt \right\}$$

当 $\tau = iT_c$ 为码片周期的整倍数时，式中的积分仅对 $m = i$ 的项不为零：

$$R_s(iT_c) = \frac{1}{P} \sum_{n=0}^{P-1} a_{n+i} a_n = \begin{cases} 1, & i = 0, \pm P, \pm 2P, \cdots \\ -\dfrac{1}{P}, & \text{其他} \end{cases}$$

上式中的第 2 个等式是 m 序列的性质。当 τ/T_c 非整数时，式子 $R_s(\tau) = \overline{s(t+\tau)s(t)} = \frac{1}{PT_c} \int_0^{PT_c} s(t+\tau)s(t) dt$ 中的积分值随 τ 的变化而线性变化。因此结果是 C。

15. 已知 m 序列的特征多项式为 $f(x) = 1 + x + x^3$，其序列发生器框图是_____。

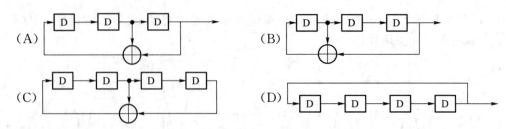

解：B。$f(x)=1+x+x^3$ 表示 $n=3$，有 3 级寄存器，且 $c_0=1, c_1=1, c_2=0, c_3=1$。

16. 有两个 m 序列 M1 和 M2，已知 M1 的特征多项式为 $f_1(x)=1+x+x^3$，M2 的特征多项式为 $f_2(x)=1+x^2+x^3$。将这两个 m 序列模 2 相加，得到序列 G。下列中的_____是 G 的一个周期。

(A) 1010101　　　(B) 0000000　　　(C) 11011101　　　(D) 10101010

解：A。根据特征多项式 $f_1(x)$ 和 $f_2(x)$ 可得 M1 和 M2 这两个 m 序列在一个周期内的取值分别是 0100111、1110010，将两个 m 序列模 2 加，可得序列 $G=1010101$。

17. 在以下技术中，用 Walsh 码区分信道的是_____。
(A) FDMA　　　(B) TDMA　　　(C) CDMA　　　(D) SDMA

解：C。

18. 某直序扩频系统的扩频因子是 16，它所发送的扩频信号的带宽是未扩频信号的_____倍。

解：16。扩频因子表示扩频后码片速率与未扩频信号速率的倍数关系，带宽与速率成正比，故扩频信号的带宽是未扩频信号的 16 倍。

19. 已知 m 序列的特征多项式为 $f(x)=1+x+x^3$，其周期是_____。

解：7。根据 m 序列的性质，其周期是 $2^3-1=7$。

20. 设 $\boldsymbol{h}_1=(h_{11},h_{12},\cdots,h_{1N})^T, \boldsymbol{h}_2=(h_{21},h_{22},\cdots,h_{2N})^T$ 是 N 阶哈达玛矩阵的两个不同的列，其元素取值于 $\{\pm 1\}$。$\boldsymbol{h}_1^T\boldsymbol{h}_2=$_____。

解：0。哈达玛矩阵是一方阵，该方阵的每一个元素为 $+1$ 或 -1，各行(或列)之间是正交的，因此 $\boldsymbol{h}_1^T\boldsymbol{h}_2=0$。

21. 已知 m 序列的特征多项式为 $f(x)=x^4+x+1$，写出此序列一个周期中的所有游程。

解：该 m 序列的周期为 15，一个周期为 100011110101100，共有 8 个游程：

　　　　　　　1　000　1111　0　1　0　11　00

其中长度为 1 的游程有 4 个；长度为 2 的游程有 2 个；长度为 3 的游程有 1 个；长度为 4 的游程有 1 个。

22. 采用 m 序列测距，已知时钟频率等于 1 MHz，最远目标距离为 3 000 km，求 m 序列的长度(一周期的码片数)。

解：m 序列一个周期的时间长度即可测量的最大时延值。m 序列收发端与最远目标的往返时间为 $3\,000\text{ km}\times 2/(3\times 10^5\text{ km/s})=0.02\text{ s}=20\text{ ms}$，因此 m 序列的时间周期应该大于 20 ms。由于序列发生器的时钟频率为 1 MHz，所以 m 序列的长度应大于 $0.02\text{ s}\times 1\text{ MHz}=2\times 10^4$。

23. 已知某线性反馈移存器序列发生器的特征多项式为 $f(x)=x^3+x^2+1$，画出此序列发生器的结构图,写出它的输出序列(至少包括一个周期),并指出其周期。

解:此序列发生器的结构如图 10-1 所示。

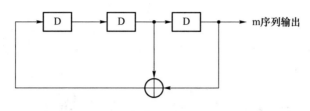

图 10-1

输出序列为…1011100101 1100…,其周期为 7。

24. 图 10-2 中,m 序列发生器的特征多项式是 $f(x)=1+x+x^3$,码片间隔为 $T_c=1\text{ ms}$,m 序列的元素 $a_n\in\{0,1\}$,NRZ 信号 $a(t)$ 的幅度是 ± 1,其中 $a_n=0$ 对应 $a(t)=-1$。$b(t)=a(t)a(t-T_c)$。

图 10-2

(1) 画出该 m 序列的发生器框图,写出该 m 序列的周期 P。
(2) 写出该 m 序列的一个周期 $a_0 a_1 \cdots a_{P-1}$。
(3) 画出 $a(t)$ 的自相关函数 $R_a(\tau)$。
(4) 写出 $b(t)$ 的时间平均值 $\overline{b(t)}$。

解:(1) 发生器框图为图 10-3。其周期是 $2^3-1=7$。

(2) 由移位寄存器状态变化的序列 $a_2 a_1 a_0$ 知 m 序列的一个周期 $a_0 a_1 \cdots a_{P-1}=1110100$。

(3) $R_a(\tau)$ 的绘图结果如图 10-4 所示。

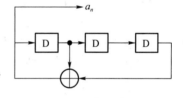

图 10-3

(4) $\overline{b(t)}=\dfrac{1}{PT_c}\displaystyle\int_0^{PT_c}b(t)\mathrm{d}t=\dfrac{1}{PT_c}\displaystyle\int_0^{PT_c}a(t)a(t-T_c)\mathrm{d}t=-\dfrac{1}{7}$。

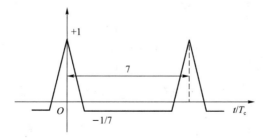

图 10-4

第 11 章　正交频分复用多载波调制技术

1. 判断：与单载波调制相比，OFDM 更适合时变性强的平衰落信道。

解：错误。OFDM 适合用于对抗频率选择性衰落。OFDM 将宽带信道分解成许多并行的窄子信道，使得每个子信道的带宽小于信道的相干带宽，从而每个子信道所经历的衰落近似是平衰落。

2. 判断：与单载波调制相比，OFDM 信号有更高的 PAPR。

解：正确。OFDM 信号是多个子载波信号的叠加，当多个信号的相位一致时，叠加信号的瞬时功率（峰值功率）远大于信号的平均功率，因此其 PAPR 比单载波调制的大。

3. 判断：OFDM 系统中采用 CP 的目的是降低 PAPR。

解：错误。在 OFDM 符号之间插入保护间隔，能消除前、后两个 OFDM 符号之间的符号间干扰。如果采用的是空闲保护间隔，多径传输会破坏子载波之间的正交性，产生子载波间干扰，将保护间隔设计成 CP 能够解决这一问题。

4. 判断：与单载波系统相比，采用 OFDM 技术可以大大降低系统对频率跟踪精度的要求。

解：错误。OFDM 调制通过正交的子载波传输数据，其正交性是靠相邻子载波频率间隔（$\Delta f = 1/T_s$）来保证的。但是在实际情况下，接收机的载频同步误差（即接收机的本地载波与接收到的载频的频率偏移）会导致解调时产生子载波间干扰。OFDM 系统的载波数 N 越多，载频同步也必须越精确，其对载波同步的要求远比单载波系统（即 $N=1$）严格。

5. 判断：OFDM 的 CP 长度一般应大于信道的时延扩展。

解：正确。为了保证前一 OFDM 符号的拖尾不会干扰到下一个符号，CP 的长度需要比信道的最大多径时延更大。

6. 从频域来看，OFDM 的各个子载波构成了频谱互不重叠的 FDM，因此其被称为 orthogonal FDM。

解：错误。频谱不重叠不是正交的必要条件，OFDM 各子载波的频谱是重叠的。设计子载波的频率间隔等于子载波上符号间隔的倒数，可使得 OFDM 的各子载波在一个符号间隔上相互正交。

7. 判断：对于同时存在多个用户，每个用户同时需要传输多个数据流的情形，复用与多址必须一致。比如，若复用为 TDM，则多址必须是 TDMA；若复用为 CDM，则多址必须是

CDMA。

解：错误。多址是用来区分不同用户的,而复用是指多个信号占用相同的信道传输。虽然二者在技术上有相似之处,但二者的内涵不同,二者在实际应用中没有严格的对应关系,可以混合使用。例如,LTE 系统的多址方式为 OFDMA,但复用方式包括频分、时分和空分等。

8. 下列中的_____决定 OFDM 中 CP 的长度设计。
（A）信道的多径时延扩展　　　　（B）信道的相干时间
（C）信道的噪声功率　　　　　　（D）信道的群时延

解：A。CP 实质上是插入在相邻 OFDM 符号之间的保护间隔,其目的是消除前、后两个 OFDM 符号之间的符号间干扰。为了保证前一 OFDM 符号的拖尾不会干扰到下一个符号,CP 的长度需要大于信道的最大多径时延扩展。CP 可以解决空闲保护间隔所存在的子载波间干扰的问题,从而对抗多径信道的时延扩展。

9. OFDM 接收机采用了快速_____变换。
（A）傅里叶　　（B）希尔伯特　　（C）哈达玛　　（D）拉普拉斯

解：A。

10. OFDM 主要用于_____移动通信系统。
（A）1G　　（B）2G　　（C）3G　　（D）4G
（E）5G

解：DE。OFDM 是第四代移动通信系统采用的对抗频率选择性衰落的有效措施之一。此外,OFDM 也是 5G 通信系统的关键技术之一。

11. OFDM 系统在发送端加入 CP 的目的是_____。
（A）增大最小码距　　　　　　（B）支持 Rake 接收
（C）降低峰均比　　　　　　　（D）在多径信道中保持子载波之间的正交性

解：D。

12. 若总带宽是 1 MHz,OFDM 有 100 个子载波,CP 长度为 10 μs,则 OFDM 的符号间隔是_____μs。

解：110。总带宽是 1 MHz,OFDM 有 100 个子载波,则 OFDM 每个子载波占用的带宽为 1 MHz/100=10 kHz,子载波符号间隔为 $T_s = \dfrac{1}{10\ \text{kHz}} = 100\ \mu\text{s}$。因此,OFDM 的符号间隔为 $T = T_s + T_{CP} = 100 + 10 = 110\ \mu\text{s}$。

13. 某 FH 通信系统中有 K 个用户、q 个频率。假设每个用户以独立等概的方式跳频,则对用户 1 而言,它遭遇碰撞的概率是 $P_{col} =$ _____。

解：$1 - \left(\dfrac{q-1}{q}\right)^{K-1}$。除用户 1 外的任一用户不与用户 1 发生碰撞的概率为 $\dfrac{q-1}{q}$,$(K-1)$ 个用户均不与用户 1 发生碰撞的概率为 $\left(\dfrac{q-1}{q}\right)^{K-1}$,因此,用户 1 遭遇碰撞的概率是 $P_{col} = 1 - \left(\dfrac{q-1}{q}\right)^{K-1}$。

14. 设多径信道的最大多径时延扩展等于 5 μs,若欲传输速率为 100 kbit/s 的信息,问下列调制方式下,哪个可以不使用均衡器?

(1) BPSK;

(2)将数据经过串并变换为 1 000 个并行支路后用 1 000 个不同的载频按 BPSK 调制方式传输(假设各载频间互相正交)。

解:(1) 采用 BPSK 传输时,符号间隔是 10 μs,多径时延 5 μs 和符号间隔相比不可忽略,存在 ISI,故需要使用均衡器;

(2) 采用 1 000 路并行传送时,每路的数据速率为 100 bit/s,符号间隔是 10 ms,多径时延近似可忽略,故可以不需要均衡器。

第 2 部分
"通信原理"课程考试试题

参考试题 1

一、选择填空题

1. 某 2FSK 系统在 $[0, T_b]$ 时间内发送 $s_1(t) = \cos 2\pi f_c t$ 或 $s_2(t) = \cos(2\pi f_c t + 2\pi f_0 t)$ 两个波形之一，其中 $T_b f_c = 10^6$。令 ρ 表示 $s_1(t)$ 与 $s_2(t)$ 的归一化相关系数，则当 $f_0 = \dfrac{1}{2T_b}$ 时 (1)，当 $f_0 = \dfrac{3}{4T_b}$ 时 (2)。

(1)(2)	(A) $\rho = -1$	(B) $-1 < \rho < 0$	(C) $\rho = 0$	(D) $0 < \rho < 1$

答案：CB。$s_1(t)$ 与 $s_2(t)$ 的能量都是 $E_1 = E_2 = \dfrac{T_b}{2}$，它们的归一化相关系数是

$$\rho = \frac{1}{\sqrt{E_1 E_2}} \int_0^{T_b} s_1(t) s_2(t) \, dt = \frac{2}{T_b} \int_0^{T_b} \cos 2\pi f_c t \cos(2\pi f_c t + 2\pi f_0 t) \, dt$$

$$= \frac{1}{T_b} \int_0^{T_b} [\cos 2\pi f_0 t + \cos(4\pi f_c t + 2\pi f_0 t)] \, dt$$

$$= \frac{1}{T_b} \left[\frac{\sin 2\pi f_0 T_b}{2\pi f_0} + \frac{\sin(4\pi f_c T_b + 2\pi f_0 T_b)}{4\pi f_c + 2\pi f_0} \right]$$

$$= \frac{\sin 2\pi f_0 T_b}{T_b} \left[\frac{1}{2\pi f_0} + \frac{1}{4\pi f_c + 2\pi f_0} \right]$$

当 $f_0 = \dfrac{1}{2T_b}$ 时，$\rho = \dfrac{\sin \pi}{T_b} \left(\dfrac{1}{2\pi f_0} + \dfrac{1}{4\pi f_c + 2\pi f_0} \right) = 0$。

当 $f_0 = \dfrac{3}{4T_b}$ 时，$\rho = \dfrac{\sin(3\pi/2)}{T_b} \left(\dfrac{1}{2\pi f_0} + \dfrac{1}{4\pi f_c + 2\pi f_0} \right) < 0$。相关系数的绝对值最大是 1，故 $-1 < \rho < 0$。

2. 设 $X(t)$ 是零均值平稳随机过程，其自相关函数是 $R_X(\tau)$，功率谱密度是 $P_X(f)$。令 $\hat{X}(t)$ 为 $X(t)$ 的希尔伯特变换，$\hat{R}_X(\tau)$ 为 $R_X(\tau)$ 的希尔伯特变换，则 $\hat{X}(t)$ 的自相关函数是 $E[\hat{X}(t+\tau)\hat{X}(t)] = $ (3)，$\hat{X}(t)$ 与 $X(t)$ 的互相关函数是 $E[\hat{X}(t+\tau)X(t)] = $ (4)，$\hat{X}(t)$ 的功率谱密度是 (5)，$X(t) + j\hat{X}(t)$ 的功率谱密度是 (6)。

(3)(4)	(A) $R_X(\tau)$	(B) $\hat{R}_X(\tau)$	(C) $R_X(\tau)+\hat{R}_X(\tau)$	(D) $R_X(\tau)\cdot\hat{R}_X(\tau)$
(5)(6)	(A) $4P_X(f)$	(B) $\begin{cases}4P_X(f), & f>0\\ 0, & f<0\end{cases}$	(C) $P_X(f)$	(D) $\begin{cases}4P_X(f), & f<0\\ 0, & f>0\end{cases}$

答案：ABCB。希尔伯特变换不改变自相关函数,不改变功率谱密度,因此 $\hat{X}(t)$ 的自相关函数仍然是 $R_X(\tau)$,其功率谱密度仍然是 $P_X(f)$。

根据平稳过程,通过线性时不变系统的性质,输出与输入的互相关函数等于输入的自相关函数通过该系统。因此 $\hat{X}(t)$ 与 $X(t)$ 的互相关函数为 $R_{\hat{X}X}(\tau)=E[\hat{X}(t+\tau)X(t)]$,是 $R_X(\tau)$ 的希尔伯特变换,即 $\hat{R}_X(\tau)$。$X(t)+\mathrm{j}\hat{X}(t)$ 是解析信号,只有正频率,正频率处的功率谱密度是原信号功率谱密度的 4 倍,即 $\begin{cases}4P_X(f), & f>0\\ 0, & f<0\end{cases}$。

3. 设 $X_c(t)$、$X_s(t)$ 是两个独立同分布的零均值平稳高斯随机过程,f_c 充分大,则 $X_1(t)=X_c(t)\cos 2\pi f_c t - X_s(t)\sin 2\pi f_c t$ 是(7), $X_2(t)=X_c(t)\cos 2\pi f_c t - \dfrac{X_s(t)}{2}\sin 2\pi f_c t$ 是(8)。

(7)(8)	(A) 平稳的非高斯过程	(B) 非平稳的高斯过程
	(C) 平稳的高斯过程	(D) 非平稳的非高斯过程

答案：CB。首先,由于 $X_c(t)$ 和 $X_s(t)$ 是相互独立的高斯过程,故它们满足联合高斯。高斯过程与确定函数的乘积是高斯过程,由此可知 $X_c(t)\cos 2\pi f_c t - X_s(t)\sin 2\pi f_c t$、$X_c(t)\cos 2\pi f_c t - \dfrac{X_s(t)}{2}\sin 2\pi f_c t$ 都是高斯过程。

其次,如果一个带通型的随机过程是平稳过程,则其同相分量与正交分量同分布。今 $X_c(t)$ 和 $X_s(t)$ 同分布,因此 $X_c(t)\cos 2\pi f_c t - \dfrac{X_s(t)}{2}\sin 2\pi f_c t$ 的同相分量 $X_c(t)$ 与正交分量 $\dfrac{X_s(t)}{2}$ 不是同分布,至少它们的功率不一样。由此可知,$X_2(t)$ 是非平稳的高斯过程。

再看 $X_1(t)$,其复包络是 $X_{1L}(t)=X_c(t)+\mathrm{j}X_s(t)$,由于实部和虚部独立、零均值且各自平稳,可证 $X_{1L}(t)$ 的自相关函数、共轭相关函数均与 t 无关;其自相关函数是
$$E[X_{1L}(t+\tau)X_{1L}^*(t)]=E[\{X_c(t+\tau)+\mathrm{j}X_s(t+\tau)\}\{X_c(t)-\mathrm{j}X_s(t)\}]$$
$$=E[X_c(t+\tau)X_c(t)]+E[X_s(t+\tau)X_s(t)]$$
$$=R_c(\tau)+R_s(\tau)$$
其共轭相关函数是
$$E[X_{1L}(t+\tau)X_{1L}(t)]=E[\{X_c(t+\tau)+\mathrm{j}X_s(t+\tau)\}\{X_c(t)+\mathrm{j}X_s(t)\}]$$
$$=E[X_c(t+\tau)X_c(t)]-E[X_s(t+\tau)X_s(t)]$$
$$=0$$
进而可证解析信号 $Z_1(t)=X_{1L}(t)\mathrm{e}^{\mathrm{j}2\pi f_c t}$ 平稳:$Z_1(t)$ 的均值为 $E[Z_1(t)]=$

$E[X_{1L}(t)\mathrm{e}^{\mathrm{j}2\pi f_c t}]=0$,与 t 无关;自相关函数为 $E[Z_1(t+\tau)Z_1^*(t)]=E[X_{1L}(t+\tau)\mathrm{e}^{\mathrm{j}2\pi f_c(t+\tau)}$ · $X_{1L}^*(t)\mathrm{e}^{-\mathrm{j}2\pi f_c t}]=R_{1L}(\tau)\mathrm{e}^{\mathrm{j}2\pi f_c \tau}$ 与 t 无关;共轭相关函数为 $E[Z_1(t+\tau)Z_1(t)]=$ $E[X_{1L}(t+\tau)\mathrm{e}^{\mathrm{j}2\pi f_c(t+\tau)}X_{1L}(t)\mathrm{e}^{-\mathrm{j}2\pi f_c t}]=0$,也与 t 无关。故 $Z_1(t)$ 复平稳,其实部 $X_1(t)$ 自然平稳。

4. FM 鉴频器输出端噪声的功率谱密度呈现出(9)形状。

| (9) | (A) 双曲线 | (B) 抛物线 | (C) 平坦 | (D) 上凸 |

答案:B。FM 解调的鉴频过程中存在一个微分的操作,微分后功率谱密度乘以 $|\mathrm{j}2\pi f|^2$,形成抛物线的形状。

5. 在下列调制方式中,若基带调制信号 $m(t)$ 相同,已调信号 $s(t)$ 的功率相同,信道高斯白噪声的功率谱密度相同,则解调输出信噪比最大的是(10),已调信号带宽最小的是(11)。

| (10)(11) | (A) 调制指数为 5 的 FM | (B) DSB-SC | (C) 调制指数为 0.5 的 AM | (D) SSB |

答案:AD。这四种调制方式中,FM 的抗噪声能力最强,带宽也最大。带宽最小的是 SSB。

6. 假设二进制数据独立等概,其速率为 1 000 bit/s。双极性 NRZ 码的主瓣带宽是(12) Hz,半占空比的单极性 RZ 码的主瓣带宽是(13) Hz。

| (12)(13) | (A) 500 | (B) 1 000 | (C) 1 500 | (D) 2 000 |

答案:BD。NRZ 或 RZ 信号的主瓣带宽是脉冲宽度的倒数。本题中双极性 NRZ 码的脉冲宽度是 $T_b=1$ ms,其主瓣带宽是 1 000 Hz。RZ 码的脉冲宽度是比特间隔的一半,为 0.5 ms,主瓣带宽是 2 000 Hz。

7. 考虑下列各图所示的数字基带传输系统的总体传递函数 $X(f)$。无符号间干扰传输速率最高的是(14),其次是(15);若传输速率是 200 Baud,在采样点存在符号间干扰的是(16)。

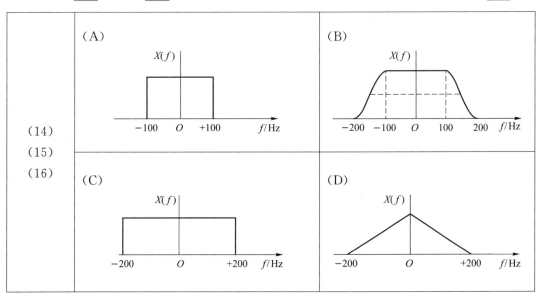

答案：CBB。A、C 是理想低通特性，其最高传输速率分别是 200 Baud、400 Baud。B 是带宽为 150 Hz 的理想低通经过升余弦滚降的结果，最高传输速率是 300 Baud。D 是带宽为 100 Hz 的理想低通经过直线滚降的结果，最高传输速率是 200 Baud。按均匀速率传输时，若无 ISI 的最高传输速率是 R，则按速率 $R, \dfrac{R}{2}, \dfrac{R}{3}, \dfrac{R}{4}, \cdots$ 传输时均无 ISI。本题中，若按 200 Baud 传输，则 A、C、D 均无 ISI，B 有 ISI。

8. 下列眼图中在最佳采样时刻明显有符号间干扰的是(17)。在此情况下，接收端可以采用(18)来减少符号间干扰。

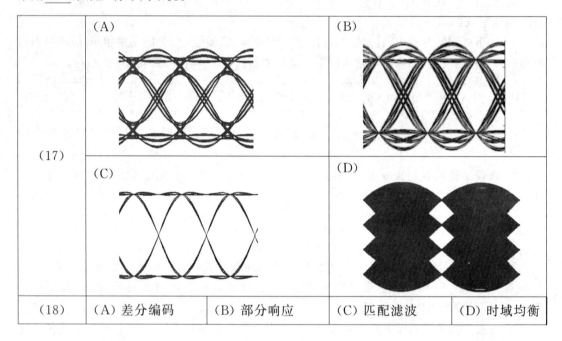

答案：AD。在最佳采样时刻，图 B、C 的采样值有两种取值，均是 2PAM 的眼图，无 ISI。图 D 在最佳采样时刻有 4 种取值，是 4PAM 的眼图，无 ISI。图 A 在最佳采样时刻有多种取值，但它不属于正常的 MPAM，而是 2PAM 发生 ISI 后的眼图，接收端可以使用时域均衡技术来减少 ISI。

9. 二进制数据 1111000011110000 经过 AMI 编码后是(19)，经过 HDB3 编码后是(20)。

(19)	(A) ＋－＋－0000＋－＋－0000	(B) ＋－＋－000－＋－＋－000－
(20)	(C) ＋－＋－0000－＋－＋0000	(D) ＋－＋－000－＋－＋－00＋

答案：AD。AMI 的编码规则是传号交替反转，题中只有 A 满足。HDB3 将所有的 0000 替换成 000V 或 B00V，其中前、后的 V 极性交替反转。本题中 C 没有替换 0000，B 中前、后的 V 极性没有反转，本题中 HDB3 码的编码结果是 D。

10. 第一类部分响应系统中的发送端采用了(21)。

(21)	(A)相关编码	(B)升余弦滚降	(C)根升余弦滚降	(D)时域均衡

答案：A。第一类部分响应系统在发送端采用相关编码，借此来引入人为的 ISI，旨在提高频谱利用率。

11. 在下列调制中，接收端可以采用差分相干解调的是(22)，只能采用相干解调的是(23)。

(22)(23)	(A) OOK	(B) 2FSK	(C) 2PSK	(D) 2DPSK

答案：DC。2PSK 只能采用相干解调。2DPSK 有两种解调方法：一是先解 BPSK，然后差分译码；二是采用差分相干解调。前者是相干解调，后者是非相干解调。

12. 若以双极性 NRZ 码为基带调制信号，对载波做调制指数为(24)、调制效率为(25)的(26)调制，其结果就是 OOK。由于已调信号的功率谱密度中(27)，其相干解调器的载波提取可以采用图(28)所示的方式。

(24)(25)	(A) 1/6	(B) 1/3	(C) 1/2	(D) 1
(26)	(A) DSB-SC	(B) AM	(C) SSB	(D) FM
(27)	(A) 存在载频线谱分量	(B) 存在二倍载频线谱分量	(C) 不存在载频线谱分量	(D) 不存在二倍载频线谱分量
(28)	(A) →[平方]→	(B) →[平方]→[窄带滤波或锁相环]→	(C) →[窄带滤波或锁相环]→	(D) →[窄带滤波或锁相环]→[平方]→

答案：DCBAC。可将 OOK 信号看成一种 AM 信号：$s(t)=[1+b(t)]\cos 2\pi f_c t$，其中 $b(t)$ 是幅度为 ± 1 的双极性 NRZ 码。从这个表达式可以看出 AM 调幅指数是 1，调制效率是 0.5。OOK 已调信号的表达式 $s(t)=[1+b(t)]\cos 2\pi f_c t = \cos 2\pi f_c t + b(t)\cdot\cos(2\pi f_c t)$ 中明确包含载波 $\cos 2\pi f_c t$，对应到频域体现为存在载频的线谱分量。对其进行相干解调时，可以用窄带滤波器或者锁相环提取出 $\cos(2\pi f_c t)$，将其作为相干解调器的同步载波。

13. 在下列调制方式中，频带利用率最高的是(29)。给定 E_b/N_0 时，误符号率最大的是(30)，最小的是(31)。

(29)(30)(31)	(A) 64QAM	(B) 16FSK	(C) 16PSK	(D) 16ASK

答案：ADB。MASK、MPSK 和 MQAM 都是二维 I/Q 调制，MFSK 是高维调制，其频带利用率低于二维 I/Q 调制。MASK、MPSK 和 MQAM 中，M 越大，频带利用率越高，故频带利用率最高的是 64QAM。

高维调制 MFSK 牺牲带宽换取抗噪能力，其误符号率最小。下面比较 64QAM、16PSK、16ASK 的误符号率哪个最大。进制数相同时，ASK 的抗噪能力不如 PSK，故只需比较 64QAM 和 16ASK。比较误符号率可以近似等价于比较星座点之间的最小欧氏距离 $d_{\min}$。

ASK 的 E_s 和 $d_{\min}$ 满足 $\dfrac{d_{\min}^2}{E_s} = \dfrac{12}{M^2-1}$，考虑 16ASK，将 $M=16$ 和 $E_s = 4E_b$ 代入得到

$$d_{\min}^2 = \frac{12 E_s}{M^2-1} = \frac{12 \times 4 E_b}{16^2 - 1} = \frac{48}{255} E_b$$

QAM 的 E_s 和 $d_{\min}$ 满足 $\dfrac{d_{\min}^2}{E_s} = \dfrac{6}{M-1}$，考虑 64QAM，将 $M=64$ 和 $E_s = 6E_b$ 代入得到

$$d_{\min}^2 = \frac{6 E_s}{M-1} = \frac{6 \times 6 E_b}{64-1} = \frac{36}{63} E_b$$

显然，给定 E_b/N_0 时，16ASK 的最小欧氏距离小于 64QAM，即其误符号率最大。

14. OQPSK 的(32)比 QPSK 的小。

| (32) | (A) 包络起伏 | (B) 频带利用率 | (C) 误比特率 | (D) 复杂度 |

答案：A。OQPSK 是对带宽受限的 QPSK 的一种改进，它通过将 I/Q 两路错开起到降低包络起伏的作用。

15. 若时间离散的 AWGN 信道的输出信噪比是 SNR，则信道容量是(33) bit/symbol。根据(34)信息论中的相关定理，欲使传输速率接近信道容量，必须采用(35)。

(33)	(A) $2\log(1+2\text{SNR})$	(B) $2\log(1+\text{SNR})$	(C) $\dfrac{1}{2}\log(1+\text{SNR})$	(D) $\dfrac{1}{2}\log\left(1+\dfrac{1}{2}\text{SNR}\right)$
(34)	(A) 奈奎斯特	(B) 哈达玛	(C) 香农	(D) 希尔伯特
(35)	(A) 信源编码	(B) 信道编码	(C) 最佳量化	(D) 交织编码

答案：CCB。时间离散的 AWGN 信道的容量公式是 $C = \dfrac{1}{2}\log(1+\text{SNR})$。根据香农信息论中的信道编码定理，欲使传输速率接近信道容量，必须采用信道编码。

16. 信号通过(36)后会产生时域扩展，通过(37)后会产生频域扩展。

| (36)(37) | (A)时变平坦衰落信道 | (B)频率选择性信道 | (C)无记忆信道 | (D)无失真信道 |

答案：BA。时域扩展是由多径传输造成的，频域体现为信道的频率选择性。信道的时变性会造成频域扩展。

17. 在高信噪比条件下，若采用格雷码映射的 8PSK 的平均误比特率是 p，则其平均误符号率近似为(38)。

| (38) | (A) $\dfrac{p}{3}$ | (B) p | (C) $\dfrac{3}{2}p$ | (D) $3p$ |

答案：D。在高信噪比条件下，格雷映射的 8PSK 符号出错时，3 个比特中近似只有一个比特出错，误比特率近似是误符号率的 1/3，即误符号率近似是 3p。

18. 某四进制数字通信系统发送 $s_1(t)$、$s_2(t)$、$s_3(t)$、$s_4(t)$ 之一，发送信号通过信道之后成为 $r(t)$，接收端计算 $r(t)$ 与 $s_1(t)$、$s_2(t)$、$s_3(t)$、$s_4(t)$ 的欧氏距离，取距离最小者作为判决结果。若已知该接收机的误符号率与 MAP 接收机的相同，则发送信号的特性是(39)，并且信道是(40)。

(39)	(A)等能量	(B)先验等概	(C)等距离	(D)线性无关
(40)	(A) AWGN 信道	(B)非高斯信道	(C) BSC 信道	(D)离散信道

答案：BA。先验等概时，MAP 准则与 ML 准则等价。在 AWGN 信道条件下，按 ML 准则判决等价于按最小欧氏距离判决。

19. 通信系统中使用扰码的主要目的是(41)，使用交织的主要目的是(42)。

(41)	(A) 便于实现 Rake 接收	(B) 将突发差错变成随机差错
(42)	(C) 便于实现 CDMA	(D) 将数据随机化

答案：DB。对数据进行扰码可使其随机化。将信道编码产生的码字交织后通过有突发差错的信道发送，接收端收到后对其进行反交织，这样可以将突发差错变成随机差错。

20. 沃尔什码是一种(43)，其特点是(44)，主要用于(45)系统。

(43)	(A) 伪随机码	(B) 正交码	(C) 准正交码	(D) 线路码
(44)	(A) 有平坦的自相关特性		(B) 有尖锐的自相关特性	
	(C) 不同码字在异步情况下正交		(D) 不同码字在同步情况下正交	
(45)	(A) CDMA	(B) TDMA	(C) OFDM	(D) MFSK

答案：BDA。Walsh 码是一种正交码，不同码字在同步情况下正交，正交 CDMA 系统可以采用 Walsh 码区分用户。

21. 在下列技术中，抵抗单径平坦衰落最有效的是(46)技术。

(46)	(A) OFDM	(B)扩频	(C) Rake 接收	(D)分集

答案：D。对于平衰落信道，分集技术可以有效改善系统的性能。

22. 在下列信道中，(47)最适合采用 OFDM 技术。

(47)	(A) AWGN 信道	(B)瑞利信道	(C)多径信道	(D)莱斯信道

答案：C。OFDM 适用于多径信道。

23. 信号 $s(t) = e^{-\frac{t^2}{2}}$ 的能量是(48)。

| (48) | (A) $\sqrt{\pi}$ | (B) $\sqrt{2\pi}$ | (C) π | (D) 2π |

答案：A。$\int_{-\infty}^{\infty} s^2(t)dt = \int_{-\infty}^{\infty} e^{-t^2} dt \xrightarrow{\sigma^2 = \frac{1}{2}} \sqrt{2\pi\sigma^2} \int_{-\infty}^{\infty} \frac{1}{\sqrt{2\pi\sigma^2}} e^{-\frac{t^2}{2\sigma^2}} dt = \sqrt{\pi}$。

24. 令 $s(t) = \sum_{n=-\infty}^{\infty} a_n g(t-nT)$，其中 $g(t) = \text{sinc}\left(\frac{t}{T}\right)$，$a_n$ 以独立等概方式取值于 $\{\pm 1\}$，则序列 $\{a_n\}$ 的自相关函数是(49)、$s(t)$ 的功率谱密度是(50)。

(49)	(A) $\begin{cases} 2, & m=0 \\ 1, & m=\pm 1 \\ 0, & 其他 \end{cases}$	(B) $\begin{cases} 2, & m=0 \\ -1, & m=\pm 1 \\ 0, & 其他 \end{cases}$	(C) $\begin{cases} 2, & m=0 \\ 0, & 其他 \end{cases}$	(D) $\begin{cases} 1, & m=0 \\ 0, & 其他 \end{cases}$
(50)	(A) $\begin{cases} T, & \|f\|<\frac{1}{T} \\ 0, & 其他 \end{cases}$	(B) $\begin{cases} 1, & \|f\|<\frac{1}{2T} \\ 0, & 其他 \end{cases}$	(C) $\begin{cases} T, & \|f\|<\frac{1}{2T} \\ 0, & 其他 \end{cases}$	(D) $\begin{cases} 1, & \|f\|<\frac{1}{T} \\ 0, & 其他 \end{cases}$

答案：DC。序列 $\{a_n\}$ 的自相关函数是 $R_a = E[a_{n+m}a_n] = \begin{cases} 1, & m=0 \\ 0, & m\neq 0 \end{cases}$，$s(t)$ 的功率谱密度是 $P_s(f) = \frac{R_a(0)}{T}|G(f)|^2 = \begin{cases} T, & |f|<\frac{1}{2T} \\ 0, & 其他 \end{cases}$。

二、计算题

1. 设已调信号是 $s(t) = m(t)\cos 2\pi f_c t - \hat{m}(t)\sin 2\pi f_c t$，其中 $f_c = 20$ kHz，$m(t)$ 的自相关函数是 $R_m(\tau) = 21\text{sinc}^2(5000\tau)$，$\hat{m}(t)$ 是 $m(t)$ 的希尔伯特变换。解调框图如下所示，图中高斯白噪声 $n_w(t)$ 的单边功率谱密度为 $N_0 = 10^{-6}$ W/Hz，带通滤波器的通带范围是 19～26 kHz，输出是 $s(t) + n(t)$，其中 $n(t) = n_c(t)\cos 2\pi f_c t - n_s(t)\sin 2\pi f_c t$ 是窄带噪声，低通滤波器的截止频率是 5 kHz。

(1) 求 $s(t)$ 的功率和带宽。

(2) 写出 $s(t)$ 的复包络 $s_L(t)$ 的表达式。

(3) 画出带通滤波器输出噪声的同相分量 $n_c(t)$ 的功率谱密度图。

(4) 求图中 A 点和 B 点的信噪比。

答案：(1) $m(t)$ 及 $\hat{m}(t)$ 的功率均为 $P_m = P_{\hat{m}} = R_m(0) = 21$ W，$s(t)$ 的功率是 $P_s = \frac{P_m}{2} + \frac{P_{\hat{m}}}{2} = P_m = 21$ W。从表达式可以看出 $s(t)$ 是上边带 SSB 信号，其带宽等于 $m(t)$ 的带宽。对 $R_m(\tau)$ 做傅氏反变换，得到 $m(t)$ 的功率谱密度为

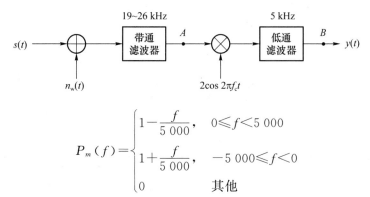

$$P_m(f) = \begin{cases} 1 - \dfrac{f}{5\,000}, & 0 \leqslant f < 5\,000 \\ 1 + \dfrac{f}{5\,000}, & -5\,000 \leqslant f < 0 \\ 0 & \text{其他} \end{cases}$$

其带宽是 $5\,000$ Hz,因此 $s(t)$ 的带宽是 5 kHz。

(2) 由 $s(t)$ 的表达式可以看出其复包络的表达式为 $s_L(t) = m(t) + \mathrm{j}\hat{m}(t)$。

(3) A 点的噪声 $n(t) = n_c(t)\cos 2\pi f_c t - n_s(t)\sin 2\pi f_c t$ 是窄带平稳高斯过程。根据窄带平稳高斯过程的性质,$n_c(t)$ 的功率谱密度是 $n(t)$ 的功率谱密度向左搬移、向右搬移后基带部分的叠加。$n(t)$ 的功率谱密度是

$$P_n(f) = \begin{cases} \dfrac{N_0}{2}, & 19 \text{ kHz} \leqslant f < 26 \text{ kHz} \\ \dfrac{N_0}{2}, & -26 \text{ kHz} \leqslant f < -19 \text{ kHz} \\ 0 & \text{其他} \end{cases}$$

左、右搬移叠加,$n_c(t)$ 的功率谱密度图如下:

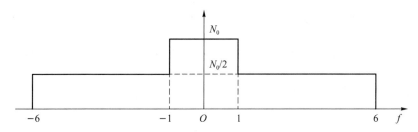

(4) A 点信噪比是 $s(t)$ 的功率除以 $n(t)$ 的功率,为 $\dfrac{21}{N_0 B} = \dfrac{21}{10^{-6} \times 7 \times 10^3} = 3\,000$。$B$ 点输出信号的表达式为 $y(t) = m(t) + \tilde{n}_c(t)$,其中 $\tilde{n}_c(t)$ 是 $n_c(t)$ 在 5 kHz 以内的部分。B 点信噪比是 $m(t)$ 的功率除以 $\tilde{n}_c(t)$ 的功率。$m(t)$ 的功率是 21 W,$\tilde{n}_c(t)$ 的功率是 $n_c(t)$ 的功率谱密度在 -5 kHz $\leqslant f < 5$ kHz 内的积分,为 $2\left(N_0 \times 1\,000 + \dfrac{N_0}{2} \times 4\,000\right) = 6\,000 N_0 = 6$ mW,因此 B 点信噪比是 $3\,500$。

2. 某二进制数字通信系统在 $[0, T_b]$ 时间内等概发送 $s(t) \in \{\pm g(t)\}$,已知 $T_b = 2$ s,$g(t)$ 如下图所示。发送信号叠加了单边功率谱密度为 N_0 的高斯白噪声 $n_w(t)$ 后成为 $r(t) = s(t) + n_w(t)$。在接收端采用匹配滤波器进行最佳接收,其最佳采样时刻的输出值为 y。

(1) 求 $s(t)$ 的平均能量 E_s。
(2) 确定最佳取样时刻,画出匹配滤波器的冲激响应波形。
(3) 求发送 $-g(t)$ 条件下 y 的均值、方差、概率密度函数。
(4) 写出最佳判决门限。

(5) 求该系统的平均误比特率。

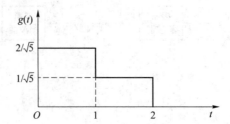

答案：(1) 发送的是 $+g(t)$ 或 $-g(t)$，故平均符号能量就是 $g(t)$ 的能量，为 $E_s = \int_0^2 g^2(t)\mathrm{d}t = 1$。

(2) 匹配滤波器的最佳采样时刻是 $t_0=2$，其冲激响应 $h(t)=g(t_0-t)$ 的波形如下：

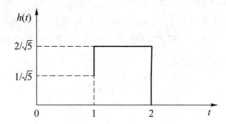

(3) 发送 $-g(t)$ 条件下的采样值是
$$y = \int_{-\infty}^{\infty}[-g(\tau)+n_w(\tau)]h(t_0-\tau)\mathrm{d}\tau = \int_{-\infty}^{\infty}[-g(\tau)+n_w(\tau)]g(\tau)\mathrm{d}\tau$$
$$= -\int_{-\infty}^{\infty}g^2(\tau)\mathrm{d}\tau + \int_{-\infty}^{\infty}n_w(\tau)g(\tau)\mathrm{d}\tau = -1+Z$$

其中 Z 是均值为零、方差为 $\frac{N_0}{2}E_g=\frac{N_0}{2}$ 的高斯随机变量。发送 $-g(t)$ 条件下，y 是均值为 -1、方差为 $\frac{N_0}{2}$ 的高斯随机变量，其概率密度函数是 $\frac{1}{\sqrt{\pi N_0}}e^{-\frac{(y+1)^2}{N_0}}$。

(4) 同理可知，在发送 $g(t)$ 的条件下，y 是均值为 $+1$、方差为 $\frac{N_0}{2}$ 的高斯随机变量，其概率密度函数是 $\frac{1}{\sqrt{\pi N_0}}e^{-\frac{(y-1)^2}{N_0}}$。最佳判决门限 V_{th} 是 $\frac{1}{\sqrt{\pi N_0}}e^{-\frac{(y+1)^2}{N_0}}$ 与 $\frac{1}{\sqrt{\pi N_0}}e^{-\frac{(y-1)^2}{N_0}}$ 的交点，为 $V_{th}=0$。

(5) 在发送 $-g(t)$ 的条件下，$y=-1+Z>0$ 则判决出错，其概率是
$$P(Z>1) = \frac{1}{2}\mathrm{erfc}\left(\frac{1}{\sqrt{N_0}}\right)$$

在发送 $+g(t)$ 的条件下，$y=1+Z<0$ 则判决出错，其概率是
$$P(Z<-1) = P(Z>1) = \frac{1}{2}\mathrm{erfc}\left(\frac{1}{\sqrt{N_0}}\right)$$

平均误比特率是
$$P_b = \frac{1}{2}\mathrm{erfc}\left(\frac{1}{\sqrt{N_0}}\right)$$

3. 某二维 8 进制数字调制系统的归一化正交基函数为

$$f_1(t)=\begin{cases}1, & 0\leqslant t\leqslant 1\\ 0, & 其他\end{cases}, \qquad f_2(t)=\begin{cases}1, & 0\leqslant t<\dfrac{1}{2}\\ -1, & \dfrac{1}{2}\leqslant t\leqslant 1\\ 0, & 其他\end{cases}$$

星座图上 8 个星座点的坐标分别是：$s_1=(0,0)$，$s_2=(-1,1)$，$s_3=(1,-1)$，$s_4=(1,0)$，$s_5=(1,1)$，$s_6=(-1,-1)$，$s_7=(0,1)$，$s_8=(-1,0)$。假设信道噪声是加性高斯白噪声。

(1) 画出星座图，写出星座点之间的最小距离。
(2) 画出星座点 s_5 对应的发送信号波形 $s_5(t)$。
(3) 若各星座点等概出现，求平均符号能量 E_s，画出 s_1 的最佳判决域。
(4) 若星座点 s_7 的出现概率为零，其他星座点等概出现，画出此时 s_1 的最佳判决域。

答案：(1) 根据各星座点的坐标可以画出星座图，如图(a)所示。从图中可以看出星座点之间的最小距离是 1。

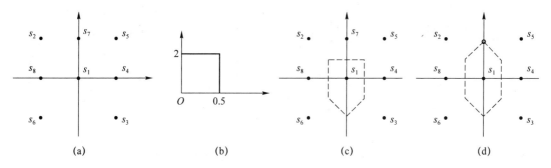

(2) $s_5(t)$ 的表达式为 $s_5(t)=f_1(t)+f_2(t)=\begin{cases}2, & 0\leqslant t\leqslant\dfrac{1}{2}\\ 0, & 其他\end{cases}$，其图形如图(b)所示。

(3) 8 个星座点的能量依次是 0、2、2、1、2、2、1、1。当星座点等概出现时，平均符号能量为 11/8。等概情况下的最佳判决域是按距离远近划分的，s_1 的最佳判决域如图(c)所示。

(4) 星座点 s_7 的出现概率为零时，星座图相当于变成七进制星座图，此时 s_1 的最佳判决域如图(d)所示。

4. 在下图中，$m_1(t)$ 和 $m_2(t)$ 是带宽为 4 kHz 的基带信号，$m_3(t)$ 和 $m_4(t)$ 是带宽为 1.5 kHz、最高频率为 4 kHz 的带通信号。每路 PCM 按不发生频谱混叠的最小采样率进行采样，对每个样值按 A 律 13 折线编码。四路 PCM 的数据复用后，通过升余弦滚降系数为 1 的矩形 16QAM 调制传输。

(1) 写出图中 A 点、B 点、C 点的比特速率 R_A、R_B 和 R_C。
(2) 画出 D 点的单边功率谱密度图(标出频率值)。
(3) 画出调制框图、解调框图。

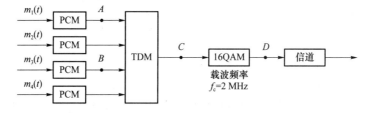

答案:(1) A 点采样率为 $8\,\mathrm{kHz}$,输出速率为 $64\,\mathrm{kbit/s}$。B 点采样率是 $4\,\mathrm{kHz}$,输出速率为 $32\,\mathrm{kHz}$。C 点是两路 $64\,\mathrm{kbit/s}$ 和两路 $32\,\mathrm{kbit/s}$ 的时分复用,输出速率为 $R_C = 192\,\mathrm{kbit/s}$。

(2) 16QAM 的符号速率是 $48\,\mathrm{kBaud}$,滚降系数是 1,D 点的功率谱密度图如下:

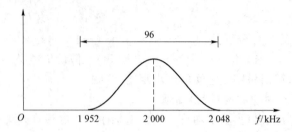

(3) 调制和解调框图如下:

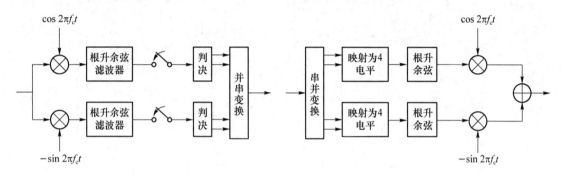

5. 四进制符号 $X \in \{A,B,C,D\}$ 与 $Y \in \{a,b,c,d\}$ 的联合概率如下表所示。

X	Y			
	a	b	c	d
A	1/8	0	1/4	0
B	0	1/8	0	1/8
C	1/16	0	1/8	0
D	0	1/16	0	1/8

(1) 求熵 $H[X,Y]$、$H[X]$、$H[Y|X]$ 以及互信息 $I[X;Y]$。

(2) 对 (X,Y) 整体进行哈夫曼编码,求出平均码长。

答案:(1)(X,Y) 整体有 16 种可能的结果,其中有些结果的出现概率是 0。所以 (X,Y) 整体是一个 8 进制符号,8 个结果出现的概率分别是 $\frac{1}{8}$、$\frac{1}{4}$、$\frac{1}{8}$、$\frac{1}{8}$、$\frac{1}{16}$、$\frac{1}{8}$、$\frac{1}{16}$、$\frac{1}{8}$,其熵为 $H[X,Y] = -\sum_{I=1}^{8} p_i \log_2 p_i = \frac{23}{8}\,\mathrm{bit}$。$X$ 的边缘分布是 $\frac{3}{8}$、$\frac{1}{4}$、$\frac{3}{16}$、$\frac{3}{16}$,熵为 $H[X] = \frac{6}{16}\log_2 \frac{16}{3} + \frac{6}{16}\log_2 \frac{8}{3} + \frac{1}{4} \times 2 = \left(\frac{25}{8} - \frac{3}{4}\log_2 3\right)\,\mathrm{bit}$。$H[Y|X] = H[X,Y] - H[X] = \frac{23}{8} - \left(\frac{25}{8} - \frac{3}{4}\log_2 3\right) = \left(\frac{3}{4}\log_2 3 - \frac{1}{4}\right)\,\mathrm{bit}$。互信息 $I[X;Y] = H[X] + H[Y] - H[X,Y]$,其中 Y 的边缘分布是 $\frac{3}{16}$、$\frac{3}{16}$、$\frac{3}{8}$、$\frac{1}{4}$,其分布的概率值与 X 相同,故熵也与 X 相同。因此 $I[X;Y] =$

$$2H[X]-H[X,Y]=2\left(\frac{25}{8}-\frac{3}{4}\log_2 3\right)-\frac{23}{8}=\left(\frac{27}{8}-\frac{3}{2}\log_2 3\right)\text{bit}。$$

(2) 对 (X,Y) 整体进行哈夫曼编码,编码过程及结果如下图所示。平均码长为 23/8。

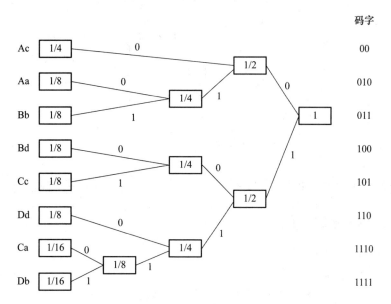

6. 某四电平量化器输入信号 X 的概率密度函数 $p(x)$ 如下图所示。量化器 $Q(X)$ 的输入输出关系是

$$Y=Q(X)=\begin{cases} 1+\dfrac{a}{2}, & a\leqslant X\leqslant 2 \\ \dfrac{a}{2}, & 0\leqslant X<a \\ -\dfrac{a}{2}, & -a\leqslant X<0 \\ -1-\dfrac{a}{2}, & -2\leqslant X<-a \end{cases}$$

其中 $0<a<2$。

(1) 求量化器输入信号 X 的平均功率 $S=E[X^2]$。

(2) 求量化噪声功率 $N_q=E[(X-Y)^2]$。

(3) 若 $Q(X)$ 是均匀量化器,求 a 的值以及相应的量化信噪比 $\dfrac{S}{N_q}$。

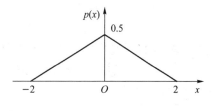

(4) 若 $Q(X)$ 能使量化器输出 Y 的熵最大,求对应的 a 值。

答案: 题中概率密度函数的表达式为 $p(x)=\dfrac{1}{2}-\dfrac{1}{4}|x|$。

(1) $S=E[X^2]=2\displaystyle\int_0^2 x^2\left(\dfrac{1}{2}-\dfrac{1}{4}x\right)\mathrm{d}x=\displaystyle\int_0^2\left(x^2-\dfrac{1}{2}x^3\right)\mathrm{d}x=\dfrac{2}{3}$。

(2) 量化噪声功率 $N_q=E[(X-Y)^2]$ 如下:

$$E[(X-Y)^2] = 2\left\{\int_0^a \left(x-\frac{a}{2}\right)^2 \left(\frac{1}{2}-\frac{1}{4}x\right)dx + \int_a^2 \left(x-\frac{a}{2}-1\right)^2 \left(\frac{1}{2}-\frac{1}{4}x\right)dx\right\}$$

$$= \int_0^a \left(x-\frac{a}{2}\right)^2 \left(1-\frac{1}{2}x\right)dx + \int_a^2 \left(x-\frac{a}{2}-1\right)^2 \left(1-\frac{1}{2}x\right)dx$$

$$= \int_{-\frac{a}{2}}^{\frac{a}{2}} t^2 \left(1-\frac{a}{4}-\frac{t}{2}\right)dt + \int_{\frac{a}{2}-1}^{1-\frac{a}{2}} t^2 \left(\frac{1}{2}-\frac{a}{4}-\frac{t}{2}\right)dt$$

$$= \int_{-\frac{a}{2}}^{\frac{a}{2}} t^2 \left(1-\frac{a}{4}\right)dt + \int_{\frac{a}{2}-1}^{1-\frac{a}{2}} t^2 \left(\frac{1}{2}-\frac{a}{4}\right)dt$$

$$= \frac{\left(1-\frac{a}{4}\right)a^3}{12} + \frac{1}{3}\left(1-\frac{a}{2}\right)^4$$

(3) 若 $Q(X)$ 是均匀量化器,$a=1$,$N_q = \dfrac{\left(1-\frac{1}{4}\right)}{12} + \dfrac{1}{3}\left(1-\frac{1}{2}\right)^4 = \dfrac{1}{12}$,量化信噪比是 $\dfrac{S}{N_q}=8$。

(4) 熵最大需要等概。$\int_0^a \left(\frac{1}{2}-\frac{1}{4}x\right)dx = \frac{1}{4}$,$\int_a^2 (2-x)dx = 1$,$2a-\dfrac{a^2}{2}=1$,$a=2-\sqrt{2}$。

7. 已知 $x^{15}+1$ 可以分解为

$$x^{15}+1 = (x^4+x^3+1)(x^4+x^3+x^2+x+1)(x^4+x+1)(x^2+x+1)(x+1)$$

(1) 求利用上式可以构成的 $(15,k)$ 循环码的个数。

(2) 写出 $(15,3)$ 循环码的生成多项式。

(3) 求 $(15,3)$ 循环码的系统码生成矩阵。

(4) 写出 $(15,3)$ 循环码的最小码距。

(5) 用 $x^{15}+1$ 的两个因式 x^4+x^3+1 和 x^4+x+1 构造一个 1/2 码率的卷积码,画出编码器框图,写出该编码器的状态数,写出输入为 $10000\cdots$ 时的卷积码编码输出。

答案:(1) 码长为 15 的循环码有 $C_5^1+C_5^2+C_5^3+C_5^4 = 30$ 种。

(2) $(15,3)$ 循环码的生成多项式必须是 12 次,由题可知它只能是

$$g(x) = (x^4+x^3+1)(x^4+x^3+x^2+x+1)(x^4+x+1) = x^{12}+x^9+x^6+x^3+1$$

(3) 将生成多项式左移可得到系统码生成矩阵 $\boldsymbol{G}$:

$$\boldsymbol{G} = \begin{pmatrix} 1 & 0 & 0 & 1 & 0 & 0 & 1 & 0 & 0 & 1 & 0 & 0 & 1 & 0 & 0 \\ 0 & 1 & 0 & 0 & 1 & 0 & 0 & 1 & 0 & 0 & 1 & 0 & 0 & 1 & 0 \\ 0 & 0 & 1 & 0 & 0 & 1 & 0 & 0 & 1 & 0 & 0 & 1 & 0 & 0 & 1 \end{pmatrix}$$

(4) 对 $\boldsymbol{G}$ 目测就能看出任何组合的码重至少是 5,因此最小码距为 $d_{\min}=5$。

(5) 编码器框图如下图所示。该编码前的状态数是 16。输入为 $10000\cdots$ 时,编码输出是 $1110000111\cdots$。

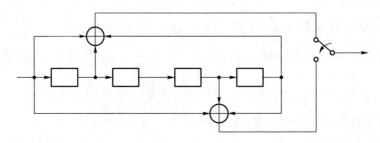

参考试题 2

一、选择填空题

1. 与 QPSK 相比,OQPSK 的(1)更小。

| (1) | (A) 包络起伏 | (B) 码间干扰 | (C) 误比特率 | (D) 带宽 |

答案:A。提出 OQPSK 的背景是"限带传输+非线性功放",此情形要求已调信号的包络起伏尽量小。

2. 某量化器的输入范围是$[-A,+A]$。对于 A 律 13 折线量化,当输入 x 的概率密度函数为(2)时量化噪声功率最小;对于均匀量化,当输入 x 的概率密度函数为(3)时量化噪声功率最小。

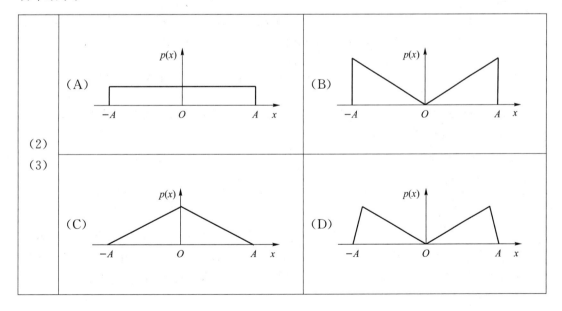

答案:CA。如果输入是均匀分布,均匀量化是最佳量化。如果输入的小信号机会多,大信号机会少,则 A 律 13 折线量化更佳,因为它对小信号的量化更细。

3. 下图是用双踪示波器在某数字调制系统接收端 I、Q 两路匹配滤波器的输出端观察到的两路眼图。根据这个眼图可以看出,该系统采用的是(4)调制,调制器输入数据的比特间隔是(5) ms,比特速率是(6) kbit/s。

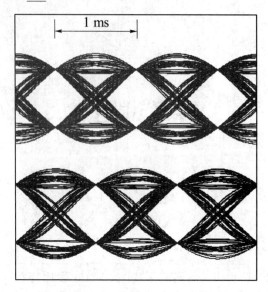

(4)	(A) BPSK	(B) QPSK	(C) OQPSK	(D) 16QAM
(5)(6)	(A) 0.5	(B) 1	(C) 2	(D) 4

答案:CAC。这个系统的 I、Q 两路眼图在时间上是错开的。

4. 给定 E_b/N_0 时,BPSK 的(7)与 QPSK 的相同,(8)比 QPSK 的小。给定符号速率 R_s 时,BPSK 的(9)与 QPSK 的相同,(10)比 QPSK 的小。

(7)(8)(9)(10)	(A) 带宽	(B) 频带利用率	(C) 误比特率	(D) 误符号率

答案:CDAB。QPSK 的抗噪声性能与 BPSK 的一样,但它的频谱效率更高。这一点类似于 SSB 与 DSB-SC 的关系。

5. E_b/N_0 较大时,DPSK 的误比特率近似是 BPSK 误比特率的(11)倍。

(11)	(A) 1/4	(B) 1/2	(C) 1	(D) 2

答案:D。无论是相干解调还是非相干解调,DPSK 的误比特率总归比理想相干解调的 BPSK 差。DPSK 相干解调的误比特率比 DPSK 非相干解调(差分相干解调)的好。DSPK 相干解调的接收端有差分译码器,每个输出比特涉及两个输入比特,若两个中有一个出错,则译码结果错。

6. BPSK 信号只能(12)解调,其典型的载波提取方法若有(13),它所提取的载波存在(14)问题,DPSK 可以解决此问题。DPSK 的解调可以采用(15)解调,这种解调方式属于(16)解调。

(12)(13) (14)(15)(16)	(A) 平方环法	(B) 锁相环法	(C) 相位模糊	(D) 差分相干
	(E) 相位抖动	(F) 码间干扰	(G) 相干	(H) 非相干

答案：GACDH。BPSK 类似于 DSB-SC，只能相干解调。为此接收端需要建立同步载波。建立同步载波的方法包括平方环、科斯塔斯环。这两种方法提取出来的载波的相位有一半机会是反的。DPSK 可以相干解调且不怕相位模糊，同时它也可以非相干解调（差分相干解调）。

7. 某数字通信系统的接收端采用了时域均衡器，这说明该系统的整体特性不满足(17)准则，需要用均衡器来降低(18)。

(17)	(A) 奈奎斯特	(B) MAP	(C) ML	(D) MMSE
(18)	(A) 包络起伏	(B) 码间干扰	(C) 眼张开度	(D) 噪声方差

答案：AB。

8. 8PSK 系统的每个符号携带 $k=$(19)个比特，若已知平均发送功率是 2 瓦，信息速率是 3 Mbit/s，则其符号速率是 $R_s=$(20)MBaud，符号间隔是 $T_s=$(21)μs，比特间隔是 $T_b=$(22)μs，平均符号能量是 $E_s=$(23)μJ，平均比特能量是 $E_b=$(24)μJ。

(19)(20)(21) (22)(23)(24)	(A) 1/3	(B) 2/3	(C) 1	(D) 4/3
	(E) 2	(F) 8/3	(G) 3	(H) 4

答案：GCCAEB。

9. 设数据独立等概，其速率为 R_b，则 OOK、BSPK 信号的主瓣带宽是(25)，正交 2FSK（假设频差为最小值）的主瓣带宽是(26)。若给定 E_b/N_0，则它们在最佳相干解调下的误比特率关系是(27)。

(25)(26)	(A) R_b	(B) $1.5R_b$	(C) $2R_b$	(D) $2.5R_b$
(27)	(A) $P_b^{OOK}=P_b^{2FSK}>P_b^{BPSK}$		(B) $P_b^{OOK}>P_b^{BPSK}>P_b^{2FSK}$	
	(C) $P_b^{OOK}>P_b^{2FSK}>P_b^{BPSK}$		(D) $P_b^{OOK}>P_b^{BPSK}=P_b^{2FSK}$	

答案：CDA。

10. 量化比特数为 k 比特的均匀量化器的量化级数 M 等于(28)。若量化器的输入服从均匀分布，则量化输出信噪比是(29)。

(28)(29)	(A) 2^k	(B) 2^{2k}	(C) k^2	(D) $(2k)^2$

答案：AB。

11. M 进制调制系统发送 $s_i\in\{s_1,s_2,\cdots,s_M\}$，经过信道传输后该系统收到 r。后验概

率 $P(s_i|r)$、似然函数 $p(r|s_i)$、先验概率 $P(s_i)$ 的关系是(30)。

(30)	(A) $P(s_i|r) = \dfrac{P(s_i) \cdot p(r|s_i)}{p(r)}$	(B) $p(r|s_i) = \dfrac{P(s_i) \cdot P(s_i|r)}{p(r)}$
	(C) $P(s_i) = \dfrac{p(r|s_i) \cdot P(s_i|r)}{p(r)}$	(D) $p(r) = \dfrac{P(s_i|r)}{P(s_i)p(r|s_i)}$

答案: A。贝叶斯公式。

12. 在 MASK 中采用格雷码映射可以降低(31)。下列 4ASK 星座图中,采用了格雷码映射的是(32)。

(31)	(A)误比特率	(B)误符号率	(C)包络起伏	(D)主瓣带宽
(32)	(A) 10 01 O 00 11		(B) 11 10 O 00 01	
	(C) 00 01 O 10 11		(D) 11 00 O 10 01	

答案: AB。格雷映射后相邻星座点对应的比特组的汉明距离是 1。在高信噪比条件下,符号出错主要错为近邻,此时比特只错了一个。

13. 下列调制方式中,给定数据速率 R_b 时带宽最大的是(33);给定星座点之间的最小欧氏距离 $d_{\min}$ 时平均符号能量最大的是(34),最小的是(35)。

(33)(34)(35)	(A) 16FSK	(B)16ASK	(C)16QAM	(D)16PSK

答案: ABA。注:与 MQAM 相比,MFSK 宁愿牺牲带宽,也要力保数据传输的可靠性。与 MQAM 相比,MASK 没有节约带宽,却白白牺牲了可靠性。

14. 某 A 律 13 折线 PCM 编码器的设计输入范围是 $[-1\,024, +1\,024]$ mV,若采样值为 $x = +128$ mV,则编码器的输出码组 $b_1 b_2 b_3 b_4 b_5 b_6 b_7 b_8$ 中的极性码 b_1 是(36),段落码 $b_2 b_3 b_4$ 是(37),段内码 $b_5 b_6 b_7 b_8$ 是(38);解码器若正确收到该码组,则输出的量化电平是(39) mV,若收到的码组中 b_8 出错,则输出的量化电平是(40) mV。

(36)(37)(38)	(A) 1	(B) 0	(C) 011	(D) 101
	(E) 111	(F)0000	(G)0010	(H) 0100
(39)(40)	(A) +128	(B) +132	(C) +136	(D) +140

答案: ADFBD。

15. 若 256QAM 系统的滚降系数为 1/3,数据速率为 24 Mbit/s,则发送信号的带宽是

(41) MHz,频带利用率是(42) bit/s/Hz。

(41)(42)	(A) 3	(B) 4	(C) 6	(D) 8

答案：BC。

16. 矩形 16QAM 由两个正交的(43)构成,QPSK 由两个正交的(44)构成,2FSK 由两个(45)构成。

(43)(44)(45)	(A) OOK	(B) 2FSK	(C) BPSK	(D) 4ASK

答案：DCA。

17. 若正交 16FSK 的比特速率是 16 kbit/s,则相邻频率之间的频差最小是(46) kHz。若其符号能量 E_s 是 1J,则相邻星座点之间的欧氏距离的平方是(47)J。

(46)(47)	(A) 1	(B) 2	(C) 4	(D) 8

答案：BB。

18. 为了提高(48),部分响应系统借助(49)编码引入了人为的(50)。

(48)(49)(50)	(A) 信噪比	(B) 频谱效率	(C) 差分	(D) 码间干扰
	(E) 噪声	(F) 相关	(G) 格雷	(H) 相位模糊

答案：BFD。

19. 已知某(7,4)线性分组码的最小码距是 3。该码的编码率是(51)。该码用于纠错时可以纠正(52)位错。该码的非全零码字中,汉明重量最小是(53)。该码的监督矩阵 **H** 有(54)行。

(51)(52)(53)(54)	(A) 1/7	(B) 3/7	(C) 4/7	(D) 4	(E) 3	(F) 1

答案：CFEE。

20. 将(3,1)重复码的码字通过差错率为 1/4 的随机差错信道传输,接收码字与发送码字的汉明距离超过 1 的概率是(55)。

(55)	(A) 6/32	(B) 8/32	(C) 27/32	(D) 5/32

答案：D。"汉明距离超过 1"的意思是是"至少有 1 处不同"。

二、计算题

1. 某 8QAM 调制的符号间隔是 $T_s = 2$ ms,两个归一化正交基函数分别为 $f_1(t) = \cos 2\pi f_c t$, $f_2(t) = -\sin 2\pi f_c t$, $0 \leqslant t \leqslant T_s$。星座图如下,是一个对称图形,其中 s_7 与 s_1、s_2、s_6、s_8 的距离都是 1。各星座点等概出现。

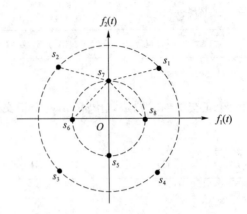

(1) 求平均符号能量。
(2) 求该调制系统发送信号的主瓣带宽。
(3) 求 s_1、s_6 对应的波形 $s_1(t)$、$s_6(t)$ 的表达式。

答案：(1) s_7 与 s_8 的距离是 1，故内圆半径是 $\dfrac{1}{\sqrt{2}}$。$s_7 s_8$ 连线的中间点到原点的距离是 $\dfrac{1}{2}$，其到 s_1 的距离是 $\sqrt{1-\left(\dfrac{1}{2}\right)^2}=\dfrac{\sqrt{3}}{2}$，故外圆半径是 $\dfrac{1+\sqrt{3}}{2}$。平均符号能量是 $\dfrac{1}{2}\left[\left(\dfrac{1}{\sqrt{2}}\right)^2+\left(\dfrac{1+\sqrt{3}}{2}\right)^2\right]=\dfrac{3+\sqrt{3}}{4}$。

(2) 符号速率为 $R_s=500\text{ Baud}$，主瓣带宽是 $W=2R_s=1\,000\text{ Hz}$。

(3) $s_1(t)=\dfrac{1+\sqrt{3}}{2}\cos\left(2\pi f_c t+\dfrac{\pi}{4}\right)=\dfrac{\sqrt{2}+\sqrt{6}}{4}\cos 2\pi f_c t-\dfrac{\sqrt{2}+\sqrt{6}}{4}\sin 2\pi f_c t$，$s_6(t)=-\dfrac{1}{\sqrt{2}}\cos 2\pi f_c t$。

2. 某四电平均匀量化器的输入 x 的取值范围是 $(-4,+4)$，其概率密度函数如下图所示，图中的黑色圆点表示量化输出 y 的四个量化电平 y_1、y_2、y_3、y_4。

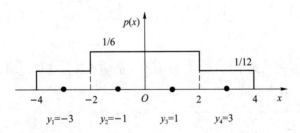

(1) 求量化输入 x 的功率 $S=E[x^2]$。
(2) 求量化输出 y 各可能取值的出现功率以及 y 的功率 $S_q=E[y^2]$。
(3) 求量化噪声功率 $N_q=E[(y-x)^2]$。

答案：(1) $S=E[x^2]=2\displaystyle\int_0^4 x^2 p(x)\mathrm{d}x=2\int_0^2 \dfrac{x^2}{6}\mathrm{d}x+2\int_2^4 \dfrac{x^2}{12}\mathrm{d}x=4$。

(2) 四个量化电平 y_1、y_2、y_3、y_4 的出现概率依次是 $\frac{1}{6}$、$\frac{1}{3}$、$\frac{1}{3}$、$\frac{1}{6}$，$S_q = E[y^2] = 2 \times \left[\frac{1}{6} \times 9 + \frac{1}{3} \times 1\right] = \frac{11}{3}$。

(3) $N_q = \frac{1}{3}$。

3. 某二进制调制系统在 $[0, T_b]$ 内等概发送 $s_1(t) = 2\cos\frac{20\pi t}{T_b}$ 和 $s_2(t) = \sqrt{2}\cos\left(\frac{22\pi t}{T_b} + \frac{\pi}{4}\right)$ 之一。接收框图如下所示，其中 $t_0 = T_b$，两个匹配滤波器的冲激响应分别是 $s_1(t_0 - t)$ 及 $s_2(t_0 - t)$，高斯白噪声 $n_w(t)$ 的双边功率谱密度是 $N_0/2$。

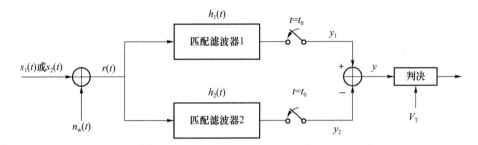

(1) 求 $s_1(t)$、$s_2(t)$ 的相关系数，该系统的平均比特能量。
(2) 求发送 $s_1(t)$、$s_2(t)$ 条件下 y 的均值 $A_1 = E[y|s_1(t)]$ 及 $A_2 = E[y|s_2(t)]$。
(3) 求判决量 y 中的噪声功率。
(4) 求取判决门限为 $V_T = \frac{A_1 + A_2}{2}$，求该系统的平均误比特率。

答案：（1）两个信号的内积为

$$\int_0^{T_b} s_1(t) s_2(t) \mathrm{d}t = \int_0^{T_b} 2\cos\frac{20\pi t}{T_b} \cdot \sqrt{2}\cos\left(\frac{22\pi t}{T_b} + \frac{\pi}{4}\right) \mathrm{d}t$$

$$\stackrel{x=\frac{t}{T_b}}{=} \int_0^1 2\cos 20\pi x \cdot \sqrt{2}\cos\left(22\pi x + \frac{\pi}{4}\right) \mathrm{d}x$$

$$= \sqrt{2}\int_0^1 \cos\left(2\pi x + \frac{\pi}{4}\right) + \cos\left(42\pi x + \frac{\pi}{4}\right) \mathrm{d}x$$

$$= 0$$

故 $s_1(t)$ 和 $s_2(t)$ 的相关系数是 0。平均比特能量是 $E_b = \frac{E_1 + E_2}{2} = \frac{\frac{2^2}{2}T_b + \frac{(\sqrt{2})^2}{2}T_b}{2} = 1.5T_b$。

(2) $A_1 = E_1 = 2T_b$，$A_2 = -E_2 = -T_b$。

(3) 噪声功率 $= \frac{N_0}{2}E_1 + \frac{N_0}{2}E_2 = N_0 E_b = \frac{3}{2}N_0 T_b$。

(4) 平均误比特率为 $\frac{1}{2}\mathrm{erfc}\left(\sqrt{\frac{E_b}{2N_0}}\right) = Q\left(\sqrt{\frac{3T_b}{2N_0}}\right) = \frac{1}{2}\mathrm{erfc}\left(\sqrt{\frac{3T_b}{4N_0}}\right)$。

4. 某二维二进制调制的两个星座点 $s_1 = (+1, +1)$ 与 $s_2 = (-1, -1)$ 等概出现。发送其中某一个 $s_i, i = 1, 2$，接收端收到 $\boldsymbol{y} = (y_1, y_2) = \boldsymbol{s}_i + \boldsymbol{n}$，其中 $\boldsymbol{n} = (n_1, n_2)$ 是噪声向量，已知

n_1 和 n_2 独立同分布。

(1) 若 n_1 和 n_2 是均值为零、方差为 $1/2$ 的高斯随机变量,试画出最佳判决域,并求发送 s_1、s_2 条件下的错误率 $P(e|s_1)$、$P(e|s_2)$。

(2) 若 n_1 和 n_2 的概率密度函数是 $f(n_i)=\begin{cases} e^{-n_i}, & n_i \geqslant 0 \\ 0, & n_i < 0 \end{cases}$, $i=1,2$,试画出最佳判决域,并求发送 s_1、s_2 条件下的错误率 $P(e|s_1)$、$P(e|s_2)$。

答案:(1) 判决域如下图所示。

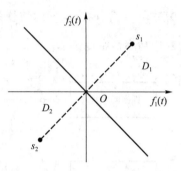

噪声向量在任何方向上都是均值为零、方差为 $1/2$ 的高斯随机变量。噪声沿 s_1s_2 方向越过原点的概率是 $\frac{1}{2}\mathrm{erfc}(\sqrt{2})=Q(2)$。根据对称性,$P(e|s_1)=P(e|s_2)=\frac{1}{2}\mathrm{erfc}(\sqrt{2})=Q(2)$。

(2) 本小题中的噪声只正不负,发送 s_1 时,接收的点只可能位于它的右上方(下图中的 D_1 区域)。如果接收点不在 s_1 的右上方 D_1,发送的信号不可能是 s_1。说明 D_1 之外的地方不可能是 s_1 的判决域。另外,通过目测即可看出,发送 s_1 条件下接收端落在 D_1 的概率一定比发送 s_2 条件下接收点落在 D_1 的概率更大,即 D_1 是 s_1 的判决域。其他区域可归给 D_2(s_2 左侧或者下方的区域可以谁都不归,接收信号不可能出现在此区域内)。

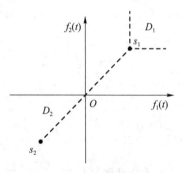

发送 s_1 是不可能出错的,$P(e|s_1)=0$。$P(e|s_2)$ 是 n_1、n_2 都大于 2 的概率,为 $\left[\int_2^{\infty} e^{-x}dx\right]^2 = e^{-4}$。

5. 将 2 路模拟信号 $m_1(t)$、$m_2(t)$ 分别进行抽样量化编码,按时分复用将其合为一路数据流,然后通过一个频带范围为 $10.000 \sim 10.060$ MHz 的带通信道传输。已知 $m_1(t)$ 是带宽为 4 kHz 的话音信号,$m_2(t)$ 是零均值平稳过程,其一维概率密度函数大致服从均匀分布,其频带范围是 $3 \sim 5$ kHz。试按以下要求进行系统设计。

设计要求:a. 采样率必须是频谱不交叠的最小采样率;b. 话音 $m_1(t)$ 采用 A 律 13 折线编码;c. $m_2(t)$ 的量化信噪比至少要达到 20 dB;d. 滚降系数尽可能大,至少是 $1/3$;e. 调制阶数尽可能小。

(1) 求每路模拟信号的抽样速率、量化编码后的输出数据速率,时分复用后的总速率。

(2) 求数字调制的载波频率 f_c、调制阶数 M、滚降系数 α。

(3) 画出星座图、发送功率谱密度图、调制和解调框图。

答案:(1) $m_1(t)$ 的抽样速率为 8 kHz,数据速率为 64 kbit/s;$m_2(t)$ 的抽样速率为 5 kHz,数据速率为 $4 \times 5 = 20$ kbit/s;时分复用后的总速率为 $64 + 20 = 84$ kbit/s。

(2) 载波频率为 $f_c = 10.030$ MHz,调制阶数为 $M = 4$,滚降系数为 $\alpha = 3/7$。

(3) 星座图如下:

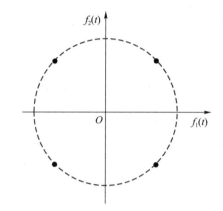

发送功率谱密度图如下:

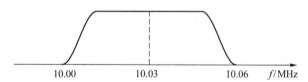

调制和解调框图如下:

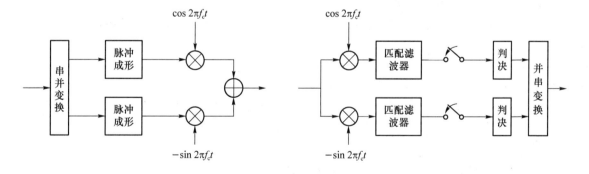

参考试题 3

一、选择填空题

1. 设 $x(t)=\cos 200\pi t+\sin 200\pi t$，其希尔伯特变换为 $\hat{x}(t)$。$x(t)$ 的功率是(1) W，$\hat{x}(t)$ 的功率是(2) W，$x(t)+\hat{x}(t)$ 的功率是(3) W，$x(t)+\hat{x}(-t)$ 的功率是(4) W。

(1)(2)(3)(4)	(A) 0	(B) 1	(C) 2	(D) 4

答案：BBCA。$x(t)$ 包含两个正交的正弦波，每个功率是 0.5 W，所以 $x(t)$ 的功率是 1 W。希尔伯特变换不改变功率，故 $\hat{x}(t)$ 的功率是 1 W。$x(t)$ 与 $\hat{x}(t)$ 正交，正交信号叠加后和的功率等于功率之和，故 $x(t)+\hat{x}(t)$ 的功率是 2 W。

$$\hat{x}(t)=\cos\left(200\pi t-\frac{\pi}{2}\right)+\sin\left(200\pi t-\frac{\pi}{2}\right)=\sin 200\pi t-\cos 200\pi t$$

$$\hat{x}(-t)=-\sin 200\pi t-\cos 200\pi t=-x(t)$$

因此，$x(t)+\hat{x}(-t)$ 的功率是 0 W。

2. 设 $m(t)$ 是模拟基带调制信号，载频 f_c 充分大。下列中的(5)是调相信号，(6)是调频信号。

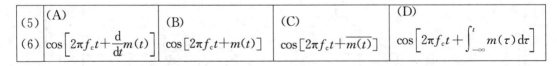

答案：BD。

3. 下列已调信号中，(7)的复包络是解析信号。

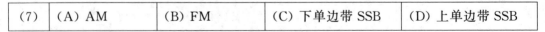

答案：D。复包络是解析信号，说明复包络的频谱在 $-\infty<f<0$ 范围内为零。带通信号的复包络是带通信号的解析信号的频谱搬移（$f_c\to 0$）。因此该复包络所对应的带通信号的解析信号的频谱在 $-\infty<f<f_c$ 范围内是零。

AM、FM 的解析信号的频谱分布在 f_c 左、右两边,下单边 SSB 信号的频谱落在 $-f_c<f<f_c$ 范围以内,其解析信号的频谱在 $f_c<f<\infty$ 范围内为零。上单边 SSB 信号的频谱落在 $-f_c<f<f_c$ 范围以外,其解析信号的频谱在 $-\infty<f<f_c$ 范围内为零。

4. 若基带信号 $x(t)$ 的主瓣带宽为 B,则 $x(t)$ 与(8)正交。

| (8) | (A) $e^{j2\pi Bt}$ | (B) $e^{-B|t|}$ | (C) $\text{sinc}(Bt)$ | (D) $\text{rect}(Bt)$ |

答案:A。基带信号的主瓣带宽对应频谱在 $f>0$ 范围内的第一个零点,即 $X(B)=0$,即 $\int_{-\infty}^{\infty}x(t)e^{-j2\pi Bt}dt=0$,$\int_{-\infty}^{\infty}x(t)(e^{j2\pi Bt})^*dt=0$,即 $x(t)$ 与 $e^{j2\pi Bt}$ 的内积为零,即 $x(t)$ 与 $e^{j2\pi Bt}$ 正交。

5. 若基带传输系统的带宽为 B,则无符号间干扰传输的最高符号速率是(9)Baud。

| (9) | (A) $2/B$ | (B) $B/2$ | (C) B | (D) $2B$ |

答案:D。

6. 设 AM 已调信号为 $s(t)=\sqrt{\frac{2}{5}}[A+m(t)]\cos 2\pi f_c t$,已知调制指数为 1,基带信号 $m(t)$ 的均值为零,带宽为 1 kHz,功率为 1 W,最大幅度为 2 V,则 $A=$(10) V,$s(t)$ 的带宽为(11) kHz、功率为(12) W、调制效率为(13)。

| (10)(11)(12) | (A) 1/2 | (B) 1 | (C) 2 | (D) 5 |
| (13) | (A) 1/9 | (B) 1/5 | (C) 1/2 | (D) 1 |

答案:CCBB。

7. 某升余弦滚降系统发送信号的单边功率谱密度如下图所示,该系统的滚降系数是(14)。

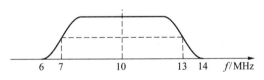

| (14) | (A) 1/4 | (B) 1/3 | (C) 1/2 | (D) 1 |

答案:B。奈奎斯特带宽是 6 MHz(从 7 MHz 到 13 MHz 的矩形),实际带宽是 8 MHz,比奈奎斯特带宽多 2 MHz,滚降系数是 2/6=1/3。

8. 考虑非相干解调时,OOK 信号可以采用(15),2DPSK 信号可以采用(16)。

答案：AD。

9. 若某 QPSK 系统的误比特率是 0.2,则其误符号率是(17)。

| (17) | (A) 0.04 | (B) 0.18 | (C) 0.2 | (D) 0.36 |

答案：D。一个 QPSK 符号携带 I、Q 两路的两个比特,两个比特的错误独立,其出现的概率都是 0.2。符号正确对应两个比特都正确,其概率是 $(1-0.2)^2=0.64$,符号出错的概率是 $1-0.64=0.36$。

10. 部分响应系统通过引入人为的符号间干扰使频谱利用率达到(18)极限。二进制第 I 类部分响应系统的频带利用率是(19) bit/s/Hz。

| (18) | (A) 高斯 | (B) 香农 | (C) 奈奎斯特 | (D) 汉明 |
| (19) | (A) 0.5 | (B) 1 | (C) 1.5 | (D) 2 |

答案：CD。

11. 设平稳高斯过程 $X(t)$ 的功率谱密度 $P_X(f)$ 满足 $P_X(0)<\infty$,则 $X(t)$ 的均值 $E[X(t)]$(20)。

| (20) | (A) 等于零 | (B) 等于 $\int_{-\infty}^{\infty} P_X(f)\mathrm{d}f$ | (C) 是高斯随机变量 | (D) 是平稳高斯过程 |

答案：A。如果平稳过程 $X(t)$ 的均值不是零,则它包含直流分量 $m_X=E[X(t)]$,其功率谱密度是 $m_X^2\delta(f)$,在 $f=0$ 处无界。今 $X(t)$ 的功率谱密度在 $-\infty<f<\infty$ 范围内有界,因此 $E[X(t)]$ 只能是零。

12. 如果信道的相干带宽很小,系统设计时需要考虑(21)问题。

| (21) | (A) 符号间干扰 | (B) 信道时变性 | (C) 平坦衰落 | (D) 包络起伏 |

答案：A。

13. 某 A 律 13 折线 PCM 编码器的输入范围是 $[-8,+8]$ V,若编码器输出码组是 11011010,则译码器重建电平是(22) V。

| (22) | (A) $-\dfrac{53}{32}$ | (B) $+\dfrac{53}{32}$ | (C) $+\dfrac{53}{16}$ | (D) $+\dfrac{55}{32}$ |

答案：B。极性码是 1 说明电平为正。段落码是 110。111 对应的范围是 4~8 V,110 对应 2~4 V,101 对应 1~2 V。量化电平位于 1~2 V 之间,这个段内的量化区间长度是 1/16。段内码 1010 是第 10 个,对应区间是 $\left[1+\dfrac{10}{16}, 1+\dfrac{11}{16}\right] = \left[\dfrac{26}{16}, \dfrac{27}{16}\right]$,中点是 $+\dfrac{53}{32}$。

14. 将比特序列 10001000011000010000 编成 HDB3 码,结果是(23)。

(23)	(A) +1000−1000−1+1−1000−1+1000+1	(B) +1000−1000−1+1−1−100−1+1000+1
	(C) +1000−1000−1+1−1+100+1−1000−1	(D) +1000−10000 +1−10000 +10000

答案：C

15. 若四进制 PAM 信号 $s(t)$ 的数据独立等概，平均功率是 1 W，比特速率是 $R_b=1$ kbit/s，则平均比特能量是 $E_b=$ (24) mJ，符号能量是 $E_s=$ (25) mJ，符号速率是 $R_s=$ (26) kBaud，符号间隔是 (27) ms。

(24)(25)(26)(27)	(A) 0.5	(B) 1	(C) 2	(D) 4

答案：BCAC。功率是单位时间内的能量。1 s 时间内的能量是 1 J。每个比特占的时间是 1 ms，对应的能量是 1 mJ。一个四进制符号带两个比特，符号能量是 2 mJ。

16. 下列数字调制方式中，抗噪声能力最强的是 (28)，最弱的是 (29)。

(28)(29)	(A) 16FSK	(B) 16QAM	(C) 16ASK	(D) 16PSK

答案：AC。

17. 设 (n,k) 分组码的最小码距是 $d_{\min}$。如欲纠正 t 位及 t 位以内的差错，$d_{\min}$ 必须满足 (30)。

(30)	(A) $d_{\min} \geq t+2$	(B) $d_{\min} \geq 2t$	(C) $d_{\min} \geq 2t+1$	(D) $d_{\min} \geq 2(t+1)$

答案：C。

18. 对实信号 $x(t)$ 进行理想采样。若 $x(t)$ 是最高频率为 4 kHz 的基带信号，采样后频谱不混叠的最小采样率是 (31) kHz。若 $x(t)$ 是频带范围为 15～18 kHz 的带通信号，采样后频谱不混叠的最小采样率是 (32) kHz。

(31)(32)	(A) 4	(B) 6	(C) 8	(D) 12

答案：CB。

19. 某数字调制系统的设计者从 QPSK 和 OQPSK 中选择了 OQPSK，其主要原因是该系统的 (33) 不够理想。

(33)	(A) 功率放大器线性度	(B) 滤波器幅频特性	(C) 定时精度	(D) 载波同步

答案：A。

20. FM 信号 $s(t)=\cos[5\times10^6\pi t+5\sin(5\,000\pi t)]$ 的带宽近似是 (34) kHz。

(34)	(A) 5	(B) 10	(C) 15	(D) 30

答案：D。瞬时相位偏移是

调制信号是 $m(t) = -A_m\cos(5\,000\pi t)$，基带信号的频率是 $f_m = 2\,500$ Hz。最大频偏是 $\left|\dfrac{1}{2\pi}\cdot\dfrac{\mathrm{d}}{\mathrm{d}t}\varphi(t)\right|_{\max} = 12\,500$ Hz，近似带宽是 $2(12\,500 + 2\,500) = 30$ kHz。

21. 若 (n,k) 线性分组码的合法码字包含全 1 码字，则其校验矩阵 $\boldsymbol{H}$ 的每一行的汉明重量一定(35)。

| (35) | (A) 小于 k | (B) 等于最小码距 | (C) 是奇数 | (D) 是偶数 |

答案：D。设 $\boldsymbol{H}$ 有 $r=n-k$ 行，$\begin{bmatrix} h_{11} & h_{12} & \cdots & h_{1n} \\ h_{21} & h_{22} & \cdots & h_{2n} \\ \vdots & \vdots & & \vdots \\ h_{r1} & h_{r2} & \cdots & h_{rn} \end{bmatrix}\begin{bmatrix} 1 \\ 1 \\ \vdots \\ 1 \end{bmatrix} = \begin{bmatrix} 0 \\ 0 \\ \vdots \\ 0 \end{bmatrix}$。对于任意第 i 行有 $\sum\limits_{m=1}^{n} h_{im} = 0$，即 $h_{i1}, h_{i2}, \cdots, h_{in}$ 中只能有偶数个 1。

22. DSSS 系统经常采用(36)技术来对抗多径衰落。

| (36) | (A) Rake 接收 | (B) 频域均衡 | (C) 部分响应 | (D) Doppler 扩展 |

答案：A。

23. 8PSK 将比特 $b_1b_2b_3$ 映射到 8 个相位。采用格雷映射时，相邻相位对应的比特组之间的汉明距离是(37)。

| (37) | (A) 0 | (B) 1 | (C) 2 | (D) 3 |

答案：B。

24. 设二进制数据独立等概，其速率为 16 kbit/s，则 2DPSK 信号的主瓣带宽是(38) kHz。

| (38) | (A) 8 | (B) 12 | (C) 16 | (D) 32 |

答案：D。

25. 设 32FSK 的数据速率是 30 kbit/s，保持频率正交的最小频率间隔是(39) kHz。

| (39) | (A) 3 | (B) 6 | (C) 15 | (D) 30 |

答案：A。符号速率是 $30/5 = 6$ kBaud，保持正交的最小频差是符号速率的一半。

26. 采用科斯塔斯环提取载波存在(40)问题。

| (40) | (A) 差错传播 | (B) 符号间干扰 | (C) 频谱混叠 | (D) 相位模糊 |

答案：D。

二、计算题

1. 下图中,$s(t)=m(t)\cos 2\pi f_c t-\hat{m}(t)\sin 2\pi f_c t$ 是已调信号,其中基带调制信号 $m(t)$ 的带宽为 100 Hz,功率为 2 W,$\hat{m}(t)$ 是 $m(t)$ 的希尔伯特变换,$f_c=1\,000$ Hz;加性白高斯噪声的单边功率谱密度为 0.01 mW/Hz,理想低通滤波器 LPF 的截止频率是 100 Hz。

(1) 求 $s(t)$ 的功率、带宽。

(2) 若 BPF 的通带是 1 000～1 100 Hz,画出 A 点和 B 点噪声的双边功率谱密度图,并求 B 点信噪比。

(3) 若 BPF 的通带是 950～1 100 Hz,画出 A 点和 B 点噪声的双边功率谱密度图,并求 B 点信噪比。

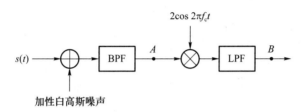

答案:(1) $s(t)=m(t)\cos 2\pi f_c t-\hat{m}(t)\sin 2\pi f_c t$ 是上单边带 SSB,其带宽是 100 Hz。

$s(t)=m(t)\cos 2\pi f_c t-\hat{m}(t)\sin 2\pi f_c t$ 中 $m(t)\cos 2\pi f_c t$ 和 $\hat{m}(t)\sin 2\pi f_c t$ 的功率都是 $\dfrac{P_m}{2}$,这两部分正交:

$$\overline{[m(t)\cos 2\pi f_c t][\hat{m}(t)\sin 2\pi f_c t]}=\overline{\dfrac{1}{2}m(t)\hat{m}(t)\cdot\sin 4\pi f_c t}=0$$

所以 $s(t)$ 的功率是这两部分功率之和,为 $P_m=2$ W。

注:

① 仅当两个信号正交时,和的功率等于功率之和。

② 正交=内积为零。注意"内积"的定义与信号类型有关。能量信号是相乘积分,功率信号是相乘后取时间平均。

(2) A 点信号是 $s(t)+n(t)$,其中噪声的功率是 $100\times N_0=1$ mW。B 点输出是 $m(t)+n_c(t)$,B 点信噪比为 $\dfrac{2}{100N_0}=2\,000$。A 点和 B 点噪声的功率谱密度图如下所示,噪声同相分量 $n_c(t)$ 的功率谱密度是带通噪声的正频率部分的功率谱密度与负频率部分的功率谱密度的平移叠加。

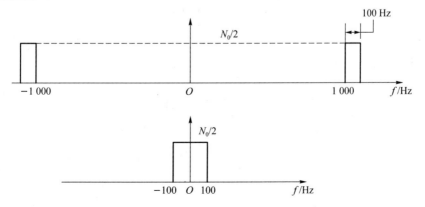

(3) A 点信号是 $s(t)+n(t)$,其中噪声的功率是 $150 \times N_0 = 1.5$ mW,B 点输出是 $m(t)+n_c(t)$,B 点信噪比为 $\frac{2}{150 N_0} = \frac{4\,000}{3}$。$A$ 点和 B 点噪声的功率谱密度图如下所示：

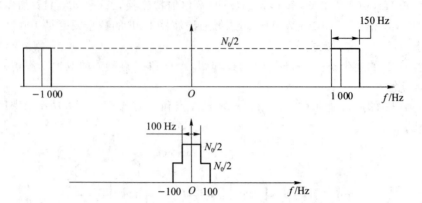

2. 某二进制双极性 PAM 传输系统如下图所示。图中 a_n 以独立等概方式取值于 $\{\pm 1\}$,A 点发送信号 $s(t) = \sum_{n=-\infty}^{\infty} a_n g(t-nT_b)$,其中 T_b 是比特间隔,$g(t) = \text{sinc}(t)$,接收滤波器的冲激响应为 $g(t)$,采样时刻是 T_b 的整倍数。

(1) 求 $g(t)$ 的能量谱密度、能量。

(2) 求 $s(t)$ 的功率谱密度、功率。

(3) 若 $T_b = 1$ s,画出 B 点眼图,判断 C 点是否有符号间干扰。

(4) 若 $T_b = 0.5$ s,画出 B 点眼图,判断 C 点是否有符号间干扰。

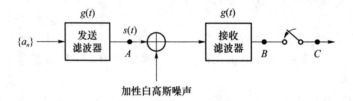

答案：(1) $g(t)$ 的傅氏变换为 $G(f) = \text{rect}(f)$,能量谱密度为 $|G(f)|^2 = \text{rect}^2(f) = \text{rect}(f)$,能量为 $E_g = \int_{-\infty}^{\infty} |G(f)|^2 df = 1$。

(2) $P_s(f) = \frac{1}{T_b} |G(f)|^2 = \frac{1}{T_b} \text{rect}(f)$,其积分是功率,为 $\frac{1}{T_b}$。

(3) 该系统的带宽是 0.5 Hz,奈奎斯特极限速率是 1 bit/s,比特间隔是 1 s。$T_b = 1$ s 正好对应达到奈奎斯特极限的情形,此时采样点无 ISI,眼图如下：

(4) $T_b=0.5$ s 时,该系统的传输速率超过了奈奎斯特极限,采样点有 ISI,眼图如下:

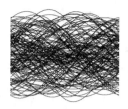

3. 某二进制调制系统在 $[0, T_s]$ 内发送 $s(t)=a\cos 2\pi f_c t$,其中 a 等概取值于 $\{-1,+1\}$,f_c 充分大。接收框图如下所示,其中白高斯噪声 $n_w(t)$ 的单边功率谱密度为 N_0,判决输入是 $y(t)$ 在 $[0, T_s]$ 内的积分:$l=\frac{1}{T_s}\int_0^{T_s}y(t)dt$,判决结果 $\hat{a}\in\{-1,+1\}$。

(1) 求出 $s(t)$ 的平均符号能量 E_s。
(2) 写出判决量 l 的表达式,求出发送 $a=-1$ 条件下 l 的均值和 l 中噪声的方差。
(3) 写出最佳判决门限,并求发送 $a=-1$ 条件下的判决错误概率。

答案:(1) 平均符号能量为 $\frac{T_s}{2}$。

(2) 判决量 l 的表达式为

$$l=\frac{1}{T_s}\int_0^{T_s}y(t)dt=\frac{1}{T_s}\int_0^{T_s}[a\cos 2\pi f_c t+n_w(t)]2\cos 2\pi f_c t dt$$
$$=a+\frac{1}{T_s}\int_0^{T_s}n_w(t)\cdot 2\cos 2\pi f_c t dt=a+z$$

发送 $a=-1$ 条件下 l 的均值为 $E[a+z|a=-1]=-1$。l 中的噪声是 $n_w(t)$ 与 $\frac{2}{T_s}\cos 2\pi f_c t$ 在 $[0, T_s]$ 区间的内积,后者的能量是 $\frac{2}{T_s}$,故 $\sigma^2=\frac{N_0}{2}\times\frac{2}{T_s}=\frac{N_0}{T_s}$。

(3) 判决门限是 0。发送 $a=-1$ 条件下的判决错误概率为 $P(e|a=-1)=P(a+z>0|a=-1)=P(z>1)=\frac{1}{2}\mathrm{erfc}\left(\sqrt{\frac{T_s}{2N_0}}\right)$。

4. 下图所示为归一化正交基下的 12 进制调制信号的星座图。将星座点表示为复数 $X=X_I+jX_Q$,其中实部 X_I、虚部 X_Q 的可能取值是 -3、-1、$+1$、$+3$。已知 12 个星座点等概出现。

(1) 画出 AWGN 信道传输时各星座点的最佳判决域。
(2) 求平均符号能量 $E_s=E[|X|^2]$ 及星座点之间的最小距离 $d_{\min}$。
(3) 求熵 $H(X)$、$H(X_I)$,联合熵 $H(X_I, X_Q)$,互信息 $I(X_I; X_Q)$。(不能使用计算器,相关计算给出合理简式即可。)

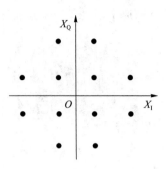

答案：(1) 判决域如下：

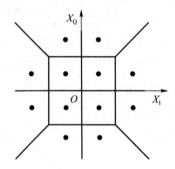

(2) 内侧 4 个点的能量均是 2，外侧 8 个点的能量均是 $3^2+1^2=10$，平均符号能量为 $\frac{4\times 2+8\times 10}{12}=\frac{22}{3}$。最小距离为 $d_{\min}=2$。

(3) 12 个点等概出现，$H(X)=\log_2 12=(2+\log_2 3)$ bit。

X_I 取 -3、-1、$+1$、$+3$ 的概率分别是 $\frac{2}{12}$、$\frac{4}{12}$、$\frac{4}{12}$、$\frac{2}{12}$，也即 $\frac{1}{6}$、$\frac{1}{3}$、$\frac{1}{3}$、$\frac{1}{6}$，其熵为

$H(X_I)=\frac{1}{6}\log_2 6+\frac{1}{3}\log_2 3+\frac{1}{3}\log_2 3+\frac{1}{6}\log_2 6=\frac{1}{3}+\log_2 3$。

$H(X_I,X_Q)=H(X)=\log_2 12=2+\log_2 3$。

$I(X_I;X_Q)=H(X_I)+H(X_Q)-H(X_I,X_Q)=2\left(\frac{1}{3}+\log_2 3\right)-(2+\log_2 3)=\log_2 3-\frac{4}{3}$。

5. 某 2 电平均匀量化器的输入为 $X\in[0,4]$，输出为 $Y=\begin{cases}1, & 0\leqslant X<2\\ 3, & 2\leqslant X\leqslant 4\end{cases}$。已知 $P(Y=1)=\frac{2}{3}$，$P(Y=3)=\frac{1}{3}$，且对任意 $Y\in\{1,3\}$，量化噪声 $Z=Y-X$ 均在 $[-1,+1]$ 内均匀分布。

(1) 求量化噪声功率 $N_q=E[Z^2]$。

(2) 求 $Y=1$ 条件下，$X=Y-Z$ 的条件概率密度函数 $p(x|Y=1)$。

(3) 求 $Y=3$ 条件下，X 的条件概率密度函数 $p(x|Y=3)$。

(4) 求 X 的概率密度函数 $p(x)$ 及其均值 $E[X]$、功率 $E[X^2]$。

答案：(1) $E[Z^2]=\int_{-1}^{1}z^2\cdot\frac{1}{2}\mathrm{d}z=\frac{1}{3}$。

(2) 当 $Y=1$(也即 $0 \leqslant X<2$)时,$Z=Y-X=1-X$ 在 $[-1,+1]$ 内均匀分布,$X=1-Z$ 在 $[0,2]$ 内均匀分布,$p(x|Y=1)=\begin{cases} 0.5, & 0 \leqslant X<2 \\ 0, & \text{其他} \end{cases}$。

(3) 当 $Y=3$ 时,X 在 $2 \leqslant X \leqslant 4$ 内均匀分布,$p(x|Y=3)=\begin{cases} 0.5, & 2 \leqslant X<4 \\ 0, & \text{其他} \end{cases}$。

(4) $p(x)=p(x|Y=1)P(Y=1)+p(x|Y=2)P(Y=2)=\begin{cases} \dfrac{1}{3}, & 0 \leqslant X<2 \\ \dfrac{1}{6}, & 2 \leqslant X \leqslant 4 \end{cases}$。$E[X]=\int_0^4 xp(x)\mathrm{d}x=\int_0^2 x\dfrac{1}{3}\mathrm{d}x+\int_2^4 x\dfrac{1}{6}\mathrm{d}x=\dfrac{5}{3}$。$E[X^2]=\int_0^4 x^2 p(x)\mathrm{d}x=\int_0^2 x^2 \dfrac{1}{3}\mathrm{d}x+\int_2^4 x^2 \dfrac{1}{6}\mathrm{d}x=4$

6. 设有 3 个系数在 GF(2) 上的多项式为 $g_1(x)=x^3+x+1$,$g_2(x)=x^3+x^2+1$,$g_3(x)=x^3+1$。

(1) 以 $g(x)=g_1(x)g_2(x)$ 为生成多项式,构成一个码长为 $n=7$ 的系统循环码。试写出该循环码的生成矩阵、校验矩阵、最小码距。

(2) 以 $g_1(x)$、$g_2(x)$、$g_3(x)$ 为生成多项式,构成一个 $(3,1,4)$ 卷积码。试画出该卷积码的编码器框图,并写出输入 1110000 所对应的编码输出。

(3) 以 $g_1(x)$、$g_2(x)$ 为特征多项式,分别构成两个线性反馈移存器序列。试写出两个输出序列。

答案:(1) $g_1(x)$、$g_2(x)$ 都是 3 次多项式,$g(x)=g_1(x)g_2(x)$ 是 6 次多项式。生成多项式的次数应为 $n-k$,故 $k=1$。该码有 $2^k=2$ 个码字。作为线性码,其中一个码字是全零码字 0000000,作为循环码,另一个码字是 $g(x)$ 本身。按二进制表示,$g_1(x)$ 是 1011,$g_2(x)$ 是 1101,按下图演算:

```
            1 0 1 1
            1 1 0 1
          ─────────
            1 0 1 1
        1 0 1 1
      1 0 1 1
      ─────────────
      1 1 1 1 1 1 1
```

得到 $g(x)=g_1(x)g_2(x)$ 的二进制表示为 1111111,这是该码的第 2 个码字。由此可知该码是 (7,1) 重复码,最小码距为 7。(n,k) 线性分组码的生成矩阵有 k 行 n 列,该码的生成矩阵为(1 1 1 1 1 1),对应的校验矩阵为 $\begin{pmatrix} 1 & 1 & 0 & 0 & 0 & 0 & 0 \\ 1 & 0 & 1 & 0 & 0 & 0 & 0 \\ 1 & 0 & 0 & 1 & 0 & 0 & 0 \\ 1 & 0 & 0 & 0 & 1 & 0 & 0 \\ 1 & 0 & 0 & 0 & 0 & 1 & 0 \\ 1 & 0 & 0 & 0 & 0 & 0 & 1 \end{pmatrix}$。

(2) 编码器框图如下：

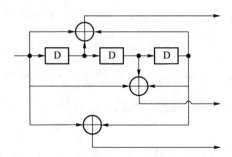

输入为1110000,按下图演算得到三路输出。并行变串行后输出是111011001001101111000。

```
  1 1 1 0 0 0 0             1 1 1 0 0 0 0
    1 1 1 0 0 0 0             1 1 1 0 0 0 0             1 1 1 0 0 0 0
      1 1 1 0 0 0 0             1 1 1 0 0 0 0             1 1 1 0 0 0 0
  ─────────────────         ─────────────────         ─────────────────
  1 0 0 0 1 1 0 0 0         1 0 0 0 1 0 0 0 0         1 1 1 1 1 1 0 0 0
```

(3) 两个 m 序列发生器的输出分别是 $\dfrac{1}{g_1(x)}$ 和 $\dfrac{1}{g_2(x)}$。按二进制表示 $g_1(x)$ 是1011，$g_2(x)$ 是1101。按下图进行演算,得到输出序列是1011100…及1110100…。

```
              1 0 1 1 1 0 0                           1 1 1 0 1 0 0 1
    1 0 1 1 ) 1 0 0 0                       1 1 0 1 ) 1 0 0 0
             1 0 1 1                                 1 1 0 1
             ─────                                   ─────
               1 1 0 0                                 1 0 1 0
               1 0 1 1                                 1 1 0 1
               ─────                                   ─────
                 1 1 1 0                                 1 1 1 0
                 1 0 1 1                                 1 1 0 1
                 ─────                                   ─────
                   1 0 1 0                                 0 1 1 0 0
                   1 0 1 1                                   1 1 0 1
                   ─────                                     ─────
                     1 0 0 0                                   1 0 0 0
```

7. 某FDM系统有3个频谱互不交叠的子信道,子信道带宽均为1 kHz。发送端通过3个子信道发送信号,子信道1、2、3上的发送功率 P_1、P_2、P_3 满足 $P_1+P_2+P_3=3$ W。3个子信道的功率增益分别为 $g_1=1, g_2=2$ 和 $g_3=3$,子信道输出端的噪声功率均为1 W。

(1) 若子信道1、2、3的调制方式分别为 QPSK、16QAM、64QAM,且符号速率能达到奈奎斯特无符号间干扰传输的极限,分别求出各个子信道的传输速率(单位为 bit/s),并给出该系统的总传输速率及频带利用率(单位为 bit/s/Hz)。

(2) 利用香农公式,分别按如下条件求系统的总传输速率：
  (a) $P_1=3$ W, $P_2=P_3=0$ W；
  (b) $P_1=P_2=P_3=1$ W；
  (c) $P_i=\beta g_i$,其中 β 是能满足 $P_1+P_2+P_3=3$ W 的系数。

答案:(1) MQAM 的奈奎斯特极限比特速率是带宽的 $\log_2 M$ 倍,QPSK、16QAM、64QAM 对应的传输速率分别是 2 kbit/s、4 kbit/s、6 kbit/s,总传输速率是 12 kbit/s,总频带利用率是 4 bit/s/Hz。

(2) 总传输速率是 $\sum_{i=1}^{3} B \log_2\left(1 + \frac{g_i P_i}{N}\right) = 1\,000 \sum_{i=1}^{3} \log_2(1 + g_i P_i)$。

(a) 总传输速率为 $1\,000 \log_2(1+3) = 2\,000$ bit/s。

(b) 总传输速率为 $1\,000[\log_2(1+1) + \log_2(1+2) + \log_2(1+3)] = [(3+\log_2 3) \times 10^3]$ bit/s。

(c) $\begin{cases} P_1 = \beta \\ P_2 = 2\beta \\ P_3 = 3\beta \\ P_1 + P_2 + P_3 = 3 \end{cases} \Rightarrow \beta = \frac{1}{2} \Rightarrow \begin{cases} P_1 = 0.5 \\ P_2 = 1 \\ P_3 = 1.5 \end{cases}$。

总传输速率为 $1\,000[\log_2(1+0.5) + \log_2(1+2) + \log_2(1+3\times1.5)] = [(2\log_2 3 + \log_2 11 - 2) \times 10^3]$ bit/s。